Adobe Premiere Pro 2020

经典教程 彩色版

〔英〕马克西姆·亚戈（Maxim Jago）著

武传海 译

人民邮电出版社

北京

图书在版编目（CIP）数据

Adobe Premiere Pro 2020经典教程：彩色版 /
（英）马克西姆·亚戈（Maxim Jago）著；武传海译. --
北京：人民邮电出版社，2021.7（2024.1重印）
ISBN 978-7-115-55863-3

Ⅰ．①A… Ⅱ．①马… ②武… Ⅲ．①视频编辑软件－
教材 Ⅳ．①TN94

中国版本图书馆CIP数据核字(2021)第003138号

版权声明

- ◆ 著　　　[英] 马克西姆·亚戈（Maxim Jago）
  译　　　武传海
  责任编辑　陈聪聪
  责任印制　王 郁　彭志环
- ◆ 人民邮电出版社出版发行　北京市丰台区成寿寺路 11 号
  邮编　100164　电子邮件　315@ptpress.com.cn
  网址　https://www.ptpress.com.cn
  北京捷迅佳彩印刷有限公司印刷
- ◆ 开本：800×1000　1/16
  印张：29.75　　　　　　2021 年 7 月第 1 版
  字数：700 千字　　　　 2024 年 1 月北京第 9 次印刷
  著作权合同登记号　图字：01-2019-3816 号

定价：159.90 元（附光盘）
读者服务热线：(010)81055410　印装质量热线：(010)81055316
反盗版热线：(010)81055315
广告经营许可证：京东市监广登字 20170147 号

内容提要

本书由 Adobe 公司编写，是 Adobe Premiere Pro 软件的官方培训手册。

本书共分为 16 课，每课围绕着具体的示例讲解，步骤详细，重点明确，逐步指导读者进行实际操作。本书全面地介绍了 Adobe Premiere Pro 的操作流程及其新功能。本书提供大量的提示和技巧，帮助读者更高效地使用 Premiere Pro 软件。

如果读者对 Premiere Pro 比较陌生，可以先了解使用 Premiere Pro 所需的基本概念和特性；如果读者是使用 Premiere Pro 的老手，则可以将主要精力放在新版本的技巧和技术的使用上。本书适合与 Premiere 软件相关的培训班学员及广大自学人员学习。

致　谢

首先，为 Adobe Premiere Pro 这款强大的视频编辑软件编写这本实用的学习教材是一大群人共同努力的结果，并非完全出自我一人之手。许多朋友、同事、电影制片人、技术专家为这本书做出过贡献。要感谢的人实在太多，但限于篇幅，这里无法一一提及。我经常开玩笑说："在英国，我们形容一个人很棒时，不说'棒极了'（awesome），而是说'完全可以接受'（perfectly acceptable）"。但这里，使用"完全可以接受"来形容他们会显得苍白无力。他们胸怀仁爱，乐于分享知识，又乐于助人，整个世界因他们而变得更加美好。他们真是一群"超级棒"（super awesome）的人，用我们英国人的话说，就是他们都是"绝对可以接受"（definitely more than acceptable）的人。

本书顺利出版也离不开编辑们的帮助。他们经验丰富，检查并纠正了书中出现的打字错误、拼写错误、命名错误、属性错误、语法错误，以及无用的措辞和前后不一致的描述。这支优秀的编辑团队不仅标出了书稿中需要修改的地方，还提出了许多我十分认同的修改方案。从这个意义上说，这本书是集体智慧的结晶。在此，我要感谢 Peachpit 和 Adobe Press 的编辑团队，正是他们的努力，才促成了这么一本优秀教材的面世。

本书每一课都在劳拉·诺曼（Laura Norman）的精心指导下完成，所有内容都经过了维克多·加文达（Victor Gavenda）——一位优秀且经验丰富的内容审查人员——的严格审查，确保读者能够轻松理解。另外，书中给出的技术参考资料均由贾尔·莱尔波尔（Jarle Leirpoll）审查。他是一位出色的媒体技术专家，同时也是一位资深的 Premiere Pro 专家。还要感谢琳达·拉弗拉姆（Linda Laflamme），为我们指出了书中的许多错误，使之得以纠正。

本书部分内容基于理查德·哈林顿（Richard Harrington）——一位享誉世界的媒体培训专家——写作的内容编辑而成。最初的目录是我们两个人一起编制的，尽管我对他写作的内容进行了更新、改写，但是依然有大量内容未加修改，这些内容与理查德的原作是一致的。

最后，还要感谢 Adobe 公司。Adobe 公司拥有大批优秀员工，他们总是为你、我这样的创作人员热心地提供帮助。他们完全称得上是"最可接受的"人（the most acceptable of all），真的是超赞！

——马克西姆·亚戈

前　言

　　Adobe Premiere Pro 是一款视频编辑爱好者和专业人士必不可少的视频编辑软件。它提供的视频编辑系统极具扩展性、高效又灵活，支持多种视频、音频和图像格式。Premiere Pro 能够提高工作效率，创建出更富创意的作品，同时又无须转换媒体格式。它提供了一整套功能强大的专用工具，使你能够顺利应对编辑、制作以及工作流程中遇到的所有挑战，最终得到满足要求的高质量作品。

　　重要的是，Adobe 公司高度重视用户体验，为其推出的多款应用程序设计了一套统一的界面元素。这些界面元素既直观、灵活，又高效，为用户探索和使用这些软件提供了极大的便利。

关于本书

　　本书是 Adobe 图形图像、排版、创意视频制作软件的官方培训教程之一，精心的内容设计，使你可以灵活地使用本书自学。如果是初次接触 Premiere Pro 软件，那么你将会在本书中学到各种基础知识、概念，为掌握 Premiere Pro 打下坚实的基础。当然，在这本书中，你也会学到这款软件的许多高级功能，包括使用最新版本软件的提示与技巧。

　　学习相关知识的同时，本书也为你提供了亲自体验软件的抠像、动态修剪、色彩校正、媒体管理、音频和视频效果，以及音频混合等功能的机会。此外，在本书中，你还将学习如何使用 Adobe Media Encoder 为 Web 和移动设备创建文件。Premiere Pro 针对 Windows 和 macOS 提供了不同版本。

学前准备

　　学习本书之前，请确保计算机系统能够正常运转，并且安装了所需的软件和硬件。

　　另外，你应该对自己的计算机和操作系统有一定的了解，例如，会使用鼠标、标准菜单与命令，并且清楚如何打开、保存、关闭文件。如果你还不懂这些操作，请阅读 Microsoft Windows 或 macOS 的帮助文档。

　　学习本书不要求你必须了解视频相关概念和术语。如果学习过程中遇到陌生的术语，则可以查看本书附录部分对相关术语的解释。

安装 Premiere Pro

　　本书不单独提供 Adobe Premiere Pro 软件，它是 Adobe Creative Cloud 的一部分，你需要另行

购买，或者使用 Adobe 官方提供的试用版。有关安装 Adobe Premiere Pro 的系统需求与说明，请访问 Adobe 官网。你可以通过访问 Adobe 官网来购买 Adobe Creative Cloud 套装，然后根据屏幕提示进行安装。在获取完整的 Adobe Creative Cloud 许可证之后，除 Premiere Pro 外，还可以安装 Adobe Photoshop、Adobe After Effects、Audition、Adobe Media Encoder 等软件。

优化性能

视频编辑对计算机处理器和内存有很高的要求。处理器速度越快，内存越大，视频编辑工作就越高效，同时这也会带来更流畅和更愉悦的创作体验。

Premiere Pro 能够充分利用多核处理器（CPU）和多处理器系统。处理器越快、CPU 核数越多，Premiere Pro 表现出来的性能就越出色。

运行 Premiere Pro 的最低内存要求为 8GB。如果需要处理 UHD（超高清）视频，则建议内存不低于 16GB。

另外，用来播放视频的存储驱动器的速度也会对性能造成影响，因此建议使用专用的高速存储驱动器，例如 RAID 磁盘阵列或快速固态硬盘，尤其是处理 UHD 或更高分辨率的内容时。将媒体文件和程序文件保存到同一个硬盘上可能会影响性能，请你尽量把媒体文件保存在一个单独的磁盘上，这样做不但能够提高软件的运行速度，还有利于管理媒体。

Premiere Pro 能够充分利用计算机图形处理器（GPU）的能力来提高播放性能。GPU 加速会对软件运行性能有明显的提升作用，大多数拥有 2GB 以上专用内存的显卡可以满足。关于 Premiere Pro 对软硬件要求的信息，请访问 Adobe 官网页面进行了解。

使用课程文件

本书课程有配套的资源文件，包括视频剪辑、音频文件、照片、图像文件（使用 Photoshop 和 Illustrator 制作）。正式开始学习课程之前，你必须先将这些资源文件全部复制到计算机硬盘上。学习某些课程时，还会用到其他课程中的文件，所以需要将所有资源文件全部复制到硬盘中，这些资源文件大约需要 7GB 的存储空间。

在学习本书课程之前，需要将整个 Lessons 文件夹复制到计算机硬盘中，这大约需要 7GB 空间，复制文件之前，请确保目标硬盘有足够的可用空间。有关细节请阅读前言中的说明。

注意：本书配套光盘中的视频等素材文件仅供学习本书课程使用，未经 Adobe 公司和著作权所有者的书面许可，禁止商用以及任何形式的发布、共享、分发。请不要在公众媒体上公开发布使用课程文件制作的视频，这些公众媒体包括但不限于社交网络或视频网站（比如 YouTube、Vimeo）。相关版本声明请阅读本书版权页。

如果你购买的是纸质版，可以从随书光盘（位于封底内侧）将课程文件复制到硬盘上，步骤如下。

1. 使用 Finder（macOS）或文件夹浏览器（Windows）打开随书光盘。

2. 使用鼠标右键单击 Lessons 文件夹，从弹出菜单中选择【复制】选项。

3. 打开保存 Premiere Pro 项目的文件夹，单击鼠标右键，从弹出菜单中选择【粘贴】选项。

 提示：如果你没有专门用来存放视频文件的硬盘，可以把课程文件存放到计算机桌面上，既方便查找又方便使用。

重新链接课程文件

课程文件中的 Premiere Pro 项目含有指向特定媒体文件的链接。当你把这些文件复制到一个新位置并第一次打开项目时，需要更新链接。

 提示：如果媒体文件存储在多个位置，那么你可能需要多次搜索才能为项目重新链接好所有媒体文件。

打开一个项目时，如果 Premiere Pro 找不到链接的媒体文件，那么会弹出【链接媒体】对话框，要求重新链接脱机文件。此时，从列表中选择一个脱机剪辑，单击【查找】按钮，弹出一个浏览面板，然后查找目标文件。

在【查找文件】对话框中，使用左侧导航器找到 Lessons 文件夹，单击【搜索】按钮，Premiere Pro 会查找 Lessons 文件夹中的媒体文件。单击【搜索】按钮前，选择【仅显示精确名称匹配】，可以隐藏其他所有文件，便于精确查找目标媒体文件。

查找到目标文件后，在【查找文件】对话框顶部显示出目标文件的最后路径、文件名以及当前所在的路径和文件名。选择目标文件，单击【确定】按钮。

默认情况下，重新链接其他文件的选项是开启的，一旦重新链接一个文件，其他文件就会自动重新链接。

如何使用本书

本书课程采用步骤式讲解。有些课程内容相对独立，但是许多课程建立在前面课程的基础之上。因此，学习本书最好的方式是按照顺序从头到尾逐课学习。

本书按照实际使用顺序介绍各种技能和技术，先从导入媒体文件（比如视频、音频、图像）开始，再创建序列，添加效果、美化音频，最后导出项目。

许多页面还包含【注意】和【提示】，这部分内容通常用来解释某种特定技术或提供其他操作方法。虽然这些内容不要求必须仔细阅读，或按照里面的方法去做，但是如果时间允许，我还是建议你阅读一下，那些内容能够加深你对后期制作的理解。

学完本书全部课程后，你会对视频后期制作流程形成清晰的了解，并且能够掌握视频编辑所需的各种技能。

在本书的学习过程中，你会发现前面学过的课程和基本编辑技术非常有帮助。这是因为高级工作流程都建立在基本操作基础上。

本书重点讲解的是常用的视频制作技术，编辑者每天都在使用这些技术制作电影、电视和在线视频。在学习过程中尝试使用不同的方法来实现同一个效果，有助于提高技能。在学习新的技术技能时，尝试使用批判的眼光观看由有经验的编辑制作的视频，了解他们在制作流程中使用了哪些技术。一旦掌握了制作流程，你就会发现那些最简单的技术是最有效的。

熟能生巧，仅此而已！

更多资源

本书的写作目的并不是取代软件说明文档，不会详细讲解软件的每个功能，只讲解课程中用到的命令和菜单。有关 Premiere Pro 功能与教程的更多信息，请参考如下资源，你可以从软件的 Help 菜单中选择相应的命令来找到它们，也可以单击【主页】界面中的【学习】按钮（在第 1 课中讲解），在【学习】选项卡中查找这些资源。

资源与支持

本书由"数艺设"出品,"数艺设"社区平台(www.shuyishe.com)为您提供后续服务。

配套资源

实例效果源文件:书中所有实例的效果图源文件。

资源获取请扫码

"数艺设"社区平台,为艺术设计从业者提供专业的教育产品。

与我们联系

我们的联系邮箱是 szys@ptpress.com.cn。如果您对本书有任何疑问或建议,请您发邮件给我们,并请在邮件标题中注明本书书名及 ISBN,以便我们更高效地做出反馈。

如果您有兴趣出版图书、录制教学课程,或者参与技术审校等工作,可以发邮件给我们;有意出版图书的作者也可以到"数艺设"社区平台在线投稿(直接访问 www.shuyishe.com 即可)。如果学校、培训机构或企业想批量购买本书或"数艺设"出版的其他图书,也可以发邮件联系我们。

如果您在网上发现针对"数艺设"出品图书的各种形式的盗版行为,包括对图书全部或部分内容的非授权传播,请您将怀疑有侵权行为的链接通过邮件发给我们。您的这一举动是对作者权益的保护,也是我们持续为您提供有价值的内容的动力之源。

关于"数艺设"

人民邮电出版社有限公司旗下品牌"数艺设",专注于专业艺术设计类图书出版,为艺术设计从业者提供专业的图书、U 书、课程等教育产品。出版领域涉及平面、三维、影视、摄影与后期等数字艺术门类,字体设计、品牌设计、色彩设计等设计理论与应用门类,UI 设计、电商设计、新媒体设计、游戏设计、交互设计、原型设计等互联网设计门类,环艺设计手绘、插画设计手绘、工业设计手绘等设计手绘门类。更多服务请访问"数艺设"社区平台 www.shuyishe.com。我们将提供及时、准确、专业的学习服务。

目　录

第1课 了解Adobe Premiere Pro

课程概览

本课包括如下内容：

- 非线性编辑；

- 了解标准数字视频工作流程；

- 使用高级功能增强工作流程；

- 了解工作区；

- 定制工作区；

- 设置键盘快捷键。

 　　学习本课大约需要 60 分钟。请先准备好本课要用到的课程文件，并把课程文件保存到你计算机中的合适位置下。

Adobe Premiere Pro 是一个视频编辑系统，它支持最新技术和摄像机，拥有各种易用且功能强大的工具。借助这些工具，Adobe Premiere Pro 几乎可以集成所有视频采集源。

1.1　课程准备

长期以来，人们对高质量视频内容的需求越来越强烈，现在视频制作和编辑人员处在一个新旧技术快速变化的环境之下。摄像机系统日新月异，发布方式层出不穷，社交网站影响力不断扩大，但是视频编辑的目标始终未变：获取源素材，然后根据设想进行编辑，最终实现与观众的有效交流。

Adobe Premiere Pro 为我们提供了一个视频编辑系统，它支持最新技术和摄像机，拥有大量功能强大且易于使用的工具。借助这些工具，我们几乎可以集成所有媒体（包括 VR 视频）、第三方插件，以及其他后期制作工具。

本课中，我们先讲解大多数编辑所采用的基本后期制作流程，然后介绍 Premiere Pro 界面的主要元素，再学习定制工作区的方法。

1.2　使用 Premiere Pro 做非线性编辑

Premiere Pro 是一款非线性视频编辑软件。类似于文字处理程序，Premiere Pro 允许你在视频编辑项目中任意放置、替换、移动视频、音频、图像，调整时无须按照特定顺序进行，并且允许你随时调整项目的任意部分，这些都是非线性编辑的优势所在。

在 Premiere Pro 中，你可以将多个视频片段（称为"剪辑"，clip）组合起来，创建一个序列。并且你可以按照任意顺序编辑序列的任意部分，然后更改内容或移动视频剪辑，控制这些剪辑的播放顺序。你还可以把多个视频图层混合在一起，更改图像大小、调整颜色、添加特殊效果、做混音等。

在 Premiere Pro 中，你可以把多个序列组合在一起，跳转到视频剪辑或序列的任意一个时间点，而无须做快进或倒带操作。在 Premiere Pro 中组织视频剪辑就像组织计算机中的文件一样简单。

Premiere Pro 支持多种媒体文件格式，包括 XDCAM EX、XDCAMHD 422、DPX、DVCProHD、QuickTime、AVCHD（包括 AVCCAM 与 NXCAM）、AVC-Intra、DSLR 视频、Canon XF。此外，还对 RAW 视频格式提供原生支持，这包括使用 RED、ARRI、Sony、Canon、Blackmagic 摄像机拍摄的视频（见图 1-1），并且对 360° 全景视频和手机视频格式提供支持。

> **Pr** 　**注意：** 在胶片电影制作时代，剪辑师在编辑电影胶片时会把一段段胶片从胶片卷上剪下来，"剪辑"（clip）一词由此而来。

Premiere Pro 对 RED 摄像机的 RAW 视频格式提供了原生支持，其包含的设置可以控制视频文件的解释方式。

图 1-1

1.2.1　使用标准数字视频工作流

在获取一些编辑经验之后，对于编辑项目不同部分的先后顺序，你会形成自己特有的习惯。在一个项目的处理过程中，每个阶段需要花费的时间不同，使用的工具也不同。此外，有些项目中，某个阶段可能比其他阶段需要花费更多时间。

在处理一个项目时，对于某些阶段，不论是快速跳过，还是花几个小时（或者几天）精雕某个细节，所遵循的步骤大致都是相同的，如下。

1. 获取素材：包括为项目录制原始素材、新建动态内容、从素材网站选择素材、收集各种素材。

2. 把视频收录到硬盘存储器：对于基于文件的素材，Premiere Pro 可以直接读取素材文件，这个过程中通常不需要做转换。如果使用的是基于文件的素材，需要对素材文件进行备份，防止因磁盘意外故障而丢失素材。对于基于磁带的视频素材，Premiere Pro 会（借助于合适的硬件）将视频转换成数字文件。在视频编辑中，若要保证视频流畅播放，建议使用读写速度快的存储器。

3. 组织剪辑：一个项目涉及的视频素材可能有很多，我们需要从众多素材中选出项目真正需要的。为了方便选择，最好认真组织视频素材，把各个剪辑放入项目的不同文件夹中。此外，我们还可以为不同视频素材添加不同颜色的标签与元数据（元数据是剪辑的额外信息），以便更好地对它们进行分类。

4. 创建序列：有选择性地把需要的视频和音频片段组合成一个或多个序列。

5. 添加过渡：在各段剪辑之间添加特定的过渡效果，添加视频效果，将剪辑放在多个图层（对应于时间轴中的【轨道】）上创建合成视觉效果。

6. 创建或导入标题、图形、字幕：将标题、图形、字幕与视频剪辑一起添加到序列中。

7. 调整混音：调整音频剪辑的音量，使混音效果恰到好处，并向音频剪辑应用过渡和效果来改善声音。

8. 输出：将处理完的项目导出为文件或输入录像带。

对于上面每一个步骤，Premiere Pro 都提供了业界领先的支持工具。此外，Premiere Pro 还有一个由创意人士、技术专家组成的庞大社区，这个社区中包含大量分享 Premiere Pro 使用经验的文章，而且为用户在视频编辑行业中的成长提供帮助和支持。

1.2.2 使用 Premiere Pro 增强工作流

Premiere Pro 不仅为我们提供了易于使用的视频编辑工具，还提供了许多高级工具，借助这些工具，你可以更好地管理、调整、精调项目。

在最初几个项目中，你可能不会用到下面所有功能。不过，随着经验的增长，以及对非线性编辑理解的加深，你可能想进一步提高自己的技术水平。

由于篇幅限制，本书不可能把 Premiere Pro 的所有创意工具和功能进行详细介绍。尽管如此，本书还是会尽量把 Premiere Pro 的一些高级功能介绍给大家，以便大家进一步学习，从而提高自身技术水平。

本书将会讲解如下主题。

- 高级音频编辑：Premiere Pro 提供了其他非线性编辑软件无可比拟的音频效果和音频编辑工具。在 Premiere Pro 中，你不仅可以做音轨混合，还可以消除噪声、减少混响、编辑取样电平、向音频剪辑或整个音轨应用多种音频效果、使用最先进的 VST（虚拟演播室技术）插件。

- 颜色校正与分级：在 Premiere Pro 中，你可以使用许多高级颜色校正滤镜（包括 Lumetri 这个专用的颜色校正和分级面板）来校正和调整视频素材的颜色和外观。你还可以做二次颜色校正选择，调整分离颜色，调整图像的所选区域，以及自动在两个图像之间匹配颜色。

- 关键帧控制：在 Premiere Pro 中，即使不使用专门的合成和运动图形软件，也可以精确控制视觉效果和运动效果的显示时机。关键帧使用了统一的界面设计，只要掌握了如何在 Premiere Pro 中使用它们，则可以使用所有 Adobe Creative Cloud 产品中的关键帧。

- 广泛的硬件支持：Premiere Pro 支持大量专用输入和输出硬件，你可以根据自身需求和预算，从而选择需要的硬件组建系统。不论是桌面型计算机、笔记本电脑，还是高性能工作站，你都可以使用 Premiere Pro 系统轻松编辑 3D 立体、HD、4K、8K、360° VR 视频。

- GPU 加速：水银回放引擎（Mercury Playback Engine）有两种工作模式：仅 Mercury

Playback Engine 软件、Mercury Playback Engine GPU 加速（用来增强回放性能）。GPU 加速模式需要工作站的显卡满足一定条件。2GB 以上的显卡都可以处理大部分专用视频内存。

- 多摄像机编辑：你可以快速、轻松地编辑使用多摄像机拍摄的素材。Premiere Pro 在分屏视图中显示多个摄像机源，你可以通过单击相应屏幕或使用键盘快捷键来选择一个摄像机视图。你可以根据音频剪辑或时间码自动同步多台摄像机的角度。

- 项目管理：在 Premiere Pro 中，你可以通过一个单独的对话框管理媒体，包括查看、删除、移动、搜索、重组剪辑和文件夹。通过把序列中用到的素材复制到一个位置来合并项目，删除未使用的素材文件，节省存储空间。

- 元数据：Premiere Pro 支持 Adobe XMP 文件，它存储素材文件的元数据，许多应用程序都可以访问这些数据，用来查找剪辑或读取评级、版权信息等。

- 创意片头：使用基本图形面板创建片头和图形。你还可以在 Premiere Pro 中使用由其他软件创建的图形，将 Adobe Photoshop 文档作为拼合图像整体导入，或作为单独图层导入，并有选择性地进行合并、组合、制作动画。你还可以导入 Adobe After Effects 动态图形模板，并直接在 Premiere Pro 中进行调整。

- 高级修剪：在 Premiere Pro 中，使用特殊的修剪工具可以精确调整序列中剪辑的起始点和结束点。Premiere Pro 不但提供了快捷、便利的修剪快捷键，还提供了修剪工具的可视界面，以允许你对多段剪辑进行复杂的时序调整。

- 媒体编码：在 Premiere Pro 中，导出序列以创建符合需要的视频和音频文件。借助 Adobe Media Encoder 的高级功能，使用预设或首选项设置将最终序列以多种格式导出。文件导出期间，你可以应用颜色调整和信息叠加。媒体文件通过简单步骤就可以上传到社交媒体平台。

- 360° VR 视频：编辑、制作 360° 视频素材时会用到一种特殊的 VR 视频显示模式，这种模式能够展示图像的特定区域，借助 VR 头盔，你可以同时看到视频素材和编辑后的剪辑，从而获得更自然、直观的编辑体验。此外，Premiere Pro 还提供了多种专用于 360° 视频的视觉特效。

1.3 扩展工作流

尽管 Premiere Pro 可以作为独立的应用程序使用，但是其实它也可以与其他应用程序一起使用。Premiere Pro 是 Adobe Creative Cloud 的一部分，因此你可以访问其他许多专业工具。

了解这些软件间的协同工作方式，不仅可以提高工作效率，还可以为你的创作带来更大自由。

1.3.1 把其他软件纳入编辑工作流

Premiere Pro 是一个全能型的视频、音频后期制作工具，但说到底它也只是 Adobe Creative Cloud 其中的一个软件。Adobe Creative Cloud 包含 Adobe 公司推出的一整套用于支持打印、Web 和视频的软件，这些软件可以完成如下功能。

- 创建高级 3D 动态效果。
- 创建复杂文本动画。
- 制作带图层的图形。
- 创建矢量作品。
- 制作音频。
- 媒体管理。

为了在实际工作中使用上述功能，可能需要使用 Adobe Creative Cloud 中的其他软件。Adobe Creative Cloud 套装中包含制作高级、专业视频所需要的一切工具。

Adobe Creative Cloud 中的其他软件如下。

- Premiere Rush：这是一款用于移动设备的轻量型视频编辑工具，它创建的项目与高级视频编辑软件 Premiere Pro 兼容。
- Adobe After Effects：这是一款十分受动态图形设计师、动画师、视觉效果艺术家欢迎的工具。
- Adobe Character Animator：该工具使用网络摄像头跟踪人物面部，并结合使用键盘快捷键，为 2D 木偶制作自然、逼真的动画。
- Adobe Photoshop：这是一款专业的图形图像处理软件。你可以使用它处理照片、视频、3D 对象，以便将它们应用到项目中。
- Adobe Audition：这款工具功能强大，用于音频编辑、音频去噪和美化、音乐创作和调整，以及多声道混合等。
- Adobe Illustrator：这是一款专业的矢量图形制作软件，广泛用于印刷、视频、Web 制作中。
- Adobe Media Encoder：这是一个视频和音频编码软件，用来以各种分发格式对 Premiere Pro、Adobe After Effects、Audition 创建的项目文件进行编码输出。
- Adobe Dynamic Link：该工具用来消除转移素材时软件之间的中介演算，允许我们实时处理在 After Effects、Audition、Premiere Pro 之间共享的素材、合成、序列。

1.3.2 了解 Adobe Creative Cloud 视频工作流

不同制作需求所使用的 Premiere Pro 和 Creative Cloud 工作流有很大不同。下面介绍的是一个常见的工作流程。

- 首先使用 Photoshop CC 对来自于数码相机、扫描仪、视频剪辑的静态图像或包含图层的图像进行修饰并应用效果。然后，将它们作为素材在 Premiere Pro 中使用。你在 Photoshop 中所做的调整会立即在 Premiere Pro 中体现出来。

- 直接把剪辑从 Premiere Pro 时间轴发送到 Adobe Audition，做音频去噪和美化。你在 Audition 中所做的调整会立即在 Premiere Pro 中体现出来。

- 发送整个 Premiere Pro 序列到 Adobe Audition，完成专业音频混合，包括兼容效果和电平调节。Premiere Pro 可基于编辑的序列创建一个 Adobe Audition 会话，其中包含视频，因此你可以在 Audition 中根据行为组织和调整电平。

- 使用 Dynamic Link，在 Premiere Pro 中打开使用 After Effects 制作的视频合成。在 After Effects 中应用特效、添加动画和视觉元素。你在 After Effects 中所做的调整会立即在 Premiere Pro 中体现出来。

- 使用 After Effects 创建动态图形模板，这些动态图形模板可以在 Premiere Pro 中直接编辑。借助专用控件，你可以对模板做特定类型的修改，同时保持模板原有的外观和感觉。

- 使用 Adobe Media Encoder 以多种分辨率和编码器导出视频项目，以便在网站、社交媒体上展示，或用于存档。借助于内置的预设、效果以及集成的社交媒体支持，你可以将视频直接从 Premiere Pro 上传至社交媒体平台。

本书大部分内容主要讲解 Premiere Pro 工作流。但是，也会介绍一些在自己的工作流中使用其他 Adobe Creative Cloud 软件的方法，以便帮助大家创建出更好的效果和作品。

1.4 Premiere Pro 界面概览

我们先来了解 Premiere Pro 软件的用户界面，以便在后续课程的学习中快速找到需要使用的工具。为了方便配置用户界面，Premiere Pro 软件为我们提供了多种【工作区】。使用【工作区】可以快速在屏幕上配置各种面板和工具，以满足特定任务的处理要求，比如编辑、应用特效或音频混合。

我们先从【编辑】工作区开始介绍。这里不会用到任何课程文件，但是在后面内容的学习中，我们会用到随书光盘中的一个 Premiere Pro 项目。如果你使用的是电子书，需要先从网上下载课程文件。正式开始之前，需要先把所有课程文件夹和内容存储到计算机硬盘上。

然后启动 Premiere Pro 软件，首先显示出的是【主页】界面。

如图 1-2 所示，最初几次启动 Premiere Pro 时，【主页】界面中显示的是在线培训视频的链接，用来帮助你入门。

图 1-2

第一次启动 Premiere Pro 时【主页】界面中显示的是在线培训视频的链接。

如果之前你曾经打开过一些项目,【主页】界面中间会显示一个列表,展示最近使用的项目(见图 1-3)。你可以把鼠标放到一个最近项目上,此时会在一个弹出式窗口中显示项目文件的位置。随着最近项目列表内容增加,那些指向在线培训视频的链接会被移除,以便为列表腾出空间。

图 1-3

Premiere Pro 项目文件中包含你对项目的所有奇思妙想、指向所选媒体文件的链接(也称为"剪辑")、由剪辑组合而成的序列、特效设置等。Premiere Pro 项目文件的扩展名为 .prproj(见图 1-4)。

在 Premiere Pro 中处理项目就是对项目文件做出调整。你需要新建一个项目文件,或者打开一个已有的项目文件，才能使用 Premiere Pro 提供的各种功能和工具。

如图 1-5 所示，【主页】窗口中有几个重要按钮，其中有些按钮看起来像文本，但是它们其实是可以进行点击的（要特别留意 Premiere Pro 用户界面中那些看起来像文本的按钮）。

· 新建项目：新建一个空白项目文件。项目文件的名称可以任意指定，但最好选择那些方便识别的名称（换言之，不要使用【未命名项目】这样的名称）。

· 打开项目：单击该按钮，弹出【打开项目】对话框，浏览磁盘上的项目文件，打开一个已有的项目。也可以在 macOS Finder 或 Windows Explorer 中双击一个已有的项目文件，将其在 Premiere Pro 中打开（见图 1-6）。

图 1-4   图 1-5   图 1-6

· 主页：单击【同步设置】后，单击【主页】可以再次显示最近项目列表。

· 同步设置：允许在多台计算机上同步用户设置。

· 打开 Premiere Rush 项目：在 Premiere Pro 中打开一个已有的 Premiere Rush 项目。任何使用 Premiere Rush 创建的项目都可以在这里打开，前提是使用相同的账户登录到 Premiere Pro 中。

接下来，我们尝试打开一个已有项目。

1. 单击【打开项目】按钮。

2. 在【打开项目】对话框中，导航至 Lessons 文件夹中的 Lesson 01 文件夹之下，然后双击 Lesson 01.prproj 文件，将其打开，接下来会用到它。

> **Pr** 注意：最好把课程资源文件复制到计算机硬盘上，有些课程还会用到前面课程中的资源文件。

当打开一个已有项目文件时，可能会弹出【链接媒体】对话框，询问某个媒体问题的位置。当原始素材文件的存储位置与当前所用文件不同时，弹出【链接媒体】对话框。此时，你需要告诉 Premiere Pro 文件在哪里。

【链接媒体】对话框中有一个包含缺失项的列表，并且第一个已经处于高亮显示状态。单击对话框右下角的【查找】按钮。

查找文件对话框的顶部会显示文件的【最后路径】（文件最后已知位置）和【路径】（当前浏

览的位置)。

在左侧文件夹中导航至 Lessons/Assets 文件夹下,单击右下角的【搜索】按钮。Premiere Pro 会搜索缺失文件,并在窗口右侧将其高亮显示出来。选择查找到的文件,单击【确定】按钮。Premiere Pro 会为其他缺失文件记录这个位置,并自动重新链接。

1.5 自己动手:编辑第一个视频

首先,我们一起编辑一个简单的视频,亲身体验 Premiere Pro 的主要功能。

在这个练习中,我们会对项目文件做一些修改,但是需要先对项目文件进行备份下。然后,将 Premiere Pro 的用户界面重置为默认状态,以确保书中展示的界面与你在计算机屏幕上看到的界面是相同的。然后,我们继续学习 Premiere Pro 的主要编辑工具和用户界面功能。

1. 在 Lesson01.prproj 处于打开的状态下,从菜单栏中依次选择【文件】>【另存为】菜单,在【保存项目】对话框中输入名称"Lesson 01 Working.prproj",单击【保存】按钮。

2. 从菜单栏中依次选择【窗口】>【工作区】>【编辑】,进入【编辑】工作区下(有关工作区的更多内容,请阅读 1.6 节)。

3. 从菜单栏中依次选择【窗口】>【工作区】>【重置为保存的工作区】,把工作区重置为默认状态。

如图 1-7 所示,该项目中包含大量视频剪辑,其中有些视频剪辑已经被添加到一个序列之中,如时间轴面板所示(有关面板的更多内容,请阅读 1.6 节)。

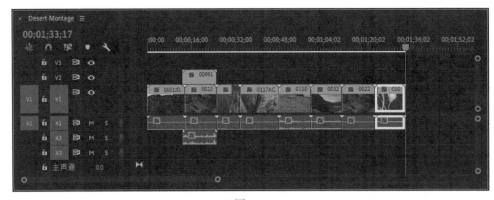

图 1-7

接下来,我们再往序列中添加一些剪辑。

> **Pr** **注意:**与其他面板不同,时间轴面板不会在标题栏中显示自身名称,标题栏中显示的是当前序列的名称,这里是 Desert Montage。

4. 在时间轴面板中,有一个时间标尺(也称为"时间轴"),上面带有一个蓝色的播放滑块(又叫作"当前时间指示器")。该播放滑块与其他视频播放器中的播放滑块是相同的。

5. 将播放滑块拖曳到时间轴的最左端，如图 1-8 所示。

6. 按空格键，播放当前序列。节目监视器（位于程序界面的右上角）中会显示当前播放的序列内容。

程序界面的左下角有一个【项目】面板，其中包含当前项目用到的所有剪辑和其他资源。项目面板名称中包含当前项目的名称，这里是【项目：Lesson 01 Working】（见图 1-9）。

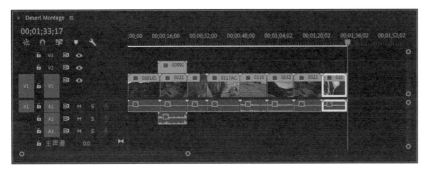

图 1-8

图 1-9

项目面板的左下角提供了两种视图（列表视图与图标视图），允许你以不同的方式查看面板内容。

7. 单击【图标视图】（■）。

在图标视图下，视频剪辑以缩览图形式展现。借助这种缩览图，可以方便地查看视频剪辑中的内容。

8. 将名为 0001JD.mp4 的剪辑从项目面板拖入当前序列中，如图 1-10 所示。拖曳时，确保拖曳的是剪辑的缩览图，而非剪辑名称。

9. 在已有序列的末尾释放鼠标左键，将 0001JD.mp4 剪辑插入序列中。

如果将新剪辑与序列中的现有剪辑对齐，可以发现新剪辑会被放到与现有剪辑末端完全对齐的位置上。

图 1-10

10. 向下滚动项目面板，再找几个剪辑，将它们逐个拖入序列中，如图 1-11 所示。

不论什么情况下，你都可以随时把时间轴面板中的播放滑块拖曳到序列的起始位置，然后按空格键进行播放。

11. 向序列中添加好几个剪辑之后，播放序列，查看结果。

在时间轴面板中，你可以把播放滑块拖曳到时间标尺的任意位置上，然后从那个位置进行播放。

在时间轴面板中，除视频剪辑外，还有一个名为 Desert Montage 的序列，它就是当前序列，如图 1-12 所示。在 Premiere Pro 中，你甚至还可以把 Desert Montage 序列从项目面板拖入当前序列中，即 Premiere Pro 允许序列自己嵌套自己，但是在这样做之前，请认真考虑是否确实需要这样做。

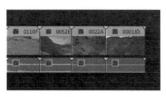

图 1-11

图 1-12

项目面板中既有剪辑又有序列。在一个项目中，你可以创建任意多个序列，每个序列缩览图的右下角会有一个专门用来标识序列的图标（），表示这个序列由多个剪辑组合而成。

到这里，你的第一个序列就编辑好了。

1.6 了解工作区

Premiere Pro 用户界面由多个面板组成，每个面板都有特定的用途。例如，效果面板列出了所有可以应用到剪辑的效果，而效果控件面板允许我们修改这些效果的设置。

工作区包含一系列预先排列好的面板，借助这些面板，我们可以更快、更轻松地完成特定任务。不同工作区适合用来完成不同的任务，比如编辑工作区适合做编辑任务，音频工作区适合处理音频，颜色工作区适合调整颜色等。

虽然你可以从 Premiere Pro 的【窗口】菜单访问各个面板，但是通过工作区，你可以更快地访问多个面板，并且各个面板都是按照需求准确排列的，所有这些只需要执行一步操作即可实现。

在程序界面顶部的工作区面板中，选择【编辑】工作区，确保当前处于【编辑】工作区中。

然后，在工作区面板中，单击编辑选项卡右侧的面板菜单图标（▤），从中选择【重置为已保存的布局】，重置编辑工作区。

若工作区面板未显示，需要先从菜单栏中依次选择【窗口】>【工作区】>【编辑】，再选择【窗口】>【工作区】>【重置为已保存的布局】来重置编辑工作区。

在工作区面板中，显示有各种工作区的名称，如图 1-13 所示。

图 1-13

其实，这些工作区名称就是按钮，你可以像单击按钮一样单击它们。这种优雅的设计在Premiere Pro 的许多地方都可以看到。

如果不熟悉非线性编辑，看到编辑工作区中的各种按钮和菜单可能会有些犯晕。但是了解这些按钮的功能之后，你会发现它们其实很简单。这样的界面设计旨在简化视频编辑，方便用户随时访问常用的控件，非常快捷。

工作区由各种面板组成，你可以把多个面板放置在一个面板组中，这样可以大大节省空间。面板组中所有面板的名称都显示在面板顶部。单击面板名称，即可打开相应面板，如图 1-14 所示。

图 1-14

当面板组中包含多个面板时，有些面板名称可能无法在面板顶部显示出来，此时面板右上角会出现一个双箭头图标，单击该图标，将弹出一个菜单，其中列出了该面板组中的所有面板，如图 1-15 所示。

图 1-15

在菜单栏的【窗口】菜单中选择相应面板，即可将其显示出来。如果找不到某个面板，只要在【窗口】菜单中勾选它，即可将其显示出来。

Premiere Pro 的主要界面元素如下，如图 1-16 所示。

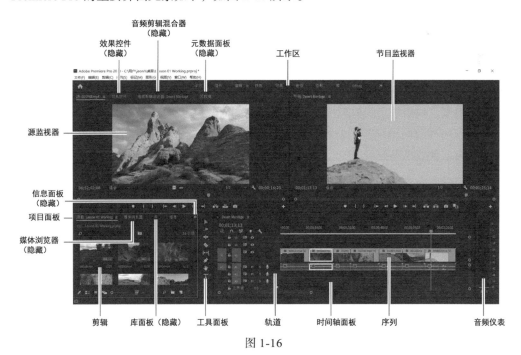

图 1-16

其中重要的界面元素如下。

- 项目面板：你可以在这个面板中组织剪辑（指向素材文件的链接）、序列、图形的链接。【素材箱】类似于文件夹，你可以把一个素材箱放入另一个素材箱中，以便更好地组织媒体资源。

- 时间轴面板：大部分编辑工作都在这里完成。你可以在时间轴面板中查看和处理序列（这是一个术语，指一起编辑的视频片段）。序列可以嵌套，即你可以把一个序列放入另一个序列中。借助于序列，我们可以把一个作品拆分为多个部分，对各个部分分别进行处理，或者创建独一无二的特效。

- 轨道：用户可以将视频剪辑、图像、图形、字幕分层堆放（或合成）到数量不限的轨道上。在时间轴上，位于上方视频轨道上的视频和图形剪辑会覆盖其下方的内容。如果要把底层轨道上的剪辑显示出来，需要调整高层轨道上剪辑的透明度，或减小其尺寸。

- 监视器面板：使用源监视器（位于左侧）来查看和选择部分剪辑（原始素材）。在项目面板中，双击某个剪辑，即可源监视器中查看剪辑。节目监视器（位于右侧）用来查看时间轴面板中显示的当前序列。

- 媒体浏览器：在该面板中，我们可以搜索硬盘查找指定媒体文件，以便导入项目中。媒体浏览器特别适合用来查找基于文件的摄像机素材和 RAW 文件。

- 库：借助该面板，我们可以访问自定义的 Lumetri 颜色外观、动态图形模板、图形，以及协作共享库。该面板还充当 Adobe Stock 服务的浏览器和商店。请访问帮助页面获取更多信息。

- 效果面板：该面板（见图 1-17）中包含可应用到序列上的大部分效果，包括视频滤镜、音频效果、过渡。这些效果都是按类型分组的，方便查找。面板顶部有一个搜索框，通过输入搜索关键字即可快速查找到所需要的效果。效果一旦被应用，其控制参数就会在效果控件面板中显示出来。

- 效果控件面板：当把一个效果应用到一个剪辑之后，该效果的控件就会在效果控件面板中显示出来。应用效果的剪辑可以是从序列中选择的，也可以是在源监视器或项目面板中打开的。当在时间轴面板中选择一个视频剪辑时，运动、不透明度、时间重映射都是可用的。大多数效果参数可以随时间进行调整。

- 音频剪辑混合器：该面板（见图 1-18）看起来像是音频制作工作室中使用的硬件设备，带有音量滑块和左右声道控件。时间轴上的每个声道都有一套控件。你在该面板中做出的调整会应用到音频剪辑上。还有一个音频轨道混合器，用来把音频调整应用到轨道而非剪辑上。

- 工具面板：该面板（见图 1-19）中的每个图标都对应于一个工具，用来在时间轴中执行特定功能。选择工具与上下文相关，单击不同位置，其功能会随之发生变化。如果发现鼠标工作不正常，很有可能是因为工具选错了。

仔细观察，你会发现一些图标的右下角有一个三角形标志，这表明该图标下包含多个工具。

此时，把光标移动到图标上，按下鼠标左键不放，就会弹出一个工具列表。

- 信息面板：当你从项目面板中选择一个素材，或者从序列中选择一个剪辑或过渡时，相关信息就会在信息面板中显示出来。
- 历史面板：这个面板会跟踪记录你执行的操作，方便撤销之前的操作。当从历史面板中选择一个步骤时，该步骤之后的所有操作都会被撤销。

效果面板

图 1-17

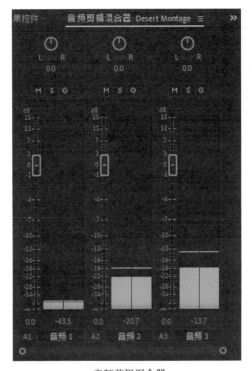

音频剪辑混合器

图 1-18

工具面板

图 1-19

大多数面板的名称显示在面板顶部。当某个面板处于打开状态时，该面板的名称下面会出现下划线，并且面板外围会出现蓝色线框，同时在面板名称右侧出现一个三道线图标（▤），它是一个面板菜单，其中包含的选项与所选面板相关。

1.6.1 使用【学习】工作区

Premiere Pro 为我们提供了多种工作区，每种工作区都针对于特定的处理活动，但是 Learning（学习）工作区是个例外。该工作区包含【学习】面板，其中含有一系列 Premiere Pro 教程，帮助大家快速熟悉 Premiere Pro 的用户界面和一些常用的技巧。

这些教程是本书练习很好的补充。建议大家先学习本书内容，并进行相关练习，然后再学习【学习】面板中的相关教程，借此进一步巩固所学的知识。

1.6.2 自定义工作区

除选择 Premiere Pro 提供的工作区外，我们还可以自己动手调整面板的位置，创建符合自己需要的工作区。你可以针对不同任务创建不同工作区。

- 调整一个面板或面板组的尺寸时，其他面板的尺寸也会随之一起改变。
- 面板组中的每个面板都可以通过单击其名称来访问。
- 所有面板都是可移动的，你可以把一个面板从一个组拖曳到另一组。
- 也可以把一个面板从面板组中拖离，使其成为单独的浮动面板。
- 双击某个面板的名称，可以在全屏与原始尺寸之间切换面板尺寸。

接下来，我们将尝试调整几个面板，自定义一个工作区并将其保存。

1. 在项目面板中，双击 0022AO.mp4，将其在源监视器中打开。注意，这里双击的是 0022AO.mp4 画面缩略图，而非 0022AO.mp4 这个名称，双击名称会进入重命名状态。

> **Pr** **注意**：尽管源监视器和节目监视器中不包含【面板】（panel）这个词，但是它们的行为和面板非常相似。

2. 源监视器和节目监视器之间有一个垂直分隔栏，将光标置于该分隔栏上。此时，光标会变成双箭头（![双箭头]）。按下鼠标左键，向左、右拖曳可以改变监视器窗口的大小。在后期制作的不同阶段，你可以根据视频显示的需要随时调整监视器窗口的大小，如图 1-20 所示。

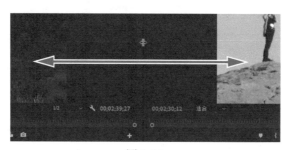

图 1-20

3. 在节目监视器和时间轴面板之间有一个水平分隔栏，将光标置于水平分隔栏上。此时，光标会变成双箭头，按下鼠标左键，上下拖曳可以调整各个窗口的大小。

4. 单击媒体浏览器面板名称，并按下鼠标左键不放，将其拖曳到源监视器中央区域上，此时，源监视器的中央区域出现蓝色矩形（投放区域）。释放鼠标左键，媒体浏览器面板会加入面板组中，如图 1-21 所示。

5. 默认情况下，效果面板和项目面板同在一个面板组中。将光标放到效果面板名称上，按下鼠标左键不放，将其拖至所在面板组的右侧区域，此时，面板右侧区域出现一个蓝色梯形区域，如图 1-22 所示。释放鼠标，此时效果面板显示在一个独立的面板组中。若效果面板未显示，可以从【窗口】菜单中选择它，将其打开。

投放区域高亮显示出来

图 1-21

图 1-22

当通过面板名称拖曳面板时，Premiere Pro 会显示出投放区域。若高亮显示的投放区域为矩形，则释放鼠标后，被拖曳的面板会添加到目标面板组中。若投放区域是梯形，则 Premiere Pro 会新建一个面板组，用来存放被拖曳的面板。

此外，还可以把面板放入它们自己的浮动窗口中。

6. 按住 Command 键（macOS）或 Ctrl 键（Windows），将源监视器拖离其所在的面板组，如图 1-23 所示。

图 1-23

7. 将源监视器拖放到任意位置，创建一个浮动面板。拖曳浮动面板的边缘或转角，调整面板大小。

> **Pr** | 注意：你可能需要调整面板的尺寸，才能看到其中包含的所有控件。

随着经验的增加，你可能想自己定制工作区，然后将其保存起来，以便日后使用。要保存工作区，首先从菜单栏中依次选择【窗口】>【工作区】>【另存为新工作区】菜单，然后在【新建工作区】对话框中输入工作区名称，单击【确定】按钮即可。

如果想把一个工作区恢复成其默认布局，只需从菜单栏中依次选择【窗口】>【工作区】>【重置为保存的布局】菜单，或者双击工作区名称即可。

> **Pr** **注意：** 在项目面板的面板菜单下，有【字体大小】菜单项，其中包含小、中等（默认）、大、特大几个选项，选择相应选项，可以改变字体大小。

8. 最后，选择 Premiere Pro 预设的【编辑】工作区，返回到默认工作区之下。

1.7 首选项简介

编辑的视频越多，根据自身需求定制 Premiere Pro 的愿望越强烈。Premiere Pro 提供了几种类型的设置。例如，对于面板菜单（单击面板名称右侧的三道杠图标（ ），即可打开面板菜单），不同面板菜单所包含的选项各不相同，序列中各个剪辑的设置需要使用鼠标右键点击访问。

显示在每个面板顶部的面板名称通常也称为"面板选项卡"，面板名称就像是一个手柄，你可以通过这个手柄来移动面板。

此外，还有应用程序首选项，这些选项都被分组到一个对话框中，访问起来十分方便。这里会深入讲解首选项，因为它们与本书的内容密切相关。下面让我们先看一个简单的例子。

1. 在 macOS 中，依次选择 Premiere Pro>【首选项】>【外观】；在 Windows 中，依次选择【编辑】>【首选项】>【外观】。

> **Pr** **注意：** 打开首选项对话框时，选择从哪个面板启动并不重要，因为借助对话框左侧列表中的菜单，可以快速切换到任意面板中。

2. 向右拖曳【亮度】滑块，增强软件界面亮度，如图 1-24 所示。

默认设置下，亮度是深灰色，这种颜色有利于用户观察颜色（人类对色彩的感知很容易受到周围颜色的影响）。除亮度滑块外，还有其他几个用来控制界面亮度的选项。

3. 调整【交互控件】和【焦点指示器】的亮度滑块。调整时，注意观察【示例】中颜色亮度的细微变化。调整这两个滑块可以为用户的编辑体验带来很大不同。

4. 单击各个滑块下面的【默认】按钮，恢复默认设置。

5. 在左侧列表中，单击【自动保存】按钮，切换到【自动保存】面板。

图 1-24

想象一下，我们对一个项目编辑了好几个小时，却突然停电。如果停电之前没有进行保存，则会丢失大部分处理工作。为了防止出现这个问题，Premiere Pro 为我们提供了多个 Auto Save（自动保存）选项。通过这些选项，你可以设置自动保存项目文件的时间间隔，以及要保存的版本数。做自动保存时，Premiere Pro 会将备份文件的创建日期和时间一起添加到文件名中。

相比于媒体文件，项目文件很小，所以增加项目的版本数量不会影响系统性能，你可以根据实际需要，适当增加项目的版本数量。

在【自动保存】面板下，还有一个【将备份项目保存到 Creative Cloud】选项，如图 1-25 所示。

勾选该选项，Premiere Pro 将会在 Creative Cloud Files 文件夹下为项目文件创建一个副本。工作期间，若遇到系统故障，你可以使用自己的 Adobe ID 登录到任意一个 Premiere Pro 编辑系统，访问项目备份文件，并迅速恢复工作。

图 1-25

此外，【自动保存项目】面板下还有一个【自动保存也会保存当前项目】选项。勾选该选项后，执行保存操作时，Premiere Pro 还会创建一个【紧急项目备份文件】，该项目文件是项目当前版本的一个副本，它们拥有相同的名称。当系统突然发生故障时（比如断电），你可以打开该文件，继续往下处理。

> **Pr** 注意：Premiere Pro 允许你同时打开多个项目。因此，在选项的文字描述中使用的是 project(s)，而非 project。

6. 单击【取消】按钮，关闭首选项对话框，不做任何修改。

1.8　使用和设置键盘快捷键

Premiere Pro 中大量使用了键盘快捷键。相比于鼠标操作，使用键盘快捷键执行操作会更快捷、更方便。有一些键盘快捷键在各种非线性编辑系统中是通用的，比如空格键用来启动播放和停止播放，这在有些网站中也是支持的。

有些标准的键盘快捷键来自于传统的胶片电影编辑。例如，I 键和 O 键用来为素材和序列设置入点和出点。这些特殊的标记点用来表示一个片段的起点和终点，最初是直接画在电影胶片上的。

此外，还有许多其他键盘快捷键可以使用，但是默认情况下并没有进行配置。这为你创建自己的编辑系统带来很大的灵活性。

1. 在 macOS 中，依次选择 Premiere Pro> 键盘快捷键；在 Windows 中，依次选择【编辑】>【快捷键】，打开【键盘快捷键】对话框，出现图 1-26 所示的界面。

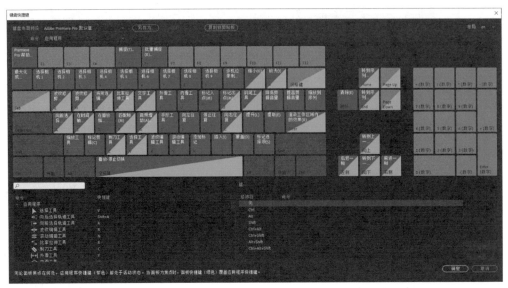

图 1-26

初次看到这么多键盘快捷键可能会让人不知所措。但不要担心，相信学完本书全部内容后，你可以记住其中大部分快捷键。有些键盘快捷键是针对于某些特定面板的。

2. 打开对话框顶部的【命令】菜单，从中选择一个面板名称，以便为其创建或编辑快捷键。

有些专用键盘各个键上印有快捷键标记，并且有彩色编码键，方便用户记忆常用的快捷键。

3. 在搜索框外部单击，取消选择搜索框，尝试按下 Command 键（macOS）或 Ctrl 键（Windows），出现图 1-27 所示的界面。

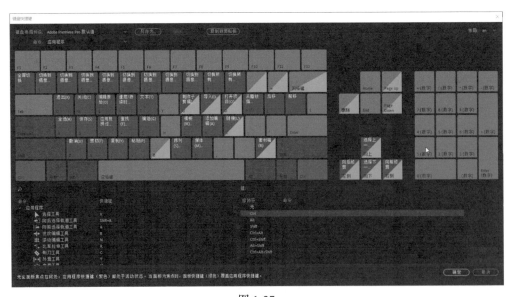

图 1-27

此时，界面中显示的键盘快捷键发生了变化，只显示那些与所按修饰键（这里是 Ctrl 键）搭配的快捷键。请注意，在使用某个修饰键时，可以看到有很多键并没有被分配快捷键，你可以根据自己的需要进行指定。

4. 建议尝试不同的修饰键组合，包括 Shift+Option（macOS）或 Shift+Alt（Windows）组合键。你可以使用任意修饰键组合设置键盘快捷键。

如果按下一个字符键，或者字符键和修饰键的组合，相应的快捷键信息就会显示出来。

对话框左下角列表中包含所有可以指定快捷键的命令。这个列表很长，你可以使用面板顶部的搜索框找到指定的命令。

5. 执行以下操作之一，更改键盘快捷键。

· 查找到想指定快捷键的命令后，将其从列表中拖曳到键盘的某个键上，即可完成快捷键的指派工作。这个过程中，如果同时按住修饰键，则修饰键也会被包含到快捷键中。

· 如果要清除某个快捷键，只要在键盘上单击相应键，然后单击右下角的【清除】按钮即可。

6. 单击【取消】按钮，关闭【键盘快捷键】窗口。

7. 保存项目更改，关闭项目文件。

1.9 移动、备份、同步用户设置

用户首选项包含大量重要设置项。大多数情况下，保持默认设置即可。但是有时，我们可能需要做一些调整，比如把软件界面调得稍微亮一些。

Premiere Pro 为我们提供了相关选项，用来实现在多台计算机之间共享用户首选项设置。安装 Premiere Pro 时，会要求你输入 Adobe ID 来确认软件许可证。你可以使用相同的 ID 将首选项存储到 Creative Cloud，这样每次安装 Premiere Pro，都可以同步和更新这些首选项。

你可以单击【主页】窗口中的【同步设置】来同步首选项，还可以从 Premiere Pro 菜单栏中依次选择【Premiere Pro CC】>【同步设置】>【立即同步设置】（macOS）或【文件】>【同步设置】>【立即同步设置】（Windows）同步首选项。

从菜单栏中依次选择【Premiere Pro CC】>【退出 Premiere Pro】（macOS）或【文件】>【退出】（Windows），关闭 Premiere Pro 软件。

此时会弹出一个对话框询问是否保存所做的更改，单击【否】按钮直接退出 Premiere Pro 软件。

1.10　复习题

1. 为什么 Premiere Pro 是一款非线性编辑软件？

2. 请描述最基本的视频编辑工作流。

3. 媒体浏览器有何用途？

4. 可以保存自定义工作区吗？

5. 源监视器和节目监视器有什么作用？

6. 如何使一个面板成为浮动面板？

1.11　复习题答案

1. Premiere Pro 允许你将视频剪辑、音频剪辑、图形放到序列的任意位置；允许重排序列中已有项目、添加过渡、应用效果；允许你按照特定的顺序进行视频编辑。使用 Premiere Pro 时不需要按照固定顺序操作。

2. 拍摄视频；将视频上传到计算机；在时间轴上组合视频、音频、静态图像剪辑以创建序列；添加效果和过渡；添加文本和图形；混合音频；导出最终作品。

3. 媒体浏览器允许你在不打开外部文件浏览器的情况下浏览和导入媒体文件。当使用的是基于文件的摄像机素材时，媒体浏览器特别有用，因为你可以轻松地预览素材。

4. 是的。从菜单栏中，依次选择【窗口】>【工作区】>【另存为新工作区】菜单，即可将自定义工作区保存下来。

5. 你可以在源监视器中查看和选择原始素材的一部分，可以在节目监视器中查看当前显示在时间轴面板中的序列内容。

6. 按住 Command 键（macOS）或 Ctrl 键（Windows），拖曳面板名称，即可使一个面板成为浮动面板。

第2课 创建项目

课程概览

本课包括如下内容：

- 选择项目设置；

- 选择视频渲染和播放设置；

- 选择视频和音频显示设置；

- 创建暂存盘；

- 使用序列预设；

- 自定义序列设置。

学习本课大约需要 60 分钟。

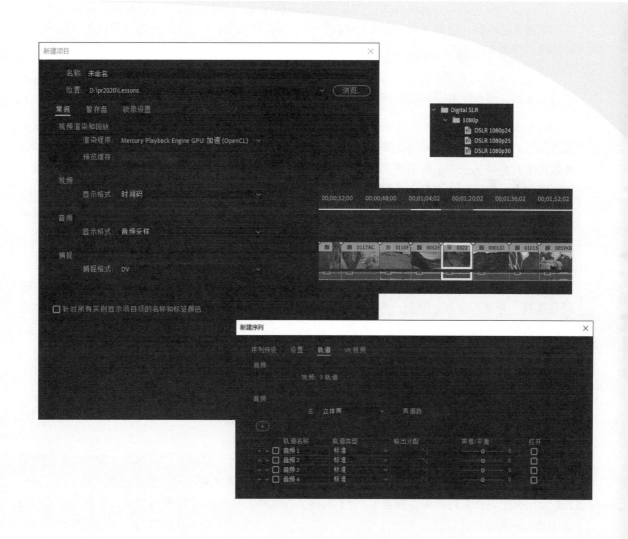

本课中，我们将学习如何创建新项目并选择序列设置，以指定
Premiere Pro 播放视频和音频剪辑的方式。

2.1 课程准备

如果不了解视频和音频编辑技术，面对这么多陌生的设置选项，你很有可能会手足无措。不过，幸运的是，Adobe Premiere Pro 为我们提供了许多方便易用的快捷键。而且，无论要创建什么项目，编辑视频和音频的原则都是一样的。

最重要的是知道自己想做什么。为了帮助你规划和管理项目，本课会讲解很多有关文件格式和视频技术的内容。随着对 Premiere Pro 和非线性视频编辑越来越深入的学习，你可能可能需要随时翻阅本课内容，因此不必立刻掌握视频编辑的所有概念与技术。

本课中，我们新建项目时可能不会更改默认设置，尽管如此，了解各个设置项的含义还是非常有必要的，因为终有一天会用到它们。

Premiere Pro 项目文件中保存有所导入的视频、图形、音频文件的链接。每个素材作为一个剪辑显示在 Project（项目）面板中。"剪辑"（clip）这个词最初用来指一段电影胶片（以前，编辑电影时，成段的胶片会被从胶卷上剪下来），现在用来指项目中的各个素材，与素材类型无关。例如，项目中可能包含音频剪辑或图像序列剪辑。

显示在项目面板中的剪辑看上去像是真实的素材文件，但其实它们只是指向真实素材文件的链接。你需要把项目面板中的剪辑和它所链接的素材文件区分开，它们是两个不同的事物，这一点非常重要。你可以轻松删除一个剪辑，同时不影响其他剪辑。

编辑项目时，首先必须创建一个序列（由一系列可播放的剪辑组成，这些剪辑前后相接，有时有重叠，并带有特效、标题、声音等）来形成创作。编辑时，你需要选择使用哪些剪辑，并指定选定的剪辑按照什么顺序播放。

使用 Premiere Pro 进行非线性编辑的优点是，你可以随时随地修改任意部分。

Premiere Pro 项目文件的扩展名为 .prproj。

在 Premiere Pro 中，新建一个项目非常简单。首先新建一个项目文件，导入素材，选择序列预设，然后开始编辑。

创建序列时，需要选择播放设置（比如帧速率、帧尺寸），并向其中添加多个剪辑。在下面的学习中你需要重点理解序列设置是如何影响 Premiere Pro 播放视频和音频剪辑的方式的（Premiere Pro 会根据序列设置自动调整剪辑）。为了提高工作效率，你可以使用序列预设，快速选择某些设置，然后再做必要的调整。

你需要了解摄像机录制的视频和音频的类型，因为序列设置一般都是基于源素材的，这样可以大大减少播放期间需要做的转换。事实上，大部分 Premiere Pro 序列预设都是根据摄像机命名的，有助于用户选择正确的预设。通常情况下，我们会根据拍摄素材时使用的摄像机和视频格式选择序列预设的种类，如图 2-1 所示。

本课中，我们将学习如何在 Premiere Pro 新建项目、选择序列设置。同时，还要学习不同类型的音轨，以及什么是预览文件。

图 2-1

2.2 创建项目

首先新建一个项目。

1. 启动 Premiere Pro，出现【主页】窗口，如图 2-2 所示。

图 2-2

如果之前已经启动过 Premiere Pro 多次，你将看不到指向教程的链接（相关内容已经在第 1 课中讲过）。窗口的中心区域会出现一个列表，其中列出了最近打开的项目。此时，你应该能够看到一个名为 Lesson 01 的项目。单击它，即可将其打开，但这里我们打算新建一个项目。

注意，窗口右侧有一个【筛选】框，你可以在其中输入项目的部分名称将一些最近项目从列表中排除，只保留文件名称中包含所输入文本的项目文件。

【主页】窗口中还包含以下两个项目。

- 放大镜图标：【主页】窗口右上角有一个放大镜图标，单击它，可以进入多功能搜索窗口，其中包含一个搜索框。在搜索框中输入搜索文本，Premiere Pro 会显示名称中包含搜索文本的项目文件，以及 Adobe Premiere Pro Learn & Support 中的教程。访问教程需要连接互联网。

- 用户图标：放大镜图标旁边有一个用户图标，它是 Adobe ID 用户头像的缩略图。如果你是新注册用户，这个用户图标可能是网站指定的通用图片。单击用户图标，可以管理在线账户。

2. 单击【新建项目】按钮，打开【新建项目】对话框，如图 2-3 所示。

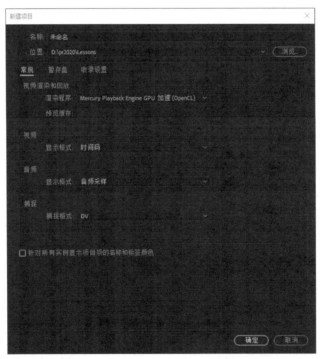

图 2-3

项目名称和位置下有 3 个选项卡，分别是常规、暂存盘、收录设置。该对话框中的所有设置都可以修改，大多数情况下，保持默认设置即可。这里，我们先使用默认设置创建新项目。随后，我们会了解各个设置代表的含义。

3. 在【名称】文本框中输入项目名称"First Project"。

4. 单击【浏览】按钮，在【请选择新项目的目标路径】对话框中导航至 Lessons 文件夹，单击【选择文件夹】按钮，将新项目保存到新文件夹下，如图 2-4 所示。

名称: First Project

位置: D:\pr2020\Lessons ∨ (浏览)

图 2-4

> **Pr** **注意**：在为项目文件选择保存位置时，可以从【位置】下拉列表中选择最近使用过的位置。

5. 单击【确定】按钮新建项目。稍后，我们会详细介绍项目设置。

2.3 创建序列

创建好项目后，即可开始创建序列（一个或若干个）。序列用来存放视频剪辑、音频剪辑、图形。类似于媒体文件，序列也有一系列设置，例如帧速率、图像大小等。若剪辑的帧速率和帧尺寸与序列不同，则播放期间会将剪辑的帧速率和帧尺寸转换成序列中设置的大小。该过程称为【一致化】（conforming）处理。

项目中每个序列的设置可以不同，而且应该尽量选择与原始素材匹配的设置，这样可以尽可能地减少播放过程中的【一致化】处理工作，从而提升系统的实时性能，并最大限度地提高质量。

如果编辑的项目中用到了多种格式的素材，你必须选择使用哪些素材来匹配序列设置。虽然可以在项目中混用多种格式的素材，但是当序列设置和大部分素材文件匹配时，播放性能会得到显著提升，所以你应该选择与大部分媒体文件相匹配的序列设置。

如果添加到序列中的第一个剪辑和序列设置不匹配，Premiere Pro 会弹出警告框，询问是否想让软件自动更改序列设置以进行匹配，如图 2-5 所示。

在 Premiere Pro 中编辑视频时，可用的文件类型、解码器和格式非常多。Premiere Pro 可以与各种视频、音频格式和编解码器兼容，而且可以流畅地播放一些不匹配的格式。

图 2-5

不过，在播放与序列设置不匹配的视频时，Premiere Pro 必须先对视频做出一定的调整，而这会大大增加编辑系统的负担，还会影响到编辑系统的实时性能（比如丢帧现象严重）。因此，在动手编辑之前，有必要花一些时间来确保序列设置与原始素材文件保持一致。

序列与素材的基本参数必须相同：每秒帧数、帧大小（画面的水平像素数与垂直像素数）、音频格式。如果想把序列变成一个素材文件，又不想进行转换处理，那么帧速率、音频格式、帧大小等必须与创建序列时使用的设置一致。

在将序列输出成文件时，你可以选择一种自己喜欢使用的格式（更多内容请参阅第 16 课）。

2.3.1 创建自动匹配源素材的序列

即使不清楚应该选择什么序列设置也无须担心，Premiere Pro 可以基于剪辑自动创建序列。

项目面板底部有一个【新建项】图标（■）。你可以使用它为项目创建新项，包括序列、字幕、颜色蒙版（对全屏彩色背景图有用）。

只要把项目面板中的任意一个剪辑（或多个剪辑）拖曳到【新建项】图标上，即可使 Premiere Pro 根据素材自动创建序列。这样创建出来的新序列与所选剪辑的名称、帧尺寸、帧速率相同。

此外，你还可以选择一个或多个剪辑，使用鼠标右键在剪辑上单击，从弹出菜单中选择【从剪辑新建序列】。

使用这种方法可以确保新建序列的设置与素材相匹配。如果时间轴面板是空的，你还可以把剪辑（一个或多个）拖入其中来创建序列，这时新建序列的设置和所选剪辑是相同的。

2.3.2 正确选择预设

如果知道要为新序列做什么设置，则可以自己动手设置序列；如果不知道，则可以使用 Premiere Pro 提供的预设。

1. 在项目面板右下角单击【新建项】图标（■），从弹出菜单中选择【序列】。

【新建序列】对话框中有 4 个选项卡：序列预设、设置、轨道、VR 视频。

选择一个预设之后，Premiere Pro 会把相应设置应用到新序列以匹配特定的视频和音频格式，如图 2-6 所示。如果所选预设不符合需要，还可以在【设置】选项卡中进行修改调整。

针对常见、常用的媒体类型，Premiere Pro 提供了大量预设供我们选择使用，如图 2-7 所示。这些预设是根据摄像机格式进行组织的（具体设置存放在一个使用录制格式命名的文件夹中）。

单击文件夹左侧的三角形图标，展开相应文件夹，即可看到存放在其下的具体格式设置。这些格式设置通常都是围绕帧速率、帧尺寸设计的。下面我们来看一个示例。

2. 单击 Digital SLR 文件夹左侧的三角形图标，将其展开，如图 2-8 所示。

Digital SLR 文件夹下有 3 个子文件夹，它们拥有不同的帧尺寸。注意，视频摄像机可以使用不同的帧尺寸、帧速率和编解码器拍摄视频。

3. 单击 1080p 子文件夹左侧的三角形图标，将其展开，如图 2-9 所示。

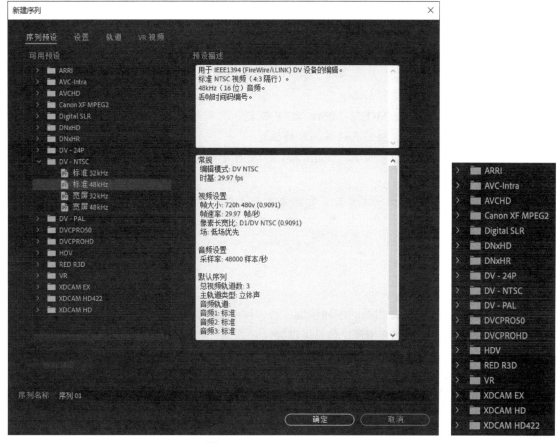

图 2-6

图 2-7

图 2-8　　　　　　　　　　　图 2-9

4. 单击选择【DSLR 1080p 30】。

选择【DSLR 1080p 30】预设后，对话框右侧会显示该预设的描述，建议你了解所选预设的细节设置。

5. 单击【序列名称】文本框，输入 First Sequence。

6. 单击【确定】按钮，创建序列。

7. 在菜单栏中依次选择【文件】>【保存】，保存当前项目。

恭喜你！至此，你已经在 Premiere Pro 中新建好了一个项目和序列。

格式和编解码器

视频和音频文件都有特定的格式，包括帧速率、帧大小、音频采样率等。

编解码器（codec）由编码器（coder）和解码器（decoder）两个词合成，用来存储和重放视频和音频信息。

Apple QuickTime MOV、MP4、MXF 等文件用来存储视频与音频，它们都是一种容器，包含某种视频、音频解码器的配置。

媒体文件又称为"包装器"（wrapper），文件中的视频和音频有时也称为"实体"（essence）。

在把最终序列输出至文件时，你需要选择正确的输出格式、文件类型和编解码器。

2.3.3　自定义序列预设

根据原始视频，选择与之相配的序列预设之后，你可能想对预设做一些调整，以符合特定交付要求或内部工作流。接下来介绍预设的具体设置。

> **Pr** 提示：这里，我们使用【文件】菜单新建序列。在 Premiere Pro 中，同一个目标的实现方法往往有多种，正所谓"条条大路通罗马"。

1. 从菜单栏中依次选择【文件】>【新建】>【序列】，打开【新建序列】对话框。

2. 在【可用预设】中单击【DSLR 1080p 30】，此时在右侧【预设描述】中显示出预设的具体设置。

3. 在【新建序列】对话框中单击【设置】选项卡。

向时间轴添加素材时，Premiere Pro 会自动根据序列的设置调整素材的帧速率、帧大小，使两者相匹配，不需要考虑剪辑原来的格式。这使序列设置成为项目配置的关键部分，如图 2-10 所示。

经过细心观察可以发现，虽然我们前面选择的是 30fps 格式，但是【时基】默认显示的是 29.97fps，这是在传统的电视网络上播放 NTSC 视频时使用的帧速率。

创建序列预设

尽管标准预设非常方便，但有时还是需要自定义设置。为此，你可以先选择一个与素材最接近的序列预设，然后在【新建序列】对话框的【设置】和【轨道】

面板中做相应的修改。做好调整之后，可以单击【设置】选项卡底部的【保存预设】按钮，保存经过修改的预设，方便将来使用。

　　单击【保存预设】按钮后，弹出【保存序列预设】对话框，分别在【名称】和【描述】文本框中输入新预设的名称和描述，然后单击【确定】按钮。在【序列预设】的【自定义】文件夹下，可以看到自定义的预设。

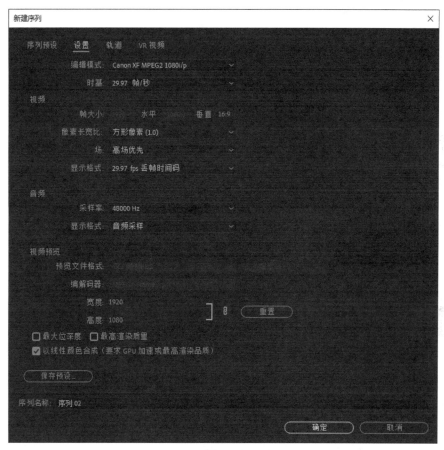

图 2-10

4. 如果新序列只在网络上播放，则可以将 29.97fps 修改为 30fps，以精确估量播放速度。

　　如果可以在【可用预设】中找到与素材相匹配的预设，则没有必要再修改它。

　　使用某些预设时，你会发现其中有些设置无法修改。这是因为它们针对你在【序列预设】选项卡中选择的媒体类型进行了优化。为了解决这个问题，可以在【设置】选项卡中将【编辑模式】更改为【自定义】。

最大位深和最高渲染质量设置

编辑过程中使用 GPU 加速时（即使用 GPU 渲染和播放一些视觉效果渲染），将会用到一些高级算法，并使用 32 位深颜色渲染效果（质量非常高）。

若不使用 GPU 加速，则可以启用【最大位深】选项，此时 Premiere Pro 会尽可能地使用最高质量渲染效果。对于许多效果而言，这意味着要使用 32 位的浮点颜色，它支持数万亿的颜色组合。这样，可以获得最佳效果，但是需要计算机做更多工作，所以实时性可能会下降。

如果启用【最大渲染质量】选项，或者在项目设置中开启 GPU 加速，Premiere Pro 会使用更高级的算法来缩放图像。若不启用该项，缩小图片时，则会发现人工斧凿的痕迹或噪点。如果没有 GPU 加速，该选项会影响到播放性能和文件导出时间。

你可以随时启用或关闭这两个选项，所以可以在编辑时关闭它们以获得最佳性能，然后输出最终作品时，再把它们打开。即使这两个选项处于开启状态，也可以使用实时效果并获得良好的 Premiere Pro 性能。

2.3.4 了解音频轨道类型

当向一个序列添加视频或音频剪辑时，总是得把它放到一个轨道上。在时间轴面板中，轨道表现为多个水平条，用来在特定的时间点上放置剪辑。若同时存在多个视频轨道，则上方轨道上的视频剪辑会覆盖下方轨道上的剪辑。例如，如果第二个视频轨道上有文本或图形，而第一个视频轨道上有视频剪辑（第一个视频轨道位于第二个视频轨道之下），则会看到图形出现在视频上方。

在【新建序列】对话框中，有一个【轨道】选项卡，你可以在其中为新序列预选轨道类型。这在创建一个名称已经指派给音频轨道的序列预设时非常有用。

所有音频轨道会同时播放，以创建完整的音频混音。要创建音频混音，只需把音频剪辑放到不同的轨道上，并按照时间顺序排列即可。在组织解说、原声、音效、音乐时，可以将它们放入不同轨道。你还可以重命名轨道，以方便处理复杂的序列。

注意：在【音频】的【主】中，你可以配置序列，使其音频输出为立体声、5.1、多声道、单声道。

在 Premiere Pro 中创建序列时，你可以指定要包含多少个视频轨道和音频轨道，并且日后可以轻松地添加、删除轨道，但不能再更改从【主】（位于【音频】下）中选择的选项，它是序列最终的音频混合类型。这里，我们选择【立体声】，如图 2-11 所示。

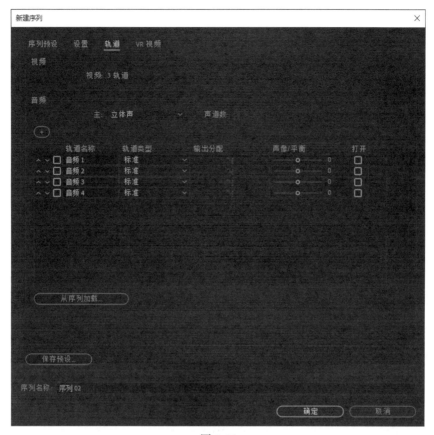

图 2-11

一个音频轨道可以是如下几种类型之一。每种轨道类型都针对特定类型的声音设计。当选择一个轨道类型时，Premiere Pro 会根据轨道中声道的数量提供相应的控件来调整声音。例如，立体声剪辑的控件和 5.1 环绕立体声剪辑的控件不同。

音频轨道有以下几种类型（见图 2-12）。

- 标准：这些轨道用于单声道和立体声音频剪辑。

- 5.1：这些轨道用于带有 5.1 环绕立体声的音频剪辑。

- 自适应：自适应轨道用于单声道、立体声或多通道音频，你可以精确控制每个声道的输出路径。例如，可以决定是否把声道 3 输出到声道 5 的混音中。多语种广播电视中常使用这个选项，用来精确控制传输中使用的声道。

图 2-12

- 单声道：这种轨道类型仅适用于单声道音频剪辑。

在高级音频混合工作流程中，你可以使用【轨道类型】菜单中的【子混合】选项。注意，千万不要把音频剪辑放到错误的轨道上。Premiere Pro 会确保剪辑放到正确的轨道上。如果没有合适类型的轨道可用，Premiere Pro 会自动创建一个正确类型的轨道。

有关音频的更多内容，请参阅第 10 课。单击【取消】按钮，关闭【新建序列】对话框。

2.4　了解项目设置

前面我们创建好了一个项目，并添加了序列。接下来，我们一起来了解一下项目设置中有哪些重要的选项可用。

通常，我们会在新建项目时设置各个项目选项，但是其实可以在任何时候修改项目设置。

从菜单栏中，依次选择【文件】>【项目设置】>【常规】，打开当前项目的【项目设置】对话框。

2.4.1　选择视频渲染与播放设置

处理序列中的视频剪辑时，你很可能会应用一些视觉效果来改变素材外观。其中，有些效果可以立即显示出来，当单击【播放】按钮时，Premiere Pro 会将原始视频和效果组合在一起，呈现最终结果。这种播放称为【实时播放】。

【实时播放】很受欢迎，因为这意味着你可以立即看到处理结果，不需要进行任何等待。

如果剪辑上应用了很多效果，或者选用的效果不适合实时播放，则计算机可能无法以全帧率播放编辑结果。也就是说，Premiere Pro 会尝试显示视频剪辑及特效，但是不会显示每一秒的每一帧。这种情况就是所谓的丢帧。

时间轴面板顶部有一些彩色线条（用来创建序列的地方），这些线条用来指示播放视频时是否需要做额外处理。如果没有线条，或者线条为绿色、黄色，这表示 Premiere Pro 能够在不丢帧的情况下播放序列。红色线条表示 Premiere Pro 在播放这段视频时可能会丢帧，如图 2-13 所示。

图 2-13

> **Pr** **注意：** 时间轴面板顶部的红色线条并不代表一定会丢帧，它只表示视觉调整没有被加速，这在配置较低的计算机上很可能会出现丢帧现象。

播放序列时即使看不到每一帧也没关系，这不会影响到最终结果。当你完成编辑，并输出最终序列时，仍然能够得到全部帧，而且是高质量的（更多内容，请参考第 16 课）。

实时播放能够大大提升编辑体验和预览所应用效果的能力。对于丢帧问题，Premiere Pro 提供了一个简单的解决方案：预览渲染。

渲染时，Premiere Pro 会先创建新的媒体文件，这些文件已经应用了你指定的效果，然后再播放新媒体文件（非原始素材）。渲染好的预览文件是正常的视频文件，可以以高质量、全帧率播放，并且不需要做其他额外工作。

渲染入点到出点的效果	Enter
渲染入点到出点	
渲染选择项(R)	
渲染音频(R)	
删除渲染文件(D)	
删除入点到出点的渲染文件	

从【序列】菜单中选择一个渲染命令，即可渲染序列中的效果，如图 2-14 所示。

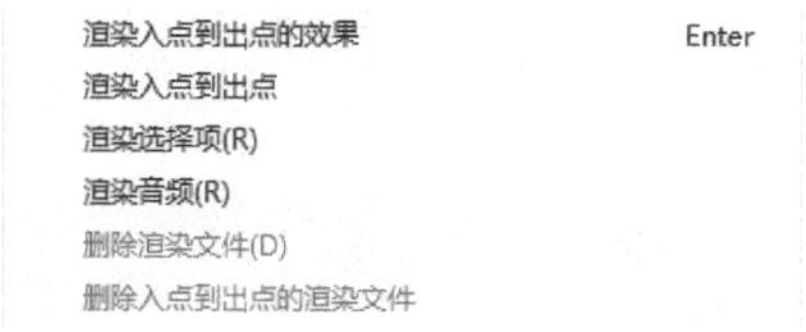

图 2-14

许多菜单命令右侧都显示有键盘快捷键，例如【渲染入点到出点的效果】对应的快捷键是 Return 键（macOS）或 Enter 键（Windows）。

渲染与实时播放

我们可以把渲染想象成艺术家的创作，创作中有些内容是可见的，需要占用纸张并花费时间绘制。假设有一段视频，画面很暗，于是你为它添加一个视觉效果使画面变亮一些，但是视频编辑系统无法在播放原始视频的同时把画面调亮。在这种情况下，系统会渲染你添加的视觉效果，新建一个临时视频文件，这个临时视频画面更亮，看起来就像是原始视频和视觉效果融合的产物。

播放编辑好的序列时，被渲染的部分会显示新渲染的视频文件而非原始剪辑。这个过程是不可见的，也是无缝的。在这个例子中，渲染好的文件看起来与原始视频文件是相同的，只是画面要更亮一些。

假设序列中包含一段需要提亮的片段。在播放这个序列时，当需要提亮的部分播放成之后，系统就会悄无声息地从预览文件切换回其他原始视频文件继续播放。

渲染的缺点是"费时费地"，渲染不仅要耗费时间，还会额外占用硬盘存储空间。另外，由于你看到的是一个新视频文件（对原始素材的拷贝），所以可能会有一些画质损失。渲染的优点是系统能够以高品质播放应用效果之后的序列，并且不会丢帧。如果需要把最终结果输出到磁带上，这一点可能显得尤为重要，但是它不会对把结果输出到文件产生影响。

相比之下，实时播放是即时的。当应用实时效果时，系统会立即播放融入效果的原始视频剪辑，并不需要等待效果渲染。实时播放的唯一缺点是对系统配置有较高要求。添加的效果越多，实时播放时需要做的工作也越多。就 Premiere Pro 来说，使用高性能显卡可以明显提升实时性能（参见"水银回放引擎"）。另外，你选用的效果也需要支持 GPU 加速，并非所有效果都支持 GPU 加速。

返回到【项目设置】对话框，在【视频渲染和回放】下，若【渲染程序】菜单可用，表明计算机显卡满足 GPU 加速最低要求，并且安装正确。

【渲染程序】菜单下包含以下两个选项。

- Mercury Playback Engine GPU 加速：选择该项，Premiere Pro 会把许多回放任务发送给计算机的显卡，并支持大量实时效果和序列中混合文件的流畅播放。使用不同的显卡，可能会看到 CUDA、OpenCL、Metal 等 GPU 加速选项。

不同显卡拥有不同的加速性能，有些显卡还支持多种加速，所以可能需要反复尝试，才能找到最佳选项。在 macOS 中，你只能选择【Metal】。有些高级 GPU 还支持【预览缓存】，用以提升播放性能。你可以反复尝试这些选项，直到得到最佳播放性能。

- 仅 Mercury Playback Engine 软件：使用该模式仍然能够获得不错的性能。如果计算机显卡不支持 GPU 加速，则只有该项可用，并且无法打开下拉菜单。

在【渲染程序】菜单下，你可能还会看到一个名为【不推荐】的选项。该选项使用了一种硬件加速方法，虽然这种方法能够起作用，但是与其他方法相比效率较低。只要显卡支持 GPU 加速，建议选择 GPU 加速。在使用 GPU 加速的过程中，若出现性能或稳定等问题，建议尝试选择【仅软件】选项。你可以在任何时候更改这些选项，包括在项目处理过程中。

若 GPU 选项可用，建议选择 GPU 加速。

Mercury Playback Engine（水银回放引擎）

Premiere Pro 的 Mercury Playback Engine 用来解码和播放视频文件，它有三大主要功能。

- 播放性能：Premiere Pro 拥有极高的视频播放效率，即使在处理一些难以播放的视频类型（比如 H.264、H.265、AVCHD）时也是如此。如果使用 DSLR 摄像机或手机拍摄，则录制的视频很可能是 H.264 编码的。得益于 Mercury Playback Engine，你都可以轻松地播放这些文件。

- 64 位和多线程：Premiere Pro 是一个 64 位应用程序，它可以使用计算机中的所有内存。这在处理高分辨率或超高分辨率视频（比如 HD、4K 或更高）时特别有用。Mercury Playback Engine 支持多线程，它可以使用计算机中的所有 CPU 核心。计算机配置越高，Premiere Pro 性能越好。

- CUDA、OpenCL、Apple Metal、Intel 显卡支持：如果显卡功能十分强大，Premiere Pro 会将一部分视频播放任务委托给显卡，而不会全部推给 CPU。这样，在处理序列时能够获得更好的性能和响应能力，并且许多效果可以实时播放，不会出现丢帧问题。

有关显卡支持的更多内容，请访问 Adobe 帮助页面。

2.4.2　设置视频和音频显示格式

在【新建项目】对话框的【常规】选项卡中，下面的两个选项用来指示 Premiere Pro 如何测量视频和音频剪辑的时间。

大多数情况下，选择默认设置即可：从【视频显示格式】菜单下，选择【时间码】；从【音频显示格式】菜单中，选择【音频采样】。这些设置都不会改变 Premiere Pro 播放视频或音频剪辑的方式，只会改变时间测量方式，而且你可以随时修改这些设置。

1.【视频显示格式】菜单

【视频显示格式】下拉列表中提供了四个选项供用户选择，如图 2-15 所示。对于一个给定的项目，需要根据源素材是视频还是胶片来进行选择。现在用胶片制作的影片已经很少见了，如果不确定源素材的类型，可以直接选择【时间码】。

【视频显示格式】有以下几个选项。

- 时间码：默认选项。时间码是摄像机在记录图像信号时为每幅图像记录的唯一时间编码，它是一个全球通用系统，用来为视频中的每个帧分配一个数字，以表示小时、分钟、秒和帧数。全世界的摄像机、专业视频录像机和非线性编辑系统都使用该系统。

- 英尺 + 帧 16mm 或英尺 + 帧 35mm：如果源文件来自于胶片，并由显影室的工作人员按照编辑要求将原始负片修剪成完整电影，则可能需要使用这种方法来计算时间。与使用秒和帧测量时间的方法不同，该方法会统计英尺数和最后一英尺后的帧数。

- 画框：该选项只统计视频帧数。有时做动画项目时会用到这个选项。

这里，我们将【视频显示格式】设置为【时间码】。

2.【音频显示格式】菜单

对于音频文件，时间可以用音频采样或毫秒来表示，如图 2-16 所示。

图 2-15　　　　　　　　　　　图 2-16

- 音频采样：录制数字音频时，会使用麦克风采集声级样本（技术上称为"气压水平"），每秒采集几千次。在大多数专业摄像机中，每秒大约采集 48000 次。播放剪辑和序列时，Premiere Pro 允许你选择时间显示方式：时、分、秒、帧或者时、分、秒、采样。

- 毫秒：选择该模式后，Premiere Pro 会使用时、分、秒、毫秒显示序列中的时间。

默认情况下，Premiere Pro 允许你放大时间轴，方便查看各帧。不过，你可以轻松地切换到音频显示格式。这个强大的功能允许你对音频进行细微调整。

这里从【音频显示格式】中选择【音频采样】。

关于秒和帧

使用摄像机拍摄视频时，它捕获的是一系列组成动作的静态图像。如果每秒捕获的静态图像足够多，则播放时看起来就像是动态视频。其中每一张静态图像称为视频的一个"帧"，每秒的帧数通常称为 fps，又叫作录制帧率或播放帧率。

在不同摄像机、视频格式和设置下，fps 有很大不同，它可以是任意数字，比如 23.976、24、25、29.97、30、50、59.94 等。大多数摄像机支持多种帧率和帧尺寸。重要的是了解录制时的设置才能选择正确的播放选项。

2.4.3 设置捕捉格式

通常，我们会把视频录制成一个文件，方便即时处理。不过，有时我们可能需要从录像带捕捉视频。

在【项目设置】对话框的【捕捉】选项卡下有一个【捕捉格式】选项，用来告诉 Premiere Pro 从哪种录像带捕捉视频到硬盘。

1. 从第三方硬件捕捉视频

如果另外安装了第三方硬件，则可以连接视频转录装置来捕捉视频。

> **Pr** 注意：在 Adobe Mercury Transmit 的帮助下，Mercury Playback Engine 在播放时可以与视频输入、输出共享性能。

在安装输入/输出硬件时，我们应该遵照硬件厂商的指示进行，而且大部分第三方硬件需要安装配套的软件才能正常使用。安装配套软件时，软件安装程序会自动查找计算机中的 Premiere Pro，并将相关选项添加到捕捉格式列表，以及其他菜单中。

按照第三方硬件厂商提供的指示配置新的 Premiere Pro 项目。

关于 Premiere Pro 支持的视频捕捉硬件和视频格式，请访问帮助页面。

这里可以忽略这项设置，因为我们不会从磁带设备捕捉视频。如果有需要，你可以再返回修改该设置。

2. 显示项目项的名称和标签颜色

【项目设置】对话框最底部有一个复选框：针对所有实例显示项目项的名称和标签颜色，如图 2-17 所示。

☐ 针对所有实例显示项目项的名称和标签颜色

图 2-17

勾选该项，当修改剪辑名称或指派剪辑不同的标签颜色时，项目中所有使用该编辑的位置都会相应地更新。若取消该项，则只有选中的剪辑副本才会发生改变。该选项是否有用取决于你为指定项目选择何种工作流。

该选项默认为非选择状态，这里保持默认设置不变，单击【暂存盘】选项卡，了解其中的各个选项。

2.4.4　设置暂存盘

当 Premiere Pro 从磁带捕捉（录制）视频、渲染效果、保存项目文件副本、从 Adobe Stock 下载素材，或者导入动态图形模板、或录制画外音时新建的文件，Premiere Pro 都会在硬盘上新建文件，如图 2-18 所示。

图 2-18

暂存盘就是存储这些文件的地方。虽然【暂存盘】名称中包含【磁盘】字样，但它们其实只是一些文件夹。在存储在【暂存盘】的文件中，有些是临时的，有些则是 Premiere Pro 新创建或导入的。

顾名思义，暂存盘既可以是一些物理独立的磁盘，也可以是现有存储器上的任意子文件夹。你可以把暂存盘设置在当前项目下，也可以设置在其他地方，这取决于硬盘大小和工作流程的需要。如果你使用的媒体文件体积非常大，则可以把各个暂存盘设置到不同的物理硬盘上，这样可以大大提升系统性能。

编辑视频时，常用的两种存储设置方法如下。

- 基于项目设置：所有相关媒体文件和项目文件存储在同一个文件夹下（这是 Premiere Pro 对暂存盘的默认设置，也是最容易管理的）。

- 基于系统设置：不同项目的媒体文件集中存放在一个位置（有可能是高速网盘），项目文件存放在另外一个位置。这个过程中，我们有可能会把不同类型的媒体文件存储到不同位置。

如果要改变某种数据暂存盘的位置，可以从相应的下拉列表中，选择一种存储设置。下拉列表中可供选择的存储设置如下。

- 文档：将暂存盘设置在系统用户下的 Documents 文件夹中。

- 与项目相同：将暂存盘设置在项目文件夹下，这是默认设置。

- [自定义]：单击【浏览】按钮，在【选择文件夹】对话框中选择一个文件夹，Premiere Pro 会自动启用该选项，并将暂存盘设置在所选文件夹之下。

每个暂存盘的位置菜单下都显示有一个路径，用来指示当前暂存盘所在的位置，还有可用磁盘空间的大小。

你可以将暂存盘设置在本地硬盘、网盘，或其他任何可以访问的存储位置。但是需要注意的是，暂存盘的读写速度会对视频的播放速度和渲染速度产生很大影响，所以建议你尽量选择那些读写速度快的存储位置。

2.4.5　使用基于项目的设置

默认情况下，Premiere Pro 会把新建的媒体文件和项目文件存放在一起，即选择【与项目相同】选项。把所有相关文件存放在一起，有助于查找文件。

向项目导入媒体文件之前，把它们放入同一个文件夹，这将使媒体文件组织得更有条理。而且项目制作完之后，可以直接删除存储项目文件的文件夹，从而把所有相关文件一起从系统中删除。

你可以使用子文件夹组织项目素材、笔记、脚本，以及相关资源。

不过，这样做也有不利的一面，将所有媒体文件和项目文件存放在一起，编辑时会大大增加硬盘负担，从而影响视频播放性能。

2.4.6　使用基于系统的设置

有些编辑喜欢将所有项目的媒体文件保存到一起。但是，另外一些编辑喜欢将捕捉文件夹和预览文件夹存放在与项目不同的位置上。当编辑们共享多个编辑系统，并且连接到同一个网络存储位置时，这是一种常见的选择。当然，当编辑把视频文件存放在快速硬盘上，其他所有文件放在慢速硬盘时，他们也会选择上面的做法。

基于系统的设置也有缺点：一旦项目编辑完成，你就可能想把所有文件收集起来以便存档。但是，当媒体文件分散在不同的存储位置时，操作会更耗时、更麻烦。

硬盘存储和网络存储

虽然所有类型的文件可以共同存放在一个硬盘上，但是标准的编辑系统往往有两块硬盘：硬盘 1 专用来存放操作系统和程序，硬盘 2（通常读写速度更快）专用来存储媒体文件，包括捕捉视频、音频、视频、音频预览文件、静态图像和导出文件。

有些存储系统使用本地计算机网络在多个系统之间共享存储区域。如果是这种情况，需要联系系统管理员确保配置正确，并检查性能状况。

2.4.7 设置项目自动保存位置

除指定新媒体文件的创建位置外，你还可以指定项目文件的自动保存位置。处理项目的过程中，Premiere Pro 会自动生成项目文件副本。在【暂存盘】选项卡中，从【项目自动保存】下拉列表中选择一个存储位置，用来保存项目文本副本，如图 2-19 所示。

图 2-19

计算机中的存储驱动器有时会发生故障，导致存储其中的文件丢失，而且没有任何警告。事实上，计算机工程师表示：如果只有一个文件副本，就不要指望再把丢失的文件找回来。因此，最好的做法是将【项目自动保存】地点设置到一个物理分离的存储位置。

如果使用 Dropbox、OneDrive、Google Drive 等同步文件共享服务来存储自动保存的文件，则总是可以随时随地访问所有自动保存的项目文件。

除将自动保存的项目文件存放到选择的位置外，Premiere Pro 还会把大部分最近项目文件的副本存储到 Creative Cloud Files 文件夹中。安装 Adobe Creative Cloud 时，Creative Cloud Files 文件夹会自动生成。不论身处何处，只要你安装了 Creativc Cloud，在登录之后即就可访问其中的各种文件。

选择【Premiere Pro】>【首选项】>【自动保存】（macOS），或【编辑】>【首选项】>【自动保存】（Windows），勾选【将备份项目保存到 Creative Cloud】即可启用保存到 Creative Cloud 功能。

2.4.8 Creative Cloud 库下载

还可以把媒体文件存储到 Creative Cloud Files 文件夹中，然后就可以从任意系统访问它们。同一个项目的协作人员可以使用 Creative Cloud Files 文件夹来存储和共享 Logo、图形元素等资源。

存储好之后，你可以使用 Premiere Pro 中的库面板来访问这些文件。向当前项目添加素材时，Premiere Pro 会在指定的暂存盘中创建素材副本。

2.4.9 动态图形模板素材

Premiere Pro 可以导入和显示由 After Effects 或 Premiere Pro 创建的运动图形模板和字幕。向当前项目导入动态图形模板时，该模板的一个副本将被存储在指定的位置。

这里我们不修改暂存盘，保持默认设置不变，即每一项都选择【与项目相同】。

2.4.10 选择收录设置

专业编辑将向项目添加素材文件称为【导入】或【收录】。这两个术语经常混用，但其实它们具有不同的含义。

当向一个项目导入一个素材文件时，Premiere Pro 会创建一个链接到该素材文件的剪辑，素材文件仍会保存在它原来的位置上，接下来即可在序列中使用它。

勾选【收录】选项之后，情况就变得有些不同。原始素材文件会被复制到一个新位置（这有助于组织素材文件），并且在导入 Premiere Pro 项目之前转换成新的格式，如图 2-20 所示。

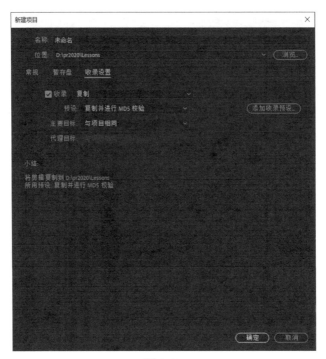

图 2-20

在【收录设置】选项卡中勾选【收录】选项，选择导入之前要对素材文件进行的操作。

 注意：将剪辑导入项目的方法有多种。一旦启用【收录】选项，不论选用什么导入方法，这些选项都会得到应用。但是，那些已经导入项目中的剪辑则不会受到任何影响。

- 复制：把素材文件复制到一个新的存储位置。要将所有素材文件放入一个文件夹中时，该选项会非常有用。

- 转码：将素材文件转换成新格式。当要将素材文件统一成一个大型工作流的一部分时，需要用到这个选项。

- 创建代理：将素材文件从高分辨率文件转换成低分辨率文件，以便在配置较低的计算机上实现流畅播放，以及减少占据的存储空间。当然，此时原始素材文件仍然可用，你可以根据需要在两种不同品质的文件（高品质和代理品质）之间自由切换。

- 复制并创建代理：把素材文件复制到新位置，为它们创建代理。

更多内容将在第 3 课中讲解。请记住，你可以根据需要随时修改这些设置。这里，我们保持默认设置不变，即不勾选【收录】选项。

检查项目所有设置，确保正确无误之后，单击【确定】按钮。保存项目之后，将其关闭。

VR视频

Premiere Pro 对 360° 和 180° 视频提供了很好的支持。这两种视频通常称为 VR 视频或沉浸式视频，使用多台摄像机或超广角镜头拍摄而成，我们可以使用 VR 头盔观看，获得一种身临其境的体验。

在【新建序列】对话框的 VR 视频选项卡中，你可以指定捕捉视图角度，以便 Premiere Pro 准确显示影像。

有关 VR 视频的内容超出本书讨论范围，建议你在掌握基础视频编辑知识之后自行学习相关资料。

2.5 复习题

1. 在【新建序列】对话框中,【设置】选项卡的用途是什么?

2. 如何选择序列预设?

3. 什么是时间码?

4. 如何自定义序列预设?

5. 如何为编辑过程中自动产生的临时文件指定存储位置?

2.6 复习题答案

1. 【设置】选项卡用来修改已有预设,或新建预设。

2. 最好选择与原始素材匹配的预设,尽量减少播放期间的转换工作。Premiere Pro 从摄像机系统角度对每个预设进行了描述,你可以根据这些描述轻松找到要使用的预设。

3. 时间码是一个使用时、分、秒、帧测量时间的通用系统。不同录制格式下,每秒的帧数不同。

4. 首先,在【新建序列】对话框的【设置】选项卡中设置各个选项,然后单击【保存预设】按钮,在【保存序列预设】对话框中输入名称和描述,单击【确定】按钮。

5. 在【项目设置】对话框的【暂存盘】选项卡下,你可以为编辑过程中软件自动产生的临时文件指定存储位置。

第3课　导入媒体素材

课程概览

本课包括如下内容：

- 使用【媒体浏览器】加载视频文件；

- 使用【导入】命令加载图形图像；

- 使用媒体代理；

- 使用 Adobe Stock；

- 选择存放缓存文件的位置；

- 录制画外音。

　　学习本课大约需要 75 分钟。请先准备好本课要用到的课程文件，参阅本书前言中的"使用课程文件"。

　　无论使用哪种方法编辑序列，第一步总是需要先把素材文件导入项目
面板，并进行组织。本课中，我们将学习查找、导入媒体素材的多种
方法。

3.1 课程准备

创建序列之前，需要先把媒体文件导入项目中，包括视频素材、动画文件、解说、音乐、声音、图形图像、照片等。

在 Premiere Pro 中，除图形、字幕外，序列中用到的素材也会显示在项目面板中。例如，当把一个视频剪辑直接导入某个序列时，Premiere Pro 会自动将它添加到项目面板中，而且当在项目面板中删除一个剪辑时，Premiere Pro 也会将这个剪辑从使用它的序列中删除（进行该操作时，你会看到一个撤销选项）。

本课，我们将学习如何把媒体资源导入 Adobe Premiere Pro 中。在导入大部分资源文件时会用到【媒体浏览器】面板，它是一个非常棒的资源浏览器，你可以使用它浏览那些要导入 Premiere Pro 中的各种媒体文件。此外，我们还会学习如何导入图形图像，以及从录像带进行导入。

这里，我们会继续使用第 2 课中创建的项目文件。如果学习第 2 课时没有创建项目，可以直接打开 Lesson 03 文件夹中的 Lesson 03.prproj 文件。

1. 打开第 2 课中创建的项目。

2. 在菜单栏中依次选择【文件】>【另存为】菜单。

3. 在【保存项目】对话框中，转到 Lessons 文件夹下，输入 My Lesson 03.prproj，单击【保存】按钮，保存当前项目。

4. 在【工作区】面板中，单击【编辑】菜单，再单击工作区名称右侧的面板菜单（三道杠图标），从弹出菜单中选择【重置为已保存的布局】。

3.2 导入素材

当向项目导入素材时，Premiere Pro 会使用项目中的一个"指针"创建一个指向原始素材文件的链接。

这个"指针"又称为"剪辑"（clip），你可以把"剪辑"看作一种别名（macOS）或快捷方式（Windows）。

在 Premiere Pro 处理剪辑时，你不是在复制或修改原始文件，而是以一种非破坏性的方式从当前位置有选择性地处理部分或全部原始素材。

例如，当把剪辑的一部分放入序列中时，其余未使用的部分并不会被丢掉。此时，剪辑的一个副本会被添加到序列中，播放时只播放你选择的那部分。这会在表面上改变序列的持续时间，但素材文件原来的持续时间并没有改变，且仍然可用。

此外，当向一个剪辑添加画面变亮效果时，该效果只会应用到剪辑上，并不会应用到剪辑链接的素材文件上。从某种意义上说，原始素材文件是通过"剪辑"进行操纵的，所有设置和效果都应用在"剪辑"上。

在 Premiere Pro 中有以下两种导入素材的方法。

- 使用【文件】>【导入】菜单命令。
- 把素材文件直接从 Finder（macOS）或 Explorer（Windows）拖入项目面板或时间轴面板中。
- 使用【媒体浏览器】。

> Pr 提示：另外一种打开【导入】对话框的方法是在项目面板中双击空白区域。

> Pr 提示：勾选【收录】选项后，收录设置都会应用到所有新导入的素材上，这与导入素材时使用的方法无关。

接下来，我们将讨论每个方法的优缺点。

3.2.1 何时使用【媒体浏览器】面板

媒体浏览器是一个强大的工具，你可以使用它浏览媒体资源，并把它们导入 Premiere Pro 中（见图 3-1）。媒体浏览器可以把使用数码摄像机拍摄的各段视频文件作为完整的剪辑显示出来。无论原始录制格式是什么，你都可以把每一个录制文件看作一个包含视频和音频的单个素材项。

这意味着你不必应对复杂的摄像机文件夹结构，只使用易于浏览的缩览图和元数据即可。只要能够看到元数据（包含剪辑持续时间、录制日期、文件类型等重要信息），就能从一长串的剪辑列表中轻松选出正确的剪辑。

图 3-1

默认情况下，在【编辑】工作区中，媒体浏览器面板位于 Premiere Pro 界面的左下角，它与项目面板在同一个面板组中。按 Shift+8 组合键（请使用键盘顶部的数字键 8），也可以快速打开媒体浏览器面板。

与其他面板相似,通过拖曳媒体浏览器面板的名称(有时叫面板选项卡),可以把它放入其他面板组中。

单击面板名称右侧的三道杠图标(▤),从弹出的菜单中选择【浮动面板】,可以使媒体浏览器面板成为浮动面板。

在媒体浏览器中浏览文件类似于在 Finder(macOS)或 Explorer(Windows)中浏览文件。面板左侧为导航文件夹,显示的是计算机硬盘中的内容,面板顶部有向前与向后的导航按钮。

打开或浏览项目

在 Premiere Pro 中可以同时打开多个项目文件,这使在不同项目之间复制剪辑变得很容易。

注意,所有打开的项目都是可编辑的。如果打开一个项目只是为了复制其中的剪辑,则需要特别小心,防止对项目做出意外修改。

当在 Premiere Pro 中同时打开多个项目时,这些项目都会以选项卡的形式显示在项目面板组中。单击相应项目的选项卡,即可切换到相应项目之下。

此外,你还可以使用媒体浏览器面板浏览其他项目文件。在媒体浏览器中找到要浏览的项目文件,然后双击浏览其内容,从中选择想要使用的剪辑、序列,将它们导入当前项目面板中。

在媒体浏览器面板中浏览项目时,项目是锁定的,以避免被意外修改。

在从一个项目向另外一个项目复制剪辑或序列时,复制的不是原素材文件,而是链接到原始素材文件的剪辑。你必须手动组织相关的素材文件。

一旦选择了某个文件夹或素材文件,你就可以使用键盘上的方向键选择其中的各个素材项。

使用媒体浏览器有以下几个好处。

- 浏览文件夹时,可以使用过滤功能,只显示指定类型的文件,例如 JPEG、Photoshop、XML、ARRIRAW 文件。单击面板顶部的【文件类型已显示】图标(▾),从中选择想要显示的文件类型即可。

- 自动侦测摄像机数据——AVCHD、Canon XF、P2、RED、Cinema DNG、Sony HDV、XDCAM (EX and HD),以便正确显示剪辑。

- 正确显示存放在多个摄像机存储卡中的媒体剪辑。即使视频文件很长,存储在两个存储卡中,Premiere Pro 也会自动把它们作为一个剪辑导入。

- 查看和自定义要显示的元数据种类。

3.2.2 何时使用【导入】命令

在其他应用程序中，你也会经常见到【导入】这个命令，它用起来简单、直接。无论导入什么文件，只需从菜单栏中选择【文件】>【导入】菜单即可。

此外，你还可以使用键盘快捷键 Command+I（macOS）或 Ctrl+I（Windows）打开【导入】对话框，如图 3-2 所示。

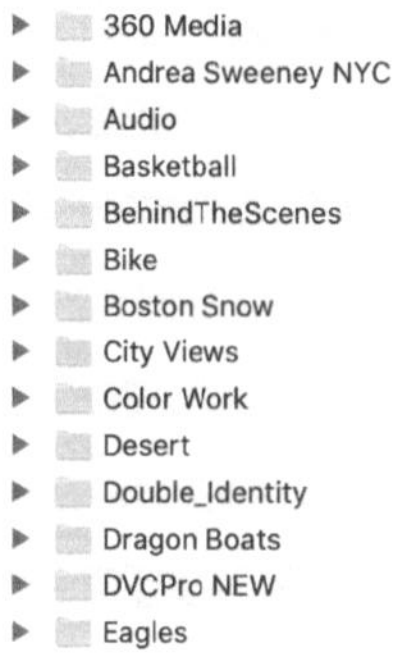

这种导入方法特别适合于独立素材，比如图形、音频、视频（.mov、.mp4）等。尤其是当确切知道素材的存放位置，并且能够快速找到它们时，建议使用这种导入方法。

但是，这种方法不适合用来导入基于文件的摄像机素材，因为这样的素材通常拥有复杂的文件夹结构，视频、音频、RAW 媒体文件都是单独文件，并且包含有描述素材的重要数据（元数据）。对于大多数由摄像机产生的媒体文件，我们最好使用媒体浏览器面板进行导入。

▶ □ 360 Media
▶ □ Andrea Sweeney NYC
▶ □ Audio
▶ □ Basketball
▶ □ BehindTheScenes
▶ □ Bike
▶ □ Boston Snow
▶ □ City Views
▶ □ Color Work
▶ □ Desert
▶ □ Double_Identity
▶ □ Dragon Boats
▶ □ DVCPro NEW
▶ □ Eagles

图 3-2

3.3　使用收录选项和媒体代理

在播放素材和向素材应用效果方面，Premiere Pro 表现出了卓越的性能，而且支持大量媒体格式和编解码器。但是，有时在播放某些素材，特别是高分辨率的 RAW 素材时，系统硬件会显得力不从心。

针对这个问题，一个有效的解决方法是，编辑时使用分辨率较低的副本，编辑完成后切换回全分辨率，然后查看效果并输出。这就是所谓的"代理工作流"（proxy workflow），即创建并使用具有低分辨率的代理文件，用来代替原始文件。你可以随意在两种文件之间来回切换。

导入文件时，Premiere Pro 会自动创建代理文件。如果觉得自己的系统性能非常好，完全可以用来处理原始素材，则可以忽略这个功能。但是，Premiere Pro 的代理功能对于改善系统性能和协作方面有明显的优势，尤其是在低配计算机上处理高分辨率的媒体文件时，使用代理的优势更加明显。

在【项目设置】对话框的【收录设置】选项卡中，可以设置素材收录选项，并为它们创建代理。

- 复制：导入媒体文件时，Premiere Pro 会把原始文件复制到在【主要目标】中指定的位置下。从摄像机存储卡直接导入媒体文件时，应该选择该选项，这样可以确保当存储卡从计算机上拔下时，Premiere Pro 仍然可以访问这些媒体文件。

 提示：复制素材文件时，Premiere Pro 可以进行 MD5 校验。这有助于确保复制准确无误，但启用 MD5 校验后，文件复制时间会增加。

- 转码：导入媒体文件时，Premiere Pro 会根据你选择的预设将它们转换成新的格式，并把新文件保存到指定的目标位置下。在整个后期制作中，如果所有项目使用的都是标准文件格式和编解码器，该选项会非常有用。

 提示：你可以向源监视器或节目监视器添加一个【切换代理】按钮（图），方便查看时在素材代理和原始素材之间快速切换。我们将第4课中讲解如何自定义监视器按钮。

- 创建代理：导入媒体文件时，Premiere Pro 会根据预设创建低分辨率副本，并将它们保存到你在【代理目标】中指定的位置下。如果使用的计算机性能不高，或者希望在携带媒体副本旅行时节省存储空间，该选项会非常有用。虽然我们不会在最终交付时使用这些低分辨率文件，但是它们为我们使用协同工作流，加快效果配置提供了便利。

- 复制并创建代理：导入媒体文件时，Premiere Pro 会把原始文件复制到你在【主要目标】中指定的位置下，并创建代理，将其保存到【代理目标】指定的位置下。

在为项目中的剪辑创建好代理之后，你可以很方便地在原始媒体（全分辨率）和代理媒体（低分辨率）之间进行切换。选择 Premiere Pro >【首选项】>【媒体】（macOS）或【编辑】>【首选项】>【媒体】（Windows），勾选【启用代理】选项。

 注意：Adobe Media Encoder 会在后台为文件转码并创建代理，在此期间，你可以继续使用原始素材文件，当新代理文件创建好之后，Premiere Pro 会自动使用代理文件。

接下来我们具体了解一下如何设置。

1. 在菜单栏中，依次选择【文件】>【项目设置】>【收录设置】菜单，进入【项目设置】对话框的【收录设置】选项卡，如图3-3所示。

 提示：在媒体浏览器面板中，勾选【收录】选项，或单击【打开收录设置】图标（🔧），也可以进入【项目设置】对话框的【收录设置】选项卡。

该对话框中包含的项目设置与创建项目时看到的相同。你可以随时修改这些设置。

默认情况下，所有【收录】选项都是未选择状态。无论选择哪个收录选项，它只对即将导入的素材文件有效，对之前导入的文件没有影响。

2. 勾选【收录】选项，启用它，单击右侧下拉列表，会看到如下选项。

3. 选择【创建代理】，打开【预设】下拉列表，从中选择各个选项，在对话框底部的【小结】区域中，查看每个选项的解释说明，如图3-4所示。

最重要的是，选择的预设要与原始素材的长宽比（图像长度和宽度的比例）匹配。这样，查看代理文件时，才能把标题、图形放置正确。

图 3-3

图 3-4

4. 查看完各个选项之后，单击【取消】按钮，退出【项目设置】对话框，不做任何修改。

以上我们简单介绍了媒体代理的工作流程。关于管理代理文件、链接媒体代理、创建代理文件预设的更多内容，请阅读 Adobe Premiere Pro 帮助文档。

 注意：虽然编辑序列时使用的是媒体代理，但是在输出序列时，Premiere Pro 会自动使用原始素材文件（全分辨率）代替媒体代理（低分辨率）进行导出。

3.4 使用媒体浏览器面板

在 Premiere Pro 中，你可以使用媒体浏览器轻松浏览计算机中的文件。媒体浏览器可以一直保持打开状态，用起来既快又方便，并且还为查找和导入素材进行了优化。

 注意：本课学习过程中，需要从计算机中导入文件，请确保已经把本书所有课程文件复制到计算机中。关于复制课程文件的内容，请参考本书前言。

3.4.1 使用素材文件

Premiere Pro 在使用基于文件的摄像机素材时并不需要进行转换，这包括来自于 P2、XDCAM、AVCHD 等摄像机系统的经过压缩的原生素材、来自于 Canon、Sony、RED、ARRI 的 RAW 素材，以及 Avid DNxHD、Apple ProRes、GoPro Cineform 等对后期制作友好的编解码器。

为了获得最好结果，请遵从如下指导原则（当前不需要这样做）。

- 为每个项目新建素材文件夹，这有助于在清理存储器时区分不同项目。

- 将摄像机拍摄的文件复制到编辑位置，不要破坏现有文件夹结构，且确保直接从存储卡的根目录下复制了完整的数据文件夹。为了得到最好结果，可以考虑使用摄像机制造商提供的传输程序来传送视频文件。需要确保所有媒体文件都已经被复制，检查原始存储卡和复制得到的文件夹大小是否相同。

- 为包含媒体文件的复制文件夹设置一个准确的名称，包括摄像机信息、存储卡编号、拍摄日期。

- 为媒体文件再创建一个备份，存放在另外一个物理硬盘上，防止第一个硬盘出现故障。

- 一定要把备份文件存放在另外一个独立的物理硬盘上，防止存储盘毫无征兆地出现故障。

- 最好使用一种不同的备份方法来创建需要长期保存的文档副本，比如 LTO 磁带（一种广受欢迎的长期存储系统），或者外置存储器。

3.4.2 Premiere Pro 支持的视频文件类型

编辑项目的过程中经常遇到的一种情况是，项目中用到的视频剪辑往往来自于多台摄像机，它们有不同的文件类型、媒体格式和编解码器。这对 Premiere Pro 来说完全不是问题，因为它支持你在同一个序列中混合不同类型的媒体文件。此外，媒体浏览器几乎可以显示所有类型的媒体文件。

播放高分辨率媒体文件时，如果系统硬件配置过低，则可以在编辑时使用代理文件。

Premiere Pro 所支持的基于文件的媒体文件类型如下。

- 所有拍摄 H.264（使用 QuickTime MOV、MP4 格式）、H.265(HEVC) 视频素材的 DSLR 摄像机。播放 H.265 视频需要使用更高配置的计算机。

- Panasonic P2、DV、DVCPRO、DVCPRO 50、DVCPRO HD、AVCI、AVC Ultra、AVC Ultra Long GOP。

- RED ONE、RED EPIC、RED Mysterium X、6K RED Dragon、REDCODE。

- ARRIRAW，包括 ARRI AMIRA。

- Sony XDCAM SD、XDCAM 50、XAVC、SStP、RAW、HDV（使用基于文件的媒体拍摄）。

- AVCHD 摄像机，包括 XAVC Intra 与 LongGOP。

- Canon XF、Canon RAW。

- Apple QuickTime 媒体，包括 Apple ProRes。

- 图像序列，包括 DPX。

- MXF 媒体，包括 Avid DNxHD、DNxHR、Apple ProRes。

- Blackmagic CinemaDNG。

- Phantom Cine camera。

- AAC、AIF、BWF、WAV、OMF 音频。

3.4.3 使用媒体浏览器面板查找资源

在许多方面，【媒体浏览器】面板和 Finder（macOS）或 Explorer（Windows）很相似，都有前进和后退按钮，方便查看最近浏览的内容。媒体浏览器面板左侧区域中显示的是文件夹的组织结构，右侧区域显示的是当前所选文件夹中的内容。

 注意： 导入媒体文件时，一定要把文件复制到本地存储器中，或者使用项目收集选项在移除内存卡或外部存储器之前创建副本。

首先，打开 My Lesson 03.prproj 项目。

 注意： 当打开一个在其他计算机上创建的项目时，可能会出现一条渲染器丢失的警告信息，这表示最近一次保存项目时所使用的项目设置针对的是另外一个GPU。此时，单击【确定】按钮即可。

1. 在工作区面板中单击【编辑】，再单击右侧的三道杠图标，从弹出的菜单中选择【重置为已保存的布局】，或者双击【编辑】这个名称，如图 3-5 所示。

 注意： 如果软件界面中没有显示出工作区面板，请从【窗口】>【工作区】菜单中选择【重置为保存的布局】（位于菜单底部）。

2. 单击【媒体浏览器】面板名称，将其打开。默认情况下，媒体浏览器和项目面板在同一个编组中，如图 3-6 所示。

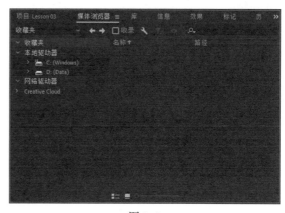

图 3-5   图 3-6

3. 把鼠标放到媒体浏览器面板中，按 `（重音符号）键（位于键盘左上角），或者双击面板名称，可以把面板最大化。

 提示： 有些键盘上，你很难找到 `（重音符号）键，这时可以双击面板名称将面板放大。

此时，媒体浏览器面板占满了大部分屏幕空间。你可能还需要调整列宽，才能看得更清楚。

4. 使用媒体浏览器导航至 Lessons/Assets/Video and Audio Files/Theft Unexpected 文件夹。

> **注意：** 媒体浏览器可以把非媒体文件和不支持的文件过滤掉，这大大方便了用户浏览视频和音频资源。

5. 单击【缩览图视图】（位于媒体浏览器面板底部）图标（▣），向右拖曳缩览图大小控制滑块，将剪辑缩览图放大。你可以根据自身需要，将缩览图放大到相应大小，如图 3-7 所示。

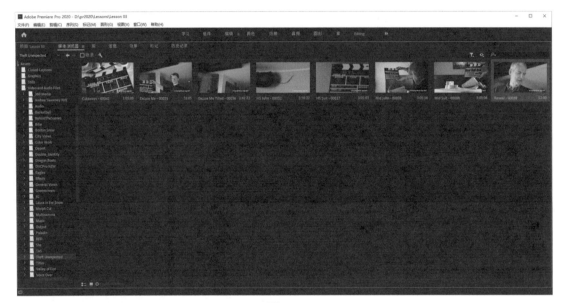

图 3-7

> **提示：** 在媒体浏览器面板中浏览某个文件夹时，面板左侧的导航区域中显示的是文件夹的组织结构，右侧区域显示的是所选文件夹中的内容。如果觉得左侧区域太窄，可以向右拖曳左右两个区域之间的分隔条，增加左侧区域的宽度；也可以拖曳左侧区域底部的滚动条，查看感兴趣的文件夹。

你可以把光标放到任意一个未选择的剪辑缩览图上，不要单击鼠标，也不要单击鼠标左键或右键，只要从左到右拖曳鼠标，即可浏览剪辑内容。把光标放到剪辑缩览图左边缘，显示剪辑第一帧；放在右边缘，显示剪辑最后一帧。

6. 单击任意一个剪辑，选中它，如图 3-8 所示。

此时，你就可以使用键盘快捷键来预览所选剪辑。在缩览图视图下，当某个剪辑处于选中状态时，其下方会显示一个预览时间条。

7. 按 L 键或空格键，播放所选剪辑。

图 3-8

8. 按 K 键或者空格键，停止播放。

9. 按 J 键倒放剪辑。

10. 尝试播放其他剪辑。播放期间，你应该能够听到剪辑中的声音。

你可以多次按 J 键或 L 键，加快预览播放速度。按 K 键或空格键暂停播放。

Pr 注意：若听不见声音，请检查【音频硬件】首选项，确保选择的是正确的输出设备。

11. 接下来，我们把这些剪辑全部导入项目中。按 Command+A（macOS）或 Ctrl+A（Windows）组合键，全选所有剪辑。

12. 在其中一个剪辑上单击鼠标右键，在弹出的菜单中选择【导入】菜单，如图 3-9 所示。

图 3-9

Pr 提示：还可以直接将所选剪辑拖至项目面板的空白区域中来导入剪辑。

导入完成后，Premiere Pro 会自动打开项目面板，把刚刚导入的剪辑全部显示出来。

13. 按 `（重音符号）键，或使用项目面板菜单，把面板组恢复成原来大小。

类似于【媒体浏览器】面板，项目面板中的剪辑既可以以图标显示，也可以以列表显示（包含每个剪辑的详细信息）。项目面板底部有两个图标，分别是【列表视图】图标（▤）和【图标视图】图标（▣），单击这两个图标，可以在列表视图和图标视图之间进行切换。

多使用媒体浏览器

媒体浏览器提供了大量在存储器中查找文件的功能。

• 前进、后退按钮（◀ ▶）与 Web 浏览器中的前进、后退按钮功能类似，允许你在查看过的内容中进行导航。

• 在左侧导航区域最上方有一个【收藏夹】，用来存放经常访问的文件夹。如果需要经常从某个文件夹导入文件，可以把这个文件夹添加到收藏夹中。

具体做法是，先使用鼠标右键单击文件夹，然后在弹出的菜单中选择【添加到收藏夹】即可。

- 导航区域上方有一个【最近目录】菜单，里面保存有最近访问的目录，选择相应目录，可立即跳转。

- 面板右上方有一个漏斗形图标（ ），单击它打开一个文件类型列表，从中选择需要显示的文件类型，媒体浏览器会只显示所选类型的文件，从而更方便查找。

- 漏斗图标右侧有一个眼睛图标（ ），叫作【目录查看器】，单击它，从中选择一个摄像机系统，可以只显示该摄像机系统拍摄的视频文件。

- 你可以一次打开多个媒体浏览器面板，用以访问不同文件夹中的内容。单击面板菜单，从弹出菜单中选择【新建媒体浏览器面板】菜单，即可打开新的媒体浏览器面板。

- 默认情况下，列表视图下显示的剪辑信息有限。若要显示更多内容，可以单击面板菜单，从弹出菜单栏中选择【编辑列】，再在【编辑列】对话框中勾选需要显示的元数据即可。

3.5　导入静态图像文件

图形图像是后期制作必不可少的一部分。使用图形图像不仅可以帮助我们更好地向观众传递信息，还有利于增强画面的视觉效果。Premiere Pro 不但支持我们向项目中导入任意类型的图像文件（不包括 RAW 图像），而且对使用 Adobe 图形软件（比如 Adobe Photoshop、Adobe Illustrator）制作的图形图像提供了完美的支持。

从事图像印刷或照片修饰的人可能都使用过 Adobe Photoshop，它是一款功能强大的工具，不仅在图形图像处理领域中有着广泛的应用，在其他领域也应用得越来越多，例如在视频制作领域，Adobe Photoshop 开始发挥越来越重要的作用。接下来介绍如何把文件从 Adobe Photoshop 正确地导入 Premiere Pro 中。

先从导入一张简单的图片开始。

3.5.1　导入单图层图像文件

大多数图形、照片只包含一个图层（由像素组成的平面网格），你可以将它们作为一个简单的素材文件使用。下面导入一张图片。

1. 打开项目面板。

2. 从菜单栏中依次选择【文件】>【导入】，或者按 Command+I（macOS）或 Ctrl+I（Windows）组合键。

3. 在【导入】对话框中，转到 Lessons/Assets/Graphics 文件夹下。

4. 选择 Theft_Unexpected.png 文件，单击【打开】按钮。

Teft_Unexpected.png 是一个简单的 Logo 文件，导入后会出现在项目面板中，如图 3-10 所示。

在【图标视图】模式下，项目面板会以缩览图的形式显示图片内容。

图 3-10

关于动态链接（Dynamic Link）

Premiere Pro 能够完美地与 Adobe Creative Cloud 中的其他工具协同工作。事实上，Creative Cloud 有一些特有的工作流，使用它们能够大大加快后期制作速度。

"动态链接"就是这样一个工具。它允许我们将 After Effects 合成（与 Premiere Pro 中的序列有点类似）导入 Premiere Pro 中，其方式是在两个应用程序之间建立一个实时链接。一旦采用这种方式导入 After Effects 合成，After Effects 合成就会与 Premiere Pro 项目中的其他剪辑相同。

在 After Effects 中修改合成后，Premiere Pro 中的合成也会随之进行更新，可以大大节省时间。

动态链接会自动在 Premiere Pro 和 After Effects 之间，以及 Premiere Pro 与 Audition 之间创建链接。

3.5.2 导入包含多个图层的 Adobe Photoshop 文件

使用 Adobe Photoshop 处理过的图像可能包含多个图层。图层与 Premiere Pro 序列中的轨道类似，用来将不同视觉元素分隔开，方便分别处理。你可以把 Photoshop 文档中的图层分别导入 Premiere Pro 中，再针对特定图层进行调整或动画处理。

【导入分层文件】对话框中有一个【导入为】菜单，其中包含 4 种导入图层的方式，如图 3-11 所示。通过【导入为】菜单，你可以指定导入 Photoshop 文件时对其图层的处理方式。

图 3-11

- 合并所有图层：选择该项后，Premiere Pro 会把所有图层合并成一个图层作为一个剪辑导入。

- 合并的图层：选择该项后，Premiere Pro 只合并选中的图层并将其作为一个剪辑导入。

- 各个图层：选择该项后，Premiere Pro 只导入在该对话框中勾选的图层，在项目面板中，每个图层都是一个独立的剪辑。

- 序列：选择该项，Premiere Pro 只导入在该对话框中勾选的图层，每个图层都是一个独立的剪辑。同时 Premiere Pro 还会自动新建一个序列（基于导入的 PSD 文件设置帧大小），其中每个剪辑都在单独的轨道上（保持原有的堆叠顺序）。

选择【序列】或【各个图层】后，位于【导入分层文件】对话框底部的【素材尺寸】菜单就变为可用状态，其中包含以下两个选项。

- 文档大小：选择该选项后，Premiere Pro 会根据原始 Photoshop 文档的尺寸导入所选图层。

- 图层大小：选择该选项后，Premiere Pro 会把新建剪辑的帧大小与原始 Photoshop 文件中各个图层的帧大小进行匹配。对于那些无法填充整个画布的图层，其周围的透明区域（即包含像素的矩形之外的区域）会被剪裁掉，并且会被放置到帧的中央，这样也就失去了它们原有的相对位置。

下面我们把一个带分层的 Photoshop 文件导入项目中。

1. 在项目面板中双击空白区域，或者从菜单栏中依次选择【文件】>【导入】菜单，打开【导入】对话框。

2. 导航至 Lessons/Assets/Graphics 文件夹。

3. 选择 Theft_Unexpected_Layered.psd 文件，单击【打开】按钮，出现【导入分层文件】对话框，如图 3-12 所示。

图 3-12

> **注意**：在【导入分层文件】对话框的导入列表中，有些图层处于未勾选状态。因为这些图层在原来的 PSD 文件中处于隐藏不可见状态，设计者只是将它们隐藏起来并未删除。导入时，Premiere Pro 默认不导入这些图层。

> **提示**：建议你根据各个图层的尺寸来导入 PSD 文件中的各个图层。例如，有些平面设计师会创建多个图像，并且把每个图像置于 PSD 文件的不同图层上，以方便编辑人员把它们整合到视频编辑中。此时，PSD 文件就像是一个一站式图像仓库。

4. 这里，在【导入为】菜单中选择【序列】，在【素材尺寸】中选择【文档大小】，然后单击【确定】按钮。

5. 此时，Premiere Pro 在项目面板中新建了一个名为 Theft_Unexpected_ Layered 的素材箱（■）。双击打开它。

6. 在素材箱中，双击 Theft_Unexpected_Layered 序列，在时间轴面板中打开它，如图 3-13 所示。

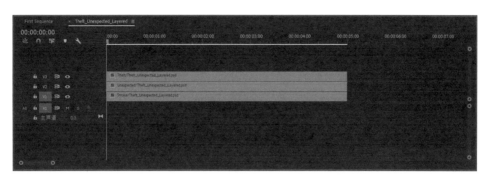

图 3-13

在【列表视图】下，序列图标（▦）显示在名称左侧；而在【图标视图】下，会有一个不同的序列图标（▣）显示在缩览图的右下角。

若区分不出剪辑和序列，则可以把鼠标指针放到素材项名称（非图标）上，稍等一会儿，就会出现工具提示，然后根据提示信息判断当前项是剪辑还是序列，如图 3-14 所示。

7. 时间轴面板底部有一个导航条，拖曳导航条的左端或右端，可以将时间轴放大或缩小，以便你更清楚地查看序列中的剪辑，如图 3-15 所示。

Theft_Unexpected_Layered
序列, 1280 x 720 (1.0)
00:00:05:00, 25.00p
48000 Hz - 立体声

图 3-14　　　　　　　　　　　　　　　图 3-15

导入Adobe Photoshop图像时的注意事项

从 Adobe Photoshop 导入图像时，应该注意以下几点。

- 当把包含多个图层的 Photoshop 文档导入为序列时，Premiere Pro 中的帧大小将与 Photoshop 文档的像素大小相同。

- 即使不打算缩放或平移图像，创建图像时，也需要尽量使图像的帧尺寸不小于项目的帧尺寸。否则，你将不得不对图像进行放大，这样做会损失一些锐度。

- 如果打算放大或平移图像，创建图像时，一定要确保图像放大后或平移区域的帧大小不小于序列的帧大小。例如，在编辑全高清（1920×1080）项目时，如果想将画面放大 2 倍，则使用的图像尺寸应该不低于 3840×2160 像素，这样才能保证画面在放大后清晰度不会下降。

- 导入大型图像文件会占用更多系统内存，并且可能会影响系统运行速度。如果使用的原始图片非常大，可以考虑在使用之前先把它们处理得小一点。

- 尽量使用 16 位 RGB 颜色。CMYK 颜色模式只适用于打印工作（Premiere Pro 不支持这种颜色模式），编辑视频时要使用 RGB 或 YUV 颜色模式。

- 与其他导入的媒体素材相同，在 Photoshop 中，修改并保存 PSD 文件后，Premiere Pro 会同步进行更新。也就是说，在退出 Premiere Pro 后，设计师可以继续处理一幅图像，执行保存操作时，修改会自动同步到 Premiere Pro 中。

8. 此时，用户可以在时间轴面板中看到导入的序列。同时，序列的内容也会显示在节目监视器中。在时间轴面板中，每个轨道的左侧有一个眼睛图标（ ◉ ，切换轨道输出），单击它可以隐藏或显示每个图层上的内容。

在项目面板中双击 Theft_Unexpected_Layered 素材箱后，Premiere Pro 会在项目面板组中打开一个素材箱面板。素材箱面板菜单与项目面板相同，你可以同时打开多个素材箱浏览项目中的媒体素材。

9. 单击素材箱面板菜单（ ▤ ），从弹出菜单中选择【关闭面板】，关闭 Theft_Unexpected_Layered 素材箱。

3.5.3　导入 Adobe Illustrator 文件

Adobe Illustrator 也是 Adobe Creative Cloud 中的一个图形处理软件。Adobe Photoshop 软件主要用来处理基于像素的图形图像，与此不同，Adobe Illustrator 是一款基于矢量的图形处理软件。矢量图形不是由一个个像素点组成，它使用直线和曲线等通过数学计算得到的元素来描述图形。矢量图形最大的优点是无论如何放大、缩小或旋转都不会失真，并且能够保持原有的清晰度，非常适合用来制作字幕与图形制作技术插图、艺术线条、复杂图形时，通常会使用矢量图形。

下面我们向 Premiere Pro 导入一个矢量图形。

1. 在项目面板中，取消选择 Theft_Unexpected_Layered 素材箱。

2. 然后双击空白区域，或者按 Command+I（macOS）或 Ctrl+I（Windows）组合键，打开【导入】对话框。

3. 导航至 Lessons/Assets/Graphics 文件夹。

4. 选择 Brightlove_film_logo.ai 文件，单击【打开】按钮。

5. 此时，项目面板中新出现了一个剪辑，它指向刚刚导入的 Illustrator 文件。双击剪辑图标，在源监视器面板中查看 Logo 图标。

在源监视器面板的黑色背景下，无法显示 Logo 图标中的黑色文本。这是因为 Logo 的背景是透明的。关于使用图层和透明度的内容，我们将在第 14 课中进行讲解。

> **注意：** 在项目面板中，使用鼠标右键单击 Brightlove_film_logo.ai，弹出菜单中有一个【编辑原始】菜单。如果计算机中安装了 Adobe Illustrator，选择【编辑原始】菜单后，将在 Adobe Illustrator 中打开 Brightlove_film_logo.ai 进行编辑。即使在 Premiere Pro 中合并图层，仍然可以返回到 Adobe Illustrator 中编辑原始分层文件，然后将其保存。你在 Adobe Illustrator 中做出的修改会立即在 Premiere Pro 中体现出来。

Premiere Pro 处理 Adobe Illustrator 文件的方式如下。

- 类似于前面导入的 Photoshop 文件，Brightlove_film_logo.ai 是一个包含多个图层的文件。但是，Premiere Pro 不允许导入的 Adobe Illustrator 文件中包含多个图层，它会在导入时将所有图层合并成一个图层。

- Premiere Pro 通过"栅格化"（rasterization）处理将矢量图形转换成 Premiere Pro 中使用的基于像素的图像格式。这种转换会在导入时自动进行，因此在向 Premiere Pro 导入矢量图形之前，要确保矢量图形有足够大的尺寸。

- Premiere Pro 会自动对 Adobe Illustrator 创建的矢量图形的边缘做抗锯齿或平滑处理。

- Premiere Pro 会对 Illustrator 文件中的所有空白区域进行透明处理，使位于下层轨道上的剪辑显露出来。

3.5.4 导入文件夹

在 Premiere Pro 中使用【文件】>【导入】命令导入多个素材时，你不需要逐一选择各个素材，而是可以选择包含这些素材的整个文件夹。如果要导入的素材已经存放在了硬盘的某个文件夹中，当导入包含这些素材的文件夹时，Premiere Pro 会在项目面板中创建一个同名素材箱。

具体操作如下。

1. 从菜单栏中依次选择【文件】>【导入】，或者按 Command+I（macOS）或 Ctrl+I（Windows）组合键。

2. 在【导入】对话框中，导航至 Lessons/Assets 文件夹下，单击选择 Stills 文件夹（见图 3-16）。注意，不要双击 Stills 文件夹，否则会进入 Stills 文件夹中。

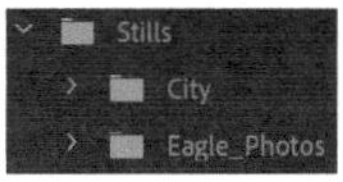

图 3-16

3. 单击【导入】（macOS）或【导入文件夹】（Windows）按钮。此时，Premiere Pro 会将整个 Stills 文件夹导入进来，其中包括两个包含图片的子文件夹。在项目面板中，你会看到一个与所选文件夹同名的素材箱。在列表视图下，单击素材箱左侧的箭头图标，将其展开，可以看到其中有两个子文件夹。

> 注意：此外，你还可以在媒体浏览器面板中使用如下方法导入文件夹（包括子文件夹）：在媒体浏览器的右侧区域选择一个文件夹，然后导入它。这样也可以实现上述效果。

> 注意：在导入整个文件夹时，如果其中包含一些 Premiere Pro 不支持的文件，Premiere Pro 会给出提示信息，告诉用户这些文件无法导入。

导入VR视频

我们常说的 VR 视频其实是 360° 视频，它是使用拍摄设备拍摄周围一圈（360°）的景物得到的。观看这类视频时，使用专用的 VR 头盔才能获得最好的观看效果。戴着 VR 头盔观看这类视频时，可以转动头部变换方向进行观看。Premiere Pro 支持 360° 视频和 180° 视频，同时提供了一个专用的观看模式来支持 VR 头盔，还针对 360° 视频的自身特点设计了一些效果。

导入 360° 视频与导入普通视频素材没有什么不同，你既可以使用【导入】命令进行导入，也可以使用媒体浏览器面板进行导入。

导入时，Premiere Pro 要求导入已经处理好的 360° 视频，所以必须先用其他应用程序把 360° 预先处理好。

有关 Premiere Pro 中 360° 视频工作流的内容已经超出本书的讨论范围，请阅读在线帮助文档，了解更多内容。

3.6 使用 Adobe Stock

借助库面板，你可以轻松地在项目和用户之间共享设计资源。此外，还可以直接在库面板中搜索 Adobe Stock，从中选择所需要的视频剪辑和图形，并且在项目中使用低分辨率版本预览效果，满意之后再付费购买高分辨率版本，如图 3-17 所示。

Adobe Stock 是一个在线图库，提供了数百万个视频和图片。借助于库面板，你可以轻松地把这些素材应用到序列中。

如果想要使用某个素材的全分辨率版本，可以单击素材上的 License And Save To 购物车图标。付费之后，Premiere Pro 就会把全分辨率的素材下载下来，并使用它替换掉项目与序列中的低分辨率素材。

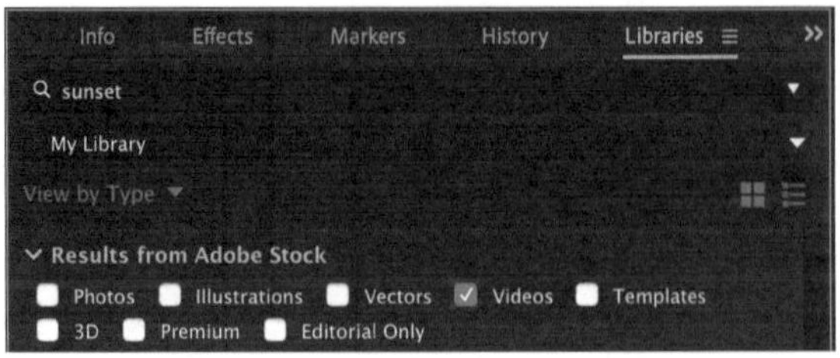

图 3-17

3.7 自定义媒体缓存

导入某些特定格式的视频和音频文件时，Premiere Pro 可能需要处理并缓存（临时存储）这些文件的一个副本或附属文件，以便顺畅地播放剪辑或显示波形图。在导入高度压缩的文件时，这个"一致性"（conforming）的过程更是必不可少。

 注意： 前面在介绍根据序列设置调整剪辑播放设置时用到了"一致性"（conforming）这个词，这里讲为把文件导入 Premiere Pro 对文件格式进行处理时也用到了"一致性"（conforming）这个词。这是因为这两个过程所遵循的原则是相同的，即都是通过修改原始素材来提高性能。

若有必要，Premiere Pro 会根据新的 CFA 文件处理导入的音频文件。大多数 MPEG 文件有索引（类似于一张文件"地图"），它们保存在 MPGINDEX 文件中，有助于文件的读取与播放。

导入素材时，如果在屏幕右下角看见一个小小的进度条，这表明 Premiere Pro 正在创建缓存。

在媒体缓存的帮助下，编辑系统更容易解码和播放媒体素材，从而提高预览时的播放性能。你可以自定义缓存以进一步提升性能。媒体缓存数据库用来帮助 Premiere Pro 管理缓存文件，从而更好地在多个 Creative Cloud 应用程序之间进行共享。

在菜单栏中，依次选择 Premiere Pro>【首选项】>【媒体缓存】（macOS）或【编辑】>【首选项】>【媒体缓存】（Windows），可以打开缓存设置面板，如图 3-18 所示。

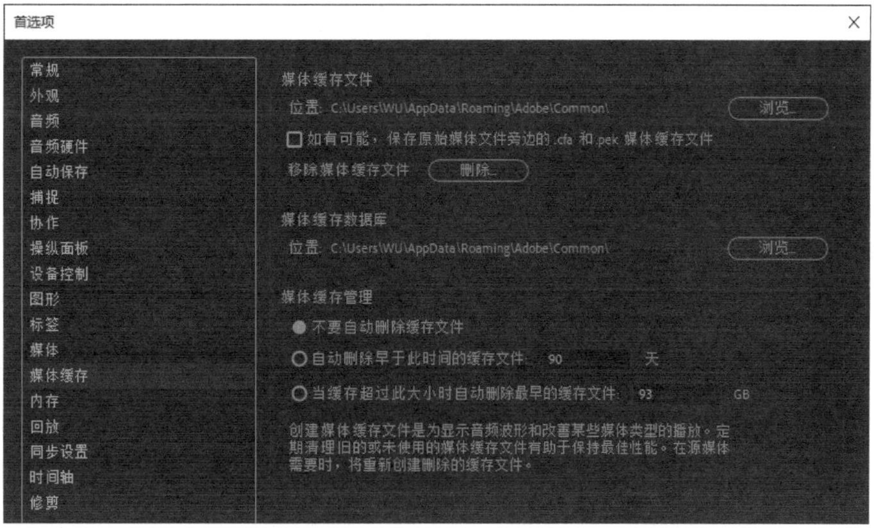

图 3-18

下面是对缓存各个设置项的使用说明。

- 若想移动媒体缓存文件，或把媒体缓存数据库移动到新位置，可以单击【浏览】按钮，在【选择文件夹】对话框中，选择目标文件夹，然后单击【选择】（macOS）或【选择文件夹】

（Windows）按钮。

- 勾选【如有可能，保存原始素材文件旁边的 .cfa 和 .pek 媒体缓存文件】选项，可以将媒体缓存文件与媒体素材保存在同一个硬盘上。如果想把所有内容集中保存到一个中央文件夹，则不要勾选该选项。存放媒体缓存的硬盘速度越快，Premiere Pro 表现出的播放性能越好。

- 应该定期清理媒体缓存数据库，删除不再需要的旧缓存文件和索引文件。单击【删除】按钮，在【删除媒体缓存文件】对话框中单击【确定】按钮，如图 3-19 所示。

所有连接到计算机的存储器中的缓存文件都会被删除。建议在项目完成后执行该操作，这会删除不需要的预览渲染文件，节省大量存储空间。

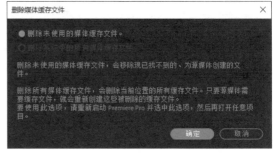

图 3-19

- 在【媒体缓存管理】区域中勾选相应选项，这可以在一定程度上实现缓存文件管理的自动化。若需要，Premiere Pro 会自动创建这些缓存文件，勾选这些选项可以节省空间。

- 若想删除所有媒体缓存文件，包括当前正在使用中的媒体缓存文件，需要重启 Premiere Pro，并从【主页】窗口中访问媒体缓存首选项。然后单击【删除】按钮，在【删除媒体缓存文件】对话框中，勾选【删除系统中的所有媒体缓存文件】即可。若单击【取消】按钮，则关闭【删除媒体缓存文件】对话框，不保存任何更改。

3.8 录制画外音

有时，你处理的视频项目中可能包含画外音轨道。这些画外音通常是由专业人员在录音棚（至少是在一个很安静的场合中）中使用专业设备录制的，也可以使用音频输入设备直接把音频录制到 Premiere Pro 中。

Premiere Pro 提供的画外音录制功能非常有用，供创作者在编辑过程中自由地控制录音。

提示： 当系统中连接有多个音频输入设备时，使用鼠标右键单击时间轴面板中的【画外音录制】图标，从弹出的菜单中选择【画外音录制设置】，在打开的【画外音录制设置】对话框中可以设置音频名称、输入源等。

在 Premiere Pro 录制音轨的具体步骤如下。

1. 如果使用的不是计算机内置的麦克风，需要确保外接麦克风或音频混合器正确地连接到计算机。此时，用户可能需要查阅计算机和声卡的相关文档。

2. 在时间轴面板中，每个音轨的最左侧区域中有一排按钮和选项。这个区域称为【音轨头】（track header），其中包含一个【画外音录制】按钮（🎤），如图 3-20 所示。

使用鼠标右键单击麦克风图标，从弹出菜单中选择【画外音录制设置】，在打开的【画外音录制设置】对话框中选择麦克风，如图 3-21 所示。

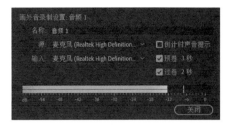

图 3-20　　　　　　　　　　　　　　　　　　　图 3-21

然后单击【关闭】按钮。

3. 关闭扬声器，或者使用头戴式耳机，防止出现回音。

4. 打开 Theft_Unexpected_Layered 序列，它位于 Theft_Unexpected_Layered 素材箱中。

5. 为了更清楚地看到结果，增加音轨 A1 的高度。

为了增加音轨高度，双击音轨头左侧的空白区域，向下拖曳两个音轨之间的水平分割线，或者把鼠标放到相应的音轨头上，按住 Option 键（macOS）或 Alt（Windows）键，滚动鼠标滚轮，如图 3-22 所示。

在时间轴面板中，时间是从左到右增加的，这与在线视频是相同的。时间轴面板顶部有一个时间标尺，时间标尺上有一个播放指针（见图 3-23），用来指示节目监视器中显示的当前帧。你可以在时间标尺的任意位置上单击，此时播放指针会移动到单击位置，并在节目监视器中显示该位置上的帧。还可以在时间标尺上按下鼠标左键进行拖曳，以浏览当前序列的内容，这个动作类似于刷洗地板。

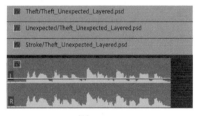

图 3-22　　　　　　　　　　　　　　　　　　　图 3-23

6. 将播放指针拖曳到时间标尺最左侧，即序列的开头位置，然后单击音轨 A1 的【画外音录制】按钮，开始录音。

7. 倒数 3 个数之后，Premiere Pro 开始录音。说几句话，然后按空格键，停止录音。

此时，Premiere Pro 会新建一个音频剪辑，并将其添加到项目面板和当前序列中。

8. 从菜单栏中依次选择【文件】>【保存】命令，保存当前项目。然后可以关闭项目，或者保持其打开状态，开始学习第 4 课的内容。

3.9 复习题

1. 导入 P2、XDCAM、R3D、ARRIRAW、AVCHD 素材时，Premiere Pro 需要进行转换吗?

2. 导入多个素材文件（它们同属于一个剪辑）时，相比于【文件】>【导入】命令，使用媒体浏览器的优点是什么?

3. 导入包含图层的 Photoshop 文件时，有哪 4 种不同的导入方法?

4. 媒体缓存文件保存在哪里?

5. 导入视频时，如何启用创建代理功能?

3.10 复习题答案

1. 不需要。Premiere Pro 原生支持编辑 P2、XDCAM、R3D、ARRIRAW、AVCHD，以及其他多种格式文件。

2. 媒体浏览器能够识别 P2、XDCAM 以及其他多种文件格式的复杂文件夹结构，并能够自动把多个素材文件制作为一个剪辑。

3. 在【导入分层文件】对话框中，从【导入为】菜单中选择【合并所有图层】，可以将 Photoshop 文件中的所有可见图层合并成一个剪辑；选择【合并的图层】，选择指定的图层。如果想把各个图层分别导出为独立的剪辑，可以选择【各个图层】，并选择要导入的图层；选择【序列】，可以导入选定的图层，并使用它们新建一个序列。

4. 你可以把媒体缓存文件保存到任意指定的位置，或者存储在媒体素材所在的硬盘上（如果有可能的话）。用于存放媒体缓存的硬盘速度越快，Premiere Pro 就表现出越好的播放性能。

5. 你可以在【项目设置】对话框的【收录设置】中，开启【创建代理】功能。你可以通过勾选【媒体浏览器】顶部的【收录】复选框来打开【收录设置】选项卡，也可以单击扳手图标（打开收录设置）来打开【收录设置】选项卡。

第4课　组织素材

课程概览

本课包括如下内容：

- 使用项目面板；

- 使用素材箱；

- 添加剪辑元数据；

- 使用基本播放控件；

- 解释素材；

- 修改剪辑。

　学习本课大约需要 90 分钟。请先准备好本课要用到的课程文件，参阅本书前言中的"使用课程文件"。

如果项目中包含一些视频和音频素材资源，我们需要浏览这些素材，并把剪辑添加到序列中。但是，在此之前，我们需要花些时间组织现有素材，以避免再花费大量时间来搜索所需资源。

4.1　课程准备

当项目中包含大量剪辑，并且这些剪辑属于不同的媒体类型时，组织和管理这些剪辑就显得尤为重要。

本课中，我们将学习如何使用项目面板来组织剪辑。具体做法就是创建一些特殊的文件夹（叫作"素材箱"），将剪辑分门别类地放入"素材箱"中。本课我们还要学习向剪辑添加重要的元数据和标签的内容。

首先介绍如何使用项目面板来组织剪辑。

1. 本课会使用第 3 课中的项目文件。你可以在学完第 3 课后不关闭项目文件，继续学习本课，也可以打开 Lessons 文件夹中的 Lesson 04.prproj 项目文件。

2. 开始前，先把工作区恢复为默认状态。在【工作区】面板中单击【编辑】，然后单击三道杠图标，在弹出菜单中选择【重置为已保存的布局】。

3. 在菜单栏中，依次选择【文件】>【另存为】菜单。

4. 在【保存项目】对话框中，输入文件名：Lesson 04 Working.prproj。

5. 导航至 Lessons 文件夹下，单击【保存】按钮，保存当前项目。

如上所述，先把项目文件另存为一个新副本，然后在新副本上进行修改，以随时返回到修改之前的状态。

4.2　使用项目面板

导入 Adobe Premiere Pro 项目中的所有内容都会显示在项目面板中。除提供用于浏览剪辑和处理元数据的工具外，项目面板还提供了一种类似文件夹的东西——素材箱，你可以使用素材箱来组织项目中的各种素材，如图 4-1 所示。

除用来保存所有剪辑，项目面板还提供了用于解释素材的重要选项。例如，所有素材都有帧速率（fps，每秒帧数）、像素长宽比（像素形状）。出于创作需要或技术原因，你可能想要修改这些设置。

打开【列表视图】下的项目面板。单击面板左下角的【列表视图】按钮，可以把面板切换到【列表视图】下。

例如，你可以把以 60fps 拍摄的视频解释为 30fps 来实现 50% 的慢动作效果。比如，你得到的可能是一段像素长宽比设置错误的视频，需要修正，如图 4-2 所示。

Premiere Pro 通过素材的元数据来了解如何播放素材，你可以在项目面板或元数据面板中显示与编辑更多元数据（比如位置记录数据）。如果需要修改剪辑的元数据，可以在项目面板中进行修改。

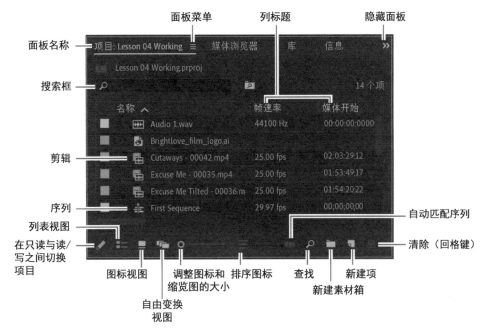

图 4-1

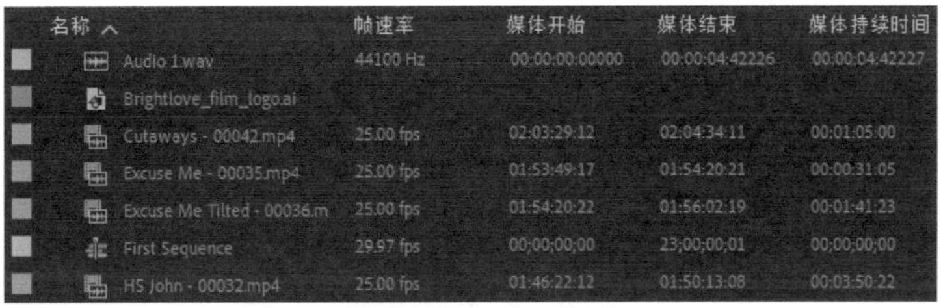

图 4-2

4.2.1 自定义项目面板

使用项目面板的过程中，你很可能随时想调整项目面板的大小。项目面板提供了两种呈现剪辑的方式，一种是列表视图，另一种是图标视图，可以灵活地在这两种方式之间切换。查看面板中的信息时，有时调整面板大小要比滚动面板快捷得多。

在默认的【编辑】工作区下，用户界面简洁、清爽，有助于你集中精力进行创作。【预览区域】是项目面板的一部分，默认不可见，你可以通过它获取剪辑的更多信息。

1. 打开项目面板菜单。

2. 从弹出菜单中，选择【预览区域】，如图 4-3 所示。

> **Pr** 提示：我们可以滚动列表视图，或者把鼠标放到剪辑名称上，以此访问大量剪辑信息。

图 4-3

<table>
<tr><td>**提示**：</td><td>把鼠标放到项目面板上，按键盘上的 ` 键（重音键），可以在项目面板的最大化和最小化之间快速切换。这个方法也适用于其他面板。如果键盘上没有 ` 键（重音键），则可以通过双击面板名称，在最大化面板和最小化面板之间进行切换。</td></tr>
</table>

在项目面板中选择一个剪辑时，【预览区域】会显示该剪辑的主要信息，包括帧大小、像素长宽比、时长，如图 4-4 所示。

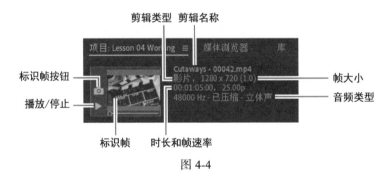

图 4-4

单击【标识帧】按钮，设置在项目面板中显示的缩览图。

若项目面板左下方的【列表视图】按钮（▤）处于未选中状态，单击它。项目面板的列表视图包含各个剪辑的大量信息。这些信息以列的形式组织，但是需要拖曳面板的水平滚动条才能逐个看到它们。

3. 再次从项目面板菜单中选择【预览区域】，将其隐藏起来。

项目面板中还有一个【自由变换视图】，用户可以使用它来组织剪辑，甚至构建序列（更多内容，请参阅 4.5 节）。

4.2.2 在项目面板中查找资源

处理剪辑与处理桌面上的纸张相似。如果只有一个或两个剪辑，会很简单。但是，如果有100～200个剪辑，就需要有一个组织系统把它们有条理地组织起来。

为保证编辑顺利进行，一种做法是在使用之前先组织剪辑。导入剪辑之后，要做的第一件事是为它们重命名，方便日后查找（参考 4.3.6 节）。

> **提示**：可以通过滚动鼠标滚轮来上下滚动项目面板。当然，如果有触控板，也可以使用手势来控制。

1. 单击项目面板顶部的【名称】列。每次单击【名称】列，Premiere Pro 就会按照字母表顺序升序或降序显示项目面板中的各个素材项。【名称】右侧有一个三角形图标，指示当前的排列顺序。

如果正在搜索具有特定特征（比如时长或帧大小）的剪辑，则更改标题显示顺序会很有帮助。

> **注意**：在项目面板中，向右拖曳水平滚动条时，Premiere Pro 总是在最左侧显示剪辑名称，以便用户确认当前查看的是哪个剪辑的信息。

2. 在项目面板中，向右拖曳水平滚动条，直到显示【媒体持续时间】列标题。该列显示的是各个剪辑的总持续时间。

3. 单击【媒体持续时间】列标题，Premiere Pro 将根据持续时间的长短显示剪辑。【媒体持续时间】列标题右侧也有一个三角形图标（见图 4-5），每次单击列标题，三角形图标的方向就会发生改变，朝上表示按持续时间从短到长排列剪辑，朝下表示按持续时间从长到短排列剪辑。

> **注意**：我们可能需要向右拖曳媒体持续时间和视频入点之间的分隔条来增加媒体持续时间的列宽，才能看见排序指示图标以及完整的列信息。

媒体持续时间 ∧　　媒体持续时间 ∨

图 4-5

4. 向左拖曳【媒体持续时间】标题，直到蓝色分隔符出现在【帧速率】和【名称】列之间，如图 4-6 所示。然后释放鼠标，【媒体持续时间】列被移动到了【名称】列和【帧速率】之间。

> **提示**：项目面板配置是工作区布局的一部分，它随工作区一起保存。如果想保持项目面板的当前配置，请将其作为自定义工作区的一部分对整个自定义工作区进行保存。

名称	帧速率	媒体开始	媒体结束	媒体持续时间 ∨	视频入点
HS John - 00032.mp4	25.00 fps	01:46:22:12	01:50:13:08	00:03:50:22	01:46:22:12
Mid Suit - 00008.mp4	25.00 fps	01:15:20:09	01:18:28:14	00:03:08:06	01:15:20:09

图 4-6

4.2.3　过滤素材箱内容

Premiere Pro 内置有搜索工具，用来帮助我们查找所需要的媒体素材。即使要使用的素材名称由摄像机自行指定，对搜索不够友好，我们也可以使用 Premiere Pro 内置的强大搜索工具借助一些特征（比如帧大小、文件类型）进行搜索查找。

> **Pr**　**注意**：导入 Adobe Photoshop PSD、JPEG、Adobe Illustrator AI 文件时，默认的帧持续时间是在【首选项】>【时间轴】>【静止图像默认持续时间】中设置的。

在项目面板顶部，我们可以在【过滤素材箱内容】搜索框中输入文本，只显示名称或元数据与输入文本相匹配的剪辑。如果知道素材名称（或名称的一部分），可以直接在搜索框中输入素材名称，快速查找所需要的剪辑。在搜索框中输入文本后，与输入文本不匹配的剪辑会被隐藏起来，与输入文本相匹配的剪辑都会被显示出来，不管它们所在的素材箱是否处于展开状态。

1. 单击【过滤素材箱内容】，输入 jo，如图 4-7 所示。

> **Pr**　**注意**："素材箱"一词来自于传统的胶片编辑时代。项目面板实际上也是一个素材箱，其中包含剪辑和其他素材箱。

Premiere Pro 只显示那些名称或元数据中包含"jo"的剪辑。注意，此时项目名称也在搜索框上方显示出来，并且后面带有【已过滤】字样。这表明项目面板中有些剪辑处于隐藏状态。

2. 单击搜索框右侧的 × 图标，清空搜索框。

3. 在搜索框中输入 psd，如图 4-8 所示。

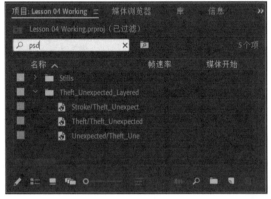

图 4-7　　　　　　　　　　　　　　　　　图 4-8

Premiere Pro 只显示名称或元数据中包含【psd】的剪辑。搜索结果中有一个名为 Theft_Unexpected 的 Photoshop PSD 文件，它是我们在第 3 课中导入的分层图像。通过【过滤素材箱内容】，可以搜索特定类型的文件。

有些元数据可以直接在项目面板中进行编辑。例如，你可以在【说明】域中添加说明文本，并且添加的说明文本也是可以搜索的。

当查找到需要的剪辑之后，需要单击搜索框右侧的 × 图标，以清空搜索框。

4.2.4 使用高级查找

Premiere Pro 还提供了一种高级查找功能。为了学习该功能，我们再来导入一些剪辑。

使用第 3 课中介绍的方法，导入如下视频素材。

- Seattle_Skyline.mov（位于 Assets/Video and Audio Files/General Views 文件夹中）。

- Under Basket.mov（位于 Assets/Video and Audio Files/Basketball 文件夹中）。

在项目面板底部单击【查找】图标（🔍）。此时，Premiere Pro 会打开【查找】对话框，其中包含更多用来查找剪辑的高级选项，如图 4-9 所示。

在【查找】对话框中，你可以同时执行两个查找。显示剪辑时，可以在【匹配】下拉列表中选择【全部】或【任意】。例如，根据在【匹配】菜单中所做的选择，可以执行如下操作之一。

- 搜索名称中包含 dog 和 boat 的剪辑。

- 搜索名称中包含 dog 或 boat 的剪辑。

图 4-9

我们可以使用下列菜单进一步改善搜索结果。

- 列：该菜单会在项目面板中显示列。单击【查找】按钮，Premiere Pro 将只在选择的列中进行搜索。

- 运算符：该菜单提供了一系列标准搜索选项。通过选择这些搜索选项，可以返回符合指定条件的剪辑。例如，只搜索包含目标搜索词、严格匹配目标搜索词、以目标搜索词打头、以目标搜索词结尾、不包含目标搜索词的剪辑。

- 匹配：该选项中包含【全部】和【任意】两个选择。选择【全部】，Premiere Pro 将查找同时满足两个条件的剪辑；选择【任意】，Premiere Pro 将查找满足第一个条件或第二个条件的剪辑。

提示：你还可以在序列中查找剪辑，具体做法是在序列处于打开状态时，从菜单栏中依次选择【编辑】>【查找】。

- 区分大小写：勾选该复选框，Premiere Pro 将严格按照输入的字母大小写来搜索结果。
- 查找目标：在此处输入搜索文本。

单击【查找】按钮，Premiere Pro 会突出显示第一个符合搜索条件的剪辑；再次单击【查找】按钮，Premiere Pro 会突出显示下一个符合搜索条件的剪辑。单击【完成】按钮，退出【查找】对话框。

4.3　使用素材箱

借助素材箱，用户可以把剪辑放入不同分组中，对剪辑进行分组组织和管理。

与硬盘上的文件夹相似，我们可以根据项目需要在一个素材箱中创建多个子素材箱，形成一种复制的文件夹结构，如图 4-10 所示。

图 4-10

尽管素材箱和文件夹十分相似，但是它们之间存在一个非常重要的差别，就是素材箱仅存在于 Premiere Pro 项目文件中，用来帮助组织剪辑。我们不可能在硬盘上找到一个脱离 Premiere Pro 项目文件的独立素材箱。

4.3.1　创建素材箱

下面我们来创建一个素材箱。

1. 单击项目面板底部的【新建素材箱】按钮（■）。

此时，Premiere Pro 会新建一个素材箱，并自动使其名称处于可编辑状态，等待用户修改素材箱名称。创建素材箱时，立即为它命名是一个好习惯。

2. 前面我们已经从一个短片中导入了一些剪辑，接下来将这些剪辑放入一个素材箱中。把新素材箱命名为 Theft Unexpected，按 Return 键（macOS）或 Enter 键（Windows），使修改生效。

3. 我们还可以使用【文件】菜单来创建素材箱。具体做法是，确保项目面板处于活动状态，选中刚刚创建的素材箱，从菜单栏中依次选择【文件】>【新建】>【素材箱】。

4. 将新建素材箱命名为 Graphics，按 Return 或 Enter 键，使修改生效。

5. 此外，还有一种创建素材箱的方法：在项目面板中，使用鼠标右键单击空白区域，从弹出菜单中选择【新建素材箱】。使用这种方法，新建一个素材箱。

注意：当项目面板中全是剪辑时，找一块空白区域会比较难，此时可以在剪辑图标左侧的空白区域上单击，或者选择【编辑】>【取消全选】命令，取消选择。

6. 把新建素材箱命名为 Illustrator Files，按 Return 或 Enter 键，使修改生效。

为已经导入项目中的剪辑创建素材箱最快、最简单的一种方法是，把剪辑直接拖曳到项目面板底部的【新建素材箱】图标上。

7. 把 Seattle_Skyline.mov 剪辑拖曳到【新建素材箱】图标上。

8. 把新建素材箱命名为 City Views，按 Return 或 Enter 键，使修改生效。

9. 确保项目面板当前处于活动状态，并且无素材箱处于选中状态。按 Command+B（macOS）或 Ctrl+B（Windows）键盘快捷键，再创建一个素材箱。

> **Pr** **提示：** 如果不小心在一个现有素材箱中新建了素材箱，可以把新建的素材箱拖出来，或者选择【编辑】>【撤销】，删除新创建的素材箱，然后取消选择，再进行创建。

10. 将新建素材的名称修改为 Sequences，然后按 Return 或 Enter 键，使修改生效，如图 4-11 所示。

如果当前项目面板处在【列表视图】下，并且按照 Name 列进行排序，则素材箱也会按照字母表顺序与剪辑一起显示。在【列表视图】下，新创建的素材箱会自动展开，其左侧箭头是向下的。

> **Pr** **注意：** 如果想重命名一个素材箱，可以使用鼠标右键单击素材箱，在弹出菜单中选择【重命名】，输入新名称，然后单击名称之外的位置，使修改生效。

4.3.2 管理素材箱中的媒体素材

在把剪辑移入素材箱之前，先单击素材箱左侧箭头，把素材箱合上。

> **Pr** **注意：** 导入包含多个图层的 Photoshop 文件时，选择将其作为序列导入，Premiere Pro 会自动为图层和序列创建一个包含它们的素材箱。

1. 把 Brightlove_film_logo.ai 剪辑拖曳到 Illustrator Files 素材箱图标上。Premiere Pro 会把 Brightlove_film_logo.ai 剪辑移动到素材箱中。

2. 把 Theft_Unexpected.png 拖入 Graphics 素材箱中。

3. 把 Theft_Unexpected_Layered 素材箱（选择【各个图层】方式导入 PSD 分层文件时，Premiere Pro 自动创建它）拖入 Graphics 素材箱中。

4. 把 Under Basket.MOV 剪辑拖入 City Views 素材箱中。你可能需要重新调整项目面板尺寸，或者将其最大化，才能同时看到剪辑和素材箱。

5. 把序列 First Sequence 拖入 Sequences 素材箱。

6. 把其他所有剪辑拖入 Theft Unexpected 素材箱。

现在，项目面板中的素材已经组织得很好，每种剪辑素材都有单独的素材箱，如图 4-12 所示。

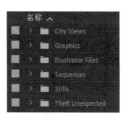

图 4-11   图 4-12

还可以通过复制粘贴制作更多剪辑副本，只要这样做有助于更好地组织它们。Graphics 素材
箱中有一个 PNG 文件，它可能对 Theft Unexpected 内容有用。下面我们为它创建一个副本。

1. 单击 Graphics 素材箱左侧的箭头图标，将其展开。

2. 使用鼠标右键，单击 Theft_Unexpected.png，在弹出菜单中选择【复制】。

3. 单击 Theft Unexpected 素材箱左侧的箭头图标，将其展开。

4. 使用鼠标右键，单击 Theft Unexpected 素材箱，在弹出菜单中选择【粘贴】。

Premiere Pro 在 Theft Unexpected 素材箱中创建 Theft_Unexpected.png 的一个副本。

4.3.3 查找素材文件

如果想了解某个素材文件在硬盘上的位置，可以在项目面板中使用鼠标右键单击该剪辑，在弹出菜单中选择【在 Finder 中显示】（macOS）或【在资源管理器中显示】（Windows）。

Premiere Pro 会在文件夹浏览器中打开包含该素材文件的文件夹。如果要使用的素材文件存储在多个硬盘上，或者在 Premiere Pro 项目中对剪辑进行了重命名，则可以使用这种方法查找素材文件。

如果已经把其他所有剪辑移动到了 Theft Unexpected 素材箱中，则 Theft Unexpected 素材箱中应该有一个名为 Audio 1.wav 的剪辑，这个剪辑是我们在前面录制的画外音，如图 4-13 所示。如果画外音录制了多次，肯定会有多个音频剪辑，它们各有不同的编号。下面我们尝试从序列中删除音频剪辑。

图 4-13

1. 使用鼠标右键单击 Audio 1.wav，从弹出菜单中选择【在 Finder 中显示】（macOS）或者【在资源管理器中显示】（Windows）。

2. 返回到 Premiere Pro 中，单击 Audio 1.wav 剪辑，将其选中，然后按 Backspace 键（macOS）或 Delete 键（Windows），删除它。

此时，Premiere Pro 会显示一条警告信息，提醒当前要删除的剪辑正处于使用中。单击【是】按钮，把剪辑从项目面板以及所有使用它的序列中删除。

单击【是】按钮，删除剪辑。

3. 返回 Audio 1.wav 所在的文件夹，可以发现尽管上面执行了删除操作，但是 Audio 1.wav 仍然静静地躺在那里。在 Premiere Pro 中删除一个剪辑并不会把剪辑对应的源文件从硬盘中删除。

4.3.4 更改素材箱视图

项目面板与素材箱不同，但都有相同的控件和视图选项，可以把项目面板看成一个大素材箱。许多 Premiere Pro 编辑人员会混用"素材箱"（bin）和"项目面板"（Project panel）这两个术语。

素材箱有 3 种视图，分别是【列表视图】（▤）、【图标视图】（▢）和【自由变换视图】（▥），都位于【项目面板】的左下方，需要使用某个视图时，只需单击相应的图标即可。

- 列表视图：该视图以列表形式显示剪辑和素材箱，同时显示大量元数据。我们可以拖曳滚动条查看这些元数据，单击列标题对剪辑进行排序显示。

- 图标视图：该视图以缩览图形式显示剪辑和素材箱，我们可以重排缩览图，并通过它们预览剪辑内容。

- 自由变换视图：在这个视图下，剪辑和素材箱都以缩览图形式显示，我们可以指定尺寸、分组，以及放置的位置。更多相关内容，我们将在 4.5 节中讲解。

项目面板中有一个缩放控件（见图 4-14），它位于列表视图、图标视图和自由变换视图的右侧，用来调整图标和缩览图的大小。

图 4-14

1. 双击 Theft Unexpected 素材箱，将其在素材箱面板中打开（在【首选项】的【常规】面板中，可以设置双击素材箱时触发的动作）。

提示：双击 Theft Unexpected 素材箱将其打开时，Premiere Pro 会在项目面板组中打开一个素材箱面板。你可以打开多个素材箱，把它们放到你指定的位置，以帮助你更好地组织素材。

2. 单击 Theft Unexpected 素材箱底部的【图标视图】按钮，以缩览图形式显示剪辑。调整项目面板尺寸，可显示更多缩览图，如图 4-15 所示。

3. 拖曳缩放滑块，调整图标和缩览图的大小。

Premiere Pro 可以使用非常大的缩览图显示剪辑，使浏览和选择剪辑更容易，如图 4-16 所示。

图 4-15

图 4-16

在图标视图下单击【排序图标】（▤ ✓），从弹出菜单中选择各种排序方式对剪辑缩览图进行排序。

注意：在项目面板或素材箱面板中，单击面板菜单图标，在弹出菜单中选择【字体大小】，可以更改面板中显示的字体大小。如果使用的是高分辨率屏幕，那么有可能会用到这个功能。

4. 切换到【列表视图】下。

在列表视图下，拖曳缩放滑块没有太大意义，除非在该视图下开启了缩略图显示功能。

5. 打开面板菜单，选择【缩览图】。

此时，Premiere Pro 会在【列表视图】下显示缩览图，与【图标视图】相同，如图 4-17 所示。

6. 向右拖曳缩放滑块，增加缩览图尺寸，如图 4-18 所示。

剪辑缩览图显示的是视频的第一帧。在某些剪辑中，第一帧不是特别有用，比如 HS Suit 剪辑，第一帧显示的是场记板。如果缩览图能够显示出视频中的人物，就会非常有用。

注意剪辑名称中的数字，这些是在添加描述性名称时保留的原始素材文件名。本书课程中，我们将只引用描述性的剪辑名称，而忽略原始素材中的数字。

图 4-17

图 4-18

7. 切换到【图标视图】。

注意：单击缩览图选择一个剪辑时，会在缩览图底部显示一个时间条，拖曳这个时间条即可观看剪辑内容。

在这个视图下，你可以把鼠标放到剪辑的缩览图上预览剪辑。

8. 把鼠标放到 HS Suit 剪辑上，移动鼠标，直到找到一个可以更好地代表该剪辑的帧。

9. 找到代表 HS Suit 剪辑的帧后，按 I 键。

I 键是【入点标记】的快捷键。在一个剪辑中，选择要添加到序列中的部分时，按 I 键会设置所选内容的起点。同样的内容也会被设置成素材箱中剪辑的标识帧。

10. 切换到【列表视图】下。

Premiere Pro 显示新选择的帧作为该剪辑的缩略图，如图 4-19 所示。

图 4-19

11. 从面板菜单中选择【缩览图】，关闭【列表视图】下的缩览图。

创建搜索素材箱

　　使用搜索框（过滤素材箱内容）显示特定剪辑时，可以选择创建一种包含搜索结果的虚拟素材箱，叫作【搜索素材箱】。

　　在搜索框（过滤素材箱内容）中输入搜索关键字后，单击【从查询创建新的搜索素材箱】图标（）。

　　随后，Premiere Pro 会自动在项目面板中创建一个搜索素材箱，其中包含搜索结果（见图 4-20）。用户既可以修改搜索素材箱的名称，也可以把它们放入其他素材箱中。

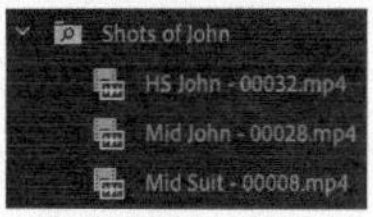

图 4-20

　　并且，搜索素材箱中的内容是可以动态改变的，如果向项目中添加了符合搜索条件的新剪辑，这些剪辑会被自动放入搜索素材箱中。随着获得的新素材越来越多，项目中用到的文档资料不断发生变化，搜索素材箱内容动态改变功能可以大大节省时间。

4.3.5　更改标签颜色

项目面板中的每个素材项都有一个颜色标签。在列表视图下，【标签】列中显示的是每个剪辑的标签颜色，如图 4-21 所示。当向序列添加剪辑时，这些剪辑会在时间轴面板中显示出来，并且带有相应的标签颜色。

接下来，我们为标题修改标签颜色。

1. 在 Theft Unexpected 素材箱中，使用鼠标右键单击 Theft_Unexpected.png，在弹出菜单中选择【标签】>【森林绿色】，如图 4-22 所示。

图 4-21　　　　　　　　　　　　　　　　图 4-22

可以一次性为多个剪辑修改标签颜色，具体做法是，先选择多个剪辑，然后单击鼠标右键，在弹出菜单中，选择另一种标签颜色。

2. 按 Command+Z（macOS）或 Ctrl+Z（Windows）组合键，把 Theft_Unexpected.png 标签颜色恢复成【淡紫色】。

> **提示：** 一旦为剪辑设置好合适的标签颜色，就可以随时使用鼠标右键单击该剪辑，从弹出菜单中选择【标签】>【选择标签组】，选中所有拥有相同标签颜色的剪辑。

在向序列添加一个剪辑时，Premiere Pro 会为这个剪辑新建一个实例（或称为【副本】）。项目面板和序列中各有一个副本，它们全部链接到同一个素材文件。

在项目面板中修改一个剪辑的标签颜色或名称时，序列中的剪辑副本可能不会随之发生变化。

为了改变这个情况，可以在菜单栏中依次选择【文件】>【项目设置】>【常规】菜单，在【项目设置】对话框中，勾选【针对所有实例显示项目项的名称和标签颜色】。

更改可用的标签颜色

在同一个项目中，最多可以指定 16 种标签颜色，其中有 7 种颜色是 Premiere Pro 根据素材类型（视频、音频、静态图像等）自动为各种素材指定的，这意味着还有 9 种颜色可以使用。

在菜单栏中依次选择【Premiere Pro】>【首选项】>【标签】（macOS）或【编辑】>【首选项】>【标签】（Windows），其中有一个颜色列表，每一种颜色对应一个色板。你可以单击色板修改颜色，或者单击名称进行重命名。

你可以使用【标签默认值】选项，改变项目中每种素材的默认标签颜色。

4.3.6 更改剪辑名称

项目中的剪辑和它们所链接的媒体文件是彼此分离的，用户可以自由地在 Premiere Pro 中修改剪辑名称，同时不会影响到硬盘上原始素材文件的名称。因此，修改剪辑名称是一种安全的操作，在组织复杂的项目时，这会很有用。

双击打开 Theft Unexpected 素材箱时，Premiere Pro 会在项目面板组中新打开一个素材箱面板。我们先来解一下如何在素材箱之间导航。

在 Theft Unexpected 素材箱左上方，有一个【返回上一级】导航按钮（▣）。无论何时，只要进入一个素材箱查看其中内容，该按钮就会呈现可用状态。类似于 Finder（macOS）或 Explorer（Windows）中的导航按钮，你可以按【返回上一级】按钮，返回到包含当前素材箱的上一级素材箱中。本例中，按【返回上一级】会返回到项目面板中，但完全可以用来返回到上一级素材箱中。

1. 单击【返回上一级】按钮，返回到项目面板中。

此时，项目面板高亮显示，成为当前活动面板。Theft Unexpected 素材箱仍然是打开的，如图 4-23 所示。

在已打开的素材箱之间切换时，显示出来的总是已经打开的实例。这样就不会出现屏幕空间被同一个素材箱的多个实例占据的情形。

图 4-23

2. 打开 Graphics 素材箱。

3. 使用鼠标右键单击 Theft_Unexpected.png 剪辑，从弹出菜单中选择【重命名】。

4. 把名称修改为 TU Title BW（Theft Unexpected Title Black and White）。输入新名称后，单击项目面板背景，使修改生效，如图 4-24 所示。

5. 使用鼠标右键单击 TU Title BW 剪辑，从弹出菜单中选择【在 Finder 显示】（macOS）或【在资源管理器中显示】（Windows），如图 4-25 所示。

图 4-24   图 4-25

> 提示：在项目面板中重命名一个剪辑时，还可以单击剪辑名称，稍等片刻，然后输入新名称；或者也可以先选择剪辑，再按 Return 键（macOS）或 Enter 键（Windows），然后输入新名称。

此时，原始素材文件会在当前位置显示出来。请注意，剪辑所对应的原始文件的名称并未发生改变。前面我们从项目中删除了一个剪辑，并对原始素材文件进行了重命名，从某种意义上说，这类似于对项目中的剪辑进行重命名。更改剪辑不会影响到原始素材文件。

了解原始素材文件和 Premiere Pro 项目中剪辑之间的关系有助于理解 Premiere Pro 的主要工作方式。

注意：当在 Premiere Pro 中更改剪辑名称时，新名称会存储在项目文件中。不同的 Premiere Pro 项目文件可能使用不同名称来代表同一个剪辑。事实上，在 Premiere Pro 中，在同一个项目中一个剪辑可以有两个副本，并且这两个副本可以使用不同名称。

4.3.7　自定义素材箱

在列表视图中，项目面板显示了各个剪辑的大量信息，这些信息分布在不同列中。你可以轻松地添加或删除这些信息列。根据拥有的剪辑和所使用的元数据类型，你可能想更改显示的列。

1. 在项目面板组中选择 Theft Unexpected 素材箱选项卡，使其成为当前活动选项卡。

2. 打开面板菜单，从中选择【元数据显示】，打开【元数据显示】对话框，如图 4-26 所示。

在【元数据显示】对话框中，你可以选择想在项目面板和素材箱的列表视图中显示的元数据。所有你需要做的就是在【元数据显示】对话框中勾选想要显示的信息类型。

3. 在【元数据显示】对话框中单击【Premiere Pro 项目元数据】左侧的三角形图标，显示其下面的各个选项，如图 4-27 所示。

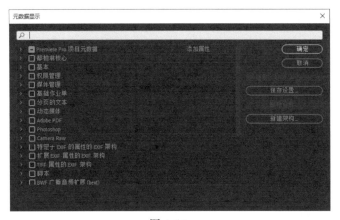

图 4-26

图 4-27

4. 从中选择【媒体类型】选项。

注意：【元数据显示】对话框顶部有一个搜索框，如果不知道要在哪个类别中查找，可以直接在搜索框中输入搜索项名称进行查找。

5. 单击【确定】按钮，显示如图 4-28 所示。

图 4-28

此时，Premiere Pro 只把【媒体类型】添加到了 Theft Unexpected 素材箱中。如果想把【媒体类型】添加到所有素材箱，不必逐个素材箱进行添加，可以使用项目面板菜单下的【元数据显示】命令一步搞定。

如何保存【元数据显示】设置

各个素材箱的【元数据显示】设置保存在项目文件中，而项目面板的【元数据显示】设置是与工作区一起存储的。

对于任意一个素材箱，若未曾修改过【元数据显示】设置，则会继承项目面板的设置。

有些列仅用来显示信息，而有些列可以直接进行编辑。例如，【场景】列允许为每个剪辑添加一个场景编号，而【媒体类型】列只能用来显示原始媒体文件的信息，你无法直接编辑它。

> **注意：** 默认情况下，Premiere Pro 会显示几个有用的列，其中包括【良好】这个列，该列下每个剪辑都有一个复选框。为喜欢的剪辑勾选这个复选框，然后单击列标题，就可以把【喜欢】（勾选）和【不喜欢】（未勾选）的剪辑区分开。

添加信息并按 Return 键（macOS）或 Enter 键（Windows）后，Premiere Pro 会为下一个剪辑激活同一个选项。因此用户可以使用键盘依次为多个剪辑快速输入信息，而无须反复使用鼠标操作。此外，还可以使用 Tab 键在各个列之间从左向右移动，按 Shift+Tab 组合键在各个列之间从右向左移动。借助这种方式，可以暂时放弃使用鼠标，只使用键盘就能为各个剪辑快速输入元数据。

4.3.8 同时打开多个素材箱

每个素材箱的行为方式相同，拥有相同的选项、按钮、设置。默认设置下，每双击一个素材箱，Premiere Pro 就会在同一个面板组中新打开一个素材箱面板。

如果想更改这种默认行为，可以在菜单栏中依次选择【Premiere Pro】>【首选项】>【常规】（macOS）或【编辑】>【首选项】>【常规】（Windows）。

在【常规】的【素材箱】区域中，可以设定双击、Command+ 双击（macOS）或 Ctrl+ 双击（Windows）、Option+ 双击（macOS）或 Alt+ 双击（Windows）时的行为，如图 4-29 所示。

在熟悉并习惯在不同素材箱之间进行导航之后，你可能想做出一些改变，使它们打开文件夹的方式与 Finder（macOS）或 Explorer（Windows）相同，比如双击时在当前位置打开素材箱，如图 4-30 所示。实现这种效果需要在【常规】的【素材箱】区域中进行相应设置。这里，我们保持默认设置就好。

图 4-29   图 4-30

4.4 播放视频剪辑

视频编辑的大部分工作是观看或收听剪辑，以及针对剪辑做创造性选择。

Premiere Pro 为我们提供了多种方式来执行诸如播放视频剪辑这类常见任务，包括使用键盘快捷键，使用鼠标单击按钮，以及使用摇杆等其他控制设备。

1. 打开 Theft Unexpected 素材箱。

2. 单击左下角的【图标视图】图标，拖曳缩放滑块，将各个剪辑的缩览图放大到合适大小，如图 4-31 所示。

3. 把鼠标放到任意一个剪辑的缩览图上，不要单击。

在缩览图上移动鼠标时，Premiere Pro 会播放剪辑。缩览图最左边代表剪辑开头，最右边代表剪辑末尾，缩览图宽度代表的是整个剪辑。

4. 单击选择剪辑（不要双击剪辑，否则会在【源监视器】中打开它）。此时，在缩览图上移动鼠标将不会播放剪辑内容。

在未选中剪辑的情况下，在缩览图上移动鼠标浏览剪辑内容时，缩览图底部会出现一个小的播放条。在选中剪辑的情况下，播放条会变大，拖曳播放条上的滑块，可以播放剪辑内容，如图 4-32 所示。

图 4-31

图 4-32

选中一个剪辑之后，可以使用键盘上的 J、K、L 键来播放剪辑，就像在【媒体浏览器】中一样。

- J：向前播放。

- K：暂停。

- L：向后播放。

Pr 提示：按 J 或 L 键多次，Premiere Pro 会加速播放视频剪辑。按 Shift+J 或 Shift+L 组合键，可以将播放速度放慢或加快 10%。

---

5. 选择一个剪辑，按 J、K、L 键在缩览图中播放视频。

双击剪辑时，Premiere Pro 不但会把这个剪辑在【源监视器】中显示出来，还会把它添加到最近剪辑列表中。

使用触摸屏编辑

如果计算机配备了触摸屏，项目面板的缩览图中可能会包括更多控件。

你可以使用这些控件执行各种编辑任务，而无须使用鼠标或触控板。如果想在不支持触摸屏的计算机上看到这些控件，可以单击面板菜单，从弹出菜单中选择【所有定点设备的缩览图控件】。

6. 在 Theft Unexpected 素材箱中，双击 4 个或 5 个剪辑，在【源监视器】中打开它们。

7. 打开【源监视器】的面板菜单，浏览最近剪辑，如图 4-33 所示。

图 4-33

8.【源监视器】面板的左下角有一个【选择缩放级别】菜单。

这个菜单的默认设置为【适合】，Premiere Pro 会把剪辑的完整画面显示出来，不管它原来的尺寸是多少。把【选择缩放级别】设置为 100%，如图 4-34 所示。

通常，剪辑的分辨率会比显示器高。

【源监视器】面板的底部与右侧都有滚动条，你可以拖曳它们以查看画面的不同部分，如图 4-35 所示。如果使用的显示器分辨率很高，画面可能会显得更小一些。

图 4-34   图 4-35

把【缩放级别】设置为 100% 的好处是，你可以看到原始视频的每个像素，这对于检查视频质量来说很有用。

9. 把【选择缩放级别】设置为【适合】。

4.4.1 使用基本播放控件

下面我们一起来了解源监视器中的基本播放控件。

1. 在 Theft Unexpected 素材箱中，双击 Excuse Me（非 Excuse Me Tilted），在源监视器中打开它。

2. 源监视器底部有一个蓝色播放滑块，如图 4-36 所示。沿着面板底部的时间标尺，左右拖曳可以观看剪辑的不同部分。还可以单击时间标尺，播放滑块会立即跳转到单击的位置。

提示：如果不知道某个按钮的用途，还可以把鼠标移动到这个按钮上，这时 Premiere Pro 会把按钮名称和键盘快捷键（位于小括号中）显示出来。

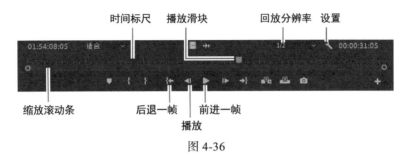

图 4-36

3. 时间标尺和播放滑块下面有一个滚动条，它是一个缩放控件。拖曳滚动条的一端，可以放大时间标尺，如图 4-37 所示。这在观看时长很长的剪辑时很有用。

图 4-37

4. 单击【播放 / 停止】按钮，播放剪辑。再次单击，停止播放。此外，还可以按键盘上的空格键来播放或停止播放剪辑。

5. 单击【后退一帧】和【前进一帧】按钮，可以逐帧播放剪辑。还可以使用键盘上的左方向键和右方向键执行后退一帧和前进一帧操作。

6. 按 J 键、K 键、L 键播放剪辑。

注意：使用键盘快捷键和菜单时，一定要注意当前选择的对象是哪一个。如果发现 J、K、L 键无法正常工作，请检查源监视器当前是否处于选中状态。当源监视器处于选中状态时，其周围有一圈蓝色边框。

7. 按住 K 键，同时按下并释放 J 键或 L 键，播放滑块将移动一帧并播放相关音频，这非常适合用来查找对话中某个特定的时刻。

4.4.2　降低播放分辨率

如果计算机处理器配置过低或者运行速度很慢，或者处理的是帧尺寸很大的 RAW 媒体文件，比如超高清视频（UHD、4K、8K 或更高），播放这样的视频剪辑时，计算机可能会很吃力，虽然总播放时长未变（播放 10 秒长的视频仍然需要 10 秒），但是有些帧可能无法正常显示。

从功能强大的桌面型工作站到轻量型的便捷式计算机，这些计算机的配置千差万别。对于配置较低的计算机，你可以在 Premiere Pro 中主动降低播放分辨率，以保证视频播放的流畅性。

源监视器与节目监视器中都有专门用来设置播放分辨率的菜单。默认播放分辨率是 1/2，如图 4-38 所示。

【源监视器】和【节目监视器】面板中有一个【选择回放分辨率】菜单。你可以根据需要通过这个菜单随时修改播放分辨率，如图 4-39 所示。

图 4-38    图 4-39

有些较低的分辨率只有处理特定类型的媒体时才可用。对于有些媒体类型，把视频转换为低分辨率播放比直接用全分辨率播放并不会发生太大变化，因为并非所有编解码器都能高效地播放低分辨率视频。

提示：如果计算机功能特别强大，你可以在监视的【设置】菜单中打开【高品质回放】，此时，Premiere Pro 会以高质量播放视频，但是播放性能会受到影响，特别是 H.264 视频、图形图像等压缩媒体。

4.4.3 获取时间码信息

【源监视器】左下方显示有蓝色时间码，显示的是播放滑块当前所在的位置，格式为：时、分、秒、帧（00:00:00:00），如图 4-40 所示。例如，01:54:08:05 表示 1 时、54 分、8 秒、5 帧。剪辑时间码很少从 00:00:00:00 开始，估计剪辑持续时间时不要期望有这样的时间码。

01:54:08:05

【源监视器】的右下方也有一个时间码（灰色），用来显示剪辑的持续时间。

图 4-40

默认情况下，显示的是整个剪辑的持续时间。当添加入点和出点做部分选择时，其显示的持续时间就会相应地发生变化。

入点和出点的用法很简单：单击【入点】图标（ ），设置片段起点；单击【出点】图标（ ），设置片段终点。更多相关内容，我们将在第 5 课中进行讲解。

4.4.4 显示安全边距

为了获得清晰的边缘，电视屏幕会经常裁剪画面边缘。单击【源监视器】底部的【设置】图标（ ），从弹出菜单中选择【安全边距】，此时就在视频画面上显示出两个白色边框，如图 4-41 所示。

图 4-41

外框是【动作安全区域】，重要动作都应该放置在这个方框之内，超出这个方框的画面运动、转场有可能不会被完整地显示出来。

内框是【字幕安全区域】，该区域中的字幕、图形可以正常地显示给观众。

此外，Premiere Pro 还提供了高级的【叠加】选项，用户可以配置这些选项在【源监视器】和【节目监视器】中显示有用信息。单击【设置】图标（🔧），在弹出菜单中选择【叠加】，即可开启或关闭叠加功能。

单击【设置】图标，在弹出菜单中选择【叠加设置】>【设置】，在打开的【叠加设置】对话框中，可以自行设置叠加和安全边距。

从【源监视器】和【节目监视器】的【设置】菜单中，再次单击【安全边距】或【叠加】，可以禁用它们。这里，我们把它们关闭，以便观察整个画面。

4.4.5　自定义监视器

打开各个监视器的【设置】菜单（🔧），可以自定义监视器显示视频的方式。

【源监视器】和【节目监视器】有相似的选项。在源监视器中，你可以查看剪辑的音频波形，它显示的是随时间变化的声音振幅（如果要查找特定声音或一个单词的开头，音频波形会很有用）。

在【源监视器】和【节目监视器】的【设置】菜单中，确保【合成视频】处于选中状态。

> **Pr**　提示：如果处理的是 360° 视频，可以在【源监视器】和【节目监视器】的【设置】菜单中选择【VR 视频】，切换到 VR 视频查看模式。

单击【仅拖曳视频】（  ）或【仅拖曳音频】（ ）图标，可以在查看剪辑音频波形和视频之间进行快速切换。

这些图标主要用来把剪辑的视频部分或音频部分拖入序列中，还可以用来在视频和音频波形之间进行快速切换。

此外，你可以修改显示在【源监视器】和【节目监视器】底部的按钮，包括添加、移动、删除按钮。注意，对某个监视器面板按钮所做的修改只会应用到那个面板上。

1. 单击【源监视器】右下角的【按钮编辑器】图标（ ）。此时，Premiere Pro 会打开【按钮编辑器】浮动面板，其中显示了所有可用按钮，如图 4-42 所示。

图 4-42

2. 把【循环播放】按钮（ ）从浮动面板拖曳到【源监视器】的【播放】按钮的右侧（其他按钮会自动让出位置），单击【确定】按钮，关闭【按钮编辑器】，如图 4-43 所示。

图 4-43

3. 在 Theft Unexpected 素材箱中双击 Excuse Me 剪辑，在【源监视器】中打开它。

4. 单击刚刚添加的【循环播放】按钮，启用它。

5. 单击【播放】按钮播放剪辑。在【源监视器】中使用空格键或【播放】按钮播放视频。当再次回到视频起点时，停止播放。

当【循环播放】处于开启状态时，Premiere Pro 会不断重复播放一个剪辑或序列。如果设置了入点和出点，循环播放会在两者之间进行。这是一种反复查看视频片段的好方法。

6. 单击【后退一帧】和【前进一帧】按钮，在视频剪辑中逐帧移动。此外，还可以使用键盘上的左箭头和右箭头来后退或前进一帧。

4.5 自由变换视图

除列表视图、图标视图外，项目面板还提供了一种重要的视图——自由变换视图。这个视图看起来很像图标视图，在自由变换视图中，可以把剪辑放到任意位置，包括当前可见的面板边缘之外。你可以为不同剪辑设置不同的缩览图大小，也可以把剪辑堆叠起来或者放入某个分组之中。此外，你还可以将缩览图沿边缘对齐，对序列做预排。

把多个剪辑排列在一起，然后把鼠标放到剪辑上，左右拖曳鼠标可以快速浏览它们。

1. 若当前正处在项目面板的某个素材箱中，或者某个素材箱处于选中状态，接下来的操作将会在素材箱中添加一个新项。这不是我们所希望的，为了避免出现这个问题，先在项目面板中使用【返回上一级】按钮（），或者取消选择所有素材箱。

> **注意：** 如果素材文件中不包含其他类型的支持文件，则可以正常地导入文件夹。DSLR 素材通常都能正常导入。如果使用的是高端摄像机拍摄的素材，则应该在媒体浏览器中选择素材进行导入。

2. 单击【媒体浏览器】选项卡，打开它。

3. 使用左侧导航器，进入 Lessons/Assets/Video and Audio Files 文件夹。

4. 在右侧内容区域中使用鼠标右键，单击 Desert 文件夹，在弹出菜单中选择【导入】。

Premiere Pro 会把 Desert 文件夹中的所有内容导入项目中，并在项目面板中自动创建一个同名的素材箱来存放它们。

5. 在项目面板中双击新建的 Desert 素材箱，将其打开。

6. 单击【自由变换视图】图标（▢），切换到自由变换视图。

双击 Desert 素材箱名称，把素材箱面板最大化，这样会有更多空间来排列剪辑。

当前，剪辑的缩览图呈单列排列，如图 4-44 所示。

7. 使用鼠标右键，单击素材箱面板中的空白区域，然后从弹出菜单中依次选择【重置为网格】>【名称】，这样可以有效地使用面板空间，如图 4-45 所示。

图 4-44

图 4-45

请注意，即使选择了一个选项来重排剪辑缩览图，并且把素材箱面板最大化，在面板的右侧与底部仍然会有滚动条。在自由变换视图下，Premiere Pro 提供了更大空间来排列剪辑。

素材箱提供了组织剪辑的简便方式，除列表视图与缩览图视图之外，在自由变换视图下，可以将剪辑分组，把同组剪辑放入一个素材箱中。不仅如此，你还可以为不同剪辑指定不同的缩览图大小。

自由变换视图就像是一个开放式的画布，你可以在其中把剪辑自由地编组，或者在向序列添加剪辑之前尝试不同的组合，如图 4-46 所示。自由变换视图有以下特点。

- 缩览图不会对齐到网格，不过，你可以使用鼠标右键单击空白区域，然后从弹出菜单中选择【对齐网格】来整理视图。选择【重置为网格】，然后从子菜单中选择一个项，可以在整理视图的同时对剪辑排序。

- 按住 Option 键（macOS）或 Alt 键（Windows），拖曳缩览图，可以对齐剪辑边缘。

- 使用鼠标右键，单击面板中的空白区域，从弹出菜单中选择【另存为新布局】，可保存多个自由变换视图布局。使用鼠标右键，单击面板中的空白区域，然后从弹出菜单中选择【恢复布局】。选择【管理已保存的布局】，可以有选择地删除不再需要的布局。

- 你可以选择一个或多个剪辑，为其指定缩览图大小。具体操作为，使用鼠标右键，单击选中的剪辑，从弹出菜单中选择【剪辑大小】，从中选择一种尺寸即可。

- 缩放控件（包括手势与触控板操作）用来缩放整个视图。此外，还可以按住 Option 键（macOS）或 Alt 键（Windows），然后滚动鼠标滚轮进行缩放。

- 打开面板菜单，选择【自由视图选项】，可开启或关闭两行元数据、标签颜色与徽章。

图 4-46

自由变换视图功能强大，它是传统剪辑、素材箱组织方式的一种很好的替代方式。这里建议花一些时间了解自由变换视图。本书中讲解的大部分工作流程同时适用于这 3 种视图，而且在后面的学习中，我们会经常在这 3 种视图之间进行切换。

4.6 修改剪辑

Premiere Pro 通过剪辑的元数据来了解如何播放剪辑。通常，元数据都是在拍摄媒体素材时由摄像机添加的，一般都是对的，但是偶尔有错，这时需要用户告诉 Premiere Pro 该如何解释剪辑。

只需一步，就可以轻松更改一个文件或多个文件的剪辑解释方式，并且修改解释方式之后，所有选择的剪辑都会受到影响。

4.6.1 选择音频声道

Premiere Pro 为我们提供了高级音频管理功能。借助高级音频管理功能，你可以创建复杂的混音，并且有选择地输出带有原声的声道。你可以使用单声道、立体声、5.1、环境立体声，甚至 32 声道的序列和剪辑，并可以对音频声道线路进行精确控制。

如果是视频编辑新手，可能会选择使用单声道或立体声源剪辑来制作立体声序列。这种情况下，默认设置几乎能满足所有需求。

使用专业摄像机录制音频时，常见的做法是使用两个麦克风，每个麦克风分别录制一个声道。虽然这些声道同样适用于普通的立体声音频，但此时它们包含的是两个完全独立的声音。

录制声音时，摄像机会向音频中添加相应元数据，以告知 Premiere Pro 录制的声音是单通道（独立的音频通道）还是立体声（组合声道 1 和声道 2 中的音频形成完整的立体声混音）。

什么是声道

录制音频时，系统会捕捉声音，并把它们存储到一个或多个声道中。我们可以把一个声道看成是一个单独的信号，并且这个信号可以用一只耳朵听见。

每个人有两只耳朵，我们听到的是立体声，大脑会识别并比较声音到达每只耳朵的差别，从而判断一个声音的来源。这个过程是自动的，并且先于认知，也就是说，"显意识"不会做任何分析以感知声音的来源。

捕捉立体声（两只耳朵侦测到的声音）时，需要两个信号，因此要使用麦克风录制两个声道。

声音录制中，一个信号（一只麦克风捕捉的声音）会变成一个声道。输出时，一个声道通过一个扬声器或头戴式耳机的一个耳筒播放输出。录制的声道越多，可以独立捕捉的源越多（想象一下，如果使用多个声道捕捉整个管弦乐队，那么在后期制作中我们就可以分别调整每个乐器的音量）。

在多个扬声器上播放不同音量级别的音频（例如环绕立体声），需要多个回放通道。有关音频的更多内容，我们将在第 10 课中进行讲解。

通过选择【Premiere Pro】>【首选项】>【时间轴】>【默认音频轨道】（macOS）或【编辑】>【首选项】>【时间轴】>【默认音频轨道】（Windows），告诉 Premiere Pro 在导入新媒体文件时如何解释声道。

选择【使用文件】选项后，Premiere Pro 会使用创建剪辑时所应用的音频轨道设置。【默认音频轨道】的默认选择是【使用文件】。你可以根据需要为每种媒体选择其他合适的选项。

导入剪辑时，如果【默认音频轨道】的设置有误，可以在项目面板中重新设置声道的解释方式，如图 4-47 所示。

1. 单击 Theft Unexpected 素材箱名称，使其成为活动状态。若这个素材箱未打开，可以在项目面板中双击打开它。

2. 在 Theft Unexpected 素材箱中，使用鼠标右键单击 Reveal 剪辑，在弹出菜单中依次选择【修改】>【音频声道】，如图 4-48 所示。

图 4-47

图 4-48

此时，Premiere Pro 会打开【修改剪辑】对话框，在【音频声道】选项卡中，默认的【预设】为【使用文件】。也就是说，Premiere Pro 会使用文件的元数据为音频设置声道格式。

这里，【剪辑声道格式】设置为【立体声】，【音频剪辑数】设置为1。如果把当前剪辑放入一个序列中，则这个数字指的是添加到序列中的音频剪辑数目。

这些选项下面是【媒体源声道】。源剪辑（媒体源声道）的左、右声道都被分配给了一个剪辑（剪辑1）。

当把这个剪辑添加到序列时，会显示一个视频剪辑和一个音频剪辑，而且同一个音频剪辑中有两个声道。

3. 打开【预设】菜单，选择【单声道】。

Premiere Pro 会自动把【剪辑声道格式】切换为【单声道】，L（左）和 R（右）源声道链接到两个独立的剪辑。

> **Pr** | 提示：设置【单声道】时，一定要使用【预设】菜单，不要使用【剪辑声道格式】菜单。

当向一个序列添加剪辑时，每个声道都作为独立剪辑存在于独立的音轨上，可以分别进行处理。

4. 单击【确定】按钮。

解释音频剪辑声道的一些技巧

解释音频剪辑声道时，要牢记以下下几点。

- 【修改剪辑】对话框中列出了每个可用音频声道。如果源音频中包含不想要的声道，可以把它们取消选择，这些空声道不会占用序列空间。

- 可以覆盖源文件音频声道解释（单声道、立体声等）。这意味着在把这个剪辑添加到序列时，可能需要用到另一种音轨。

- 对话框左侧的剪辑列表（该列表可能只包含一个剪辑）显示有多少个音频剪辑会被添加到序列中。

- 使用复选框选择要把哪些源音频声道添加到每个序列的音频剪辑中。这样，你可以根据自己的项目采用合适的方式把多个源声道轻松地合并到一个序列剪辑中，或者把它们分入不同的剪辑中。

4.6.2　合并剪辑

使用摄像机通常可以录制出高质量的视频，但无法录制高质量的音频。要录制高质量音频，必须使用单独的录音设备。在这种工作方式之下，你可能需要在项目面板中把高质量音频和视频合并在一起。

合并视频和音频文件时最重要的是保持音频同步。用户可以手动定义同步点（类似于场记板标记），也可以使 Premiere Pro 根据原始时间码信息或匹配音频自动同步剪辑。

当选择使用音频同步剪辑时，Premiere Pro 会分析摄像机内录制的音频和由其他录音设备录制的音频，并将它们进行匹配。使用音频自动同步时，即使后期处理中不会使用摄像机内录制的音频，还是建议录制视频时打开摄像机的麦克风，这样做很有必要。下列步骤仅供参考，并不需要严格遵守。

1. 如果要合并的剪辑中没有与之相配的音频，可以手动向每个想合并的剪辑添加标记点，并且添加标记点时，要把它放到一个明确的同步点上，比如场记板。添加标记点的键盘快捷键是 M 键。

2. 选择视频剪辑和音频剪辑，使用鼠标右键单击其中一个，在弹出菜单中选择【合并剪辑】，如图 4-49 所示。

3. 在【同步点】下选择同步方法，单击【确定】按钮。

在【音频】中还提供了【使用剪辑的音频时间码】选项（该选项对于旧的磁带媒体有用）。

图 4-49

此外，还有一个【移除 AV 剪辑的音频】，用来自动从 AV 剪辑中删除不想要的音频。不过，还是建议把音频保留下来，以防使用外置麦克风录制的音频中出现问题。

在【合并剪辑】对话框中单击【确定】按钮后，Premiere Pro 会新建一个剪辑，其中包含选择的视频和音频。

4.6.3　解释视频素材

要正确播放剪辑，Premiere Pro 需要知道视频的帧速率、像素长宽比（像素形状）、场显示顺序（如果剪辑是隔行扫描的）。Premiere Pro 可以自动从文件的元数据中获取这些信息，但是你也可以主动修改素材的解释方式。

1. 使用【媒体浏览器】从 Assets/Video and Audio Files/RED 文件夹中导入 RED Video.R3D。双击 RED Video.R3D 剪辑，在源监视器中将其打开。RED Video.R3D 剪辑是宽屏的，比标准的 16×9 宽一些。这种大长宽比是通过使用不太宽的像素来实现的。

2. 在项目面板中，使用鼠标右键单击 RED Video.R3D 剪辑，在弹出菜单中依次选择【修改】>【解释素材】。

此时，声道修改选项是不可用的，因为当前剪辑中不包含音频。

3. 当前，在剪辑的【像素长宽比】中，默认选择的是【使用文件中的像素长宽比：变形 2:1】，表示像素宽是高的两倍。

4. 在【像素长宽比】中，选择【符合】，从下拉列表中选择【方形像素 (1.0)】，单击【确定】按钮，如图 4-50 所示。在源监视器中可以看到剪辑调整后的结果。

图 4-50

现在，剪辑看起来像个正方形。

5. 接着，尝试其他像素长宽比。在项目面板中，使用鼠标右键单击 RED Video.R3D 剪辑，在弹出菜单中依次选择【修改】>【解释素材】。在【符合】菜单中选择 DVCPRO HD (1.5)，单击【确定】按钮。再次在源监视器中查看剪辑。

此时，Premiere Pro 会使用 DVCPRO HD (1.5)（像素长宽比）来解释剪辑，即像素的宽度是高度的 1.5 倍。经过调整后，视频画面变成标准的 16:9 宽屏，我们可以在源监视器中看到调整后的结果。

4.7 复习题

1. 在项目面板的【列表视图】中，如何添加要显示的列？

2. 在项目面板中，如何快速过滤要显示的剪辑以便轻松查找指定的剪辑？

3. 如何新建素材箱？

4. 在项目面板中修改剪辑名称，其链接的原始媒体文件名称是否也会发生变化？

5. 播放视频和音频剪辑有哪些键盘快捷键？

6. 如何更改解释剪辑声道的方式？

4.8 复习题答案

1. 打开项目面板菜单，从中选择【元数据显示】，在【元数据显示】对话框中勾选
要显示的列即可。还可以使用鼠标右键单击列标题，然后选择【元数据显示】，
打开【元数据显示】对话框。

2. 单击搜索框（过滤素材箱内容），输入要查找的剪辑名称。Premiere Pro 会隐藏
那些与输入名称不匹配的剪辑，而只显示那些相匹配的剪辑。

3. 新建素材箱的方法有多种：在项目面板底部单击【新建素材箱】按钮；在菜单
栏中依次选择【文件】>【新建】>【素材箱】；在项目面板中使用鼠标右键单
击空白区域，在弹出菜单中选择【新建素材箱】；按 Command+B（macOS）或
Ctrl+B（Windows）组合键。此外，还可以把剪辑拖曳到项目面板底部的【新
建素材箱】图标上来创建素材箱。

4. 不会。你可以在项目面板中复制、重命名、删除剪辑，这些操作都不会影响到
原始媒体文件。

5. 按空格键播放与停止播放。J 键、K 键、L 键可以像控制台按钮一样向前或向
后播放，箭头键可用于向前或向后移动一帧。如果使用的是触控板，可以把光
标放到监视器中的视频或时间轴面板上，使用手势控制播放。

6. 在项目面板中使用鼠标右键单击，在弹出菜单中依次选择【修改】>【音频声
道】，在【修改剪辑】的【音频声道】选项卡中选择正确选项（通常是选择一
个预设），然后单击【确定】按钮。

第 **5** 课　视频编辑基础知识

课程概览

本课包括如下内容：

- 使用源监视器；

- 创建序列；

- 使用基本编辑命令；

- 查看时间码；

- 理解轨道。

 　学习本课大约需要 75 分钟。请先准备好本课要用到的课程
文件，参阅本书前言中的 "使用课程文件"。

本课讲解 Adobe Premiere Pro 中使用的关键编辑技术。编辑不仅仅是选择素材，还要精确选择剪辑并把它们放到序列中正确的时间点和轨道上（用以创建分层视觉效果），还要向现有序列添加新剪辑，以及删除不想要的内容（完全可以再恢复回来，这正是非线性编辑的魅力所在）。

5.1　课程准备

视频编辑过程中，有一些简单技术会反复使用。视频编辑的大部分工作是浏览并选择剪辑的一部分，把它们放入序列中。Premiere Pro 中有多种方法来做这样的事情。

开始之前，确认当前正处在【编辑】工作区中。

1. 从 Lessons 文件夹中打开 Lesson 05.prproj 项目文件。

2. 从菜单栏中依次选择【文件】>【另存为】命令。

3. 在【保存项目】对话框中，设置文件名为 Lesson 05 Working.prproj。

4. 选择一个保存位置，单击【保存】按钮保存当前项目。

5. 在工作区面板中单击【编辑】，从面板菜单中选择【重置为已保存的布局】。

首先了解源监视器，并学习向剪辑添加入点和出点的方法，以便把它们添加到一个序列中。然后，再学习时间轴面板，了解如何在其中处理序列。

5.2　使用源监视器

一般在把素材添加到序列之前，我们都会先使用源监视器来查看素材，如图 5-1 所示。

图 5-1

> **Pr** | **注意：**在项目面板中，使用鼠标右键单击剪辑，在弹出菜单中依次选择【修改】>【解释素材】命令，在【修改剪辑】的【解释素材】下，可以更改剪辑的解释方式。

当打开项目面板中的视频剪辑并在源监视器中查看它们时，使用的就是原始格式，也就是使用录制时的帧速率、帧大小、场序、音频采样率、音频位深度进行播放。更多相关内容，请参考第 4 课。

在向序列添加剪辑时，Premiere Pro 会使剪辑和序列设置匹配。如果剪辑和序列不匹配，Premiere Pro 会调整剪辑的帧速率、音频采样率，使序列中的所有剪辑采用一致的播放方式。

除用来查看不同类型的素材外，源监视器还提供了其他重要功能。比如，可以使用两种特殊标记（入点和出点）来选取剪辑的一部分添加到序列中。还可以向剪辑中添加注释标记，以便在以后引用或使用它们时能够了解与该剪辑相关的重要信息，例如，可以在无权使用的视频部分添加注释。

5.2.1　加载剪辑

按照如下步骤，在源监视器中加载剪辑。

1. 在项目面板中（假设首选项默认设置不变）找到 Theft Unexpected 素材箱，按住 Command 键（macOS）或 Ctrl 键（Windows），双击 Theft Unexpected 素材箱，将其在当前面板中打开。

这与在 Finder（macOS）或 Windows Explorer（Windows）中双击一个文件夹，进入文件夹效果相同。

在当前面板中打开的素材箱中，完成相关工作之后，单击素材箱面板左上角的向上导航图标（ ），可以返回到项目面板中。单击向上导航图标。

> **Pr** 提示：请注意，当前活动面板周围有一个蓝框。知道哪个面板是活动面板很重要，因为有时菜单和键盘快捷键会根据你的当前选择给出不同的结果。

2. 双击 RED Video.R3D 视频剪辑，或将其拖入源监视器中。

> **Pr** 提示：选择剪辑时，要确保单击的是剪辑的图标或缩览图，不要单击剪辑名称，避免进行重命名操作。

上述两种方法的效果是相同的：Premiere Pro 会在源监视器中显示出剪辑，等待观看以及添加入点和出点。

3. 把鼠标放到源监视器上，按键盘上的 ` 键（重音符号），把源监视器最大化，以使在最大视图中观看视频剪辑。再次按键盘上的 ` 键（重音符号），把源监视器恢复为原来大小。如果使用的键盘上没有 ` 键（重音符号），可以双击面板名称来完成同样的操作。

在第二个显示器上查看视频

如果还有一个显示器连接到计算机上，则每次按【播放】键时，Premiere Pro 都可以使用它来全屏显示视频。

选择【Premiere Pro】>【首选项】>【回放】(macOS)或【编辑】>【首选项】>【回放】(Windows),确保【启用 Mercury Transmit】处于勾选状态,然后在【视频设备】中勾选用作全屏显示的显示器。

此外,如果计算机上安装了第三方硬件,还可以选择通过第三方硬件播放视频。我们经常使用第三方硬件做不同的物理连接来监视视频内容。关于安装与设置第三方硬件的内容,请阅读相关用户手册。

5.2.2 使用源监视器控件

在源监视器中,除播放控件外,还有其他一些重要按钮,如图 5-2 所示。

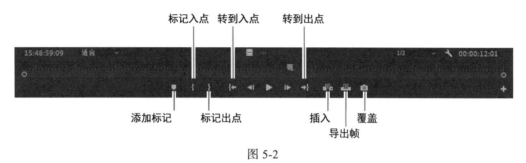

图 5-2

- 添加标记:向剪辑中播放滑块所在的位置添加一个标记。标记可以用来做简单的视觉参考,可以是各种颜色、保存注释等。

- 标记入点:将播放滑块的当前位置作为入点。入点是剪辑在序列中的起始位置。每个剪辑或序列只有一个入点,新入点会自动替换原来的入点。

- 标记出点:将播放滑块的当前位置作为出点。出点是剪辑在序列中的结束位置。每个剪辑或序列只有一个出点,新出点会自动替换原来的出点。

- 转到入点:将播放滑块移动到入点处。

- 转到出点:将播放滑块移动到出点处。

- 插入:使用插入编辑方法向时间轴面板中的活动序列添加剪辑(参见 5.4 节)。

- 覆盖:使用覆盖编辑方法向时间轴面板中的活动序列添加剪辑(参见 5.4 节)。

- 导出帧:根据显示器中显示的内容创建一张静态图像。更多内容请参考第 16 课。

5.2.3 在剪辑中选择范围

编辑视频项目的过程中,通常我们只想在序列中使用剪辑的一个特定部分。编辑人员的大部分时间用来观看视频剪辑，他们不仅要选择使用哪些剪辑，还要选择使用剪辑的哪些部分。下面我们从剪辑中选择某些部分。

1. 在 Theft Unexpected 素材箱中，双击 Excuse Me（非 Excuse Me Tilted）剪辑，将其在源监视器中打开。在这段视频剪辑中，John 紧张地询问另一个人是否可以坐下。

2. 播放剪辑，了解人物行为。

John 走入镜头，到画面中间时，停下来说了一句话。

3. 把播放滑块移动到 John 进入镜头之前或者开始说话之前的位置。大约在 01:54:06:00 位置，他停下来并开始说话。注意，时间码是基于原来录制的视频的，并不是从 00:00:00:00 开始。

 提示：如果想让所有剪辑的时间码都从 00:00:00:00 开始显示，可以在【首选项】的【媒体】中把【时间码】设置为 00:00:00:00。

4. 单击【标记入点】图标（▐），或者按键盘上的 I 键。

Premiere Pro 会突出显示剪辑中选中的部分。在这里，我们已经把剪辑的第一部分排除在外，但是稍后你可以再把它包含进去，这正是非线性编辑的魅力所在。

5. 把播放滑块移动到 John 即将坐下的位置，大约是 01:54:14:00 处。

使用数字小键盘

如果使用的键盘带有独立的数字小键盘，可以使用它直接输入时间码。例如，在时间轴面板处于激活的状态下，输入 700，Premiere Pro 会把播放滑块移动到 00:00:07:00 处。并且输入时，不必输入前导零或数字分隔符。注意必须使用位于键盘右侧区域的数字小键盘输入数字，一定不要使用键盘顶部的数字键，那些数字键有其他用途。

如果使用的键盘上没有数字小键盘，则在源监视器处于激活的状态下按 Tab 键，使时间码处于高亮状态，然后使用键盘顶部的数字键输入新值即可。

6. 单击【标记出点】图标（▐），或者按键盘上的 O 键，添加一个出点，如图 5-3 所示。

 注意：添加到剪辑中的入点和出点是持久性的。也就是说，关闭并再次打开剪辑时，它们仍然会存在。

 提示：把鼠标放到某个按钮上时，Premiere Pro 显示按钮名称及其键盘快捷键（位于按钮名称后面的括号中）。

图 5-3

如果不想循环播放入点和出点之间的剪辑，请先关闭【循环播放】按钮，然后再按播放按钮。

接下来，我们将为另外两个剪辑添加入点和出点。双击每个剪辑的图标，以便在源监视器中打开它。

 注意： 有些编辑人员喜欢先浏览所有可用剪辑，根据需要添加入点和出点，然后再创建序列。另外有些编辑人员则喜欢只有在使用某个剪辑时才添加入点和出点标记。你可以根据自己的项目需求选用合适的方式。

7. 对于 HS Suit 剪辑，在 John 说话之后添加一个入点，大约在镜头的 1/4 处（01:27:00:16）。

8. 在 John 从摄像机前经过，遮挡住我们的视线时（01:27:02:14），添加一个出点。

9. 对于 Mid John 剪辑，当 John 开始就座时（01:39:52:00），添加一个入点。

10. 当他喝了一小口茶后（01:40:04:00），添加一个出点，如图 5-4 所示。

图 5-4

提示：为了帮助用户在素材中快速定位，Premiere Pro 提供了在源监视器和节目监视器的时间标尺上显示时间码的功能。单击【设置】图标（图），在弹出菜单中，选择【时间标尺数字】，可以打开显示时间码功能。

在项目面板中编辑

项目中，入点和出点一直在起作用，除非对它们进行更改。因此，除从源监视器外，还可以直接从项目面板把剪辑添加到序列中。如果已经浏览了所有剪辑，并选择了需要使用的部分，则这是一种快速创建序列粗略版本的方式。记住，你可以在项目面板中直接添加入点和出点。

在项目面板中编辑剪辑时，Premiere Pro 为我们提供了与使用源监视器类似的编辑控件，两者的使用体验十分相似，只需几次简单的单击即可完成。

虽然使用项目面板编辑剪辑速度会很快，但是在把它们添加到序列之前，有必要在源监视器中再次查看剪辑。

5.2.4　创建子剪辑

有一段很长的剪辑，你可能想在序列中使用它的不同部分。因此，创建序列之前，我们需要把剪辑分成若干片段，以便在项目面板中更好地组织它们。

这正是创建子剪辑的原因所在。子剪辑是剪辑副本的一部分。在使用非常长的剪辑时通常会用到它们，尤其是当一个序列可能会用到同一个剪辑的几个不同部分时。

子剪辑有以下几个显著特征。

- 在项目面板中，子剪辑显示为不同的图标（图），但是它们与普通剪辑一样，可以重命名，可以组织在不同素材箱中。

- 子剪辑的持续时间大多有限，介于入点和出点之间。相比于原始剪辑，你可以更快地查看它们。

- 子剪辑和母剪辑链接到相同的原始媒体文件。如果原始媒体文件被删除，母剪辑和子剪辑都会"离线"。

- 我们可以编辑子剪辑，修改其内容，甚至可以将其转换为原始未删减剪辑的一个副本。

下面来创建一个子剪辑。

1. 在 Theft Unexpected 素材箱中，双击 Cutaways 剪辑，将其在源监视器中打开。

2. 浏览 Theft Unexpected 素材箱中的内容时，单击面板底部的【新建素材箱】按钮，在 Theft Unexpected 素材箱内部新建一个素材箱。

3. 把新建的素材箱名称修改为 Subclips，按住 Command 键（macOS）或 Ctrl 键（Windows），双击 Subclips 素材箱，将其在当前面板（而非新面板）中打开。

4. 通过在剪辑上标记入点和出点，选择剪辑的一个片段，以便制作子剪辑，如图 5-5 所示。视频大约播放到 1/2 位置时，点心包被拿走更换，我们用这一段创建子剪辑。

图 5-5

与 Premiere Pro 中的其他许多流程相同，创建子剪辑的方法有多种，而且这些方法的最终结果也相同。

5. 尝试使用下面一种方法创建子剪辑。

· 在源监视器显示的画面上，单击鼠标右键，在弹出菜单中选择【制作子剪辑】。

· 在源监视器处于活动状态下，按 Command+U（macOS）或 Ctrl+U（Windows）组合键。

· 按住 Command 键（macOS）或 Ctrl 键（Windows），把画面从源监视器拖入项目面板素材箱。

 注意：如果在【制作子剪辑】对话框中勾选了【将修剪限制为子剪辑边界】，那么在浏览子剪辑时，你将无法查看所选片段之外的部分。或许这正是你想要的，当然也可以使用鼠标右键单击素材箱中的子剪辑，在弹出菜单中选择【编辑子剪辑】，更改该设置。

6. 在【制作子剪辑】对话框中，输入子剪辑名称 Packet Moved，单击【确定】按钮，如图 5-6 所示。

图 5-6

此时，Premiere Pro 会把新的子剪辑添加到 Subclips 素材箱中，其持续时间由入点和出点指定。

5.3　使用时间轴面板

时间轴面板是进行创作的画布，如图 5-7 所示。在该面板中，可以把剪辑添加到序列中，对它们进行编辑修改，添加视觉和音频效果、混合音轨，以及添加字幕和图形。

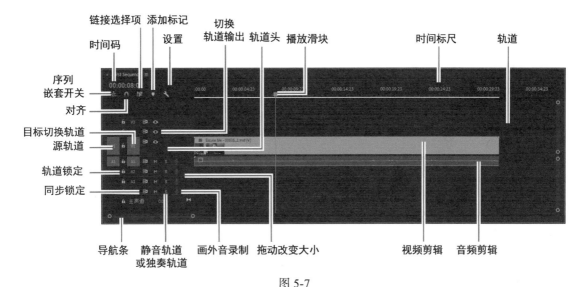

图 5-7

下面是有关时间轴面板的一些知识点，学习本书课程时会多次用到这些知识，需要熟练掌握。

- 你可以在时间轴面板中查看和编辑序列中的剪辑。

- 节目监视器显示的是当前显示在序列中的内容，即播放滑块所在位置的内容。

- 你可以同时打开多个序列，每个序列显示在自己的时间轴面板中。

- 术语【序列】和【时间轴】通常可以互换使用，比如【序列中的剪辑】或【时间轴中的剪辑】指的是一个意思。有时，【时间轴】用来指一系列抽象的剪辑，并不涉及特定的用户界面元素。

- 向空的时间轴面板中添加剪辑时，Premiere Pro 会要求你先创建一个序列。

- 你可以添加任意数量的视频轨道，预览播放只受所用系统的硬件资源的限制。

- 播放时，上层视频轨道中的影像会覆盖下层视频轨道中的影像，所以应该把前景视频剪辑放到背景视频剪辑上面的轨道上。

- 你可以添加任意数量的音频轨道，它们会同时播放创建混音。音频轨道可以是单声道（1声道）、立体声（2声道）、5.1（6声道）或自适应，最多支持 32 个声道。

- 你可以更改时间轴面板中轨道的高度，以便看到视频剪辑的更多控件和缩览图。

- 每个轨道都有一组控件，显示在最左侧的轨道头，用来改变轨道的工作方式。

- 在时间轴面板中，时间从左到右流逝。播放序列时，播放滑块会从左到右移动。

- 你可以使用键盘上的等号（＝）和减号（－）键（位于主键盘上方）来缩放序列。使用反斜杠键（\），在当前缩放级别和显示整个序列之间进行切换。此外，还可以双击时间轴面板底部的导航条来查看整个序列。

如果键盘上没有等号（＝）和减号（－）键，可以自行创建键盘快捷键。关于设置键盘快捷键的内容，请参考第 1 课中的相关内容。

- 时间轴面板左上方有一排按钮（见图 5-8），用来切换不同模式、添加标记和进行设置。如果发现时间轴面板的行为有异常，请检查设置是否与下图相同。

图 5-8

5.3.1 选择一个工具

与 Adobe Photoshop 类似，在 Premiere Pro 中选择不同的工具，鼠标的作用不同。

时间轴面板与节目监视器中的很多操作都可以使用标准的选择工具进行，该工具位于工具面板的最顶部，如图 5-9 所示。在工具面板中单击某个工具图标，即可激活相应工具。

工具面板中还有其他多个用于执行不同任务的工具，并且每种工具都对应一个键盘快捷键，比如，V 键是【选择工具】的键盘快捷键。

图 5-9

5.3.2 什么是序列

序列包含一系列剪辑（通常还包含多个混合图层、特效、字幕和音频），这些剪辑按先后顺序依次播放，形成一个完整的影片。

一个项目可以包含任意多个序列，像剪辑一样，序列存储在项目面板中，并且有特定的图标。

> **Pr** | **提示：** 与剪辑相同，用户可以把一个序列添加到另外一个序列中，这个过程称为【嵌套】。这将为高级编辑工作流创建一组动态连接的序列。

接下来为 Theft Unexpected 新建一个序列。

1. 在 Theft Unexpected 素材箱中，把 Excuse Me（非 Excuse Me Tilted）剪辑拖曳到面板底部的【新建项】按钮（▣）上。我们可能需要重新调整项目面板的大小才能看到【新建项】按钮。

注意：如果当前在子剪辑素材箱中，可能需要单击【向上导航】按钮才能看到 Theft Unexpected 素材箱。

这是一种创建与指定媒体完美匹配的序列的快捷方式。

Premiere Pro 会新建一个序列，其名称和创建它时所使用的剪辑名称相同。

注意：新建序列时，如果当前已经有序列处于打开状态，则新序列会在同一个面板组的一个新面板中打开。

2. 新建序列在素材箱中突出显示出来，此时最好马上对新建序列进行重命名。使用鼠标右键单击新创建的序列，在弹出菜单中选择【重命名】，输入 Theft Unexpected，如图 5-10 所示。注意，不管是在【列表视图】还是在【图标视图】下，序列的图标和剪辑的图标都是不同的。

Theft Unexpected

图 5-10

序列自动打开，其中包含用来创建它的剪辑。这与我们的预期相同，但是如果随便选用一个剪辑来创建序列（确保序列设置正确），可以在序列中选择剪辑，并按 Delete 键（macOS）或 Backspace 键（Windows）删除它。

可以通过拖曳时间轴面板底部的导航条来放大或缩小序列。拖曳轨道 V1 和 V2 之间的分隔线（位于轨道头区域，这里可以看到一排轨道控件），增加轨道 V1 的高度，可以看到剪辑的缩览图，如图 5-11 所示。

提示：单击时间轴面板中的【时间轴显示设置】图标（），从弹出菜单中选择【最小化所有轨道】或【展开所有轨道】，可以一次性修改所有轨道的高度。

图 5-11

5.3.3　在时间轴面板中打开序列

执行如下操作之一，可以在时间轴面板中打开一个序列。

- 在素材箱中双击序列图标。

- 使用鼠标右键单击素材箱中的序列，从弹出菜单中选择【在时间轴内打开】。

打开刚刚创建的 Theft Unexpected 序列。

 提示：还可以就像剪辑一样把序列拖入源监视器中使用。注意不要把序列拖入时间轴面板打开，因为这会把它添加到当前序列中，或者基于它新建一个序列。

匹配序列设置

序列拥有帧速率、帧大小、音频母带格式（比如单声道、立体声）等属性。在向一个序列添加剪辑时，Premiere Pro 会调整剪辑以匹配序列设置。

你可以选择是否缩放剪辑以匹配序列的帧大小。例如，序列的帧大小（像素）是 1920×1080（全高清），而视频剪辑的是 3840×2160（超高清），这时可能需要缩小高分辨率的剪辑以匹配序列的分辨率，也可以保持不变，但只能看到原始画面在序列【窗口】中显示的部分。

缩放剪辑时，会等比例缩放水平方向和垂直方向上的尺寸，这样可以保持原有的像素长宽比不变。如果剪辑和序列的像素长宽比不同，对剪辑进行缩放时，剪辑可能无法完全填满序列帧。例如，如果剪辑的像素长宽比是 4:3，把它添加到16:9 的序列中时，可以看到两侧有空白。

使用【效果控件】面板中的【运动】控件（请参考第 9 课），你可以控制要显示画面哪一部分，甚至还可以创建动态摇摄效果。

5.3.4 了解轨道

就像火车轨道一样，序列中也有视频轨道和音频轨道，这些轨道用来控制添加剪辑的位置。最简单的序列只有一个视频轨道，音频轨道可有可无。添加剪辑时，你要从左到右逐个把剪辑添加到轨道中，Premiere Pro 会按照剪辑的添加顺序播放它们。

一个序列可以有多个视频轨道和音频轨道，它们是视频和其他音频通道的图层。高层视频轨道出现在低层视频轨道之前，因此可以把不同轨道上的剪辑组合起来，生成带分层的合成。

例如，你可以使用高层视频轨道向序列添加字幕，或者使用视觉效果混合多个视频图层以创建复杂的合成，如图 5-12 所示。

你可以使用多个音频轨道为序列创建一个完整的音频合成，带有原始对话、音乐，以及现场音效，比如枪声、烟花、大气音波和画外音等。

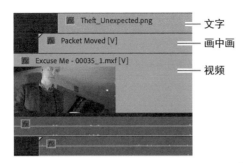

図 5-12

通过滚轮浏览剪辑与序列的方法有多种，主要取决于鼠标所在的位置。

- 把鼠标指针放到源监视器或节目监视器上，可以使用鼠标滚轮向前或向后观看。如果使用的是触控板，也可以使用手势进行控制。

- 在首选项的【时间轴】面板中，选择【时间轴鼠标滚动：水平】，可以在时间轴面板中浏览序列。

- 按住 Option 键（macOS）或 Alt 键（Windows），转动鼠标滚轮，时间轴视图会进行放大或缩小。

- 把鼠标指针放到轨道头上，并按住 Option 键（macOS）或 Alt 键（Windows），转动滚轮，可以增加或减小轨道高度。

- 双击轨道头中的空白区域，可以将轨道头展开或折叠。

- 将鼠标指针放到视频或音频轨道头上，按住 Shift 键并转动滚轮，可以增加或减小所有同类轨道（视频轨道或音频轨道）的高度。

> **提示：** 按住 Option 键（macOS）、Alt 键（Windows），或 Shift 键，转动滚轮改变轨道高度时，若同时按住 Command 键（macOS）或 Ctrl 键（Windows），可以实现更精确的控制。

5.3.5 使用轨道

在每个轨道头中，【轨道锁定】按钮右侧的部分用来选择序列中的轨道。

轨道头最左侧是源轨道指示器，表示当前在源监视器中显示或者在项目面板中所选剪辑中的可用轨道，如图 5-13 所示。它们和时间轴轨道一样具有编号，在做更复杂的编辑时非常有用。

使用键盘快捷键或源监视器中的按钮向序列添加剪辑时，源轨道指示器非常重要，其相对于时间轴轨道头的位置指定了要把新剪辑添

源轨道

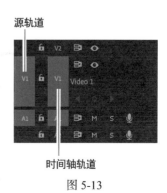

时间轴轨道

图 5-13

加到哪个轨道上。为了把轨道内容添加到序列中，需要把源轨道指示器选中（蓝色）。

在图 5-14 中，源轨道指示器的位置意味着，在使用按钮或键盘快捷键添加剪辑到当前序列时，会把带有一个视频轨道和一个音频轨道的剪辑添加到时间轴面板的 Video 1（V1）和 Audio 1（A1）轨道上。

> **注意**：在渲染效果或选择时间轴时，时间轴轨道选择按钮很重要，但是在向序列添加剪辑时，这些按钮不会产生影响，只有源轨道指示器会产生影响。

在图 5-15 中，相对于时间轴的轨道头，源轨道指示器被拖移到了新位置。在使用按钮或键盘快捷键向当前序列添加剪辑时，剪辑会被添加到 Video 2（V2）和 Audio 2（A2）轨道上。

单击源轨道指示器，可以启用或禁用它。蓝色表示轨道处于启用中。通过上下拖曳源轨道指示器到不同的轨道上，选择想启用或关闭的源轨道，可以进行高级编辑。

图 5-14   图 5-15

当采用上述方式进行编辑时，启用或禁用时间轴轨道不会对结果产生影响。虽然源轨道指示器和序列轨道选择器看起来相似，但是它们的功能不同。【轨道锁定】按钮左侧的是源轨道指示器，右侧的是序列轨道选择器。

在把一个剪辑拖入一个序列时，源轨道指示器的位置会被忽略，而只添加启用的源轨道上的内容。

5.3.6　在时间轴面板中使用入点和出点

在源监视器中使用入点和出点可以指定要把剪辑的哪一部分添加到序列中。

在序列中使用入点和出点有以下两个主要目的。

- 当向序列添加新剪辑时，告知 Premiere Pro 应该把新剪辑放在哪里。

- 从序列中选择想要删除的部分。使用入点、出点，以及轨道选择按钮，你可以准确指定是要从指定轨道上删除整个剪辑，还是剪辑的一部分。

在时间轴面板中，序列中使用入点和出点选出的部分会被高亮显示，未被选择的区域不会高亮显示。

在图 5-16 中，除 V2 外，其他所有轨道都处于启用状态，在入点与出点定义的选区部分有一个间隙（高亮显示）。注意，源轨道 V1 的选择不会影响轨道选择。

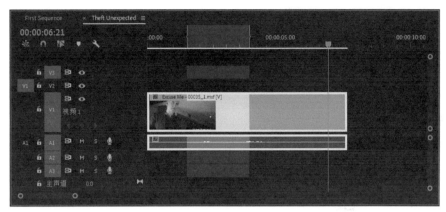

图 5-16

5.3.7 设置入点和出点

在时间轴面板中添加入点、出点与在源监视器中添加几乎完全相同。

一个主要区别是，与源监视器中的控件不同，节目监视器中的选择按钮也适用于当前显示的序列。

在向时间轴上播放滑块当前所在的位置添加入点时，首先确保时间轴面板或节目监视器处于活动状态，然后按键盘上的 I 键，或单击节目监视器上的【标记入点】按钮。

在向时间轴上播放滑块当前所在的位置添加出点时，首先确保时间轴面板或节目监视器处于活动状态，然后按键盘上的 O 键，或单击节目监视器上的【标记出点】按钮。

5.3.8 清除入点和出点

如果打开的剪辑中已经包含有入点和出点，可以通过添加新的入点和出点来改变它们，新添加的入点和出点会替换掉原来已有的入点和出点。

你还可以删除剪辑或序列中已有的入点和出点。无论是时间轴、节目监视器，还是源监视器，在它们中删除入点和出点的方法都是相同的。

1. 在时间轴面板中，单击 Excuse Me 剪辑，将其选中。

2. 按键盘上的 X 键，在剪辑的起点（左侧）和终点（右侧）添加入点和出点，还会出现在时间轴面板顶部的时间标尺上，如图 5-17 所示。

图 5-17

3. 使用鼠标右键，单击时间标尺，打开弹出菜单。

从弹出菜单中选择要使用的命令，或者使用以下键盘快捷键。

- Option+I（macOS）或 Ctrl+Shift+I（Windows）：清除入点。

- Option+O（macOS）或 Ctrl+Shift+O（Windows）：清除出点。

- Option+X（macOS）或 Ctrl+Shift+X（Windows）：清除入点和出点。

4. 最后一个快捷键特别有用。它不但容易记忆，而且能够快速删除出点和入点。可以尝试使用这个快捷键，将前面添加的入点和出点删除。

5.3.9 使用时间标尺

源监视器、节目监视器、时间轴中的时间标尺用途都相同，你可以使用它们按照时间浏览剪辑或序列。

在 Premiere Pro 中，时间从左到右流逝，播放滑块的位置指示当前显示的是哪一帧。

- 在时间轴面板的时间标尺上，按下鼠标左键，左右拖曳鼠标，播放滑块会随着鼠标移动。同时，你可以在节目监视器中看到 Excuse Me 剪辑的内容。使用这种方式浏览视频内容，称为【滑动播放】（Scrubbing）。

注意，源监视器、节目监视器、时间轴面板底部都有一个导航条，如图 5-18 所示。

图 5-18

- 把鼠标放到导航条上，转动鼠标滚轮（支持触控板手势），可以缩放时间标尺。

- 放大时间标尺后，你可以左右拖曳导航条在时间标尺上移动。

- 拖曳导航条两侧端点，也可以调整时间标尺的缩放级别。

- 双击导航条，把时间标尺缩放到最小。

5.3.10 使用时间码面板

图 5-19

Premiere Pro 为我们提供了一个专门的时间码面板。与其他面板相同，你可以选择使它浮动在一个独立的窗口中，也可以把它添加到一个面板组中。在菜单栏中，依次选择【窗口 > 时间码】，即可打开时间码面板。

时间码面板包含多行时间码信息，每一行显示一种特定的时间码信息，如图 5-19 所示。

默认配置下，时间码面板中显示的是主时间码、总持续时间，以及在活动面板（源监视器、节目监视器、时间轴面板）中由入点和出点指定的持续时间。

主时间码与源监视器（左下）、节目监视器（左下）、时间轴（左上）面板中显示的时间码是相同的。

在时间码面板中，单击鼠标右键，在弹出菜单中选择【添加行】、【移除行】，可以轻松地向时间码面板中添加新的时间码信息或删除现有的时间码信息，以便更轻松地监视剪辑和序列。

为了指定每行显示的信息类型，可以使用鼠标右键单击信息行，然后从弹出菜单的【显示】中选择想要显示的内容。

> **Pr** 提示：当某个面板处于激活或选中状态时，可以按 Command+W（macOS）或 Ctrl+W（Windows）组合键关闭它。

使用鼠标右键单击任意一行，在弹出菜单中选择【保存预设】，保存当前设置，以便下次使用。此时，在时间码面板中单击鼠标右键，弹出菜单中会显示保存的预设。

此外，你还可以单击鼠标右键，从弹出菜单中选择【管理预设】，在【管理预设】对话框中为预设指定键盘快捷键，或者删除预设。

图 5-20

时间码面板有两个模式，一个是精简模式（见图 5-20），另一个是完整大小，两者显示的内容一样，但是显示方式有区别。使用鼠标右键单击时间码面板，从弹出菜单中选择相应模式，即可切换到相应模式。

时间码面板中不包含活动控件，也就是说，你无法使用它添加入点、出点，以及进行编辑，但是它提供的信息很有用，这些信息可以帮助你做出决策。例如，了解总持续时间和选段持续时间的差异有助于为多次编辑估计总共有多少可用的媒体剪辑。

关闭时间码面板。

5.3.11 自定义轨道头

就像定制源监视器、节目监视器中的控件一样，你可以更改时间轴轨道头中的多个选项。

1. 要访问这些选项，可以使用鼠标右键单击视频轨道头或音频轨道头，从弹出菜单中选择【自定义】；或者单击【时间轴显示设置】图标（🔧），从弹出菜单中选择【自定义视频头】或【自定义音频头】，结果如图 5-21 和图 5-22 所示。

视频轨道头按钮编辑器

图 5-21

音频轨道头按钮编辑器

图 5-22

2. 把鼠标移动到按钮编辑器中的各个按钮上，就会显示相应按钮的名称。其中，有些按钮你已经很熟悉，还有一些按钮我们将在以后课程中讲解。

3. 如果想把按钮添加到轨道头，只需把它从按钮编辑器拖曳到轨道头上即可。当按钮编辑器处于打开状态时，拖走某个按钮，即可把它从轨道头中删除。

所有轨道头都会根据调整的那个轨道头进行调整更新。

4. 你可以自由地尝试这些功能，尝试完成后，单击按钮编辑器中的【重置布局】，将轨道头恢复成默认状态。

5. 单击【取消】按钮，关闭【按钮编辑器】。

5.4　使用基本编辑命令

不管采用何种方式（拖曳、单击源监视器中的按钮、使用键盘快捷键）把剪辑添加到序列中，最终都会发生如下两种编辑之一：插入编辑或覆盖编辑。

在把一个新剪辑添加到序列时，如果目标位置上已经存在剪辑了，执行插入和覆盖这两种编辑会产生完全不同的结果。

进行这两种类型的编辑是非线性编辑的核心所在。在本书讲解的所有技术中，这是最常用的技术。从根本上说，这是一种非线性编辑，在继续学习其他内容之前，建议你先花点时间熟悉非线性编辑的工作流程。

5.4.1　覆盖编辑

接下来，我们继续处理 Theft Unexpected 序列。目前为止，序列中只有一个剪辑，剪辑中 John 向另一个人询问这个座位是否有人。

首先，使用覆盖编辑添加一个镜头作为对 John 请求座位的回应。

1. 在源监视器中打开 HS Suit 剪辑。之前我们已经向这个剪辑添加了入点和出点。

> **Pr** 提示：专业编辑人员经常混用"镜头"（shot）和"剪辑"（clip）这两个术语。

2. 需要小心设置时间轴面板。刚开始时会有点慢，但熟练之后，这种方式既快又轻松。

在时间轴面板中，把播放滑块（非源监视器中的播放滑块）拖曳到 John 提出请求后，大约在 00:00:04:00 处。

> **Pr** 提示：你可以复制时间码，并把它粘贴到当前时间指示器（位于源监视器或节目监视器的左下角）中。单击选择时间码，粘贴新时间码，然后按 Return 或 Enter 键，把播放滑块移动到当前时间点。在使用相机日志时，这个功能很有用，它允许用户快速定位到剪辑的特定部分。

在时间轴中没有添加入点和出点的情形下，当使用键盘或屏幕按钮进行编辑时，播放滑块用来指定新剪辑的位置（它会成为入点）。在使用鼠标把一个剪辑拖入一个序列时，播放滑块的位置和现有的入点、出点会被忽略。

3. 尽管新剪辑中包含音频轨道，但我们并不需要它，而是需要保留时间轴中已有的音频，如图 5-23 所示。单击源轨道选择指示器 A1，将其关闭。这时按钮应该变为灰色，而非蓝色。

4. 检查轨道头是否和图示一样。你可能需要单击【以此轨道为目标切换轨道】按钮启用轨道，对于这次编辑，只有源 A1 和 V1 轨道指示器是重要的，因为序列中其他轨道不包含任何剪辑。

5. 在源监视器中，单击【覆盖】按钮（ ）。

此时，剪辑被添加到序列的 V1 轨道上，如图 5-24 所示。

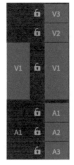

图 5-23   图 5-24

默认情况下，当把一个剪辑拖入序列时（不是使用屏幕按钮或键盘快捷键），执行的就是【覆盖】

编辑。拖曳剪辑时，如果同时按住 Command 键（macOS）或 Ctrl 键（Windows），则执行的是【插入】编辑。

6. 把播放滑块放到时间轴面板或节目监视器最左侧，单击节目监视器中的【播放】按钮（▶），或者按键盘上的空格键，可以预览编辑结果。

添加的时间点可能不太完美，但当前编辑的是对话场景。

5.4.2　插入编辑

接下来，尝试插入编辑。

1. 在时间轴面板中，把播放滑块移动到 Excuse Me 剪辑上，使其位于 00:00:02:16 处，此时 John 刚刚说完 "Excuse me" 这句话，并且确保序列中不存在入点和出点。

2. 在项目面板中双击 Mid Suit 剪辑，将其在源监视器中打开，在 01:15:46:00 处添加入点，在 01:15:48:00 处添加出点。这其实是一个不同的镜头，但观众感觉不出来，我们把它用作回应镜头。

3. 根据需要，调整时间轴面板中的源轨道选择指示器，如图 5-25 所示。

4. 单击源监视器中的【插入】按钮（▦），结果如图 5-26 所示。

图 5-25　　　　　　　　　　　　　　　　　图 5-26

此时，序列中原有的 Excuse Me 剪辑被分割，并且播放滑块之后的部分向后移动，以便为新插入的剪辑留出位置。

> **Pr**　注意：做【插入】编辑会使序列变长。序列中所选轨道上的剪辑会向后移动（即向右移动），为新剪辑让出位置。

> **Pr**　注意：编辑人员经常混用【序列】（sequence）和【编辑】（edit）这两个术语。但这里，【编辑】指的是对序列中的一个或多个剪辑所做的更改。

5. 把播放滑块放到序列最开始的位置，浏览编辑结果。如果键盘上有 Home 键，你可以使用它跳转到序列的开头；也可以使用鼠标拖曳播放滑块向前或向后移动，或者按向上箭头键把播放滑块移动到上一个编辑位置（按向下箭头，把播放滑块移动到下一个编辑位置）。

> **Pr** | **提示：** 随着序列越来越长，你可能需要不断进行缩放，才能更好地查看剪辑。

6. 在源监视器中打开 Mid John（非 Mid Suit）剪辑。之前，我们已经在这个剪辑中添加了入点和出点。

7. 在时间轴中，把播放滑块拖曳至序列末尾，即 Excuse Me 剪辑末尾。拖曳播放滑块时，可以同时按住 Shift 键，使播放滑块对齐到剪辑末尾。

> **Pr** | **提示：** 如果 Mac 没有 Home 键，可以尝试按 Fn+ 左箭头。

8. 在源监视器中，单击【插入】或【覆盖】按钮。因为时间轴中的播放滑块当前处于序列末尾，后面没有其他剪辑，所以可以使用插入或者覆盖。

接下来再插入一个剪辑。

9. 在时间轴中，把播放滑块移动至 00:00:14:00 处，这时 John 正打算要喝一口茶。

10. 在源监视器中打开 Mid Suit 剪辑。使用入点和出点，从剪辑中选择一个片段，以便放入 John 落座和喝第一口茶之间。把入点设置在大约 01:15:55:00 处，出点设置在 01:16:00:00 处。

新设置入点和出点之后，剪辑上原来的入点和出点会被替换掉。

> **Pr** | **注意：** 还可以通过把剪辑从项目面板或源监视器拖入节目监视器来向序列中添加剪辑。按住 Command 键（macOS）或 Ctrl 键（Windows），执行插入编辑。

11. 单击【插入】按钮，把剪辑片段添加到序列中，如图 5-27 所示。

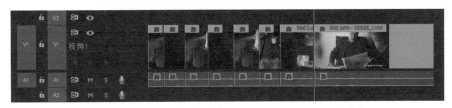

图 5-27

添加剪辑的时间点可能不那么完美，但是也还可以。后期可以随时进行修改，这正是非线性编辑的魅力所在。最重要的是保证剪辑顺序正确。

从这个简短的例子可以看出，剪辑的名称和组织相当重要。使用组织良好且命名规范的剪辑可以大大节省后期处理时间。

这些剪辑的名称比较特别，它们结合了用于帮助识别内容的新名称和原始素材的编号。有关剪辑的命名与组织方式没有固定的规则可遵循。

5.4.3　三点编辑

在把一个剪辑或剪辑片段添加到序列时，Premiere Pro 需要了解剪辑的持续时间，以及在序列中的放置时机和位置。

这需要用到 4 个入点和出点。

- 剪辑入点。
- 剪辑出点。
- 序列入点，用来在添加剪辑后指定剪辑起点。
- 序列出点，用来在添加剪辑后指定剪辑终点。

事实上，我们只需要给出 3 个点，Premiere Pro 会根据所选剪辑片段的持续时间自动计算最后一个点。

比如你在源监视器中从一个剪辑中选取了一个时长为 4 秒的片段，则 Premiere Pro 可以确定它将占用序列的 4 秒时长。一旦指定了剪辑的放置位置，即可进行编辑。

我们把这种只使用 3 个点的编辑称为【三点编辑】（three-point editing）。在编辑的最后阶段，Premiere Pro 会把剪辑的入点（剪辑起点）和序列的入点（如果没有添加入点，则把播放滑块所在的位置用作入点）进行对齐。

即使没有手动向时间轴添加入点，执行的还是三点编辑，持续时间是 Premiere Pro 根据源监视器中的剪辑计算出来的。

向时间轴添加出点（非入点）也能得到类似的结果。进行编辑时，Premiere Pro 会把源监视器中的剪辑出点和序列中的出点进行对齐。

如果序列剪辑的末尾有一个定时动作，比如关门，并且新剪辑需要与该动作在时间上对齐，那么我们可能想这样做。

使用4个点会怎样

编辑时可以使用 4 个点：源监视器中的入点和出点、时间轴上的入点和出点。如果所选剪辑的持续时间与序列持续时间一致，你可以像往常一样进行编辑。如果不一致，Premiere Pro 会要求你选择如何处理。

此时，用户可以拉伸或压缩新剪辑的播放速度，以匹配时间轴上选定的持续时间，或者有选择性地忽略入点或出点。

5.5　故事板式编辑

术语"故事板"（storyboard）是一系列视觉草图，用来描述电影中摄像机的角度和动作等。故事板非常类似于连环画，但包含的信息更多，比如摄像机的移动、台词和音效等。

你可以把素材箱中的剪辑缩览图作为故事板草图使用。

拖曳剪辑的缩览图，按照剪辑在序列中的顺序从左到右自上而下排列剪辑缩览图。选择它们，然后把它们全部拖入序列中。剪辑的选择顺序与它们在序列中的顺序是相同的。如果想套选剪辑，需要从左上角选起。

5.5.1　使用故事板创建集合序列

集合序列中各个剪辑的前后顺序正确，但是起止时间点未确定。编辑过程中，我们通常会先创建集合序列，保证各个剪辑的顺序正确，再调整各个剪辑的起止时间。

你可以使用故事板式编辑方式使所有剪辑快速排好顺序。

1. 保存当前项目。

2. 打开 Lessons 文件夹中的 Lesson 05 Desert Sequence.prproj 文件。

注意：现在同时打开了两个项目文件。从菜单栏中依次选择【窗口】>【项目】，在两个项目之间切换。从菜单栏中依次选择【文件】>【关闭所有项目】，可以关闭所有项目。

3. 从菜单栏中依次选择【文件】>【另存为】，在【保存项目】对话框中将项目保存为 Lesson 05 Desert Sequence Working.prproj。

提示：项目文件名可以很长。虽然长文件名可以包含很多有用的信息，方便你识别各个项目，但是文件名太长会影响到文件的管理工作。

该项目中包含一个名为 Desert Montage 的序列，其中包括音乐，但是没有视频画面。接下来，我们向其中添加一些视频镜头。

当前，轨道 A1 处于锁定状态（单击锁头图标，可以锁定或解锁一个轨道）。这时调整序列时不会影响音频轨道。

5.5.2　安排故事板

在把剪辑添加到序列之前，虽然没有必要先在项目面板中预先排列，但是这样做有助于快速了解序列的结构。

1. 双击 Desert Footage 素材箱，在新面板中将其打开。这个素材箱中包含一些不错的镜头。

2. 单击素材箱左下角的【自由变换视图】按钮（），以缩览图的方式显示各个剪辑。

用户可以在项目面板中把视图切换成图标视图，然后像故事板一样排列各个剪辑，但是在自由变换视图下，能够以更灵活的方式显示剪辑缩览图。

3. 双击 Desert Footage 素材箱名称，将面板最大化。然后，使用鼠标右键单击素材箱背景，从弹出菜单中依次选择【重置为网格】>【名称】。

此时，Premiere Pro 会根据剪辑名称排列剪辑，如图 5-28 所示。

图 5-28

4. 拖曳各个剪辑的缩览图，按照剪辑在序列中的顺序从左到右自上而下进行排列，使其看起来就像连环画或故事板一样。在自由变换视图下，剪辑的缩览图可以重叠在一起，也可以松散地排列。剪辑的选择顺序与它们在序列中的顺序一致。在把剪辑添加到序列之前，先按照从左到右自上而下的顺序排列它们。

5. 确保 Desert Footage 素材箱处于选中状态（周围有蓝框）。单击素材箱背景，取消选择任意剪辑。按 Command+A（macOS）或 Ctrl+A（Windows）组合键，按照它们在素材箱中的位置，选中所有剪辑。

6. 双击 Desert Footage 素材箱名称，将面板恢复到原有大小。把剪辑拖入序列，放到 V1 轨道上，紧贴时间轴的最左侧。

此时，Premiere Pro 会按照你在项目面板中选择的顺序把剪辑添加到序列中，如图 5-29 所示。

> **Pr** | 提示：在把素材箱面板恢复成原有大小后，你可能需要拖曳滚动条才能看到其中的剪辑。

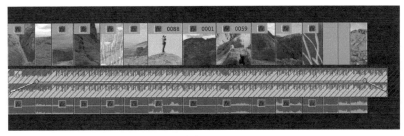

图 5-29

7. 播放序列，查看结果。

虽然你在素材箱中事先为序列中的剪辑定好了顺序，但是仍然可以随时修改这些剪辑的先后顺序和播放时间点。

目前有两个项目同时处于打开状态，有时你可能不清楚当前正在处理哪个项目。此时，你可以通过 Premiere Pro 用户界面最顶部的项目信息进行判断，如图 5-30 所示。如果项目名称之后有 * 号，表示你当前处理的是这个项目，并且最近所做的改动没有保存。

/MEDIA/Lesson 05 Desert Sequence Working.prproj *

图 5-30

8. 选择两次【文件】>【关闭项目】菜单，或者选择【文件】>【关闭所有项目】菜单，关闭所有项目。若 Premiere Pro 询问是否保存项目，单击【是】按钮。

设置静止图像的持续时间

如果视频剪辑中已经有入点和出点，当这种剪辑被添加到序列时，Premiere Pro 会自动使用入点和出点。

在序列中，图形和照片的持续时间可以是任意的。但是当把它们导入项目中时，它们其实是包含默认入点和出点的。

你可以选择【Premiere Pro】>【首选项】>【时间轴】（macOS）或【编辑】>【首选项】>【时间轴】（Windows）命令，在【静止图像默认持续时间】中修改持续时间。在把静止图像导入项目时，这种更改才会发生作用，而对那些已经导入项目中的静止图像不起作用。

静止图像和静止图像序列（像动画一样顺序播放的一系列图像）没有时基（timebase，每秒播放的帧数）。你可以为静止图像设置默认时基，具体操作为选择【Premiere Pro】>【首选项】>【媒体】（macOS）或【编辑】>【首选项】>【媒体】（Windows）命令，为【不确定的媒体时基】选择一个时基。

5.6 复习题

1. 入点和出点的作用是什么？

2. 轨道 V2 在轨道 V1 前面还是后面？

3. 子剪辑如何组织素材？

4. 如何在时间轴面板中选择要处理的一个序列的时间范围？

5. 覆盖编辑和插入编辑有何不同？

6. 如果源剪辑和序列中都没有入点和出点，源剪辑中会有多少将被添加到序列中？

5.7 复习题答案

1. 在源监视器和项目面板中，入点和出点用来指定序列要使用剪辑的哪一部分。在时间轴上，入点和出点用来指定你想删除、编辑、渲染、导出序列的哪部分。

2. 高层视频轨道总是位于低层视频轨道之前。

3. 在 Premiere Pro 中，就播放来说，子剪辑和其他剪辑几乎没有差别。你可以通过使用子剪辑把素材轻松地分到不同的素材箱中。对于包含大量长剪辑的大项目来说，使用子剪辑划分内容会带来很大的好处。

4. 你可以使用入点和出点指定要处理序列哪部分，例如，带效果渲染或导出为文件。

5. 使用【覆盖】方式把剪辑添加到序列时，剪辑会替换掉序列中相同位置上的内容。而使用【插入】方式把剪辑添加到序列时，剪辑不会替换原有剪辑，而是把原有剪辑往后推（向右移动），这会增加序列的长度。

6. 如果不向源剪辑添加入点或出点，则整个剪辑都会被添加到序列中。向源剪辑添加入点、出点可以指定要在序列中使用的部分剪辑。

第6课 使用剪辑和标记

课程概览

本课包括如下内容:

- 了解节目监视器和源监视器的不同;

- 为 VR 头盔播放 360° 视频;

- 使用标记;

- 应用同步锁定和轨道锁定;

- 在序列中选择项目;

- 在序列中移动剪辑;

- 从序列中删除剪辑。

 学习本课大约需要 90 分钟。请先准备好本课要用到的课程文件,参阅本书前言中的 "使用课程文件"。

Adobe Premiere Pro 提供了用来精细调整序列的标记，以及同步和锁定轨
道的高级工具。借助这些工具，你可以轻松地编辑视频序列中的剪辑。

6.1 课程准备

在完成序列的第一个版本后，接下来就是最能体现视频编辑技艺的时刻。一旦选好要用的剪辑，并把它们按照正确的顺序放入序列中，即可精细调整各个剪辑在序列中的时间点。

在向序列中添加好剪辑之后，即可开始进行精细调整。例如，你可以调整序列中剪辑的顺序，删除不需要的部分。还可以添加注释标记，存放有关剪辑和序列的信息。这些信息再次被编辑，或把序列发送到其他 Adobe Creative Cloud 应用程序时会非常有用。

本课中我们将学习节目监视器中的更多控件，了解如何使用标记来帮助组织素材。

另外，我们还会学习如何处理时间轴上已有剪辑的内容，这些内容正是使用 Adobe Premiere Pro 进行非线性编辑的部分。

开始之前，先检查自己当前使用的是否是【编辑】工作区。

1. 打开 Lessons 文件夹中的 Lesson 06.prproj 文件。

2. 从菜单栏中依次选择【文件】>【另存为】。

3. 在【保存项目】对话框中把文件重命名为 Lesson 06 Working.prproj。

4. 选择一个保存位置，单击【保存】按钮保存项目。

5. 在工作区面板中单击【编辑】，从面板菜单中选择【重置为已保存的布局】，把工作区重置为默认布局。

输入时间码

你可以直接单击面板中显示的时间码，输入目标时间码，告诉 Premiere Pro 播放滑块的目标位置，并且输入时不需要使用标点符号，然后按 Enter 键把播放滑块移动到目标位置。

例如，要将播放滑块移动到 00:00:27:15，可以输入 27.15，并且前导零不需要输入。

输入时间码时，可以使用句号代替两个零，或者跳到下一个数字类型。

如果想把播放滑块移动到 01:29:00:15，可以输入 1.29..15。

此外，还可以在时间码显示框中输入增量值，比如输入 +200，表示把播放滑块从当前位置向后移动 2 秒。若播放滑块的起始位置为 00:00:00:00，则输入 +200 后，变为 00:00:02:00，Premiere Pro 会自动计算，并添加分隔符。

6.2 使用节目监视器

节目监视器和源监视器几乎完全相同，但是它们之间有一些重要区别。

6.2.1 节目监视器

节目监视器（见图6-1）显示的是序列播放滑块所在位置的帧，或当前正在播放的帧。时间轴面板中的序列显示的是剪辑片段和轨道，而节目监视器显示的是最终视频输出结果。相比于时间轴面板中的时间标尺，节目监视器中的时间标尺要小得多，但两者是同步的。

在编辑的早期阶段，大部分时间里，你在使用源监视器。一旦序列组织完成，接下来的大部分时间就要使用节目监视器和时间轴面板了。

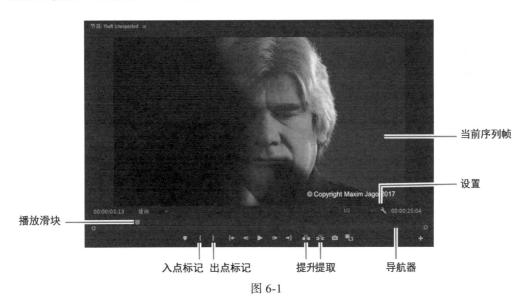

图 6-1

6.2.2 在节目监视器中把剪辑添加到序列

前面我们学习了如何在源监视器中选取剪辑的一部分，以及如何使用按键、单击按钮，或拖放将剪辑添加到序列中。

此外，你还可以直接把一个剪辑从源监视器或项目面板拖曳至节目监视器中，以将其添加到序列中。

执行该操作时，整个节目监视器的画面会被划分成几个区域，每个区域代表一种操作。用户需要根据要执行的操作，把剪辑拖放到相应的区域中。

节目监视器和源监视器

两者的区别如下。

- 源监视器显示的是剪辑的内容，而节目监视器显示的是时间轴面板中当前显示的是序列的内容。尤其需要注意的是，节目监视器会显示时间轴面板中播放滑块下的一切内容。

- 在添加剪辑（或剪辑的一部分）到序列时，源监视器提供了【插入】和【覆盖】按钮。相应地，节目监视器提供了【提取】和【提升】按钮，用来把剪辑（或剪辑的一部分）从序列中删除（有关"提取"和"提升"的更多内容后面讲解）。

- 两个监视器都有时间标尺。节目监视器上的播放滑块和时间轴中当前序列的播放滑块是一致的（当前序列名称显示在节目监视器的左上角）。当移动其中一个播放滑块时，另一个播放滑块也会随之移动，所以你可以通过任意一个面板（节目监视器或时间轴）来更改当前显示的帧。

- 在 Premiere Pro 中应用效果后，你只能在节目监视器中看到应用结果。但主剪辑的效果属于特殊情况，在源监视器和节目监视器中你都能查看它（关于效果的更多内容，请参考第 12 课）。

- 节目监视器和源监视器中都有【标记入点】和【标记出点】按钮，且它们的功能相同。在节目监视器中添加入点和出点时，它们会被添加到当前显示的序列上，并且和剪辑中的入点、出点一样，它们会一直存在于序列中。

下面来了解一下各个投放区。

1. 从 Sequence 素材箱中打开 Unexpected 序列。

2. 从 Theft Unexpected 素材箱中，把剪辑 HS Suit 拖曳到节目监视器上（请拖曳剪辑图标而非剪辑名称），但是不释放鼠标，如图 6-2 所示。这时，节目监视器画面中会显示几个区域。

3. 移动鼠标到各个区域中，Premiere Pro 会高亮显示相应区域，每个区域代表一种编辑操作。在相应区域中释放鼠标后，相应操作就会得到执行。

4. 把剪辑 HS Suit 拖曳至源监视器并释放鼠标。大多数时候，你可以双击某个剪辑，将其在源监视器中打开，但是也可以使用拖放方式。

节目监视器中各个区域代表的操作如下。

- 插入：执行【插入】编辑，使用源轨道选择按钮来选择剪辑要放置的轨道。

- 覆盖：执行【覆盖】编辑，使用源轨道选择按钮来选择剪辑要放置的轨道。

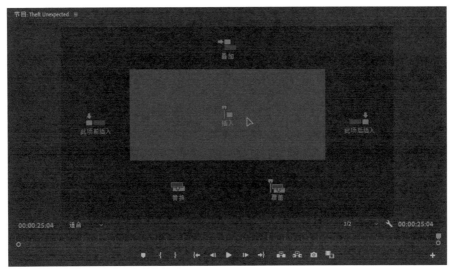

图 6-2

- 叠加：如果在当前序列的播放滑块下已经存在一个剪辑，新剪辑会被添加到上面第一个可用轨道上。如果上面第一个可用轨道上已经存在剪辑，则添加到第二个可用轨道，以此类推。

- 替换：新剪辑会替换时间轴中播放滑块当前所指的剪辑（相关内容将在第 8 课中讲解）。替换编辑无法用来替换在时间轴面板中创建的图形与文本，但可以用来替换导入的照片与图形。

- 此项后插入：新剪辑会被插入时间轴中播放滑块当前所指剪辑的后面。

- 此项前插入：新剪辑会被插入时间轴中播放滑块当前所指剪辑的前面。

如果计算机配有触摸屏，支持触摸操作，则这种直接把剪辑拖放到节目监视器中的方式能够带来很大的灵活性。除通过触摸拖曳剪辑外，还可以使用鼠标或触控板向节目监视器中拖放剪辑。

> **注意**：当把剪辑直接拖入序列中时，Premiere Pro 也会使用时间轴面板的源轨道指示器来控制使用剪辑的哪个通道（视频与音频通道）。

熟悉上述内容后，把 HS Suit 剪辑添加到序列中，继续处理 Theft Unexpected 序列。

1. 在时间轴面板中，把播放滑块移动至序列末尾，即 Mid John 剪辑的最后一帧之后。按住 Shift 键，可以把播放滑块对齐到剪辑的首部或尾部。按向上箭头或向下箭头键，在编辑点之间跳转。

> **提示**：按 End 键，将播放滑块移动到序列末尾；按 Home 键，将播放滑块移动到序列起始位置。如果 Mac 键盘上没有这两个键，可以使用 Fn+ 右箭头组合键代替 End 键，用 Fn+ 左箭头组合键代替 Home 键。

> **提示**：在项目面板的列表视图中，你可以使用左箭头键或右箭头键来展开或折叠项目面板中所选的素材箱，或者在不同素材项之间移动。

2. 在源监视器中打开 Theft Unexpected 素材箱中的 HS Suit 剪辑。这个剪辑已经在序列中用过，这里我们要选用一个不同的片段。

3. 在 01:26:49:00 处设置一个入点。这个镜头中没有太多变化，很适合用作切换镜头。在 01:26:52:00 处添加一个出点。

4. 单击源监视器的画面中央，把剪辑拖入节目监视器中，暂时不要释放鼠标。

此时，时间轴面板的播放滑块下不包括任何剪辑。选择【插入】区域，它是最大的一块区域，很容易选择。

5. 释放鼠标。

此时，剪辑被添加到序列中，并且被添加至播放滑块所在的位置。至此，我们的编辑就完成了。

6.2.3 使用节目监视器插入剪辑

使用同样的方法把一个剪辑插入序列中间。

1. 在时间轴面板中，把播放滑块拖曳到 Mid Suit 和 Mid John 剪辑之间，大约在 00:00:16:01 处。这两个剪辑之间动作的连续性不是很好，为解决这个问题，可以在它们之间插入一个衔接镜头，该镜头是 HS Suit 剪辑的一部分。

2. 在源监视器中，向 HS Suit 剪辑添加入点和出点。你可以从 HS Suit 剪辑中选择喜欢的部分，不过要保证总时长大约为 2 秒。源监视器的右下角会显示所选部分的持续时间，如图 6-3 所示。

图 6-3

3. 再次把剪辑从源监视器拖入节目监视器的【插入】区域，然后释放鼠标，把剪辑插入序列中，如图 6-4 所示。

图 6-4

6.2.4 仅把视频或音频拖入序列中

在把剪辑拖入时间轴面板时，可以只把剪辑的视频或音频部分添加到序列中。

下面综合运用前面学过的各种技术，先设置时间轴面板中的轨道头，然后把剪辑拖放到节目监视器中。

> **Pr**　**注意：在把剪辑添加到序列时，只有源轨道选择按钮起作用，时间轴中的轨道选择按钮不起作用。**

1. 在时间轴面板中，把播放滑块拖曳到 00:00:25:20 处，即 John 掏出笔之前。

2. 在源监视器中打开 Mid Suit 剪辑。在 01:15:54:00（此时，John 正挥动着钢笔）处添加一个入点。

3. 在 01:15:56:00 处添加一个出点。这里我们只需要一个快速切换角度。

4. 在时间轴的轨道头中，把源 V1 轨道选择按钮拖曳到 V2 轨道上，如图 6-5 所示，这个轨道就是用来添加剪辑的位置。

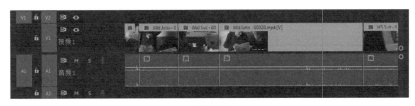

图 6-5

源监视器底部会显示【仅拖曳视频】和【仅拖曳音频】两个图标（   ）。

这两个图标有以下 3 个用途。

- 指示剪辑中是否包含视频、音频，或者两者兼而有之。若不包含视频，则第一个图标呈现灰色不可用状态；若不包含音频，则第二个图标呈现灰色不可用状态。

- 单击其中一个图标，可用把显示画面切换到视频或音频视图下。

- 使用鼠标拖曳它们，可以将剪辑的视频或音频拖曳至序列中，如图 6-6 所示。

5. 把第一个图标（电影胶片）从源监视器底部拖曳至节目监视器的覆盖区域中。释放鼠标，此时只有剪辑的视频部分被添加到了时间轴中的 V2 轨道中。

即使同时启用了【源视频】和【源音频】选择按钮，也可以使用上述方法，因此它是一种从剪辑快速选择所需部分的直观方式。当然，通过有选择性地禁用源轨道选择按钮，也可以实现同样的效果，但需要更多次单击。

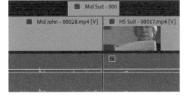

图 6-6

6. 从头播放序列。

虽然时序还不是很准确，但看上去还不错。刚添加的剪辑在 Mid John 剪辑末尾和 HS Suit 剪辑开始之前播放，这更改了时序关系。Premiere Pro 是一个非线性编辑系统，编辑时可以随时调整时序，更多内容将在第 8 课中讲解。

为什么把剪辑添加到序列中的方法有这么多

随着编辑技术和经验的增加，你会发现某个特定情况下有些添加方法更方便。有时你希望添加的时间点绝对正确，这时就需要在源监视器和时间轴面板中仔细选择和调整。有时你希望把各个剪辑快速拼接在一起，这时可以从项目面板中把剪辑直接拖曳至时间轴面板中，方便时调整时间安排。

此外，你会发现自己会自然而然地喜欢上某种编辑风格。为了确保编辑人员可以按照自己的风格和习惯进行编辑，Premiere Pro 提供了多个工作流来实现同样的结果。

6.3 设置播放分辨率

在水银回放引擎的强大支持下，Premiere Pro 可以实时播放多种媒体类型、特效等（无须预渲染）。水银回放引擎利用计算机硬件的能力来提升播放性能。也就是说，CPU 的速度（以及核心数、型号）、RAM 大小、GPU 的能力，以及存储器的速度都会影响到播放性能。

如果计算机配置较低，播放序列（在节目监视器中）或剪辑（在源监视器中）的视频时会出现卡顿现象，这时可以考虑降低播放分辨率使播放更流畅一些。播放视频时，如果出现卡顿、暂停等问题，表明系统硬件配置较差，无法实现视频的顺畅播放。

总之，流畅地播放高分辨率视频并非易事。对于一个未经压缩的全高清视频，一帧画面相当于大约 800 万个文本字符，并且这些视频的帧速率最少是每秒 24 帧，所以播放 HD 视频时，相当于每秒显示 1 亿 9200 万个字符。而一个 UHD 视频（常称为 4K 视频）帧是 HD 视频的 4 倍。

降低播放分辨率后，你无法看到图像中的每个像素，但是能显著地提升播放性能，使创意工作更简单。此外，一个常见的现象是，视频本身拥有的分辨率要比可显示的分辨率高得多，这是因为源监视器和节目监视器往往要比原始媒体尺寸小。这意味着降低播放分辨率可能不会造成显示效果产生明显差别。

6.3.1 更改播放分辨率

下面我们来更改播放分辨率。

1. 在 Boston Snow 素材箱中双击 Snow_3 剪辑，将其在源监视器中打开。在源监视器和节目监视器的右下方，有一个【选择回放分辨率】菜单。

默认情况下，显示的回放分辨率应该是 1/2。如果不是，需要将其改为 1/2，如图 6-7 所示。

事实上，分辨率在水平方向上是一半，在垂直方向上也是一半，所以严格地说，应该是 1/4 分辨率。

图 6-7

2. 当回放分辨率为 1/2 时，播放剪辑来了解质量。

3. 把回放分辨率修改为【完整】，再次播放剪辑，将其与分辨率为 1/2 时的质量做比较，如图 6-8 所示，它们看起来可能很类似。

图 6-8

4. 把分辨率修改为 1/8，再次播放剪辑，这时可以感受到画面质量有了明显的变化，如图 6-9 所示暂停播放时，画面会变得很清晰。这是因为暂停时的分辨率和播放时的分辨率相互独立（参见 6.3.2 节）。

降低回放分辨率后，会丢失很多画面细节。例如，你可以比较一下回放分辨率降低前后树枝、文本细节的变化。

图 6-9

注意：源监视器和节目监视器中的播放分辨率选择菜单完全相同，但是它们是相互独立的。

5. 把回放分辨率修改为 1/16，如图 6-10 所示。修改分辨率时，Premiere Pro 会对使用的每种素材文件进行评估，如果降低分辨率带来的好处小于降低分辨率所花的时间，则该分辨率选项将不可用。这里，素材文件是真 4K（4096×2160 像素），所以 1/16 选项可用。

图 6-10

当然，你肯定不希望一直使用 1/16 分辨率，而在性能不高的计算机上使用高分辨率的素材时，选择不同分辨率会产生巨大的差异。

6. 将回放分辨率重新改为 1/2，为项目中的其他剪辑做准备。

如果使用的是功能十分强大的计算机，则预览素材时你可能想要使用完整分辨率进行播放，以便获得最好的播放质量。为此，Premiere Pro 专门提供了一个选项。你可以在源监视器和节目监视器中单击【设置】图标（🔧），从弹出菜单中选择【高品质回放】。

选择【高品质回放】后，Premiere Pro 会根据素材导入时的质量播放素材。取消选择该选项后，Premiere Pro 播放素材时会牺牲一点质量，以换取更好的播放性能。

6.3.2 更改暂停播放时的分辨率

用户还可以在源监视器和节目监视器的【设置】菜单（🔧）中找到回放分辨率选择菜单。

除用来设置回放分辨率的菜单外，【设置】菜单中还有另外一组与显示分辨率有关的菜单：暂停分辨率，如图 6-11 所示。

暂停分辨率与回放分辨率菜单的工作方式相同，但是它控制的是视频暂停播放时画面显示的分辨率。

大多数编辑人员会把【暂停分辨率】设置为【完整】。播

图 6-11

放视频时，你看到的是低分辨率画面，但是当暂停播放时，Premiere Pro 会使用完整分辨率显示当前画面。也就是说，使用效果时，你看到的是具有完整分辨率下的视频。

如果使用了第三方特效，你可能会发现它们在使用系统硬件方面不像 Premiere Pro 那样高效。因此，在更改效果设置之后，画面可能需要花很长时间才能更新。这种情况下，你可以通过降低暂停分辨率来加快画面更新速度。

最后需要说明的一点是，回放分辨率和暂停分辨率设置对文件的输出质量没有影响。

6.4 播放 VR 视频

现在，家用 VR 头盔变得越来越普及。Premiere Pro 为 VR 头盔显示 360° 与 180° 视频提供了剪辑解释选项、沉浸式视频视觉效果、桌面播放控件、集成的 VR 头盔播放和环境立体声等支持。

360° 视频和虚拟现实有何不同

360° 视频画面看起来有点像全景照片。360° 视频是从多个方向录制的，而后把不同角度拍摄的影像合成一个完整的球体（这个过程叫作"缝合"），再利用"球面投影"（equirectangular）技术把这个球体展开成 2D 视频素材。

这种视频（等矩形视频）带有相当大的失真，并且难以查看，视频中的动作也很难跟踪。但是 Premiere Pro 能够轻松地处理它。

观看 360° 视频时通常需要佩戴专门的 VR 头盔。在头盔视角下，360° 视频呈现在你周围，你可以转动头部观看图像的不同部分。由于 VR 头盔是观看 360° 视频的必需设备，因此 360° 视频也叫作 VR 视频。

事实上，真正的 VR 不是视频，而是一个完整的 3D 环境，你可以在其中走动，并且从不同方向观看景物，就像 360° 视频一样，而且可以在虚拟空间的不同位置观察景物。从某种意义来说，VR 体验有点类似于 3D 游戏。

360° 视频和 VR 最重要的区别是：在 360° 视频中，你可以从不同角度观看景物；而在 VR 中，你可以从场景中不同的位置观看景物。

接下来，我们尝试播放一个 360° 视频剪辑。

1. 在 Further Media 素材箱中双击 360 Intro.mp4 剪辑，将其在源监视器中打开。播放该剪辑，如图 6-12 所示。

这段视频是关于 360° 视频的介绍。该视频剪辑是 4K 分辨率（4096 像素 ×2160 像素），如果系统卡顿，可以先把播放分辨率降低再进行播放。

画面中心很容易辨认，但是如果看画面的边缘，则很难确定看到的是什么。

这是因为该剪辑是等矩形视频，即把一个用于 VR 头盔的球形视频展开成 2D 图像。要看清这种视频，需要切换到 VR 视频模式。

2. 单击源监视器中的【设置】菜单，从弹出菜单中依次选择【VR 视频】>【启用】。

注意：源监视器和节目监视器中都有 VR 视频播放控件，并且相同，如图 6-13 所示。

图 6-12

图 6-13

此时，剪辑看起来和正常视频没有不同，只是在源监视器中多了一些控件。

3. 再次播放剪辑。播放时把鼠标移到画面上，按下鼠标左键并拖曳，改变观看角度。

显示在画面下方和右侧的数字分别表示水平角度和垂直角度，你可以直接在其中输入相应度数，对观看角度进行精确控制。这些控件很有用，但是会占据界面空间，可以关闭它们。

4. 单击源监视器中的【设置】菜单，从弹出菜单中依次选择【VR 视频】>【显示控件】，将控件隐藏起来。

此时，你仍然可以通过拖曳视频画面来更改观看角度，并且源监视器中的视频画面也变得比以前更大。

5. 从源监视器的【设置】菜单中依次选择【VR 视频】>【设置】，打开【VR 视频设置】对话框，如图 6-14 所示。

不同的 VR 头盔有不同的视野范围，需要根据目标 VR 头盔的视野范围设置不同的视角高度与宽度，以便模拟不同的 VR 头盔。

默认情况下，视图的宽度和高度都非常小。把【水平监视器视图】更改为 150°，单击【确定】按钮。

图 6-14

6. 播放视频，拖曳画面，改变视角，可以在很大程度上改善显示效果。

每个 VR 头盔就是一个不同的屏幕，我们需要根据屏幕尺寸来调整视频大小。

我们需要查看视频在每种播放媒介上的播放效果，确保观众有良好的观看体验。

7. 打开源监视器中的【设置】菜单，从弹出菜单中取消勾选【VR 视频】>【启用】。

6.5　使用标记

有时我们可能很难确定镜头的哪一部分有用以及如何处理它。这种情况下，如果允许你向剪辑添加注释，并标记感兴趣的区域。

为此，Premiere Pro 提供了标记功能。

6.5.1　什么是标记

标记允许你标识剪辑和序列中的特定时间点，并向它们添加注释。如图 6-15 所示，这些临时（基于时间）的标记有助于组织剪辑，帮助用户与其他编辑人员保持良好的沟通。

图 6-15

你可以将标记用作自己或合作人的参考，还可以向剪辑或序列添加标记。

默认情况下，当向某个剪辑添加标记时，这个标记会被记录到原始文件的元数据中。这样一来，当你在另外一个 Premiere Pro 项目甚至另外一个 Creative Cloud 应用程序中导入并打开这个素材文件时，仍然会看到这些标记。在菜单栏中依次选择【Premiere Pro】>【首选项】>【媒体】（macOS）或【编辑】>【首选项】>【媒体】（Windows），取消勾选【将剪辑标记写入 XMP】，这样剪辑标记就不会被写入原始文件的元数据中了。

6.5.2　标记类型

标记类型有多种，并且每种标记都有不同的颜色。可以通过双击标记，然后选择一种颜色，更改标记类型。

* 注释标记：你可以向这种标记指定名称、持续时间和注释。

* 章节标记：DVD 和蓝光光盘设计程序可以把这种标记转换成普通的章节标记。

* 分段标记：某些视频分发服务器可以使用这种标记分割视频内容。

* Web 链接：某些视频格式可以使用这种标记在视频播放期间自动打开指定的 Web 页面。在把序列导出为某种格式的文件时，Web 链接标记会被添加到导出文件中。

- Flash 提示点：Adobe Animate 会使用这种标记。在 Premiere Pro 中向时间轴添加这些提示点后，用户可以在编辑序列的同时开始准备 Animate 项目。

 注意：添加标记时，如果时间轴中某个序列的某个剪辑处于选中状态，标记会被添加到处于选中状态的剪辑上，而非序列上。关于选择序列剪辑的更多内容，请参考本课中的"选择剪辑"部分。

6.5.3 序列标记

下面向序列添加一些标记。

1. 在 Sequences 素材箱中双击 City Views 序列，将其打开。

这个序列使用了几个源自旅行广播节目的镜头。

2. 在时间轴面板中，把播放滑块拖曳到 00:01:12:00 处，确保没有剪辑处于选中状态（你可以单击时间轴背景，取选剪辑）。

3. 使用以下方式之一，向序列添加标记。

- 单击时间轴面板左上角或节目监视器左侧的【添加标记】按钮。

- 使用鼠标右键，单击时间轴中的时间标尺，从弹出菜单中选择【添加标记】。

- 按键盘上的 M 键。

Premiere Pro 向时间轴添加一个绿色标记，就在播放滑块上，如图 6-16 所示。

节目监视器底部的时间轴上也出现同样的标记，如图 6-17 所示。

图 6-16

图 6-17

你可以把这个标记用作一个重要时间点的提醒标志，或者进入标记设置窗口，将其修改为另外一种类型的标记。稍后我们会这样做，但首先来在标记面板中看一看这个标记。

4. 打开【标记】面板。默认情况下，标记面板和项目面板在同一个面板组中。如果找不到，请从菜单栏中依次选择【窗口】>【标记】，打开标记面板。

 提示：标记面板顶部有一个搜索框，与项目面板中的搜索框相同，如图 6-18 所示。搜索框右侧是标记过滤器。勾选其中一个或多个，标记面板将只显示相应颜色的标记。

标记面板按时间顺序显示一系列标记。标记面板还可以显示序列或剪辑中的标记，这取决于当前处于活动状态的是时间轴、序列剪辑，还是源监视器。

5. 在标记面板中双击标记缩览图，打开【标记】对话框，如图 6-19 所示。

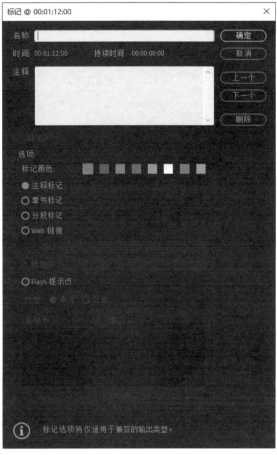

图 6-18 图 6-19

提示：打开标记对话框的方法有两种：一是双击标记面板中的标记，二是双击时
间轴面板或监视器中的标记图标。

提示：添加标记之后，连按两次 M 键也可以打开标记对话框。

6. 单击【持续时间】右侧的蓝字，输入 400。注意此时不要按 Enter 或 Return 键，否则会关闭对话框。单击其他地方，或者按 Tab 键把光标移动到下一个位置，Premiere Pro 会自动添加时间码分隔符，把 400 转换成 00:00:04:00（4 秒）。

7. 单击【名称】输入框输入一条注释，比如 Replace this shot，如图 6-20 所示。

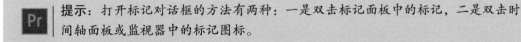

图 6-20

8. 单击【确定】按钮，或者按 Return/Enter 键。

此时，标记在时间轴上有了一段持续时间。把时间轴放大，可以看到前面在【名称】中输入的文本，如图 6-21 所示。

标记名称同时显示在标记面板中，如图 6-22 所示。

图 6-21   图 6-22

> **提示**：每种标记都有相应的键盘快捷键。使用键盘快捷键处理标记通常要比使用鼠标快得多。

9. 在菜单栏中单击【标记】菜单，将其打开，查看其中可用的菜单命令。

【标记】菜单底部有一个【波纹序列标记】命令，如图 6-23 所示。启用该命令后，在执行能够改变序列持续时间和时间点的编辑操作时，比如插入剪辑与提取剪辑，序列标记会随着剪辑一起移动。禁用该命令后，当剪辑发生移动时，标记保持不动。

【标记】菜单最底部是【复制粘贴包括序列标记】，如图 6-24 所示。启用该命令后，当复制序列中的一段（该段借助入点和出点选取）并将其粘贴到其他位置时，该段中的序列标记也会被一起复制粘贴。

标记入点(M)	I
标记出点(M)	O
标记剪辑(C)	X
标记选择项(S)	/
标记拆分(P)	>
转到入点(G)	Shift+I
转到出点(G)	Shift+O
转到拆分(O)	>
清除入点(L)	Ctrl+Shift+I
清除出点(L)	Ctrl+Shift+O
清除入点和出点(N)	Ctrl+Shift+X
添加标记	M
转到下一标记(N)	Shift+M
转到上一标记(P)	Ctrl+Shift+M
清除所选标记(K)	Ctrl+Alt+M
清除所有标记(A)	Ctrl+Alt+Shift+M
编辑标记(I)...	
添加章节标记...	
添加 Flash 提示标记(F)...	
✓ 波纹序列标记	
复制粘贴包括序列标记	

图 6-23   图 6-24

6.5.4 剪辑标记

下面向剪辑添加标记。

1. 在 Further Media 素材箱中双击 Seattle_Skyline.mov 剪辑，将其在源监视器中打开。

 注意：你既可以使用按钮也可以使用键盘快捷键添加标记。借助键盘快捷键（M），可以轻松添加与音乐节奏合拍的标记，因为可以边播放音乐边添加标记。

2. 播放剪辑，并不时地按 M 键，添加几个标记，如图 6-25 所示。

图 6-25

3. 打开【标记】面板，若源监视器当前处于活动状态，你可以在标记面板中看到添加的各个标记，如图 6-26 所示。

图 6-26

当把包含标记的剪辑添加到序列时，其中的标记也会被一起保留下来。

 提示：你可以使用标记在剪辑和序列之间快速导航。单击标记面板中的一个标记图标或选择一个标记，播放滑块会立即跳转到标记处，实现快速导航。在标记面板中双击某个标记，将打开该标记的设置对话框。

4. 单击源监视器，使其处于活动状态。从菜单栏中依次选择【标记】>【清除所有标记】，删除剪辑中的所有标记。

提示：在源监视器、节目监视器、时间轴的时间标尺上单击鼠标右键，在弹出菜单中选择【清除所有标记】，也可以删除剪辑中的所有标记。

6.5.5 导出标记

为了协作与参考，我们可以把剪辑或序列中的标记导出为 HTML 页面（包含缩览图）或 CSV（逗号分隔值，可由电子表格编辑程序读取）文件。

从菜单栏中依次选择【文件】>【导出】>【标记】，即可把标记导出。

6.5.6 在时间轴面板中查找剪辑

除在项目面板中查找剪辑外，你还可以在序列中搜索剪辑。根据当前活动面板是项目面板还是时间轴面板，选择【编辑】>【查找】或按 Command+F（macOS）或 Ctrl+F（Windows）组合键，可以打开相应的搜索对话框，如图 6-27 所示。

图 6-27

当在序列中找到符合搜索条件的剪辑时，Premiere Pro 会高亮显示它们。若选择【查找所有】，Premiere Pro 将高亮显示所有符合搜索条件的剪辑，如图 6-28 所示。

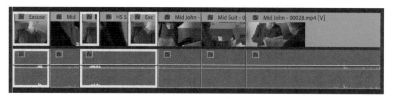

图 6-28

6.6 使用同步锁定和轨道锁定

时间轴中有以下两种锁定轨道的方法，如图 6-29 所示。

* 同步锁定使剪辑保持同步，执行插入编辑或提取编辑操作时，其他轨道上的剪辑会保持同步。

同步锁定

轨道锁定

图 6-29

- 锁定轨道允许你锁定某个轨道，避免对锁定的轨道执行任何修改。

6.6.1 使用同步锁定

如果一个演员的口型和声音对不上，我们会发现他假唱。这样的同步问题很容易发现，但其他一些同步问题可能不那么容易发现。

你可以把同步理解成协调两件事使它们同时发生。例如，当出现某个精彩动作或发生某些事件（比如屏幕底部出现介绍发言人的字幕）时，可能会有音乐响起。如果这两个事件同时发生，则它们是同步的。

1. 打开 Sequences 素材箱中的 Theft Unexpected 02 序列。

在序列开头，John 到达时，观众并不知道他在看什么。下面我们来添加另一个演员的开场镜头来设置场景。

2. 在 Theft Unexpected 素材箱中双击 Mid Suit 剪辑，将其在源监视器中打开。在 01:15:35:18 处添加一个入点；在 01:15:39:00 处添加一个出点。

3. 在时间轴中把播放滑块拖曳到序列开头，确保时间轴上没有入点和出点。

4. 取消选择 V2 轨道的同步锁定，如图 6-30 所示。

5. 参照图 6-31，设置时间轴面板：源 V1 轨道与 V1 轨道对应。现在，时间轴的轨道头按钮不重要，但是启用合适的源轨道选择按钮很重要。

图 6-30

图 6-31

在做其他处理之前，先来看 Mid Suit 剪辑在 V2 轨道上的位置，该位置临近序列末尾，如

图 6-32 所示。

图 6-32

Mid Suit 剪辑位于 V1 轨道上 Mid John 和 HS Suit 两个剪辑接合处的上方。

Pr | 注意：你可能需要先执行缩小操作才能看到序列中的其他剪辑。

---

6. 采用插入编辑方式，把源剪辑添加到序列开头（你可以单击源监视器中的插入编辑按钮）。

再次查看 Mid Suit 剪辑的位置，如图 6-33 所示。

图 6-33

V2 轨道上的 Mid Suit 剪辑位置不变（因为 V2 轨道的同步锁定是关闭的），而 V1 轨道上的其他剪辑全部向右移动，为新插入的剪辑空出位置。这带来一个问题，因为 Mid Suit 和其他剪辑的相对位置发生了变化，使其无法再覆盖相应部分。

7. 按 Command+Z（macOS）或 Ctrl+Z（Windows）组合键，撤销操作。

8. 打开 V2 轨道的同步锁定（ ），再次执行插入编辑。

这时，Mid Suit 剪辑和时间轴上的其他剪辑一起移动，但是我们并没有对 V2 轨道做任何编辑。这正是同步锁定的强大之处——它使一切保持同步。

Pr | 注意：因为覆盖编辑不会改变序列的持续时间，所以不受同步锁定影响。

6.6.2 使用轨道锁定

轨道锁定功能可以防止你对轨道进行修改。这是一种避免对序列进行意外修改，以及修复特定轨道上剪辑的绝佳方式。

例如，你可以在插入不同视频剪辑时，锁定音乐轨道。锁定后即可在编辑时暂时忘记音乐轨道，因为编辑期间对音乐轨道的任何意外改动都不起作用。

轨道锁定后，其中的内容仍然在序列中可见，只是无法修改。

单击【切换轨道锁定】按钮（ ），可以锁定或解锁轨道。锁定轨道上的剪辑会有斜线，如图 6-34 所示。

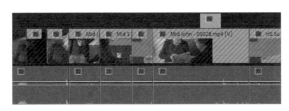

图 6-34

轨道锁定会覆盖同步锁定，即使本例中启用了同步锁定，如果打算更改音频剪辑的位置，最好中断与视频剪辑的同步。

6.7 查找序列中的间隙

到现在为止，我们一直在向序列添加剪辑（不是删除）。非线性编辑的强大之处在于，你可以自由地移动序列中的剪辑，并删除不想要的部分。

当删除剪辑或剪辑的一部分时，执行提升编辑操作会留下间隙，执行提取编辑操作不会留下间隙。

提取编辑与反向的插入编辑相似。提取编辑中，不是把序列中的其他剪辑移走来为新剪辑腾出空间，而是把其他剪辑移过来以填充删除某个剪辑后留下的间隙。

当缩小一个复杂的序列时，剪辑之间的小间隙会很难发现。在菜单栏中依次选择【序列】>【转到间隔】>【序列中下一段】，Premiere Pro 会自动查找下一个间隙。

选中一个间隙，然后按 Delete 键或 Backspace 键，即可将它删除。Premiere Pro 会移动间隙之后的剪辑来填充间隙。

在菜单栏中依次选择【序列】>【封闭间隙】，可以删除多个间隙，如图 6-35 所示。

封闭间隙(C)	
转到间隔(G)	>

图 6-35

如果序列中有入点和出点，则只有它们之间的间隙才会被删除。

接下来，我们进一步学习如何使用序列中的剪辑。这里以 Theft Unexpected 02 为例。

6.8 选择剪辑

在 Premiere Pro 中，选择是正确使用 Premiere Pro 的重要前提。例如，选择的面板不同，可使用的菜单项也会不同。做调整之前，你必须先认真选择序列中的剪辑。

使用包含视频和音频的剪辑时，每个剪辑都会包括两个或多个片段：一个视频片段、一个或多个音频片段。

当视频和音频剪辑片段来自同一个素材文件时，在添加到序列后，Premiere Pro 会把它们自动链接起来。如果你选择其中一个，另一个也会被自动选中。

时间轴面板的左上角有一个【链接选择项】按钮（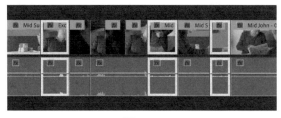），单击该按钮，Premiere Pro 会忽略剪辑之间的链接。所有剪辑的链接都会被忽略。此时，如果有多个音频剪辑，单击操作只会选中其中一个。

要实现相同的功能，除单击【链接选择项】按钮外，还有一个更快捷的方法，即按住 Option 键（macOS）或 Alt 键（Windows），然后选择序列中的剪辑片段。

6.8.1　选择剪辑或剪辑范围

选择序列中的剪辑有以下两种方法。

- 使用入点标记和出点标记进行时间选择。

- 通过选择剪辑片段进行选择。

要选择序列中的一个剪辑，最简单的方法是单击它，注意不要双击，否则会在源监视器中打开序列剪辑，供调整入点或出点标记（它们也会在序列中实时更新）。

你可以使用【选择工具】（▷）执行选择操作，该工具位于工具面板中，默认处于选中状态，键盘快捷键为 V 键。

按住 Shift 键，选择序列剪辑片段，可以把某个剪辑添加到选区或者从选区移除，而且所选的剪辑不必是连续的，如图 6-36 所示。

此外，你还可以使用【选择工具】拖选多个剪辑。首先，在时间轴面板中找一块空白区域，按下鼠标左键，然后拖曳产生一个选择框，该选择框覆盖范围内的所有剪辑都会被选中。

图 6-36

Premiere Pro 还提供了一个自动选择功能，该功能借助播放滑块进行选择，所有播放滑块经过的剪辑都会被自动选中。在基于键盘的编辑工作流和效果创建中，该功能十分有用。要开启这个功能，需要选择【序列】>【选择跟随播放指示器】。另外，你还可以按键盘上的 D 键，选择当前播放滑块所指向的剪辑。所有启用的轨道上的剪辑都会被选中。

> **Pr** | **注意**：若无轨道处于启用状态，按 D 键，将选中播放滑块下的所有剪辑。

6.8.2　选择轨道上的所有剪辑

如果要选择轨道上的所有剪辑，有两个工具可以实现：【向前选择轨道工具】（▷，键盘快捷键 A）、【向后选择轨道工具】（◁，键盘快捷键 Shift+A）。你可以单击并按住【向前选择轨道工具】来访问【向后选择轨道工具】。

选择【向前选择轨道工具】，在 V1 轨道上单击任意一个剪辑，如图 6-37 所示。

图 6-37

从选择的剪辑到序列末尾，每个轨道上的每个剪辑都会被选中。如果想向序列中添加间隙以便为其他剪辑留下空间，可以使用向前选择轨道工具，先选中要移动的剪辑，然后把它们向右拖曳。

使用【向后选择轨道工具】单击一个剪辑时，该剪辑之前的所有剪辑都会被选中。

使用【向前选择轨道工具】或【向后选择轨道工具】时，同时按住 Shift 键，则只有一个轨道上的剪辑会被选中。

使用完毕后，单击工具面板中的【选择工具】，或按键盘上的 V 键，即可切换为选择工具。

> **Pr** 提示：V 键是一个非常有用的快捷键。如果觉得时间轴面板的行为异常，请尝试按一下 V 键，切换为选择工具。

6.8.3 拆分剪辑

视频编辑中，需要拆分剪辑的情况也比较常见，比如在把某个剪辑添加到序列后，会发现需要把它分成两部分。如果想使用剪辑的一个片段作为切换镜头，或者分离剪辑的开头和结尾，以便为新剪辑留出空间。

拆分剪辑的方法有以下多种。

- 使用【剃刀工具】（▚）。按住 Shift 键，使用【剃刀工具】单击，则每个轨道上的剪辑都会被拆分开。

> **Pr** 提示：【剃刀工具】的键盘快捷键为 C。

- 确保时间轴面板处于选中状态，从菜单栏中依次选择【序列】>【添加编辑】。Premiere Pro 会在目标轨道（轨道选择按钮处于打开状态）的剪辑中添加一个编辑，添加位置是播放滑块所在的位置。如果序列中选择了剪辑，则 Premiere Pro 只向选择的剪辑执行添加编辑操作，而忽略轨道选择按钮。

- 在菜单栏中依次选择【序列】>【添加编辑到所有轨道】，Premiere Pro 会向所有轨道上的剪辑添加编辑，而不管它们是不是目标轨道。

- 使用【添加编辑】键盘快捷键。按 Command+K（macOS）或 Ctrl+K（Windows）组合键，向目标轨道或所选剪辑添加编辑；按 Shift+Command+K（macOS）或 Shift+Ctrl+K（Windows）组合键，向所有轨道添加编辑。

拆分后，原本连续的剪辑播放时仍然是连续的，除非移动了它们，或者对剪辑的不同部分单独进行了调整。

在时间轴面板中单击【时间轴显示设置】图标（），在弹出菜单中选择【显示直通编辑点】，Premiere Pro 会在拆分的两段剪辑之间显示一个特殊图标，如图 6-38 所示。

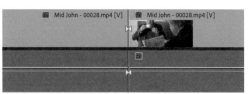

图 6-38

此外，你还可以使用【选择工具】，单击直通编辑点，按 Delete 键把一个剪辑的两部分重新连接成一个剪辑。这个过程中并不需要显示直通编辑点图标，但是它们是非常好的指示器。

你可以自行尝试这些方法拆分当前序列中的一些剪辑。然后，把它们重新连接起来。尝试完毕后，需要多次执行【撤销】操作，直至删除新添加的所有剪辑。

6.8.4　链接和断开剪辑

在 Premiere Pro 中，你可以轻松地打开或关闭视频和音频片段之间的链接，只需选择要处理的剪辑，单击鼠标右键，然后从弹出菜单中选择【取消链接】即可，如图 6-39 所示。

当然，你还可以从【剪辑】菜单，选择【取消链接】命令。取消链接后，还可以再次把剪辑的视频部分和音频部分链接起来。具体操作：首先同时选择剪辑的视频和音频部分，使用鼠标右键单击其中一部分，在弹出菜单中选择【链接】。链接或取消链接都不会改变 Premiere Pro 播放序列的方式。借助链接与取消链接操作，你可以按照自己的想法灵活地处理剪辑。

图 6-39

即便剪辑的视频和音频部分是链接在一起的，还需要确保时间轴中的【链接选择项】处于开启状态，这样才能把两个部分同时选中。

6.9　移动剪辑

插入编辑和覆盖编辑向序列添加新剪辑的方式完全不同。在执行插入编辑时，序列中已有的剪辑会向后移动；而在执行覆盖编辑时，新的剪辑会替换现有剪辑。这两种处理剪辑的方法与在序列中移动剪辑、从序列中删除剪辑所使用的方法是相通的。

使用【插入】模式移动剪辑时，要确保所有轨道的同步锁定处于开启状态，以避免出现不同步问题。

6.9.1 拖曳剪辑

时间轴面板左上方有一个【对齐】按钮（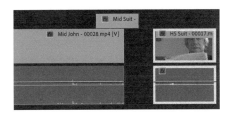）。当启用对齐功能时，剪辑片段会彼此自动对齐。对齐功能简单却非常有用，它可以帮你准确设置剪辑片段的位置，精确到帧级别。

1. 在时间轴面板中选择最后一个剪辑——HS Suit，将其略微向右移动一点，如图 6-40 所示。

由于 HS Suit 剪辑后面没有其他剪辑，因此 Premiere Pro 会在这个剪辑之前添加一个间隙，这不会影响到其他剪辑。

2. 确保【对齐】功能处于启用状态，然后把剪辑拖曳至原来的位置。慢慢移动鼠标，HS Suit 剪辑在最后时刻会自动回到原来的位置上。这种情况下，可以确定 HS Suit 剪辑已经放好了。注意，此时 HS Suit 剪辑也会对齐到 V2 轨道中切换镜头的末尾。

3. 继续向左拖曳剪辑，使 HS Suit 剪辑的尾部和前一个剪辑的尾部对齐，即两个剪辑的尾部重叠在一起。释放鼠标后，HS Suit 剪辑会替换掉上一个剪辑的末端部分，如图 6-41 所示。

图 6-40

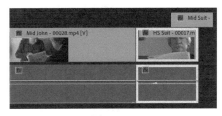
图 6-41

拖放剪辑时，默认编辑模式为【覆盖】。

4. 重复执行撤销操作，直到 HS Suit 剪辑回到初始位置。

6.9.2 微移剪辑

相比于鼠标、触控板，许多编辑人员更喜欢使用键盘操作，因为使用键盘执行操作速度会更快一些。

视频编辑中，一种常见的操作方式是使用键盘上的箭头键配合修饰键移动序列中的剪辑片段，即把所选片段沿着轨道左右移动（把时间提前或拖后）或在轨道间上下移动。

在时间轴面板中，视频轨道和音频轨道之间存在分隔线，当你向上或向下逐步移动链接在一起的视频和音频剪辑时，其中一个会因为无法越过分隔线而在原地保持不动，这样它们之间就会出现间隔。虽然这个间隔不会影响到播放，但是可能会使你难以分辨哪些剪辑是链接在一起的。

默认的微移快捷键

Premiere Pro 提供了许多键盘快捷键，有些快捷键已经被占用，有些尚未被指定，用户可以根据自己的操作习惯在【键盘快捷键】窗口中设置这些快捷键。

微移剪辑的默认快捷键如下。

- 左移 1 帧（同时按住 Shift 键，每次向左移动 5 帧）: Command+ 左箭头（macOS）或 Alt+ 左箭头（Windows）组合键。

- 右移 1 帧（同时按住 Shift 键，每次向右移动 5 帧）: Command+ 右箭头（macOS）或 Alt+ 右箭头（Windows）组合键。

- 上移 : Option+ 向上箭头（macOS）或 Alt+ 向上箭头（Windows）组合键。

- 下移 : Option+ 向下箭头（macOS）或 Alt+ 向下箭头（Windows）组合键。

6.9.3 重排序列中的剪辑

在时间轴面板中拖曳剪辑片段时同时按住 Command 键（macOS）或 Ctrl 键（Windows），释放鼠标时，Premiere Pro 会使用插入模式（非覆盖模式）来放置剪辑。

单击 Theft Unexpected 序列名称，将其激活。在 HS Suit 剪辑中，把从大约 00:00:16:00 开始的镜头放到前一个镜头之前会比较好，这有助于隐藏 John 在两个镜头之间动作的不连续性。

Pr | 提示：*可能需要放大时间轴才能看清剪辑，以及轻松移动它们。*

---

1. 在时间轴面板的左上方，确保【对齐】功能（🧲）处于启用状态（蓝色高亮显示）。

2. 把 HS Suit 剪辑向左拖曳到它前面一个剪辑的左边，如图 6-42 所示。拖曳时，要同时按住 Command 键（macOS）或 Ctrl 键（Windows）。

3. 当 HS Suit 剪辑的左边缘与 Mid Suit 剪辑的左边缘对齐时，释放鼠标，然后再释放修饰键。

图 6-42

4. 按空格键播放，可以看到你想要的结果，但是在 HS Suit 剪辑原来的位置上出现了一段空隙。

接下来，我们尝试使用另外一个修饰键。

5. 撤销操作，使剪辑回到原来的位置上。

6. 按住 Command+Option（macOS）或 Ctrl+Alt（Windows）组合键，再次把 HS Suit 剪辑放到前一个剪辑的开始位置，如图 6-43 所示。

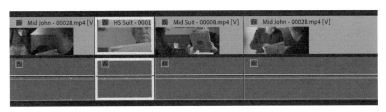

图 6-43

此时，序列中不再出现间隙，按空格键播放，查看结果。

> **Pr** 提示：请一定要注意剪辑放置的位置，如同开头一样，剪辑的末端也要与边缘对齐。

6.9.4 使用剪贴板

在文字处理程序中，我们经常复制粘贴文本。类似地，我们也可以复制粘贴时间轴中的剪辑片段。

1. 从序列中选择想复制的剪辑片段，然后按 Command+C（macOS）或 Ctrl+C（Windows）组合键，把它们添加到剪贴板。

2. 把播放滑块移动到指定位置，按 Command+V（macOS）或 Ctrl+V（Windows）组合键即可把复制的剪辑片段粘贴到播放滑块所在的位置上。

Premiere Pro 会根据启用的轨道把剪辑副本添加到序列中，并且添加到最下方的轨道上。如果没有指定目标轨道，Premiere Pro 会把剪辑添加到它们原来所在的轨道上，这在重排序列内容时非常有用。

你可以将入点、出点与轨道选择按钮配合使用来设置要复制的剪辑部分。

6.10 提取和删除剪辑片段

前面我们学习了如何把剪辑添加到序列，以及如何在序列中移动剪辑。接下来学习如何从序列中删除剪辑。请注意，下述操作是在插入或覆盖模式下进行的。

从序列中选择想要删除的剪辑有两种方法：一种方法是使用入点、出点配合使用轨道选择器；另一种方法是直接选择剪辑片段。

提升编辑用来删除序列中所选的部分，删除后会留下空白。提升编辑有点类似覆盖编辑，但是过程相反。

1. 在时间轴面板中单击 Theft Unexpected 02 序列名称，将其激活。该序列中包含两段我们不想要的剪辑，它们有不同的标签颜色，因此很容易区分开，如图 6-44 所示。

接下来，我们将在时间轴中设置入点和出点，选出要删除的部分。设置入点和出点时，可以先把播放滑块移到指定的位置，然后按 I 键或 O 键，以便使用更便捷的方式。

2. 移动播放滑块，使其位于第一个不想要的剪辑（Excuse Me Tilted）上。

3. 确保 V1 与 A1 轨道处于选中状态，按键盘上的 X 键。这个过程中并不需要先选中剪辑。

Premiere Pro 会根据 Excuse Me Tilted 剪辑的起点和终点自动添加入点和出点，并高亮显示序列中被选中的部分，如图 6-45 所示。

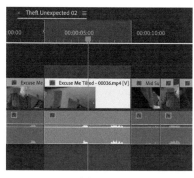

图 6-44　　　　　　　　　　　　　　　　图 6-45

4. 单击节目监视器底部的【提升】按钮（▢）。如果键盘上有分号键（;），也可以按分号键来执行提升编辑。

此时，Premiere Pro 会删除你选择的部分，同时留下一段间隙。在其他场合下，这不会有什么问题，但是这里我们并不想有这个间隙。你可以手动删除这个间隙，也可以使用提取编辑在删除所选部分的同时删除间隙。

添加入点和出点的不同快捷方式

如前所述，按斜杠键（/），可以在所选剪辑（一个或多个）的开头和结尾添加入点和出点。这与使用 X 键有一点不同：使用 X 键时，需要先把播放滑块放到目标剪辑上（不要选择它），确保轨道选择正确，然后按 X 键即可。

上述两种添加入点和出点的方法区别很小，不过当轨道已经选择好后，使用 X 键比 / 键的速度更快。

6.10.2　提取编辑

提取编辑用来删除在序列中选取的部分，并且删除之后不会留下间隙。提取编辑类似于插入编辑，但过程相反。

1. 撤销上一次操作。

2. 单击【节目监视器】底部的【提取】按钮（）。如果键盘上有撇号键（'），也可以按撇号键来执行提取编辑。

此时，Premiere Pro 会删除序列中选中的部分，并且向左移动序列中的其他剪辑来消除间隔。

> **注意**：非英文键盘可能没有撇号键（'）。如果键盘上没有撇号键（'），你可以在【键盘快捷键】窗口中为【提取】功能指定一个快捷键。

6.10.3　删除编辑和波纹删除编辑

前面学过，基于入点和出点删除一部分序列的方法有两种。类似地，通过选择剪辑片段删除剪辑的方法也有两种：【清除】和【波纹删除】。

单击选择第二段不想要的剪辑——Cutaways，使用以下两种方法之一将其删除。

- 按 Delete 或 Backspace 键删除所选剪辑，删除后留下间隙。这与提升编辑相同。

- 按 Shift+Forward Delete（macOS）或 Shift+Delete（Windows）组合键删除所选剪辑，删除后不会留下间隙。这和提取编辑是一样的。如果 Mac 键盘上没有专用的 Forward Delete 键，可以按住功能键（Fn）键，再按 Delete 键，将其转换为 Forward Delete 键。

最终结果与使用入点、出点标记实现的效果类似，因为之前你使用了入点和出点标记选择了整个剪辑。不过，在执行提取或提升编辑时，你可以使用入点和出点来选择剪辑的各部分，而选择剪辑片段并按 Delete/Backspace 键将删除整个剪辑。

6.10.4　禁用剪辑

你可以关闭或打开整个轨道输出，也可以启用或禁用单个剪辑。被禁用的剪辑仍然留在序列中，但是播放时（或拖曳播放滑块浏览时）无法看到或听到它们。

对于一个复杂且包含多个层的序列来说，有选择地隐藏某些剪辑是很有用的功能。例如，借助于这个功能，你可以选择只查看背景图层，或者比较序列的不同版本，以及测试把剪辑放到不同轨道上所表现出的性能差异。

下面以 V2 轨道上的 Mid Suit 剪辑为例介绍如何启用或禁用剪辑。

1. 使用鼠标右键，单击 V2 轨道上的 Mid Suit 剪辑，在弹出菜单中取消选择【启用】，如图 6-46 所示。

图 6-46

 注意：使用鼠标右键单击序列中的剪辑时，注意不要单击到 Fx 标记（🖼），否则会弹出与该效果有关的上下文菜单，而不是普通的剪辑上下文菜单。

播放序列，可以发现虽然 Mid Suit 剪辑仍然在序列中，但是 Premiere Pro 不会播放其中的内容。

2. 再次使用鼠标右键单击 Mid Suit 剪辑，选择【启用】，重新启用它。

6.11 复习题

1. 在把剪辑拖入时间轴面板时，同时按住哪些修饰键（Command/Ctrl、Shift 或 Option/Alt）执行的是插入编辑而非覆盖编辑？

2. 如何把剪辑的视频或音频部分从源监视器拖入序列中？

3. 如何在源监视器或节目监视器中降低播放分辨率？

4. 如何向剪辑或序列添加标记？

5. 提取编辑与提升编辑有何不同？

6. 【删除】和【波纹删除】有何不同？

6.12 复习题答案

1. 把剪辑拖入时间轴面板时，同时按住 Command 键（macOS）或 Ctrl 键（Windows），即可执行插入编辑（非覆盖编辑）。

2. 不要直接把源监视器中的画面拖入序列中，要将监视器底部的【仅拖曳视频】或【仅拖曳音频】图标拖入序列中，即可只把剪辑中的视频或音频拖入序列中。此外，还可以使用时间轴面板中的源修补按钮对想排除的部分取消选择。

3. 使用监视器底部的【选择回放分辨率】菜单，更改播放分辨率。

4. 要添加标记，需要单击监视器或时间轴面板中的【添加标记】按钮，或者按 M 键，也可以使用【标记】菜单。

5. 在使用入点和出点标记提取序列的一个片段时，不会留下空隙。而执行提升编辑则会留下空隙。

6. 从序列中删除一个或多个剪辑片段时会留下空隙。但是使用波纹删除时，不会留下空隙。

第7课 添加过渡

课程概览

本课包括如下内容：

- 理解过渡；

- 理解编辑点和手柄；

- 添加视频过渡；

- 修改过渡；

- 调整过渡；

- 同时把过渡应用到多个剪辑；

- 使用自动过渡。

 学习本课大约需要 75 分钟。请先准备好本课要用到的课程文件，请参阅本书前言中的"使用课程文件"。

过渡可以将两个视频或音频剪辑自然流畅地衔接在一起。视频过渡常用来表示时间或地点的变化。音频过渡经常用来防止影片中声音突然出现或消失，从而避免给观众带来不适的感觉，也可以用来把两个场景混合在一起。

7.1 课程准备

最常见的过渡是镜头切换，即一个剪辑播放结束，另一个剪辑播放开始，使用带动画的切换效果，能够为视频制作提供很大的创意空间。

本课我们学习如何在视频和音频剪辑之间使用过渡，使两段剪辑实现平滑衔接。我们还会学习选择最佳过渡的方法。

本课学习中，我们会使用一个新项目。

1. 启动 Adobe Premiere Pro，打开 Lessons 文件夹中的 Lesson 07.prproj 项目。

2. 把项目另存为 Lesson 07 Working.prproj，存储在同一个文件夹下。

3. 从工作区面板中选择【效果】，或者从菜单栏中依次选择【窗口】>【工作区】>【效果】。然后，把工作区重置为已保存的布局，如图 7-1 所示。

图 7-1

这会把工作区切换到效果工作区之下，在效果工作区下，使用过渡和效果会变得非常简单。

在效果工作区下，各个面板堆叠放置，以便在程序界面中尽可能多地显示面板。

> **注意**：如果已经使用 Premiere Pro 有一段时间，则由于你的设置，某些工作区面板可能不会显示出来。此时，从【窗口】菜单中选择相应工作区，然后再回到【窗口】菜单依次选择【工作区】>【重置为保存的布局】，即可恢复。

对于任意一个面板组，若想启用堆叠面板，首先打开面板菜单（■），然后从中选择【面板组设置】>【堆叠的面板组】。若想关闭堆叠面板，只需再次选择【堆叠的面板组】即可。

在堆叠状态下单击任意一个面板名称，即可将其展开，查看其中内容。默认【效果】面板处于展开状态。

在【效果】面板中单击效果分组左侧的三角形图标，即可将其打开，显示其中内容，效果面板会根据所包含的内容自动调整高度。

7.2 什么是过渡

Adobe Premiere Pro 提供了若干特效和预设动画，用来把序列中相邻的剪辑衔接起来，实现平滑过渡。这些过渡（比如溶解、翻页、颜色过渡等）提供了一种从一个场景轻松过渡到另外一个场景的方式。除实现剪辑之间的平滑衔接外，过渡还可以用来把观众的注意力集中到故事的重大转折上。

向项目中添加过渡是一门艺术，但应用过渡却十分简单，只需把想要使用的过渡拖曳到两个剪辑之间即可，关键是确定过渡的位置、长度、设置，比如方向、运动、开始和结束的位置等。

添加过渡后，你可以在时间轴面板中调整过渡的某些设置，但在【效果控件】面板中，可以做更精细的调整，并且更方便，如图 7-2 所示。在序列中选择切换效果后，你可以在【效果控件】面板中看到具体设置。

除每个过渡效果独有的设置项外，【效果控件】面板中还会显示 A/B 时间轴，如图 7-3 所示。

图 7-2

图 7-3

借助它，你可以更方便地更改过渡效果相对于编辑点的切换时间点、切换持续时间，以及把过渡应用到没有足够多头帧或尾帧（即用来在剪辑的头部或尾部形成覆盖的内容）的剪辑上。

VR视频过渡

Premiere Pro 对 360° 视频提供了完美支持，而且还为它专门提供了一系列的 VR 视频效果（这部分内容已经超出本书讨论范围）。

不同于 2D 或立体视频，360° 视频需要设计专门的视觉效果和过渡来处理不带边缘的环形视频。

这里讲解的方法也适用于为 360° 视频添加过渡，但是要确保使用的过渡效果存在于效果面板的【视频过渡】>【沉浸式视频】分类中。

7.2.1 何时使用过渡

向序列中添加过渡类似于编写剧本。恰当地使用过渡能够帮助观众更好地理解故事或人物。例如，在一段视频中，你可能想从室内切换到室外，或者在同一个地点往前跨越几个小时，都可以使用过渡来实现。动画过渡、黑场过渡或溶解等效果都有助于观众意识到时间的流逝或地点的变化。

在视频编辑中，过渡是一个标准的故事讲述工具。例如，从一个场景末尾过渡到黑场，表明当前场景已经结束。但是，过渡效果不可以随便使用，一定要保持克制，并且确保所有过渡效果的使用都有明确目的。

每个项目只有制作者了解什么是对的。只要是有意添加的效果，观众就会相信这样做有着特定的意义（不管他们是否同意这样做）。只有通过大量练习和训练，积累经验，培养出感觉，才知道什么时候应该使用过渡效果，什么时候不要用。如果你不确定要不要使用过渡效果，最好不要用。

7.2.2 使用过渡的最佳实践

你可能想在每个场景转换中都使用过渡效果。千万不要这样做！或者至少不要在第一个项目中这样做。

大多数电视节目和剧情片制作时只做剪接编辑，很少使用过渡效果。原因是一种效果到底要不要用主要看它有没有好处。例如，有时使用过渡效果会分散观众的视线，使他们无法把精力集中到影片本身，而是提醒他们正在看一个虚假的故事，从而无法真正沉浸其中。这种情形下，我们不应该使用过渡效果。

在新闻编辑中，使用过渡效果都有特定目的。新闻编辑人员经常使用过渡效果把原本会使人感到突兀、刺耳的内容变得更容易让人接受。

在跳跃剪辑（jump cut，跳切）中，过渡效果很有用。跳跃剪辑出现在两个相似的镜头之间。前后两个镜头会产生突兀、不自然，甚至不正常的视觉跳动感，它们之间好像缺了一段，造成故事不连续。通过在两个镜头之间添加过渡效果，使观众知道这是一个有意为之的"跳切"，从而集中注意力。

戏剧性的过渡效果在故事讲述中确实占有一席之地。电影《星球大战》中就运用了一些极具特色的过渡效果，比如明显又缓慢的擦除效果。每种过渡的运用都有其特定的目的。在这部电影中，导演创建了一种类似旧电影连载和电视节目的过渡效果，明确向观众传达一个信息："请注意！我们正在切换时间和空间"。

7.3 使用编辑点和手柄

要理解过渡效果，需要先理解编辑点和手柄。编辑点是序列中的一个点，在这个点上，前一个剪辑结束，下一个剪辑开始。这通常称为场景"切换"（cut）。序列中的编辑点很容易找到，因为在一个剪辑结束和另一个剪辑开始的地方，Premiere Pro 会显示一条垂直线，看上去就像两块挨在一起的砖头，如图 7-4 所示。

图 7-4

在把剪辑的一部分添加到序列时，位于剪辑开头和结尾处未使用的部分仍然可用，只是在时间轴面板中被隐藏了起来。这些未使用的部分称为剪辑手柄，简称为手柄。

在把剪辑添加到序列之前，需要先在剪辑上设置入点和出点来选择使用的部分，如图 7-5 所示。剪辑开头和入点之间的部分就是一个手柄，剪辑终点和出点之间的部分也是一个手柄。源监视器中的时间标尺显示了手柄中有多少素材可用。

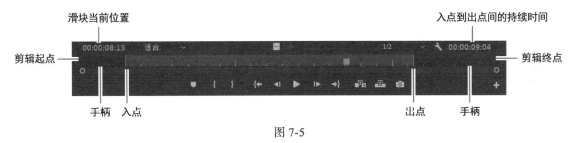

图 7-5

如果没有使用入点或出点，或者只是在剪辑的开头或结尾设置了一个入点或出点。此时，剪辑中将不存在未使用的部分，或者未使用的部分只在剪辑的一端。

序列中，如果一个剪辑的右上角或左上角显示有一个三角形图标，这表示已经到了原始剪辑的末端，而且再无其他帧可用。

在图 7-6 中，第一个剪辑没有手柄（剪辑两端都有三角形）。第二个剪辑在开始处（左侧）有一个手柄，但是在末尾（右侧）则没有手柄。

我们需要使用手柄使过渡生效，因为手柄给出了创建过渡效果所需的重叠区域。

默认情况下，剪辑中那些未使用的部分是不可见的，除非向它们应用了过渡效果。过渡效果会在转出和转入剪辑之间自动创建一个重叠区域。例如，如果想在两个视频剪辑中间添加一个 2 秒长的【交叉溶解】过渡效果，每个剪辑至少分别留出一个 1 秒长的手柄（每个剪辑的 1 秒在序列中一般是不可见的）。在时间轴面板中，借助过渡效果图标，你可以了解效果的持续时间及其在剪辑上的重叠情况，如图 7-7 所示。

图 7-6

图 7-7

7.4 添加视频过渡

Premiere Pro 提供了多种视频过渡效果，供大家选择使用。你可以在【效果】面板的【视频过渡】组中找到它们，如图 7-8 所示。

Video Transitions（视频过渡）组中包含 8 个子分组，还有一些视频过渡效果存在于【效果】面板的【视频效果】>【过渡】分组之下。这些效果应用于整个剪辑，可用于显示剪辑开始和结束帧之间的视觉内容（不使用叠加在另外一个剪辑之上的剪辑手柄）。第二类过渡效果适用于叠加文本或图形。

图 7-8

 注意：如果想使用更多过渡效果，请访问 Adobe 官网页面，单击 Plug-ins 链接，可以找到一些第三方过渡效果。

7.4.1 应用单侧过渡

最容易理解的过渡是仅应用于剪辑一端的过渡，比如，应用到序列第一个剪辑上的淡入过渡或溶解成动画图形的过渡等。

 注意：【效果】面板顶部有一个搜索框，在其中输入效果的名称或关键词，即可查找到相应效果。当然，你也可以浏览各个效果文件夹进行查找。

下面来应用交叉溶解效果。

1. 打开 Transitions 序列。

该序列包含 4 个视频剪辑和背景音乐。这些剪辑都有足够长的手柄来在它们之间应用过渡效果。

2. 在【效果】面板中打开【视频过渡】>【溶解】效果组，从中找到【交叉溶解】效果。

3. 把【交叉溶解】效果拖曳到第一个视频剪辑的开头，如图 7-9 所示。Premiere Pro 会高亮显示要添加过渡效果的位置。当把过渡效果放到合适的位置上时，释放鼠标。

4. 再次把【交叉溶解】效果拖曳到最后一个视频剪辑的尾部，如图 7-10 所示。

图 7-9

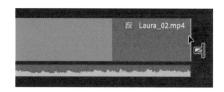

图 7-10

【交叉溶解】图标指明了效果的起止时间。例如，添加到序列中最后一个剪辑上的【交叉溶解】效果从剪辑结束之前的某个时间点开始，并持续到剪辑末尾结束，如图 7-11 所示。

这类过渡（使用手柄）不会增加剪辑的长度，因为它们都没有超过剪辑的末尾。

上面两个【交叉溶解】过渡效果都应用在了剪辑的某一端，它们前面或后面都没有接续剪辑，视频画面会消融在时间轴背景（这里恰好是黑色）中。因为时间轴的背景是黑色，所以看起来像是【黑场过渡】效果（逐渐过渡到黑色）。

使用这种方式应用【交叉溶解】效果时，得到的结果看上去与【黑场过渡】效果相似。但是，在【交叉溶解】效果下，剪辑会逐渐变透明，并最终显示出黑色背景。当使用的剪辑中包含多个不同颜色的背景图层时，两种效果的区分会更加明显。

图 7-11

5. 播放序列，查看结果。

在序列开始时画面从黑色慢慢淡入，到序列末尾时画面又淡出到黑色中。

7.4.2 在两个剪辑之间应用过渡效果

接下来，我们将在几个剪辑之间应用过渡效果。为了演示的需要，这里我们不会顾及艺术规则，会尽可能地多做一些尝试。在执行这些步骤的过程中，你可以不断播放序列，随时查看效果。

1. 继续使用 Transitions 序列。

2. 在时间轴中，把播放滑块移动到剪辑 1 和剪辑 2 之间的编辑点处，然后按等号键（=）两次或三次，进行放大，以便近距离查看。

如果键盘上没有等号键，可以使用时间轴面板底部的导航器进行放大。此外，你还可以自行定义放大操作的键盘快捷键，相关内容请参考第 1 课。

> **提示**：在英文键盘中，我们很容易记住等号键（=）执行的是放大操作，因为等号键上还有一个"+"号，看到它，你很自然地就会想到放大操作。

3. 从【效果】面板的【溶解】效果组中，把【白场过渡】效果拖曳到剪辑 1 和剪辑 2 之间的编辑点上，如图 7-12 所示。拖曳效果时，效果会自动对齐到如下 3 个位置之一：第一个剪辑的末尾、第二个剪辑的开头、第一个和第二个剪辑之间。需要确保把【白场过渡】效果拖曳到两个剪辑之间。

【白场过渡】效果会逐渐生成一个全白的画面，把第一个剪辑和第二个剪辑之间的转换处遮盖起来。

图 7-12

4. 在【效果】面板中，单击【滑动】组左侧的三角形，将其展开，找到【推】效果，并将其拖曳到剪辑 2 和剪辑 3 之间的编辑点上，如图 7-13 所示。

图 7-13

5. 播放序列，查看过渡效果。然后按键盘上的向上箭头或向下箭头键，把播放滑块移动到剪辑 2 和剪辑 3 之间的编辑点上。按键盘上的向上箭头或向下箭头键，可以快速地把播放滑块移动到上一个或下一个编辑点上。

6. 在时间轴面板中，单击【推】过渡效果图标，将其选中，然后打开【效果控件】面板（如果没看到效果控件面板，可以从 Windows 菜单中打开它）。

7. 在【效果控件】面板的左上角中，单击缩览图右侧的方向控件，把剪辑方向从【自西向东】更改为【自东向西】，如图 7-14 所示。

缩览图四周各有一个三角形图标，它们用来控制【推】过渡效果的方向。把鼠标放到三角形上，可以看到相应提示。

选择方向

图 7-14

在时间轴面板中播放序列，查看过渡结果。

8. 从 3D 运动效果组中把【翻转】过渡效果拖曳到剪辑 3 和剪辑 4 之间的编辑点上。

9. 从头到尾播放序列，查看所有过渡效果。

看完整个序列后，你应该明白为什么要在使用过渡效果时保持克制。

下面来尝试替换一个现有效果。

10. 从【滑动】效果组中把【拆分】过渡效果拖曳到现有的【推】过渡效果图标（位于剪辑 2 和剪辑 3 之间）上。此时，【拆分】过渡效果会替换掉【推】过渡效果，并占据其持续时间。

注意： 当从效果面板拖曳一个新的视频或音频过渡效果到已有的过渡效果上时，新过渡效果会取代已有的过渡效果，并且会保留原有过渡效果的对齐方式和持续时间。这也是一种更换过渡效果和进行尝试的简单方式。

11. 在时间轴中单击选择【拆分】过渡效果，其设置参数会在【效果控件】面板中显示出来。在效果控件面板中把【边框宽度】设置为 7，设置【消除锯齿品质】为【中】，创建一个黑边框，如图 7-15 所示。

图 7-15

当效果中包含线条动画时，打开消除锯齿功能，可以减少闪烁发生。

Pr 注意：你可能需要向下滚动【效果控件】面板，才能看到更多控制选项。

12. 播放序列，查看过渡效果。播放之前，最好先把播放滑块放到靠近过渡效果开始的位置，然后再进行播放观看。

若过渡期间视频播放有卡顿，可以先按 Return/Enter 键，对效果进行预渲染（更多内容后面讲解），等待渲染完成，然后再尝试播放。

视频过渡效果有默认的持续时间，可以按秒或帧设置（默认是帧）。效果的持续时间会随着序列的帧速率发生变化，除非默认持续时间是按秒设置的。在首选项的【时间轴】中，可以修改视频过渡的默认持续时间。

13. 在菜单栏中依次选择【Premiere Pro 】>【首选项 】>【时间轴 】(macOS) 或【编辑 】>【首选项 】>【时间轴 】(Windows)。

图 7-16

在不同地区，你所看到的视频过渡默认持续时间可能是 30 帧，也可能是 25 帧，如图 7-16 所示。

14. 当前序列的帧速率为 24 帧 / 秒，但是可以把【视频过渡默认持续时间】修改为 1 秒，这不会对序列造成影响。修改完成后，单击【确定】按钮。

在更改首选项后，现有过渡效果保持原有设置不变，但未来添加的过渡效果会采用修改后的持续时间。

效果的持续时间与其影响程度密切相关，本课后面将讲解与过渡时间调整相关的内容。

7.4.3 向多个剪辑应用默认过渡效果

前面我们讲解了如何向视频剪辑应用过渡效果。其实，除视频剪辑外，还可以向静止图像、图形、颜色蒙版，甚至音频应用过渡效果，相关内容将在后面讲解。

编辑过程中，编辑人员经常会创建照片蒙太奇，在照片之间添加过渡能够形成不错的视觉效果。但是向100张图像应用过渡效果会花费很长时间。Premiere Pro 大大简化了这个过程，它允许把默认过渡效果添加到一组剪辑上。

1. 在项目面板中打开 Slideshow 序列。

这个序列中按照特定顺序放置了一些图像。注意，音乐剪辑的开头和结尾部分已经应用了【恒定功率】音频过渡效果，用以创建音频淡入和淡出效果。

2. 在时间轴面板处于活动状态时，按空格键，播放序列。

每个剪辑之间都需要添加视频过渡效果。

3. 按反斜杠键（\），缩小时间轴，以便看到完整的序列。如果键盘上没有反斜杠键，可以拖曳时间轴面板导航器的右端，调整缩放大小。

提示：执行某项功能时，如果想使用相应的键盘快捷键，但是键盘上恰巧没有这样的按键，则可以进入【键盘快捷键】对话框，为要执行的功能重新指定其他快捷键。

4. 在轨道头区域向上拖曳 V1 和 V2 之间的分隔线，增加 V1 轨道高度，使剪辑缩览图显示出来。

5. 使用【选择工具】，拖选所有剪辑，如图 7-17 所示。在拖曳鼠标形成选择框时，需要从剪辑的外部开始，而不是从剪辑上开始，否则会导致剪辑的位置发生移动。

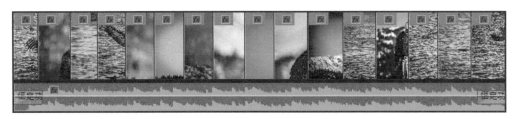

图 7-17

6. 在菜单栏中依次选择【序列】>【应用默认过渡到选择项】。

此时，Premiere Pro 会把默认过渡效果应用到当前所有被选中的剪辑之间。同时需要注意音乐剪辑开头和结束部分的【恒定功率】音频过渡效果的时间也变短了，如图 7-18 所示。

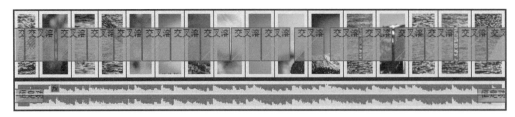

图 7-18

默认视频过渡效果是 1 秒长的交叉溶解过渡，默认音频过渡效果是 1 秒长的【恒定功率交叉淡化】效果。在上述操作中，Premiere Pro 把序列上现有的音频交叉淡化效果更换成更短的。

在【效果】面板中使用鼠标右键单击一个过渡效果，在弹出菜单中选择【将所选过渡设置为默认过渡】，即可更改默认过渡效果。

 提示：菜单栏的【序列】菜单中有【应用视频过渡】和【应用音频过渡】的菜单项。

7. 播放序列，观察交叉溶解过渡在照片蒙太奇中表现出的效果。

 注意：如果使用的是包含链接视频和音频的剪辑，使用【选择工具】时，按住 Option 键（macOS）或 Alt 键（Windows）拖曳，只选择视频或音频部分，然后在菜单栏中依次选择【序列】>【应用默认过渡到选择项】。

7.4.4　把一个过渡效果复制到多个编辑点

在 Premiere Pro 中，你可以使用键盘把一个已有的过渡效果应用到多个编辑点。

1. 按 Command+Z（macOS）或 Ctrl+Z（Windows）组合键，撤销最后一步，再按 Esc 键取消选择剪辑。

2. 在效果面板中任选一个过渡效果，将其拖曳到 Slideshow 序列中前两个视频剪辑之间。

3. 在时间轴上单击刚添加的过渡效果图标，将其选中。

4. 按 Command+C（macOS）或 Ctrl+C（Windows）组合键复制效果。然后按住 Command 键（macOS）或 Ctrl 键（Windows），使用【选择工具】，拖选其他多个编辑点（非剪辑），将它们全部选中，如图 7-19 所示。

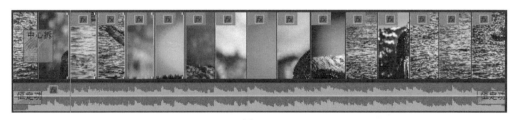

图 7-19

5. 按 Command+V（macOS）或 Ctrl+V（Windows）组合键，把过渡效果粘贴到所有选中的编辑点上。

这种方式很适合用来把拥有相同设置的过渡效果添加到多个编辑点上，尤其是那些经过你定制的效果。

更改序列显示

向序列添加过渡效果时，在时间轴面板中，序列上方会出现红色或黄色水平线，如图 7-20 所示。黄线表示 Premiere Pro 预期能够平滑播放效果。红线表示需要先渲染序列的这一部分才能实现无丢帧预览播放。

图 7-20

你可以选择在任何时间进行渲染，以便能够在运行较慢的计算机上平滑地预览相关片段。

启动渲染的最简单方式是使用键盘快捷键——Return 键（macOS）或 Enter 键（Windows）。你还可以在序列上添加入点和出点，选择指定部分进行渲染。此时，只有序列被选中的部分才能进行渲染。如果有许多效果等待渲染，而当前你只想渲染其中一部分时，部分渲染会非常有用。

一个片段在渲染完成后，其上方的红线或黄线会变成绿线，Premiere Pro 会为该片段创建视频文件，保存到【预览文件夹】文件夹（与暂存盘设置一样）中。只要剪辑片段上方显示有绿线，Premiere Pro 就能平滑地播放它。

7.5 使用 A/B 模式细调过渡效果

在 Effect Controls（效果控件）面板中查看过渡效果的设置选项时，可以看到一个 A/B 编辑模式，它把单个视频轨道一分为二。原来在单个轨道上两个相邻且连续的剪辑现在变成两个独立的剪辑，并且分别位于两个独立轨道上，过渡效果就在它们之间。在这种模式下，过渡效果的组成元素相互分离，让你可以更方便地处理头帧和尾帧，以及更改其他过渡设置项。

7.5.1 在效果控件面板中修改参数

Premiere Pro 中，所有过渡效果都是可定制的。有些效果只有少数几个可设置的属性（比如持续时间或起点），而有些效果则提供了丰富的控制选项，比如方向、颜色、边框宽度等。使用【效果控件】面板的最大好处是，其中包括转出和转入剪辑手柄（源剪辑中未使用的部分），使我们可以很容易地调整效果的位置。

1. 在时间轴面板中打开 Transitions 序列。

2. 把播放滑块移动到剪辑 2 和剪辑 3 之间的【拆分】过渡效果上，单击效果图标将其选中。

3. 在【效果控件】面板中勾选【显示实际源】，显示实际剪辑中的帧。

这样，你可以更方便地查看所做的修改，如图 7-21 所示。

图 7-21

4. 在【效果控件】面板中打开【对齐】菜单，从中选择【起点切入】。

效果控件和时间轴面板中的过渡效果图标会移动到新位置上。

5. 【效果控件】面板的左上角有一个【播放过渡】按钮，单击它预览过渡效果，如图 7-22 所示。

6. 修改过渡持续时间。在【效果控件】面板中单击【持续时间】右侧的蓝色数字，输入 300，然后单击其他位置，或者按 Tab 键使修改生效，即过渡效果当前持续时间为 3 秒（请记住，Premiere Pro 会自动向时间码中添加正确的分隔符）。

此时，【对齐】菜单自动变成【自定义起点】，原因在于拆分过渡效果已经进入下一个过渡效果的开头。为了适应新的过渡持续时间，Premiere Pro 会把起点设置得稍早一些。

观察【效果控件】面板的右侧区域，Premiere Pro 在时间轴背景下显示过渡效果。

 注意：若效果控件面板中当前没有显示时间轴，可以单击面板中的【显示 / 隐藏时间轴视图】按钮，将其打开。你可能需要重新调整效果控件面板的尺寸，才能显示【显示 / 隐藏时间轴视图】按钮。

本例中，在【效果控件】面板中，播放滑块处于切换中间，你可以看到效果的时间是如何进行自动调整的，如图 7-23 所示。这些调整可能非常微小，需要认真检查设置结果。

▶ 图像 A 拆分并内滑到两边，以显示图像 B。

图 7-22

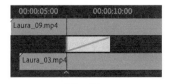

图 7-23

提示：在【效果控件】面板中，时间轴底部有一个缩放导航条，它与监视器、时间轴面板中的导航条功能是相同的。

7. 播放过渡效果，查看变化。

有一点很重要，即通过不断播放过渡效果来保证从手柄中新露出的部分符合预期。这个新露出的部分原本不可见，直到添加过渡效果后，它才显露出来。必要时，Premiere Pro 会自动调整效果的起止时间点，但更重要的是，我们要随时检查过渡效果，确保它们合乎需要。

接下来，继续调整过渡效果。

8.【效果控件】面板右侧区域顶部有一个时间轴，把鼠标放到中间的竖直黑线，这条细黑线跨越 3 个层（两个视频剪辑以及它们之间的过渡效果）。这条黑线就是两个剪辑之间的编辑点。

提示：我们可能需要往前或往后移动播放滑块，以便看到位于两个剪辑之间的编辑点。

这条编辑线（黑线）靠近效果左边缘，用户可以把【效果控件】面板中的时间轴放大，以便进行调整。

此时，鼠标变成红色的【滚动编辑】工具，如图 7-24 所示。

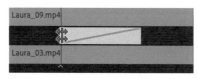

图 7-24

注意：修剪时，过渡效果有可能缩短到一个帧的持续时间。这增加了选取和放置过渡效果图标的难度，此时可以尝试使用【持续时间】和【对齐】控件。如果想删除过渡效果，需要先在时间轴面板的序列中选中它，然后按 Delete 键（macOS）或 Backspace 键（Windows）。

在【效果控件】面板中使用【滚动编辑】工具拖曳编辑线可以调整编辑点的位置。

9. 在【效果控件】面板中左右拖曳【滚动编辑】工具，更改切入时间点。释放鼠标后，在时间轴上编辑点左侧剪辑的出点和编辑点右侧剪辑的入点会发生相应变化。该操作也称为"修剪"（trimming）。

关于修剪的更多内容，我们将在第 8 课中介绍。

提示：你可以使用鼠标拖曳来更改溶解效果的起始时间，而不必设置【中心切入】、【起点切入】、【终点切入】选项；还可以直接拖曳时间轴上过渡效果的位置，而不必使用【效果控件】面板。

10. 在【效果控件】面板中，将鼠标移动到编辑线的左侧或右侧，此时光标变为【滑动】工具。

在【效果控件】面板中，效果图标上的黑色竖直线为编辑线，如图 7-25 所示。蓝色线条是时间轴上的播放滑块。

使用【滑动】工具可以更改过渡效果的起点和终点，同时无须修改总体持续时间。不同于【滚动编辑】工具，使用【滑动】工具移动过渡条时不会改变两个序列剪辑之间的编辑点，只会修改过渡效果的起止时间点。

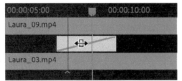

图 7-25

11. 使用【滑动】工具左右拖曳过渡条，比较结果有何不同。

7.5.2　使用 Morph Cut 效果

Morph Cut 是一种特殊的过渡效果，用来隐藏你删除的部分。该效果专门用于处理包含演说者头部特写的镜头，在这种镜头中，演说者会看向摄像机的方向。如果演说者停顿很长时间或者素材中包含不妥内容，你可能想从视频中删除这些片段。

删除这些片段后，通常会产生画面跳帧问题（画面图像突然从一个内容切换到另外一个内容）。为此，Premiere Pro 专门提供了用于修改跳帧问题的效果——Morph Cut，该效果会产生一个不可见的过渡，能够无缝隐藏被删除的视频片段。

1. 打开 Morph Cut 序列。播放序列开头部分，如图 7-26 所示。

图 7-26

该序列其实是一个镜头，但在开头部分出现跳帧问题。该跳帧时间很短，但观众仍然能够明显地感觉出来。

2. 在效果面板中的【视频过渡】>【溶解】效果组下找到 MorphCut 效果，将其拖曳到两个剪辑之间。

此时，Morph Cut 过渡效果开始分析背景中的两个剪辑。分析期间，你可以继续对序列做其他处理。

添加好 Morph Cut 过渡效果后，你可以在【效果控件】面板中多次修改【持续时间】，不断尝试，直至获得最好的过渡效果。

3. 双击 Morph Cut 过渡效果，显示出【设置过渡持续时间】对话框，把【持续时间】修改为 16 帧（不管哪种过渡效果，你都可以双击打开其设置过渡持续时间对话框，进而修改持续时间）。

4. 分析完成后，按 Return 键（macOS）或 Enter 键（Windows）渲染效果，然后播放预览。

虽然结果并不完美，但是相当自然，观众几乎感觉不到有跳帧问题。建议反复修改持续时间，直至得到最好的过渡效果。

7.5.3 处理长度不足（或不存在）的头手柄和尾手柄

在向一个手柄帧数不够的剪辑添加过渡效果时，过渡效果能够添加上，但是会在过渡条上出现一个斜线警示标记，这表示 Premiere Pro 将使用冻结帧来增加剪辑的持续时间。

对于这个问题，你可以通过调整过渡效果的持续时间和位置予以解决。

1. 打开 Handles 序列。

2. 找到两个剪辑之间的编辑点。

显而易见，这两个剪辑没有头部和尾部，因为剪辑的边角上出现了三角形标记，三角形代表的是原始剪辑的第一帧或最后一帧，如图 7-27 所示。

3. 在工具面板中选择【波纹编辑】工具，使用它把第一个剪辑的右边缘向左拖曳（从靠近两个剪辑间编辑点左侧位置开始拖曳）。拖曳时，Premiere Pro 会显示一个工具提示栏，同时第一个剪辑的持续时间会缩短，到大约 1:10 时，释放鼠标，如图 7-28 所示。

图 7-27   图 7-28

编辑点右侧的剪辑会随着拖曳移动，确保两个剪辑之间不会出现间隙。注意，在修剪之后，剪辑的末端（右边缘）不再显示小三角形。

4. 从【效果】面板中把【交叉溶解】过渡效果拖曳到两个剪辑之间的编辑点上，如图 7-29 所示。

图 7-29

你只能把过渡效果拖曳到编辑点右侧，而无法拖曳到左侧。这是因为如果不使用冻结帧，则在第二个剪辑的开头部分没有可用的手柄与第一个剪辑的末端重叠来创建溶解效果。

5. 按 V 键选择【选择工具】，或者在工具面板中单击选择【选择工具】。在时间轴面板中单击【交叉溶解】过渡效果图标，选择它。我们可能需要放大面板才能轻松选中过渡效果图标。

6. 在效果控件面板中设置【持续时间】为 1:12。

由于没有足够的视频帧来创建这个效果，所以在效果控件面板和时间轴面板中，过渡效果条上都显示有斜线标记，Premiere Pro 会自动添加静态帧来填充你设置的持续时间。凡是出现斜线的地方，都存在冻结帧。

7. 播放过渡效果，查看结果。

8. 在效果控件面板中把【对齐】更改为【中点切入】，如图 7-30 所示。

图 7-30

9. 在时间轴中慢慢拖曳播放滑块，查看过渡效果，如图 7-31 所示。

- 对于过渡的前半部分（到编辑点为止），剪辑 B 是一个冻结帧，而剪辑 A 则继续播放。

- 在编辑点，剪辑 A 和剪辑 B 开始播放。

- 在编辑点后使用一个简短的冻结帧。

修复这类问题的方法有以下几种。

- 你可以更改过渡效果的持续时间或时间点。

- 在工具面板中的【波纹编辑】工具上按住鼠标左键，从弹出菜单中选择【滚动编辑】工具（⊞），在时间轴面板中修改过渡的时间点，如图 7-32 所示。该操作不一定会删除所有冻结帧，但可以大大改善最终结果。需要确保单击的是两个剪辑之间的编辑点，而非过渡效果图标。

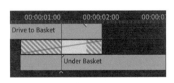

图 7-31

图 7-32

> **Pr** 注意：使用【滚动编辑】工具可以向左或右移动过渡效果，但不会改变序列的总长度。因为在缩短一个剪辑的同时，它会延长另外一个剪辑。

- 你可以使用【波纹编辑】工具缩短剪辑长度，增加手柄的长度，如图 7-33 所示。再次强调，需要确保单击的是两个剪辑之间的编辑点，而非过渡效果图标。

图 7-33

我们将在第 8 课中详细讲解【滚动编辑】工具和【波纹编辑】工具。

7.6 添加音频过渡

通过删除不想要的音频噪声或生硬的编辑，音频过渡可以有效地改善序列的声音。相比于声音的整体质量，观众通常更关注声音中不和谐的地方，而交叉淡化过渡对于平滑剪辑之间的变化有很好的效果。

7.6.1 创建交叉淡化效果

Premiere Pro 提供了以下 3 种风格的交叉淡化效果，如图 7-34 所示。

图 7-34

- 恒定增益：顾名思义，恒定增益交叉淡化效果在剪辑之间使用恒定音频增益（音量）来过渡音频（见图 7-35）。如果不希望混合两个剪辑，只想在两个剪辑之间应用淡入淡出效果时，使用恒定增益效果最为合适。

- 恒定功率：这是 Premiere Pro 的默认音频过渡方式，它可以在两个音频剪辑之间创建一种平滑的渐变过渡（见图 7-36）。恒定功率交叉淡化效果的工作方式类似于视频过渡中的溶解效果。效果开始时，先是转出剪辑慢慢淡出，然后快速靠近剪辑末尾。对于转入剪辑，过程相反，先是音频电平快速增高，然后慢慢地逼近过渡末尾。当想要混合两个剪辑之间的音频，而又不希望在音频中间部分电平出现明显的下降时，使用恒定功率效果非常合适。

- 指数淡化：指数淡化用来在两个剪辑之间创建非常平滑的淡化效果，该效果使用对数曲线对声音进行淡入淡出（见图 7-37）。在进行单侧过渡（比如在节目的开头和结尾处，从静默到淡入）时，有些编辑人员喜欢使用这种过渡效果。

图 7-35　　　　　　　　图 7-36　　　　　　　　图 7-37

7.6.2 添加音频过渡

向序列添加音频交叉淡化效果的方法有许多种。你可以像添加视频过渡效果一样通过拖放方式来添加音频过渡效果，此外，还有其他快捷方式来加快操作过程。

音频过渡有默认的持续时间，单位为秒或帧。在菜单栏中依次选择【Premiere Pro】>【首选项】>【时间轴】（macOS）或【编辑】>【首选项】>【时间轴】（Windows），可以更改默认的持续时间。

下面来学习添加音频过渡的 3 种方法。

1. 打开 Audio 序列。

该序列包含的几个剪辑都带有音频。

2. 播放序列，查看序列内容。

3. 在效果面板中打开【音频过渡】>【交叉淡化】效果组。

4. 将【指数淡化】过渡效果拖曳到第一个音频剪辑的开头，如图 7-38 所示。

5. 跳转到序列末尾。

6. 在时间轴面板中使用鼠标右键单击序列中最后一个剪辑的右端，从弹出菜单中选择【应用默认过渡】，如图 7-39 所示。

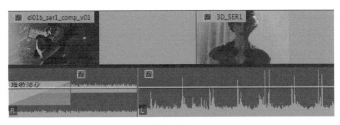

图 7-38   图 7-39

此时，序列末尾的视频部分和音频部分分别添加了默认过渡效果。

> **Pr** 注意：按住 Option 键（macOS）或 Alt 键（Windows），使用鼠标右键单击选择音频剪辑，可以只向音频部分添加过渡效果。

默认音频过渡效果是【恒定功率】，其位于最后一个音频剪辑上，会创建平滑混合作为音频的结尾。

7. 通过在时间轴中拖曳过渡效果的边缘，可以改变过渡效果的长度。拖曳音频过渡效果边缘，增加其长度，并试听结果。

8. 为了进一步润色项目，在序列开头添加【交叉溶解】过渡效果。把播放滑块移动到开头，按 Command+D（macOS）或 Ctrl+D（Windows）组合键，添加默认视频过渡效果。

此时，序列开始时有一个从黑色淡入的过渡效果，末尾有一个淡出到黑色的过渡效果。接下来，添加一些简短的音频溶解效果，对混音做平滑处理。

9. 按住 Option 键（macOS）或 Alt 键（Windows），使用【选择工具】拖选 A1 轨道上的所有音频剪辑，如图 7-40 所示。注意不要选择任何视频剪辑，在音频轨道上拖选音频剪辑时，避免选中视频轨道上的视频剪辑。

按 Option 键（macOS）或 Alt 键（Windows），可以临时把音频剪辑和视频剪辑之间的链接断开，以分离过渡效果。

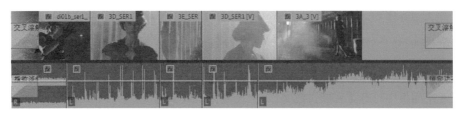

图 7-40

> **注意**：在时间轴面板中选择剪辑时，剪辑可以不是连续的。按住 Shift 键，单击序列中的各个剪辑，即可同时选中它们。

> **提示**：从【序列】菜单中选择【应用音频过渡】，将仅向音频剪辑应用过渡效果。如果已经选择且只选择了音频剪辑，除使用【应用音频过渡】命令外，还可以使用【应用默认过渡到选择项】命令，它们的效果相同。

10. 按 Shift+Command+D（macOS）或 Shift+Ctrl+D（Windows）组合键，应用默认音频过渡，如图 7-41 所示。

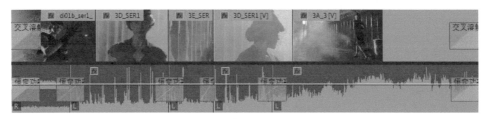

图 7-41

11. 播放序列，检查所做的修改。

12. 在菜单栏中依次选择【文件】>【关闭】，关闭当前项目。若弹出询问对话框，单击【是】按钮。

> **提示**：按 Shift+Command+D（macOS）或 Shift+Ctrl+D（Windows）组合键，可以把默认音频过渡添加到靠近播放滑块的编辑点（位于所选剪辑之间或所选切换点上）上。轨道选择（或剪辑选择）指出了应用效果的准确位置。

音频编辑人员经常会向序列的各个转场处添加一帧或两帧音频过渡，以避免在音频剪辑开始或结束时出现刺耳的声音。如果把音频过渡的默认持续时间设置为两帧，可以选择多个剪辑，然后从【序列】菜单中选择【应用音频过渡】对音频混合做平滑处理。

7.7　复习题

1. 如何把默认过渡效果应用到序列的多个剪辑上？

2. 在效果面板中，如何使用名称查找过渡效果？

3. 如何把一个过渡效果替换为另一个？

4. 请指出更改过渡效果持续时间的 3 种方法。

5. 如何在剪辑开头添加音频淡入效果？

7.8　复习题答案

1. 先选择剪辑，再从菜单栏中依次选择【序列】>【应用默认过渡到选择项】。

2. 在效果面板的搜索框中输入过渡效果名称。输入时，Premiere Pro 会显示所有
名称中包含输入字符的效果和过渡效果（音频和视频）。输入的字符越多，显
示的搜索结果越少，匹配得也越准确。

3. 把替换过渡效果拖曳到现有过渡效果上，使新效果自动替换掉旧效果，同时保
留原效果的持续时间。

4. 在时间轴中拖曳过渡效果图标边缘，或者在效果控件面板的 A/B 时间轴中拖曳
效果图标边缘，或者在效果面板中修改持续时间。此外，你还可以在时间轴面
板中双击过渡效果图标，在弹出的对话框中修改持续时间。

5. 把音频交叉淡化过渡效果应用到剪辑开头。

第 **8** 课　掌握高级编辑技术

课程概览

本课包括如下内容：

- 执行四点编辑；

- 更改序列中剪辑的速度或持续时间；

- 替换序列中的剪辑；

- 替换项目中的素材；

- 创建嵌套序列；

- 对剪辑做基本修剪；

- 应用滑移和滑动编辑；

- 动态修剪剪辑。

 　学习本课大约需要 120 分钟。请先准备好本课要用到的课程文件，请参阅本书前言中的"使用课程文件"。

在 Adobe Premiere Pro 中，基本的编辑命令很容易掌握。但是高级编辑
技术需要花一些时间才能掌握，不过这样做是值得的。这些高级技术
不但可以加快编辑速度，而且可以创建最高水准的专业效果。

8.1 课程准备

本课中，我们将通过几个简短的序列来学习并体验 Adobe Premiere Pro 中的一些高级编辑技术。

1. 打开 Lessons 文件夹中的 Lesson 08.prproj 项目。

2. 把项目另存为 Lesson 08 Working.prproj，保存在 Lessons 文件夹中。

3. 从工作区面板中选择【编辑】，或从菜单栏中依次选择【窗口】>【工作区】>【编辑】菜单。

4. 在工作区面板中单击【编辑】右侧的菜单，从中选择【重置为已保存的布局】，或者从菜单栏中依次选择【窗口】>【工作区】>【重置为已保存的布局】，或者直接双击【编辑】该工作区名称。

8.2 执行四点编辑

前一课，我们学习并使用了标准的三点编辑技术，即使用 3 个入点和出点（在源监视器、节目监视器或时间轴面板中）来设置编辑的源、持续时间和位置。

但是，如果定义 4 个点会怎样？

简单地说，在这种情况下你必须做出选择。你在源监视器中标记的持续时间很有可能与在节目监视器或时间轴面板中标记的持续时间不同。

在这种情况下，当试图使用键盘快捷键或界面中的按钮进行编辑时，Premiere Pro 会弹出一个对话框提示持续时间不匹配，并询问如何处理。遇到这种情况，通常需要丢弃其中一个点。

8.2.1 为四点编辑设置编辑选项

执行四点编辑时，若剪辑的所选持续时间与序列不匹配，Premiere Pro 会弹出【适合剪辑】对话框（见图 8-1）指明问题。此时，用户需要从 5 个选项中选择一个，以便解决冲突问题，可以忽略 4 个点中的一个，或者修改剪辑的速度。

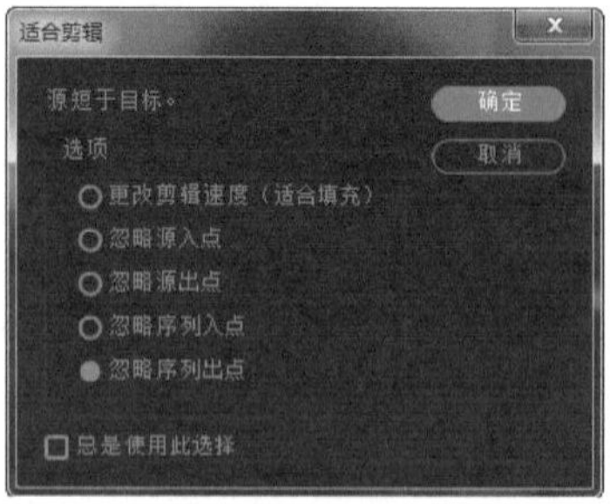

图 8-1

* 更改剪辑速度（适合填充）：该选项假定我们有意设置了 4 个点，并且标记的持续时间不同。Premiere Pro 会保留源剪辑的入点和出点，并根据我们在时间轴面板或节目监视器中设置的持续时间调整播放速度。如果想精确调整剪辑播放速度来弥合间隙，需要勾选该选项。

* 忽略源入点：勾选该项后，Premiere Pro 会忽略源剪辑的入点，将四点编辑转换成三点编辑。如果源监视器中有出点无入点，Premiere Pro 会根据你在时间轴面板或节目监视器中设置的持续时间（或到

剪辑末尾）自动确定入点的位置。只有当源剪辑比序列上设置的持续时间长时，该选项才可用。

- 忽略源出点：勾选该选项后，Premiere Pro 会忽略源剪辑的出点，将四点编辑转换成三点编辑。如果源监视器中有入点无出点，Premiere Pro 就会根据你在时间轴面板或节目监视器中设置的持续时间（或到剪辑末尾）自动确定出点的位置。只有当源剪辑比目标持续时间长时，该选项才可用。

- 忽略序列入点：勾选该选项后，Premiere Pro 会忽略你在序列中设置的入点，仅使用序列出点执行三点编辑。持续时间从源监视器中获取。

- 忽略序列出点：该选项与上一个选项类似。勾选该选项后，Premiere Pro 会忽略你在序列中设置的出点，并执行三点编辑。持续时间从源监视器获取。

 提示：在【适合剪辑】对话框中选择一个选项，并勾选底部的【总是使用此选择】。这样每次执行四点编辑时，【适合剪辑】对话框将不再弹出，Premiere Pro 会自动应用之前勾选的选择项。如果不想使用默认选择项，可以在【编辑】菜单中，依次选择【首选项】>【时间轴】，打开【适合剪辑】对话框，以编辑范围不匹配项。当出现编辑范围不匹配时，【适合剪辑】对话框会自动弹出。

8.2.2 执行四点编辑

在四点编辑过程中，我们会根据序列持续时间的设置更改剪辑的播放速度。

1. 在时间轴面板中打开 01 Four Point 序列。播放序列，查看内容。

2. 在时间轴面板中转动鼠标滚轮，滚动序列，找到设置有入点和出点的片段。此时，时间标尺上会显示入点和出点标记。

3. 进入 Clips To Load 素材箱，双击 Laura_04 剪辑，将其在源监视器中打开。

源监视器底部的时间标尺上会显示已经设置好的入点和出点标记，如图 8-2 所示。

4. 在时间轴面板中检查源轨道指示器是否开启，并且源 V1 是否与时间轴上的【视频 1】对齐，如图 8-3 所示。由于源剪辑中没有声音，因此只需要检查源 V1。

图 8-2

图 8-3

5. 在源监视器中单击【覆盖】按钮，执行覆盖编辑。

6. 在弹出的【适合剪辑】对话框中选择【更改剪辑速度（适合填充）】选项，单击【确定】按钮。

7. 覆盖编辑完成后，使用时间轴面板底部的导航器把时间标尺放大，直到显示刚刚添加到序列中的 Laura_04 剪辑的名称和速度。

百分比表示新的播放速度，如图 8-4 所示。Premiere Pro 对播放速度进行了调整，以便完全匹配新的持续时间。

图 8-4

> **Pr** 注意：更改剪辑的播放速度也是一种视觉效果，此时剪辑上 fx 图标的颜色已经发生了变化，表示此处应用了一个效果。

8. 播放序列，查看编辑的效果和速度变化的情况。最终效果不是很平滑，接下来我们将调整剪辑播放速度进行改善。

8.3 更改剪辑播放速度

在视频后期制作中，慢动作是常用的效果之一。你可能会出于技术因素或艺术表现的需要而修改剪辑的播放速度。慢动作是增添影片戏剧化的有效手段，使观众有足够多的时间来体会某个重要时刻。

> **Pr** 注意：更改剪辑的播放速度时，如果新的播放速度是原剪辑播放速度的偶数倍或几分之一（整除），播放起来通常会更平滑。例如，把一个 24fps 的剪辑以 25% 的速度播放，即以 6fps 播放，比以非整除的播放速度（比如 27.45%）播放看起来要更平滑。有时，通过修改剪辑播放速度并修剪得到一个精确的持续时间，可以产生最好的播放效果。

前面学习的【适合填充】是更改剪辑播放速度的一种方法，但最终得到的结果各不相同。如果源素材中的运动很平滑，则最终得到的结果可能会更好。另外，由于【适合填充】经常会导致包含小数的帧速率，因此有可能产生运动不一致的问题。

若想得到高质量的慢动作效果，最佳方式是使用比播放帧速率更高的帧速率来录制视频。如果视频播放时的帧速率低于录制时的帧速率，只要新的帧速率不低于序列帧速率，就能得到慢动作效果。

例如，有一段 10 秒长的视频剪辑，录制时的帧速率为 48fps，序列设置的帧速率为 24fps。你可以根据序列设置素材，使其以 24fps 进行播放。当把该剪辑添加到序列并进行播放，播放会非常平滑，并且也不需要进行帧速率转换。但是，如果以源素材帧速率一半的帧速率来播放剪辑，会得到 50% 的慢动作，因此播放完整个剪辑要比原来多花一半时间，即剪辑的当前持续时间会变成 20 秒。

增格拍摄（Overcranking）

上述拍摄技术通常称为"增格拍摄"，对应的英文是 Overcranking，这个词来源于早期的胶片照相机，它们都带有手摇柄，拍摄者通过转动手摇柄来进行拍摄。

使用手摇相机时，手摇柄转动得越快，每秒捕捉到的帧数就越多。相反，手摇柄转动得越慢，相机每秒捕捉到的帧数就越少。当影片以正常速度播放时，就表现出快动作或慢动作效果。

现代摄像机大多支持用户以高帧率录制视频，以便在后期制作中获得高质量的慢动作效果。摄像机可以向剪辑元数据指定一个帧速率，而它有可能与录制时的帧速率（系统帧速率）不同。

当把这样的视频素材导入 Premiere Pro 时，剪辑会自动以慢动作方式播放。用户可以通过【解释素材】对话框设置 Premiere Pro 如何播放剪辑。

1. 打开 02 Laura In The Snow 序列，播放序列中的剪辑。

剪辑是以慢动作形式呈现的，原因有以下几个。

* 录制剪辑时使用的帧速率为 96fps。

* 剪辑的播放时帧速率为 24fps（通过摄像机设置）。

序列的播放速率被设置为 24fps，与序列的播放设置匹配，不需要做一致性处理。

2. 在时间轴面板中使用鼠标右键单击剪辑，从弹出菜单中选择【在项目中显示】。

此时，剪辑在项目面板中被高亮显示。

3. 在项目面板中使用鼠标右键单击剪辑，从弹出菜单中选择【修改】>【解释素材】。然后，我们通过【解释素材】对话框设置 Premiere Pro 如何播放这个剪辑，如图 8-5 所示。

4. 选择【采用此帧速率】选项，输入 96，使 Premiere Pro 以 96fps（素材拍摄时使用的帧速率）播放剪辑，单击【确定】按钮。

再次查看时间轴面板，可以看到剪辑外观已经发生了变化，如图 8-6 所示。

图 8-5

图 8-6

经过修改，剪辑的帧速率更快，在新的播放速度下，剪辑的持续时间变短。我们没有更改序列剪辑的持续时间，这有可能会影响剪辑在时间轴上的时间安排。斜线表示剪辑的这部分没有素材，不包含素材的部分序列剪辑是空的。

> **Pr** 注意：在你使用的计算机系统中，如果硬盘速度较慢，可能需要在节目监视器中降低播放分辨率，才能以较快的帧速率播放剪辑，并且保证不丢帧。

5. 再次播放序列。

此时，剪辑以正常速度播放，因为它最初是采用96fps录制的。画面看上去不太平滑，这并不是因为剪辑自身有问题，而是因为摄像机在录制视频时有颠簸。

6. 把Laura_01.mp4剪辑拖曳到序列中，使其靠近第一个实例，以便同时看到它们两个，如图8-7所示。

图 8-7

新添加的剪辑时长更短，并且使用新帧速率来匹配总播放时间。如果把剪辑的播放速度降低为25%，它会恢复成原来的帧速率（24fps），并产生慢动作效果。

8.3.1 更改剪辑播放速度和持续时间

除放慢剪辑的播放速度外，加快剪辑播放速度也是一种很有用的效果。时间轴面板中的【速度/持续时间】命令能够以两种不同的方式更改剪辑的播放速度。你可以根据特定时间修改剪辑的持续时间，也可以采用百分比的方式设置播放速度。

例如，如果把剪辑的播放速度设置为50%，则剪辑将以原来一半的速度进行播放；若设置为25%，则以原来1/4的速度进行播放。在Premiere Pro中设置播放速度时，最多可以使用两位小数，比如27.13%。

下面通过具体操作来学习这种技术。

1. 打开03 Speed and Duration序列，其时长为20秒。播放序列，了解正常播放速度下的效果。

2. 使用鼠标右键单击序列中的剪辑，在弹出菜单中选择【速度/持续时间】。你还可以先选中序列中的剪辑，再从菜单栏中依次选择【剪辑】>【速度/持续时间】。

打开的【剪辑速度/持续时间】对话框中包含用来控制剪辑播放速度的选项，如图8-8所示。

图 8-8

- 单击锁链图标（🔗）可以打开或关闭剪辑播放速度和持续时间之间的联动。在锁链处于断开状态（🔗）时，你可以分别更改剪辑速度或持续时间，改变其中一方不会对另外一方产生影响。启用锁链时，剪辑速度与持续时间处于联动状态；当锁链断开时，剪辑速度与持续时间处于非联动状态。

- 默认情况下，若序列中当前剪辑后还有其他剪辑，则缩短当前剪辑会在时间轴上产生间隙。如果剪辑比下一个剪辑之前的可用空间长，更改剪辑速度不会产生任何影响。这是因为在修改持续时间和速度时，剪辑无法移动下一个剪辑来为新的持续时间留出空间。如果选择【波纹编辑】、【移动尾部剪辑】选项，当前剪辑会把序列中其他剪辑往后推，从而为自己留出空间。

> **注意**：根据用户设置的播放速度，如果剪辑持续时间长于可用素材，则【确定】按钮会变成灰色，无法单击。

- 如果想倒放剪辑，可以选择【倒放速度】选项。
- 在更改包含音频的剪辑速度时，可以选择【保持音频音调】，这将在新播放速度下保持剪辑的原有音调。取消选择该项，音调会随着速度的变化上升或下降。

> **提示**：对于微小速度的变化，该选项相当有效。过多重采样会产生不自然的结果。如果想大幅更改播放速度，建议使用 Adobe Audition 来调整音频。

3. 确保【速度】与【持续时间】处于链接状态，把【速度】修改为 200%，单击【确定】按钮。

在时间轴面板中播放剪辑。用户可能需要按 Return 键（macOS）或 Enter 键（Windows）渲染剪辑，保证视频播放平滑流畅。注意，当前剪辑的长度为 10 秒，是因为你把它的速度修改成了 200%：播放速度加倍，时长变为原来的一半，如图 8-9 所示。

4. 在菜单栏中依次选择【编辑】>【撤销】，或者按 Command+Z（macOS）或 Ctrl+Z（Windows）组合键。

5. 在时间轴面板中选择剪辑，按 Command+R（macOS）或 Ctrl+R（Windows）组合键打开【剪辑速度 / 持续时间】对话框。

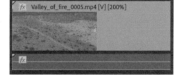

图 8-9

6. 单击锁链图标，断开【速度】与【持续时间】之间的链接（🔗），把【速度】修改为 50%。

7. 单击【确定】按钮播放剪辑。此时，剪辑会以较慢的速度播放，并且由于断开了【速度】与【持续时间】之间的链接，剪辑的持续时间保持不变。

> **提示**：用户可以同时更改多个剪辑的速度。为此，先选择多个剪辑，然后从菜单栏中依次选择【剪辑】>【速度 / 持续时间】。在更改多个剪辑的速度时，一定要注意【波纹编辑，移动尾部编辑】选项。改变速度之后，该选项会自动为所有选择的剪辑闭合或扩大间隙。

此时，剪辑以 50% 的速度播放，持续时间应该是原来的 2 倍，如图 8-10 所示。但是，由于我们断开了【速度】与【持续时间】之间的链接，因此 Premiere Pro 把另一半修剪掉，因此持续时间仍然保持为 20 秒。

图 8-10

接下来，尝试倒放剪辑。

8. 选择剪辑，再次打开【剪辑速度 / 持续时间】对话框。

9. 把【速度】修改为 50%，勾选【倒放速度】，单击【确定】按钮。

10. 播放剪辑。此时，剪辑以 50% 的速度倒放，并呈现出慢动作效果。序列的播放速度显示一个负号，如图 8-11 所示。

图 8-11

> **Pr** **注意：** 速度变化必定会对剪辑的持续时间产生影响。Premiere Pro 会自动调整速度，新速度将显示在剪辑上。

8.3.2 使用【比率拉伸工具】修改剪辑的速度和持续时间

视频编辑过程中，在使用剪辑填充序列中的间隙时，虽然剪辑的内容很合适，但是它的长度不太合适，或长或短。这时，【比率拉伸工具】即可派上用场。

1. 打开 04 Rate Stretch 序列。

该序列包含同步音乐，而且剪辑中包含所需要的内容，不过第一个视频剪辑太短。你可以自行估计并调整【速度 / 持续时间】。但是，Premiere Pro 提供了一个更简单、更快捷的方法，即使用【比率拉伸工具】直接拖曳剪辑末端填充间隙。

2. 在工具面板中按住【波纹编辑工具】（ ），从弹出菜单中选择【比率拉伸工具】（ ）。

3. 使用【比率拉伸工具】，向右拖曳第一个视频剪辑的右边缘，使其到达第二个视频剪辑的左边缘，如图 8-12 所示。

图 8-12

第一个剪辑的速度会自动发生变化，以弥合间隙。剪辑的内容不会发生变化，只是播放速度变慢。

4. 再次使用【比率拉伸工具】，向右拖曳第二个视频剪辑的右边缘，使其到达第三个剪辑的左边缘，如图 8-13 所示。

图 8-13

5. 使用【比率拉伸工具】向右拖曳第三个剪辑的右边缘，使其与音频末端对齐。

此时，视频持续时间与音乐持续时间一致。你可能需要放大时间标尺，才能看到剪辑的新播放速度，如图 8-14 所示。

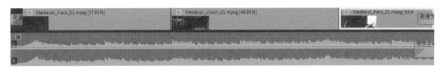

图 8-14

6. 播放序列，查看结果，有些动作感觉跳跃明显。

7. 按键盘快捷键 V，或者单击工具面板中的【选择工具】选择它。

8. 在时间轴面板处于活动的状态下，按 Command+A（macOS）或 Ctrl+A（Windows）组合键选择所有剪辑。

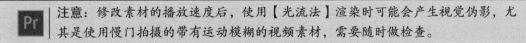

9. 使用鼠标右键单击任意一个剪辑，在弹出菜单中依次选择【时间插值 > 光流法】。修改剪辑速度时，可以使剪辑平滑地播放。"光流法"是一种用于渲染运动变化的高级系统，它需要花费较长时间来进行渲染和预览。

10. 渲染并播放序列，查看结果，可以看到改善效果十分明显。

调整剪辑的播放速度时，最好选择【光流法】。你可以调整剪辑的播放速度，并使用默认的帧采样渲染器预览播放速度变化的情况。然后调整时间，调整完成后再切换到光流法，再次预览。

调整剪辑播放速度

对于一个包含多个剪辑的序列，如果修改了第一个剪辑的速度，则有可能会对它后面的其他剪辑造成如下一系列影响。

- 播放速度更快，剪辑更短，由此会产生许多间隙。
- 【波纹编辑】会导致整个序列的持续时间发生改变。
- 改变速度有可能会带来音频问题，比如音调变化。

在更改剪辑的速度或持续时间时，一定要随时检查它对整个序列造成的影响。

8.4　替换剪辑和素材

视频编辑过程中，经常需要把序列中的一个剪辑替换成另外一个，以尝试制作不同版本，呈现不同的视觉效果。

有时替换是全局性的，比如使用一个新 Logo 替换旧 Logo；有时替换是局部的，比如把序列中的一个剪辑替换成素材箱中的另一个剪辑。Premiere Pro 提供了多种替换方法，根据任务的不同，所选用的方法也不同。

8.4.1　拖曳替换

用户可以直接把一个剪辑拖曳到序列中某个现有剪辑上，此时，Premiere Pro 就会使用新剪辑替换旧剪辑。这个过程称为【替换编辑】，具体操作如下。

1. 打开 05 Replace Clip 序列，如图 8-15 所示。

2. 播放序列。

在 V2 轨道上，剪辑 2 和 3 的内容是相同的，它们对应的都是 SHOT4 剪辑。剪辑上应用了运动关键帧，它们旋转着出现在屏幕上，然后又旋转着消失。有关创建这种动画效果的内容，我们将在第 9 课中讲解。

图 8-15

接下来，我们要使用一个新剪辑（Boat Replacement）替换掉 SHOT4 的第一个实例（序列上第二个剪辑）。替换后，你不需要重新创建效果和动画，原来的效果和动画会自动应用到新剪辑上。对于替换序列中的剪辑来说，这是最好不过的。

3. 进入 Clips To Load 素材箱，把 Boat Replacement 剪辑直接从 Project 面板拖曳到序列中第

二个剪辑（SHOT4 剪辑的第一个实例）上，但是先不要释放鼠标。拖曳时，鼠标放置的位置不需要太精确，只要保证在被替换的剪辑上即可，如图 8-16 所示。

图 8-16

Boat Replacement 剪辑需要比想替换的现有剪辑长。

4. 按住 Option 键（macOS）或 Alt 键（Windows）时，替换剪辑将与被替换的剪辑一样长。Premiere Pro 会使用相同长度的新剪辑来替换序列中的现有剪辑。

释放鼠标，替换剪辑。

5. 播放序列。所有画中画剪辑虽然对应于不同素材，但它们应用了相同效果。新剪辑继承了被替换剪辑的设置和效果。使用这种方法替换序列中的各个剪辑既快捷又简单。

8.4.2 执行同步替换编辑

在使用拖放方式替换序列中的剪辑时，Premiere Pro 会使用序列中现有剪辑的第一个可见帧同步替换剪辑的第一个帧（或入点）。通常情况下，这样做没有问题，但是如果你想同步的是动作中某个特定的时刻，比如拍手或关门，又该如何操作呢？

为此，你可以使用一种更高级的【替换编辑】，使用被替换剪辑的一个特定帧去同步替换剪辑的特定帧。

1. 打开 06 Replace Edit 序列。

该序列与前面使用的序列相同，但这次我们会精确放置替换剪辑的位置。

2. 把序列中的播放滑块拖曳到大约 00:00:06:00 处。播放滑块所在的位置就是你要执行的编辑的同步点。

3. 单击序列中 SHOT4 剪辑的第一个实例，以选择它，如图 8-17 所示。

图 8-17

4. 进入 Sources 素材箱，双击 SHOT5.mov 剪辑，将其在源监视器中打开。

5. 在源监视器中拖曳播放滑块，将其放到狗狗转头之后。剪辑上有一个参考标记，单击标记，播放滑块会自动与它对齐，如图 8-18 所示。

图 8-18

6. 确保时间轴面板处于活动状态，选中 SHOT4.mov 的第一个实例，从菜单栏中依次选择【剪辑】>【替换为剪辑】>【从源监视器匹配帧】。

此时，剪辑被成功替换，如图 8-19 所示。

图 8-19

7. 播放新编辑的序列，查看结果是否满意。

源监视器和节目监视器中的播放滑块位置是同步的。序列剪辑的持续时间、效果、设置都应用到替换剪辑上。当需要精确匹配动作的时间时，上述方法会非常有用，而且十分节省时间。

8.4.3　使用素材替换功能

替换编辑用来替换序列中的剪辑，而素材替换功能则用来替换项目面板中的素材，以便使剪辑链接到不同的素材文件。当需要替换一个在一个序列或多个序列中被多次使用的剪辑时，素材替换功能会非常有用。比如，你可以使用素材替换功能更新一个动态 Logo 或一段音乐。

在项目面板中替换素材剪辑后，该剪辑的所有实例都会发生改变，不管你把这个剪辑用在了什么地方。

1. 打开 07 Replace Footage 序列。

2. 播放序列。

接下来，把第四个视频轨道上的图像替换成更有趣的图像。

3. 在项目面板中，进入 Clips To Load 素材箱中，单击选择 DRAGON_LOGO.psd。

4. 在菜单栏中依次选择【剪辑】>【替换素材】，或使用鼠标右键单击剪辑，从弹出菜单中选择【替换素材】，如图 8-20 所示。

5. 在替换素材对话框中导航至 Lessons/Assets/Graphics 文件夹，打开 DRAGON_LOGO_FIX.psd 文件。

图 8-20

6. 播放序列，可以看到整个序列和项目中的图像都发生了变化，如图 8-21 所示。

图 8-21

而且，项目面板中的剪辑名称也变成新文件的名称。

注意：【替换素材】命令是无法撤销的。如果要重新链接原来的素材，只能再次选择【剪辑】>【替换素材】，然后找到原有素材，重新进行链接。当然，你还可以从菜单栏中依次选择【文件】>【还原】，把当前项目恢复成最后一个保存版本，但是这样做会丢失自上一次保存以来所做的改变。

8.5 嵌套序列

嵌套序列指的是包含在另外一个序列中的序列。你可以把项目的每个部分创建成单独的序列，从而把一个大项目划分成若干个易于管理的单元，然后把每个序列（包含剪辑、图形、图层、多

个音频 / 视频轨道、效果）拖曳至另外一个主序列中。嵌套序列在外观和行为上与单个音频 / 视频剪辑类似，但是你可以编辑它们的内容，并在主序列中查看更新后的变化。

嵌套序列是一个十分高级的工作流程，但是如果已经习惯把序列当作剪辑，它就能在后期制作中发挥强大的威力。嵌套序列的用途如下。

- 借助于嵌套序列，你可以创建出复杂的序列，简化编辑工作，并且有助于避免冲突和误移剪辑，防止破坏编辑。

- 通过嵌套序列，只需要一步，即可把一个效果应用到一组剪辑上。

- 允许你在其他多个序列中将序列作为源使用。例如，你可以为多部分系列创建一个介绍序列，并把它添加到每个部分中。如果更改介绍序列，然后你在每个嵌套序列中都能立即看到更新后的结果。

- 允许使用类似于在项目面板中创建素材箱的方式来组织作品。

- 允许向一组剪辑（这一组剪辑被视为一项）应用过渡效果。

时间轴面板的左上角有一个按钮：将序列作为嵌套或个别剪辑插入并覆盖。通过该按钮，可以选择添加序列的内容（▦）或者嵌套它（▨）。

添加嵌套序列

使用嵌套的一个好处是你可以对一个已经编辑好的序列进行多次重用。下面来把一个已经编辑好的开场片段添加到序列中。

 提示：创建嵌套序列的一个快捷方法是，直接把序列从项目面板拖曳至当前活动序列相应的轨道上。此外，还可以把序列拖入源监视器，添加入点和出点，执行插入和覆盖编辑，将所选片段添加到另外一个序列中。

1. 打开 08 Bike Race 序列，确保选项被设置为嵌套序列（▨）。

2. 在序列开头设置一个入点。

3. 在项目面板中单击 09 Race Open 序列，将其选中。在时间轴面板中，确保源轨道 V1 和视频 1 对齐，源轨道 A1 与音频 1 对齐。

在项目面板中选择一个剪辑或序列，或者在源监视器中打开时，其源轨道指示图标会出现在时间轴面板中，以便设置轨道修补。

4. 你可以使用任意一种方法把一个序列添加到另外一个序列中，嵌套时，序列和剪辑完全相同。这里使用逗号键（,）。

此时，会执行插入编辑。因为你在序列中设置了入点，所以播放滑块的位置无关紧要，Premiere Pro 会直接使用入点。

5. 播放 08 Bike Race 序列，查看结果。

尽管 09 Race Open 序列中包含多个视频轨道和音频剪辑，但它仍然是作为单个剪辑被添加。此时，序列处于嵌套状态。

> **提示**：如果想修改嵌套序列，双击它，Premiere Pro 会在一个新的时间轴面板（与当前打开的序列在同一个面板组下）中打开它。

6. 按 Command+Z（macOS）或 Ctrl+Z（Windows）组合键，撤销最后一次编辑。

7. 关闭序列嵌套（ ）。

8. 按住 Command 键（macOS）或 Ctrl 键（Windows），把 09 Race Open 序列从项目面板拖曳到时间轴面板中序列的开头，如图 8-22 所示。此时，Premiere Pro 执行的是插入编辑。

图 8-22

09 Race Open 序列中的各个剪辑被添加到当前序列中，如图 8-23 所示。这些剪辑的实例不是直接连接到 Race Open 序列。而且，序列的内容也未发生变化。

图 8-23

这种序列使用方式允许你根据内容组织剪辑，在添加到主序列之前，你可以一起审查它们。

8.6 执行常规修剪

你可以使用多种方法来调整序列中使用的一个剪辑的某个部分。这个过程通常称为"修剪"（trimming）。修剪时，你可以把序列中源剪辑某个选中的部分加长或缩短。有些修剪只影响单个剪辑，而有些修剪会影响到两个相邻剪辑（或多个剪辑）之间的关系。

8.6.1 在源监视器中修剪

从项目面板中把源剪辑添加到序列之后，序列中出现的剪辑就是源剪辑的一个独立实例。在时间轴面板中，双击序列中的某个剪辑，即可在源监视器中将其打开，然后可以调整剪辑的入点和出点，Premiere Pro 会把你做的修改更新到序列中。

默认情况下，当你在源监视器中打开序列中的剪辑片段时，源监视器的导航器会自动放大，以便把已选择的区域完整地显示出来，如图 8-24 所示。

图 8-24

你可能需要调整导航器的缩放级别，以便看到剪辑中的所有可用内容。

在源监视器中调整现有入点和出点的基本方法有如下两种。

* 添加新入点和出点：在源监视器中设置新的入点和出点，以替换当前的选择。若序列中当前剪辑的前面或后面紧跟其他剪辑，则不能朝那个方向扩展入点或出点。

* 拖曳入点和出点：移动鼠标到源监视器底部的时间轴上，把光标放到入点或出点上，此时，光标变成一个带有双向箭头的红黑图标，如图 8-25 所示，表示可以执行修剪操作。然后向左或向右拖曳鼠标，调整入点和出点的位置。

再次强调，若序列中当前剪辑的前面或后面紧跟有其他剪辑，则不能朝那个方向扩展入点或出点。

图 8-25

8.6.2 在序列中修剪

另外，你可以直接在时间轴面板中修剪剪辑，这种方法更快捷。将一个剪辑加长或缩短称为"常规修剪"，这非常简单。

1. 打开 10 Regular Trim 序列。

2. 播放序列。

最后一段剪辑过早截止了，我们需要把它加长一点，使其与音乐一起结束。

3. 确保【选择工具】（▣）处于选中状态。

Pr | **注意：**【选择工具】的键盘快捷键为 V。

---

4. 把鼠标放到序列中最后一个剪辑的右边缘。

此时，鼠标光标变成红色的修剪图标，中间带有一个方向箭头，如图 8-26 所示。

把鼠标放到剪辑的前边缘或后边缘时，鼠标光标都会变成修剪图标：修剪入点图标（向右）和修剪出点图标（向左）。这里，我们要修剪的剪辑位于序列末尾，后面没有其他剪辑。

Pr 注意：修剪剪辑时，把剪辑缩短后，当前剪辑和其相邻剪辑之间会出现间隙。稍后我们会学习如何使用【波纹编辑】工具自动删除间隙或把剪辑向后拉长。

剪辑的末尾应用有过渡效果。你可能需要把它放大，才能更方便地修剪剪辑，而且不用调整过渡效果的时间。

5. 向右拖曳边缘，使其与音频文件等长。

拖曳时，Premiere Pro 会显示一个工具提示，指出修剪长度，如图 8-27 所示。

图 8-26

图 8-27

图中，工具提示表明修剪到了原始素材的末端。

6. 释放鼠标，使修剪生效。

8.7 执行高级修剪

到目前为止，我们学习的各种修剪方法都有其局限性。使用这些方法缩短剪辑时，序列中都会留下间隙。此外，当要修剪的剪辑前后紧跟有其他剪辑时，我们无法使用这些方法增加剪辑的长度。

为了解决这些问题，Premiere Pro 为我们提供了几种高级修剪方法。下面我们来尝试执行波纹编辑。

8.7.1 执行波纹编辑

Pr 注意：做波纹编辑时，会使其他轨道上的素材不同步。为此，我们可以使用同步锁定使所有轨道上的素材保持同步。

修剪剪辑时，使用【波纹编辑工具】（▥）而非【选择工具】可以避免修剪时留下间隙。

使用【波纹编辑工具】修剪剪辑的方式与使用【选择工具】相同。使用【波纹编辑工具】更改一个剪辑的持续时间时，这种调整会影响整个序列。例如，当使用【波纹编辑工具】向左拖曳某个剪辑的右边缘时，其后所有剪辑会同时向左移动以填充间隙；当向右拖曳某个剪辑的右边缘时，其后所有剪辑会同时向右移动以留出加长空间。

1. 打开 11 Ripple Edit 序列。

2. 在工具面板中把鼠标移动到【比率拉伸工具】上并按下鼠标左键，显示出隐藏的工具，从中选择【波纹编辑工具】。选中【滚动编辑工具】可以访问【比率拉伸工具】。

3. 把【波纹编辑工具】移动到第 7 个剪辑（SHOT7）的右边缘附近，此时光标变成一个黄色的左中括号，中间有一个向左的箭头，如图 8-28 所示。

这个镜头太短，接下来把它加长一些。

4. 按下鼠标左键，向左拖曳，直到工具提示中显示的时间码为 00:00:01:10，如图 8-29 所示。

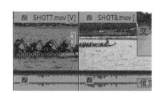

图 8-28   图 8-29

请注意，在使用【波纹编辑工具】时，节目监视器（见图 8-30）左侧显示的是第一个剪辑的最后一帧，右侧显示的是第二个剪辑的第一帧。进行修剪时，画面会动态更新。

图 8-30

5. 释放鼠标，完成编辑。

经过修剪，SHOT7 剪辑变长，而且其后面的剪辑也一起向右移动。再次播放序列，查看前后衔接是否平滑。

使用键盘快捷键执行波纹编辑

修剪剪辑时，使用【波纹编辑工具】可以更好地控制修剪过程。此外，Premiere Pro 还提供了两个有用的键盘快捷键来执行同样的修剪调整，它们都是基于时间轴面板中播放滑块的位置的。

这些快捷键要正常工作，必须开启时间轴面板中相应的轨道指示器。只有开启轨道指示器的轨道才能执行修剪操作。

在时间轴面板中，把播放滑块移动到某个剪辑（或剪辑的多个图层）上，然后按如下快捷键之一。

Q：对剪辑执行波纹修剪，修剪范围是从剪辑的开头到播放滑块所在的位置。

W：对剪辑执行波纹修剪，修剪范围是从剪辑的末尾到播放滑块所在的位置。

这种剪辑修剪方式速度很快，适合用在视频的早期编辑中，尤其是只想删除剪辑的头尾部分时。

6. 再次修剪，把 SHOT7 剪辑加长到 +2:00 秒，播放 SHOT7 和 SHOT8 之间新增加的部分。

 提示：按住 Command 键（macOS）或 Ctrl 键（Windows），可以临时把选择工具变成波纹编辑工具。需要确保单击的是剪辑的一端，避免执行滚动编辑（后面讲解）。

修剪后，画面中会出现轻微的摄像机晃动问题，接下来我们对此进行处理。

8.7.2　执行滚动编辑

使用【波纹编辑工具】会改变序列的总长度。这是因为当一个剪辑延长或缩短时，序列中其他剪辑会一起向延长或缩短的方向移动，从而增加或缩短整个序列的长度。

此外，还有另外一种方法——滚动编辑（有时称为双滚动修剪），它会改变序列中剪辑的时间安排，但不会改变序列的总长度。

做滚动编辑时，序列的总长度保持不变。在使用滚动编辑缩短一个剪辑的长度时，另一个剪辑会同时增加相同的帧数。

例如，当使用【滚动编辑】工具把一个剪辑延长 2 秒时，其相邻剪辑会相应地缩短 2 秒。

提示：【滚动编辑】的键盘快捷键是 N。

1. 继续使用 11 Ripple Edit 序列。

2. 在工具面板中把鼠标移动到【波纹编辑工具】（　）上，按下鼠标左键，在弹出菜单中选择【滚动编辑工具】（　）。

3. 把鼠标放到 SHOT7 和 SHOT8 之间的编辑点上（时间轴上最后两个剪辑）。向左拖曳编辑点，同时查看节目监视器中的分屏，找到衔接这两个镜头的最佳位置，同时确保删除画面中摄像机的抖动，如图 8-31 所示。

图 8-31

> **Pr** | 提示：将时间轴面板放大，可以进行更精确的调整。

> **Pr** | 注意：在【选择工具】处于选中的状态下，按住 Command 键（macOS）或 Ctrl 键（Windows），可以临时将其变成【波纹编辑工具】或【滚动编辑工具】。

使用【滚动编辑工具】，把编辑点向左拖曳 –01:20（1 秒 20 帧）。你可以参照节目监视器中的时间码或时间轴面板中弹出的时间码找到目标位置，如果预先放置了播放滑块，向左拖曳时会自动对齐到播放滑块所在的位置。

> **Pr** | 注意：修剪剪辑时，你可以把一个剪辑的持续时间修剪为 0，即将其从时间轴上删除。

8.7.3 执行外滑编辑

外滑修剪会以相同的改变量同时改变序列剪辑的入点和出点，从而使可见内容移动到适当的位置。

由于外滑修剪对剪辑的起点与终点的改变量相同，所以它不会改变序列的持续时间。就这一点来说，它与前面讲解的滚动修剪是相同的。

外滑修剪只修剪你选择的剪辑，其前后的相邻剪辑不会受到影响。使用【外滑工具】调整剪辑有点类似于移动传送带：时间轴上剪辑中的可见内容发生了变化，但是剪辑的长度和序列长度都不变。

1. 继续使用 11 Ripple Edit 序列。
2. 选择【外滑工具】（▣），其键盘快捷键为 Y。
3. 向左和右拖曳 SHOT5。
4. 边执行外滑编辑边观察节目监视器。

在图 8-32 中，上面两个图显示的是 SHOT4（SHOT5 前一个剪辑）的出点和 SHOT6（SHOT5 后一个剪辑）的入点，它们不会受到影响。下面两个大图显示的是 SHOT5（当前你正在调整的剪辑）的入点和出点，这两个编辑点的确发生了变化。

图 8-32

外滑修剪工具值得你花时间认真掌握，它是一个非常高效的工具，可以用来调整各剪辑动作镜头的时间安排。

8.7.4　执行内滑编辑

内滑工具不会改变剪辑的持续时间，但是会以相同的改变量沿相反方向改变剪辑的出点（向左）和入点（向右）。它是另外一种形式的双滚动修剪，从某种意义上说，它是外滑编辑的相反操作。

由于内滑工具会以相同的帧数改变其他剪辑，所以序列的总长度不会发生变化。

1. 继续使用 11 Ripple Edit 序列。

2. 在工具面板中，把鼠标移动到【外滑工具】图标（ ）上，按下鼠标左键，在弹出菜单中选择【内滑工具】（ ），其键盘快捷键为 U 键。

3. 把【内滑工具】放到序列中第二个剪辑（SHOT2）的中间位置上。

4. 向左或右拖曳剪辑。

5. 边拖曳边查看节目监视器。

图 8-33 中的上面两个图显示的是 SHOT2（你正在拖曳的剪辑）的入点和出点。它们没有发生变化，因为你并没有改动 SHOT2 中选择的部分。

图 8-33

下面两个大图显示的是 SHOT1（SHOT2 前面一个剪辑）的出点和 SHOT3（SHOT2 后面一个剪辑）的入点，当你在这两个相邻剪辑上滑动所选剪辑时，这两个编辑点都发生了变化。

8.8 在节目监视器中修剪

如果想对修剪做更多控制，可以使用节目监视器的修剪模式。在该模式下，你可以同时看到修剪的转入帧和转出帧，并且有专门的按钮用来进行精确调整。

在把节目监视器设置为修剪模式后，按空格键会循环播放编辑点周围的部分。因此，你可以不断进行调整，并随时查看调整结果。

使用节目监视器修剪模式的控件，可以执行以下 3 种修剪。

* 常规修剪：这种基本修剪会移动所选剪辑的边缘，只修剪编辑点的一侧，把所选编辑点沿着序列向前或向后移动，但不会移动其他任何一个剪辑。

* 滚动修剪：滚动修剪会移动一个剪辑的尾部及其相邻剪辑的头部，允许你调整编辑点（前提是有手柄）。执行滚动修剪不会留下间隙，序列的持续时间也不会发生变化。

* 波纹修剪：波纹修剪会向前或向后移动所选剪辑的边缘。编辑点后面的剪辑会一起移动以封闭间隙或者增加剪辑的长度。

8.8.1 在节目监视器中使用修剪模式

在修剪模式下，节目监视器的某些控件会发生改变，以便用户专注于修剪操作。为了进入修剪模式，你需要使用以下 3 种方法之一选择两个剪辑之间的编辑点以激活它。

* 使用选择工具或修剪工具，双击时间轴上的编辑点（位于剪辑的左端或右端）。

* 在轨道指示器处于启用状态时，按 Shift+T 组合键，Premiere Pro 会把播放滑块移动到最近的编辑点，并且在节目监视器中打开修剪模式。

* 使用波纹编辑工具或滚动编辑工具拖选一个或多个编辑点，此时节目编辑器会进入修剪模式。

> **Pr** | **提示**：此外，还可以按住 Command 键（macOS）或 Ctrl 键（Windows），使用选择工具拖选编辑点，此时节目编辑器也会进入修剪模式。

进入修剪模式后，你会在节目监视器中看到两个视频剪辑画面（见图 8-34）。左侧显示的是转出剪辑（也叫作 A 边），右侧显示的是转入剪辑（也叫作 B 边）。两个视频画面下有五个按钮和两个指示器。

A 出点变换：显示 A 边出点有多少帧发生变化。

B 大幅向后修剪：向后修剪多个帧，具体修剪的帧数由【首选项】的【修剪】中的【大修剪偏移】设定。

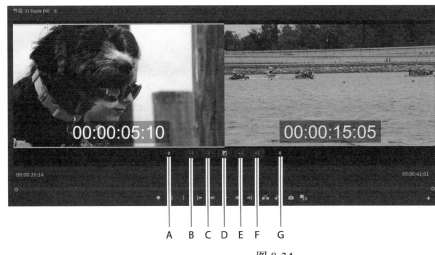

A 出点变换
B 大幅向后修剪
C 向后修剪
D 应用默认过渡
  到选择项
E 向前修剪
F 大幅向前修剪
G 入点变换

图 8-34

C 向后修剪：执行向后修剪，每次向左调整一帧。

D 应用默认过渡到选择项：向所选编辑点应用默认过渡效果。

E 向前修剪：类似于【向后修剪】，但每次把编辑点向右移动一帧。

F 大幅向前修剪：类似于【大幅向后修剪】，但它每次向右调整多个帧。

G 入点变换：显示 B 边入点有多少帧发生变化。

8.8.2 在节目监视器中选择修剪方法

前面我们已经学习了 3 种修剪方法（常规修剪、滚动修剪、波纹修剪）。使用节目监视器中的修剪模式会使修剪变得更简单，因为你能立刻看到修剪结果。在节目监视器的修剪模式下，拖曳时能进行精确的控制，无论时间轴面板的视图如何缩放：即使时间轴面板缩放到很小，你仍然能够在节目监视器的修剪模式下进行精确到帧级别的修剪。

1. 打开 12 Trim View 序列。

2. 按住 Option 键（macOS）或 Alt 键（Windows），使用【选择工具】（键盘快捷键 V），双击序列中第一个视频剪辑和第二个视频剪辑之间的视频编辑点。同时按住 Option 键（macOS）或 Alt 键（Windows）可以只选择视频编辑点，而不改动音频轨道。

3. 在节目监视器中，把鼠标放到剪辑 A 和 B 的图像上（但不要单击）。

从左到右移动鼠标光标时，可以发现工具从修剪出点（左）变到滚动修剪（中）再到修剪入点（右）。

4. 在节目监视器中的两个剪辑之间拖曳，执行滚动编辑修剪。

不断拖曳，直到节目监视器右下角（剪辑 B 的画面中）显示的时间为 01:26:59:01，如图 8-35 所示。

图 8-35

注意：单击 A 边或 B 边可以切换当前修剪的是哪一边。在中间单击会切换为滚动编辑。

5. 按键盘上的向下箭头键 3 次，跳转到第三个剪辑和第四个剪辑之间的编辑点（音频轨道上两个音频剪辑之间算作一跳）。

第一个镜头太长，演员往下坐的动作在下一个镜头中重复出现。

当在节目监视器中执行拖曳修剪时，工具的颜色指示你要执行的是哪种修剪。红色代表常规修剪，黄色代表波纹修剪。

按住 Command 键（macOS）或 Ctrl 键（Windows），在节目监视器中单击其中一个画面，可以快速更改修剪类型。单击后，你需要移动鼠标，才能更新工具的颜色。

6. 现在，按住 Command 键（macOS）或 Ctrl 键（Windows），在节目监视器中单击其中一个画面，直到修剪工具图标变为黄色（见图 8-36），这表示你选择了波纹修剪工具。

图 8-36

7. 在转出剪辑（位于节目监视器左侧）上向左拖曳，缩短剪辑长度。

确保左侧画面中显示的时间是 01:54:12:18，如图 8-37 所示。

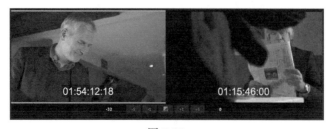

图 8-37

8. 按空格键进行播放。播放会循环进行，方便你仔细查看。

修饰键

你可以使用多个修饰键来调整修剪选择。

- 选择剪辑时同时按住 Option 键（macOS）或 Alt 键（Windows）会临时断开序列中视频剪辑和音频剪辑之间的链接。
- 按下 Shift 键选择多个编辑点。你可以同时修剪多个轨道或剪辑。只要有修剪手柄的地方，都可以进行修剪调整。
- 组合使用这两种修饰键，可以执行更高级的修剪操作。

8.8.3 执行动态修剪

大多数修剪工作调整的是剪辑的节奏。从许多方面来说，为一个切换镜头设置一个最佳时间点是使视频编辑上升为一门艺术的关键所在。

在修剪模式下，按空格键可以循环播放，这使我们可以更方便地调整修剪的时间点。此外，还可以使用键盘快捷键或按钮在序列实时播放时进行修剪。

1. 继续使用 12 Trim View 序列。

2. 按键盘上的向下箭头键，移动到下一个视频编辑点，即位于第 4 个和第 5 个视频剪辑之间的编辑点，如图 8-38 所示。设置修剪类型为滚动修剪。

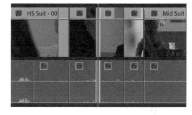

图 8-38

在编辑点之间切换时，可以保持修剪模式。

3. 按空格键，循环播放。

你可以发现循环播放会持续几秒，而且在切换前（预卷）和切换后（过卷）都有镜头呈现。这有助于你了解编辑的内容。

 注意：若要控制【预卷】（pre-roll）和【过卷】（post-roll）的持续时间，需要从 Premiere Pro 的【首选项】菜单中选择【回放】，在【预卷】和【过卷】中设置持续时间（单位：秒）即可。大多数编辑人员认为设置为 2 ～ 5 秒最合适。

4. 循环播放期间，可以尝试使用前面学过的方法调整修剪。

修剪模式视图底部的【向前修剪】与【向后修剪】按钮非常方便。播放剪辑期间，你可以使用它们对修剪进行调整。

接下来，我们尝试使用键盘进行动态控制。控制播放时使用的 J、K、L 键同样可以用来控制修剪，但要求节目监视器处于修剪模式。

5. 按【停止】或空格键停止循环播放。

6. 按 L 键,向右修剪。

按一次 L 键将进行实时修剪。多次按 L 键,可以加快修剪。

在常规修剪模式下,若修剪一个剪辑会延伸到下一个剪辑,则修剪将无法进行。在波纹修剪模式下,剪辑会进行移动以便容纳新剪辑的持续时间。

这些剪辑都非常短,所以你可以快速修剪完。接下来,尝试执行更精确的修剪。

7. 按 K 键停止修剪。

8. 按住 K 键,按 J 键缓慢向左修剪。

> **Pr** | **注意**:当按 K 键停止修剪时,时间轴上剪辑片段的持续时间会随之更新。

9. 释放两个键,停止修剪。

10. 在时间轴中单击其他地方,取消选择编辑点,退出修剪模式。

8.8.4 使用键盘快捷键修剪

修剪时,常用的键盘快捷键整理如下。如果有一个彩色按键的键盘,会更容易记住每个键对应的具体操作。

macOS	Windows
向后修剪:Option+ 左箭头	向后修剪:Ctrl+ 左箭头
大幅向后修剪:Option+Shift+ 左箭头	大幅向后修剪:Ctrl+Shift+ 左箭头
向前修剪:Option+ 右箭头	向前修剪:Ctrl+ 右箭头
大幅向前修剪:Option+Shift+ 右箭头	大幅向前修剪:Ctrl+Shift+ 右箭头
将剪辑选择项向左内滑 5 帧:Option+Shift+,(逗号)	将剪辑选择项向左内滑 5 帧:Alt+Shift+,(逗号)
将剪辑选择项向左内滑 1 帧:Option+,(逗号)	将剪辑选择项向左内滑 1 帧:Alt+,(逗号)
将剪辑选择项向右内滑 5 帧:Option+Shift+.(句号)	将剪辑选择项向右内滑 5 帧:Alt+Shift+.(句号)
将剪辑选择项向右内滑 1 帧:Option+.(句号)	将剪辑选择项向右内滑 1 帧:Alt+.(句号)
将剪辑选择项向左外滑 5 帧:Command+Option+Shift+ 左箭头	将剪辑选择项向左外滑 5 帧:Ctrl+Alt+Shift+ 左箭头
将剪辑选择项向左外滑 1 帧:Command+Option+ 左箭头	将剪辑选择项向左外滑 1 帧:Ctrl+Alt+ 左箭头
将剪辑选择项向右外滑 5 帧:Command+Option+Shift+ 右箭头	将剪辑选择项向右外滑 5 帧:Ctrl+Alt+Shift+ 右箭头
将剪辑选择项向右外滑 1 帧:Command+Option+ 右箭头	将剪辑选择项向右外滑 1 帧:Ctrl+Alt+ 右箭头

8.9　复习题

1. 把剪辑的播放速度更改为 50%，会对剪辑的持续时间有什么影响？

2. 哪种工具可以用来拉伸序列剪辑，以改变它的播放速度？

3. 内滑编辑和外滑编辑有何不同？

4. 替换剪辑和替换素材有何不同？

8.10　复习题答案

1. 剪辑的持续时间是原来的两倍。降低剪辑的播放速度将使剪辑变长，除非在【剪辑速度 / 持续时间】对话框中断速度和持续时间之间的链接，或者剪辑被另外一个剪辑遮挡。

2. 你可以使用【比率拉伸工具】调整剪辑播放速度，就像在修剪剪辑一样。当需要填充序列中一小段时间或稍微缩短一下剪辑时，这个工具非常有用。

3. 在相邻剪辑上对一个剪辑执行内滑操作时，Premiere Pro 会保留所选剪辑的源入点和出点。在相邻剪辑下对一个剪辑执行外滑操作（或者像传送带一样滚动内容）时，所选剪辑的入点和出点会发生变化。

4. 替换剪辑时，Premiere Pro 会使用项目面板中的新剪辑替换掉时间轴上的一个序列剪辑。替换素材时，Premiere Pro 会使用新的源剪辑替换项目面板中的剪辑，并且项目中所有用到该剪辑实例的序列都会被更新。在这两种情况下，应用到被替换剪辑的效果都会被保留。

第9课 让剪辑动起来

课程预览

本课包括如下内容：

- 调整剪辑的运动效果；

- 更改剪辑尺寸、添加旋转效果；

- 调整锚点改善旋转效果；

- 使用关键帧插值；

- 使用阴影和边缘斜面增强运动效果。

　　学习本课大约需要 75 分钟。请准备好本课要用到的课程文件，请参阅本书前言中的"使用课程文件"。

运动效果控件可以用来为剪辑添加运动效果,即使一个图形动起来或者动态调整视频剪辑的尺寸和位置。在 Premiere Pro 中,你可以使用关键帧动态改变一个对象的位置,并通过控制关键帧的解释方式来增强运动效果。

9.1　课程准备

视频项目通常都是面向动态图形的，常见的复杂合成都是由多个镜头组合而成，并且它们通常都是动态运动的。例如，有多个视频剪辑流过浮动的盒子，或者一个视频剪辑缩小后停在主持人旁边。在 Premiere Pro 中，你可以使用【效果控件】面板中的【运动】设置或大量支持运动设置的剪辑效果来创建这些（及其他）效果。

借助于运动效果控件，你可以控制一个剪辑的位置、旋转、大小。有些调整可以直接在节目监视器中进行。不过，有一点需要明白，那就是在【效果控件】面板中所做的调整针对的只是选中的剪辑，而非它所在的序列。

关键帧是一种特殊的标记，它把设置保存在特定时间点上。如果使用两个（或多个）带有不同设置的关键帧，Premiere Pro 会自动对这两个帧之间各帧的设置进行动态调整。你可以使用高级控件对使用了不同类型关键帧的动画时间进行控制。

你可以根据要表现的内容灵活组合各种效果，形成独特的视觉感受，以此帮助你更好地展现故事情节。

9.2　调整运动效果

在 Premiere Pro 中，序列中每个视频剪辑都自动应用了许多效果，这些效果称为"固有效果"（有时也叫作"内在效果"）。运动效果就是其中之一。

在为一个剪辑调整运动效果之前，需要先在序列中选中它，然后才能在【效果控件】面板中看到运动效果的各个设置参数。

通过运动效果，你可以调整剪辑的位置、缩放、旋转。下面介绍如何使用运动效果来调整序列中剪辑的位置。

> **Pr** 提示：不同于其他效果控件，如果展开或折叠运动效果的设置，则所有剪辑的设置都会保持展开或折叠状态。

1. 打开 Lesson 09 文件夹中的 Lesson 09.prproj 文件。

2. 把项目另存为 Lesson 09 Working.prproj。

> **Pr** 提示：处理项目时，你实际操作的是使用新名称保存的项目文件，原有项目文件不会受到影响，因此如果要返回到项目的最初状态，只需要再次复制原始项目文件即可。

3. 在工作区面板中选择【效果】，或者从菜单栏中依次选择【窗口】>【工作区】>【效果】，重置工作区。

4. 打开 01 Floating 序列。这个序列很简单，只包含一个剪辑（Gull.mp4）。

5. 在节目监视器中，从【选择缩放级别】菜单中选择【适合】，保证设置视觉效果时可以看到整个合成。使用【选择缩放级别】菜单不会改变序列内容，只是改变内容的呈现方式。在查看图像细节或设置效果时，【选择缩放级别】菜单会非常有用，但一般来说，把它设置为【适合】即可，如图9-1所示。

6. 播放序列。

从播放中可以看到剪辑的位置、缩放、旋转属性都发生了变化。我们向剪辑添加了关键帧，并在不同时间点做了不同设置，所以剪辑可以播放。

图 9-1

9.2.1 理解运动设置

尽管这些控件都称为【运动】，如图9-2所示，但是如果不添加它，就不会有运动效果。默认情况下，剪辑会以原始尺寸显示在节目监视器的中央位置。先在序列中选择剪辑，再在【效果控件】面板的【视频效果】下，单击【运动】左侧的箭头图标（▶），将其展开，显示所有可用设置如下。

- 位置：沿 x 轴（水平方向）和 y 轴（垂直方向）放置剪辑。位置坐标根据图像左上角的锚点（稍后讲解）位置计算得到。因此，对于一个 1280×720 的剪辑来说，其默认位置是 640,360，即图像的中心点。

图 9-2

- 缩放：当取消选择【等比缩放】时，显示的是【缩放高度】。默认情况下，剪辑的缩放值为 100%。输入小于 100% 的值，会缩小剪辑；输入大于 100% 的值，会放大剪辑。虽然你可以把剪辑放大到 10000%，但是这样做会使画面显得模糊不清晰。

- 缩放宽度：取消选择【等比缩放】时，【缩放宽度】才可用。你可以单独修改剪辑的宽度和高度。

- 旋转：你可以绕着 z 轴旋转一幅图像——平面旋转（就像从上往下俯瞰转盘或旋转木马），可以设置旋转的度数或旋转数。例如，450 度和 1×90（1 代表 1 圈，即 360°；90 表示再加上 90°）所表达的含义是相同的。正数表示沿顺时针方向旋转，负数表示沿逆时针方向旋转。

- 锚点：旋转和位置移动都是基于锚点进行的，默认情况下，锚点位于剪辑的中心。你可以把其他任意一个点设置为锚点，包括剪辑 4 个角点，以及剪辑之外的点。

例如，你可以把剪辑的一个角点设置成锚点，旋转剪辑时，剪辑将绕着角点而非剪辑的中心点旋转。改变剪辑的锚点后，必须重新调整剪辑的位置以适应所做的调整。

提示：就像其他运动控制选项一样，我们可以为锚点位置添加动画，以便实现更复杂的运动。

• 防闪烁滤镜：这个功能对于隔行扫描视频剪辑和包含丰富细节（比如细线、锐利边缘、产生摩尔纹的平行线）的图像很有用。运动过程中，这些包含丰富细节的图像可能会发生闪烁。此时，你可以把【防闪烁滤镜】值设置为 1.00，向图像中添加一点模糊，减少闪烁。

注意：如果包含效果控件面板的面板组太窄，有些控件就会重叠在一起，使我们很难与它们进行交互。若遇到这种情况，在使用效果控件面板之前，请先把面板组拓宽一些。

下面我们继续使用 01 Floating 序列，了解运动效果的各个控制项。

1. 在时间轴面板中单击剪辑，使其处于选中状态。

2. 打开【效果控件】面板。重置【效果】工作区后，即可显示【效果控件】面板。如果没有显示，可以在【窗口】菜单中查找。

3. 在【效果控件】面板中单击【运动】左侧的箭头图标（ › ），将运动效果的控件展开。

4.【效果控件】面板右上侧有一个小箭头图标（ ▦ ）（位于主剪辑名和序列剪辑名右侧），用来显示 / 隐藏时间轴视图。检查时间轴视图是否处于打开状态。若没有，可以单击箭头图标把时间轴视图显示出来。

效果控件面板中的时间轴中显示有关键帧，如图 9-3 所示。

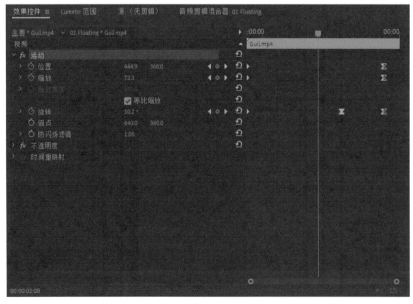

图 9-3

5. 每个设置控件都有关键帧。单击【转到上一关键帧】或【转到下一关键帧】箭头，在特定控件的现有关键帧之间进行跳转。

6. 在效果控件面板、时间轴面板、节目监视器面板中，向前与向后拖曳播放滑块，了解关键帧标记的位置是如何关联动画的。

现在，你已经了解了如何查看现有动画的设置。接下来先把剪辑重置。

> Pr **注意**：把播放滑块移动到指定关键帧处并不容易。使用上一个/下一个关键帧按钮可以防止你意外添加关键帧。你可以指定键盘快捷键，以便把播放滑块快速移动到上一个关键帧或下一个关键帧。

7. 每个设置左侧都有一个名为【切换动画】的秒表图标（），用来打开或关闭动画。当秒表显示为蓝色时，表明该设置上有关键帧动画。单击【位置】属性左侧的秒表图标，可以关闭关键帧。

8. 因为【位置】属性上有关键帧，所以 Premiere Pro 弹出警告窗口，询问是否要删除现有关键帧。单击【确定】，删除现有关键帧，如图 9-4 所示。

图 9-4

> Pr **注意**：每个控件都有单独的【重置参数】按钮。按【重置效果】按钮，每个控件都会回到默认状态（在当前播放滑块所指示的位置）。此时，若开启了设置动画，则会添加一个带有默认设置的关键帧。

9. 使用同样的方法删除【缩放】和【旋转】属性上的关键帧。

10. 在效果控件面板中单击【运动】右侧的【重置效果】按钮（），如图 9-5 所示。

图 9-5

现在，【运动】效果的所有设置都恢复为默认值。

> Pr **注意**：当【切换】按钮处于开启状态时，单击【重置参数】按钮不会改变现有关键帧，而是使用默认设置添加一个新的关键帧。为了避免这个问题，在重置效果之前必须先关闭动画。

9.2.2 调整运动属性

位置、缩放、旋转属性都是空间属性，当对象的尺寸、位置发生变化时，你能轻松地发现。调整这些属性时，你可以直接输入数值，也可以拖曳数字（即在蓝色数字上拖曳）或变形控件。

1. 打开 02 Motion 序列。

2. 在节目监视器中把缩放级别设置为 25% 或 50%（或者周围空间的其他缩放值）。

把缩放级别设置得小一些,可以很容易找到画面之外的东西。

---

3. 在时间轴面板中拖曳滑块,使其在视频剪辑上移动,同时在节目监视器中查看视频内容。

4. 在序列中单击剪辑将其选中,此时在效果控件面板中显示出已经应用的视频效果。

5. 在效果控件面板中单击【运动】效果将其选中。此时,【运动】效果的标题处于灰色高亮状态,如图 9-6 所示。

图 9-6

当选中运动效果时,节目监视器中剪辑的周围出现一个边框,同时边框上出现多个控制点,而且在画面中心出现一个十字形图标,如图 9-7 所示。

6. 在节目监视器中单击边框中的任意位置,注意避开中心的十字图标(它是一个锚点),按住鼠标左键向右下拖曳剪辑,使剪辑的一部分超出画面,如图 9-8 所示。

图 9-7   图 9-8

拖曳剪辑时,在效果控件面板中,剪辑的位置坐标会随之发生变化。

7. 把剪辑放到屏幕的左上角上,使其中心点恰好与画面的左上角重合,即使十字形锚点(⊕)对齐到画面的左上角,如图 9-9 所示。

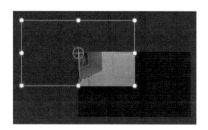

图 9-9

注意： 有些效果（比如运动效果）允许你在选择效果名称后直接在节目监视器中通过控制框来调整效果的属性。建议使用这种方法，尝试调整边角定位、裁剪、镜像、变换、旋转扭曲等效果。

拖曳时，同时按住 Command 键（macOS）或 Ctrl 键（Windows），可使剪辑边缘与锚点对齐至画面边缘。

我们在调整剪辑的位置和旋转剪辑时会用到锚点。单击时，注意不要击中该锚点，否则移动的就是锚点。

提示： 拖曳蓝色数字时，同时按住 Shift 键，将以 10° 为单位改变旋转角度，每次调整的幅度变得更大。按住 Command 键（macOS）或 Ctrl 键（Windows），每次以 0.1° 为单位改变旋转角度，调整的精度更高。

此时，在效果控件面板中，【位置】的坐标值应该是 0,0，或是接近该坐标的值。你可以单击位置的坐标值，直接向 x 与 y 值中输入 0。

02 Motion 是一个 1280×720p 的序列，所以画面右下角的坐标应该是（1280,720），画面中心点的坐标应该是（640,360）。

8. 单击【运动】效果右侧的【重置效果】按钮，将剪辑恢复至默认位置。

9. 在效果控件面板中，把鼠标移动到【旋转】属性右侧的蓝色数字上，按下鼠标左键，向左或右拖曳，此时在节目监视器中可以看到剪辑发生了相应的旋转，如图 9-10 所示。

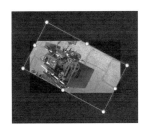

图 9-10

10. 在效果控件面板中单击【运动】右侧的【重置效果】按钮，将剪辑恢复至默认位置。

9.3　更改剪辑的位置、大小和旋转

运动效果把多个独立设置的变化组合在一起。接下来的例子中，我们将使用运动效果为幕后花絮制作一个简单的介绍片段。

9.3.1　更改位置

我们使用关键帧为图层位置制作动画。为此，你要做的第一件事就是改变剪辑的位置。在这

个动画中，最初画面在屏幕外面，然后自右向左穿过屏幕。

1. 打开 03 Montage 序列。

该序列包含几个轨道，其中有些目前还用不到（这里，把它们的【切换轨道输出】开关关闭），后期会用到。

2. 在时间轴面板中把播放滑块放到序列开头。

3. 在节目监视器中把缩放级别设置为【适合】。

4. 单击轨道 V3 上的第一个视频剪辑，将其选中。

为了看得更清楚一些，可以把轨道 V3 的高度增加一点。此时，效果控件面板中会显示各种效果的设置属性，如图 9-11 所示。

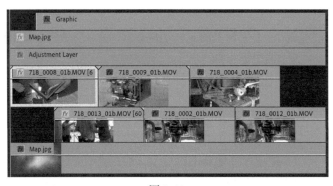

图 9-11

5. 在效果控件面板中单击【位置】左侧的秒表图标（🕐，切换动画），打开该属性的关键帧，此时秒表图标变成蓝色（🕐），Premiere Pro 自动在播放滑块所在的位置添加一个关键帧（◆），你可以在效果控件面板中看到它。关键帧图标只显示一半，这是因为它位于剪辑的第一帧上。

打开【位置】的关键帧动画后，当你改变剪辑的位置时，Premiere Pro 会在当前播放滑块所在的位置处自动添加（或更新）一个关键帧。

6. 【位置】属性有两个值，第一个是 x 轴坐标，第二个是 y 轴坐标。把第一个值更改为 −640（x 坐标），指定剪辑的起始位置。

此时，剪辑向左移动到屏幕外，同时 V1 和 V2 轨道上的剪辑显露出来。播放位置的 V2 轨道是空的，因此你可以看到 V1 轨道中的 Map.jpg。

当所选剪辑移出屏幕时，轨道 V1 上的剪辑 Map.jpg 显示出来，如图 9-12 所示。

7. 在时间轴面板或效果控件面板中，将播放滑块拖曳到所选剪辑的最后一帧（00:00:4:23）。

图 9-12

提示： 在效果控件面板中，如果持续拖曳播放滑块到时间轴的右边缘，播放滑块将出现在下一个剪辑的第一帧。需要把播放滑块向后移动一帧，以便与当前剪辑的最后一帧对齐。

8. 向【位置】属性的 *x* 坐标输入 1920，剪辑向右移出到画面，如图 9-13 所示。

图 9-13

9. 播放序列的第一部分，可以看到剪辑从屏幕左侧进入，而后慢慢向右移动，直到移动到画面右边缘之外。

然后，V3 轨道上的第二个剪辑突然出现。接下来，我们将为这个剪辑和其他文本制作动画。

9.3.2 重用运动效果

前面我们已经向一个剪辑应用了关键帧和效果，可以把它们重用到其他剪辑上，操作也很简单，只需要把它们从一个剪辑复制粘贴到另外一个或多个剪辑上即可，这样做可以大大节省操作时间。在接下来的示例中，我们将把前面制作的从左到右移动的动画效果应用到序列中的其他剪辑上。

重用效果的方法有好几种，下面我们选择其中一种方法进行尝试。

1. 在时间轴面板中选择刚刚制作好动画的那个剪辑，即 V3 轨道上的第一个剪辑。

2. 在菜单栏中依次选择【编辑】>【复制】菜单，或者按 Command+C（macOS）或 Ctrl+C（Windows）组合键。

此时，所选剪辑连同它的效果、设置都被临时复制到计算机的剪贴板中。

3. 使用【选择工具】（V），从右向左拖曳鼠标，将 V2、V3 两个轨道上的其他五个剪辑同时选中（可能需要把时间轴放大一些才能看到所有剪辑）。注意，第一个视频剪辑不应该被选中，如图 9-14 所示。

4. 在菜单栏中依次选择【编辑】>【粘贴属性】菜单，打开【粘贴属性】对话框，如图 9-15 所示。

在【粘贴属性】对话框中，你可以选择要粘贴复制自另外一个剪辑的哪些效果和关键帧。

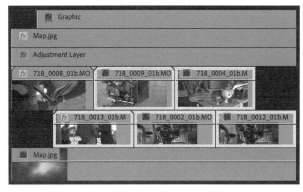

图 9-14

图 9-15

注意：除在时间轴面板中复制整个剪辑外，还可以在效果控件面板中单击选择一个或多个效果，同时按住 Command 键（macOS）或 Ctrl 键（Windows）单击，可以选择多个不相邻的效果，从菜单栏中依次选择【编辑】>【复制】菜单。然后选择另外一个（或多个）剪辑，在菜单栏中依次选择【编辑】>【粘贴】菜单，将当前设置粘贴到其他剪辑。

5. 保持默认设置不变，单击【确定】按钮。

6. 播放序列，查看结果，如图 9-16 所示。

图 9-16

9.3.3 添加旋转并更改锚点

前面我们已经使用【位置】属性关键帧使剪辑在屏幕上动起来。接下来，我们将使用另外两个属性来进一步增强剪辑的动态效果。从【旋转】属性开始。

【旋转】属性可以使一个剪辑围绕它的锚点旋转。默认情况下，锚点位于图像中心。不过，你可以更改锚点和图像之间的关系，以制作出更有趣的动画。

为剪辑添加旋转效果。

1. 在时间轴面板中单击 V6 轨道上的【切换轨道输出】按钮（👁）以启用它（👁）。该轨道上的剪辑是一个文本图形，包含的文本是 Behind The Scenes，如图 9-17 所示。

该文本图形是在 Premiere Pro 中使用基于矢量的设计工具创建的，所以不管如何缩放，它始终是清晰的，并且其中的曲线非常平滑，不会有像素化问题。处理矢量图形与非矢量图形的方式类似，你可以使用相同的控件、效果和调整工具。

2. 把播放滑块移动到图形剪辑的起始位置（00:00:01:13）。拖曳播放滑块时，同时按住 Shift 键，当播放滑块靠近剪辑起始位置时会自动吸附到起始位置上。

3. 选择序列中的图形剪辑。此时，效果控件面板中会显示图形剪辑的各个控件。

针对矢量图形，Premiere Pro 提供了以下两种运动效果。

- 图形——矢量运动：这种效果会把图形内容看作由矢量组成，放大图像时仍然保持清晰的线条，同时不会出现像素化问题。

- 视频——运动：该效果会把图形内容看作由像素组成，放大图形时像素尺寸会增加，因此会产生锯齿状边缘，并使图形变得模糊不清。信不信由你，总有一天你会想使用这种效果。

在 Premiere Pro 中创建的每个图形、文本图层（连同所有属性）都会出现在效果控件面板中。图形只有一个图层，你可以在矢量运动效果下看到它。

4. 在效果控件面板中单击【矢量运动】（非【运动】效果）名称，此时在节目监视器中会出现画面中心的锚点和周围的边框控件。锚点指的是圆圈内有一个十字形的图标，其位置在文本的中心，如图 9-18 所示。

图 9-17

图 9-18

接下来，我们在效果控件面板中调整【旋转】属性，并查看调整结果。

5. 单击【矢量运动】左侧的箭头图标，将其中包含的属性控件展开，在【旋转】属性中输入 90.0。

此时，文本会围绕着屏幕中心顺时针旋转 90 度。

6. 在菜单栏中依次选择【编辑】>【撤销】菜单，取消旋转操作。

7. 确保效果控件面板中的【矢量运动】选项仍然处于选中状态。

8. 在节目监视器中，将锚点拖曳到文本第一个字母 B 的左上角，如图 9-19 所示。

位置属性和锚点属性控制的设置相似，但是它们是各自独立的。

- 【锚点】属性控制着锚点相对于剪辑图像的位置。

- 在效果控件面板中，【位置】属性控制着锚点在序列帧中的位置。

图 9-19

在移动图像中的锚点后，效果控件面板中的【位置】属性和【锚点】属性都会发生变化。

> **注意：** 当在节目监视器中调整锚点的位置时，位置属性会随之自动更新。如果在效果控件面板中更改锚点属性，则需要单独调整位置属性。

9. 在【矢量运动】效果设置中单击【旋转】左侧的秒表图标，打开关键帧动画，Premiere Pro 会在播放滑块所在的位置自动添加一个关键帧。

10. 把【旋转】设置为 90.0，更新刚刚添加的关键帧。

11. 向前移动播放滑块到 00:00:06:00，单击【旋转】属性右侧的【重置参数】按钮（ ↺ ），将【旋转】恢复为 0.0。此时，Premiere Pro 会自动添加另外一个关键帧，如图 9-20 所示。

图 9-20

12. 播放序列，查看动画效果。

9.3.4　更改剪辑大小

更改序列中剪辑大小的有多种方法。默认情况下，添加到序列中的剪辑都是原始尺寸大小（100%）。当剪辑图像的尺寸与序列帧的尺寸不一致时，你可以手动调整剪辑的大小，或者通过设置 Premiere Pro 自动调整剪辑大小。

- 在效果控件面板中使用【运动】或【矢量运动】效果下的【缩放】属性。

- 使用鼠标右键单击序列中的剪辑，从弹出菜单中选择【设为帧大小】。此时，Premiere Pro 会自动调整【运动】效果的【缩放】属性，使剪辑的帧大小和序列的帧大小保持一致。

- 使用鼠标右键单击序列中的剪辑，在弹出菜单中选择【缩放为帧大小】。这样得到的结果与【设为帧大小】类似，不同的是 Premiere Pro 会使用新的（通常是较低的）分辨率对图像重新采样。此时，使用【运动】>【缩放】缩放图像，不管原始剪辑的分辨率有多高，图像看起来都会显得很模糊。

- 还可以选择【Premiere Pro】>【首选项】>【媒体】>【默认媒体缩放】（macOS）或【编辑】>【首选项】>【媒体】>【默认媒体缩放】（Windows），把默认媒体缩放设置为【缩放为帧大小】或【设置为帧大小】，当向项目中导入素材时，Premiere Pro 会自动应用该设置，但是已经导入的素材不受影响。

上述 4 种方法中，第一种和第二种方法最灵活，你可以使用它们根据需要灵活地缩放图像，同时又不会影响到图像质量。下面来进行尝试。

1. 打开 04 Scale 序列。

2. 拖曳播放滑块，浏览序列内容，如图 9-21 所示。

图 9-21

位于 V1 轨道上的第二个和第三个剪辑要比第一个剪辑长一些。事实上，在不丢帧的情况下播放如此高分辨率的剪辑对有些系统来说可能会比较吃力，而且在画面边缘还可能出现明显的裁剪。

在时间轴面板中把播放滑块移动到序列的最后一个剪辑上（V1 轨道上）。

3. 使用鼠标右键单击剪辑，从弹出菜单中选择【缩放为帧大小】，如图 9-22 所示。

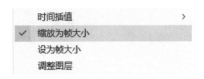

图 9-22

执行该命令时，Premiere Pro 会根据序列的分辨率对图像进行缩放，同时对图像重新采样，这在一定程度上会造成画质损失。这里还有一个问题：剪辑是全 4K，分辨率为 4096×2160，图像不是标准的 16:9，这与序列的长宽比不匹配，所以图像的顶部和底部会出现黑条，即人们常说的“黑边”（letterboxing）。

当使用的剪辑的长宽比与序列不一致时，就会出现“黑边”问题，这时你只能进行手工调整，此外没有其他更简单的办法。

4. 再次使用鼠标右键，单击剪辑，在弹出菜单中再次选择【缩放为帧大小】，取消选择。你可以随时打开或关闭这个选项。

5. 使用鼠标右键单击剪辑，从弹出菜单中选择【设为帧大小】，如图 9-23 所示。这样得到的结果好像没什么不同，但这时，你可以通过调整属性进行修改。

图 9-23

6. 在剪辑处于选中状态时，打开【效果控件】面板。

使用【缩放】属性调整帧大小，使剪辑图像和序列帧一致，并且没有黑边，如图 9-24 所示。大约设置为 34% 即可。如果需要，你可以选择其他宽高比，并调整【位置】属性来重新组织镜头。

图 9-24

当剪辑与序列的宽高比不一致时，可以选择保留黑边，或进行剪裁，或改变图像的宽高比（需要在效果控件面板中取消【等比缩放】）。

 注意：在效果控件面板中，当某个属性的单位是像素、百分比、度数时，这些单位不会被明确标注出来。你可能需要花点时间来适应，具有一定经验之后，可以发现这样做很有意义。

9.3.5 动态改变剪辑大小

前面的例子中，剪辑图像的宽高比都与序列不同。

下面来看另外一个例子，将调整处理成动画。

1. 在时间轴面板中把播放滑块移动到 04 Scale 序列中第二个剪辑的第一帧上，即 00:00:05:00 处，如图 9-25 所示。

图 9-25

这个剪辑是超高清（UHD）的，分辨率为 3840×2160，与序列（1280×720）的宽高比相同（16:9），它还与全 HD（1920×1080）的宽高比相同，这意味着 UHD 视频素材可以很方便地用在 HD 视频制作中。

2. 选择剪辑，在效果控件面板中将【缩放】设置为 100%。

3. 在时间轴面板中使用鼠标右键单击剪辑，在弹出菜单中选择【设为帧大小】，如图 9-26 所示。

图 9-26

此时，剪辑被缩小到了 33.3%。若希望画面周围不出现黑边，剪辑的缩放值必须设置在 33.3% ～ 100% 之间，而且在这个缩放范围内，图像保持有很好的质量，如图 9-27 所示。

4. 在效果控件面板中单击【缩放】左侧的秒表图标（切换动画，），打开关键帧动画。

图 9-27

5. 把播放滑块放到剪辑的最后一帧上。

6. 在效果控件面板中单击【缩放】右侧的【重置参数】按钮（）。

7. 拖曳播放滑块，浏览剪辑的缩放效果。

从预览中可以看到剪辑上有一个缩放动画，而且由于剪辑的最大缩放不超过 100%，因此画面仍然保持着完整的分辨率（见图 9-28）。

这个剪辑包含运动，看起来就像地面在上升。

8. 尝试将关键帧的时间反转，在第一个关键帧将【缩放】设置为 100%，在第二个关键帧将【缩放】设置为 33.3%。

这个效果会使人想起著名的移动变焦效果。

9. 使用【撤销】命令，撤销操作，使剪辑开始时缩放为 33.%，然后逐渐变成 100%。设置效果时，建议大胆地进行各种尝试。不满意时，只要撤销操作即可。

10. 打开 V2 轨道的【切换轨道输出】图标。

这个轨道上有一个调整图层。调整图层会把效果应用到低层视频轨道的所有素材上。

11. 选择调整图层剪辑，打开效果控件面板，其中显示有剪辑上应用的各种效果。

效果控件面板中添加了一种【亮度与对比度】效果，如图 9-29 所示。关于调整图层的更多内容，我们将在第 12 课中学习。

图 9-28

图 9-29

12. 播放序列。

你可能需要先渲染序列，然后才能实现平滑播放。因为有些剪辑的分辨率很高，播放时需要耗费大量计算机处理能力。为了渲染序列，需要你先在时间轴面板中选择它，然后从菜单栏中依次选择【序列】>【渲染入点到出点】。

9.4 使用关键帧插值

前面我们学习使用关键帧来制作动画。术语"关键帧"（keyframe）来自于传统动画，制作传统动画时，艺术总监绘制关键帧（或主动作），然后助理动画师绘制关键帧之间的帧，并使它们动起来。在 Premiere Pro 中制作动画时，你作为艺术总监，负责制作关键帧，关键帧之间的各个帧由计算机通过插值完成。

9.4.1 使用不同的关键帧插值方法

关键帧最有用但用得最少的一个功能是其插值方法，这是一种描述从 A 点如何到 B 点的独特方式。

Premiere Pro 提供了 5 种插值方法，采用不同的插值方法会产生完全不同的动画。使用鼠标右键单击关键帧图标，弹出菜单中会显示 5 种可用的插值方法（有些效果同时具有空间和时间选项），如图 9-30 所示。

图 9-30

- 线性（◆）：这是默认的关键帧插值方法，它会在关键帧之间创建一种匀速变化。变化从第一帧开始，并保持恒定速度到下一帧。第二帧时，变化速度立即达到它和第三帧之间的速度，以此类推。这种方法很有效，但效果比较机械。

- 贝塞尔曲线（◢◣）：这种方法对关键帧插值的控制最强。贝塞尔关键帧（以法国工程师 Pierre Bézier 的名字命名）提供了控制手柄，通过控制手柄，你可以更改关键帧任意一侧的值图（value graph）形状或运动路径。选中关键帧，拖曳出现的贝塞尔手柄，可以实现平滑或尖锐的运动效果。例如，你可以让一个对象舒缓地移动到屏幕上的某一个位置，然后急剧地朝着另外一个方向奔去。

> **提示**：如果熟悉 Adobe Illustrator 或 Adobe Photoshop，那么对贝塞尔曲线应该不会感到陌生。这些软件中的贝塞尔曲线和 Premiere Pro 中的贝塞尔曲线在工作原理上都是相同的。

- 自动贝塞尔曲线（●）：自动贝塞尔关键帧能够使关键帧之间变化的速度很平滑。当你改变设置时，它们会自动更新，这是上述贝塞尔关键帧的一个改进版本。

- 连续贝塞尔曲线（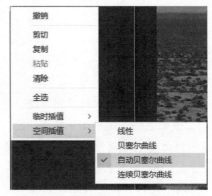）：该方法与【自动贝塞尔曲线】类似，但是它支持一定程度的人工控制。运动或值路径（value path）的过渡总是很平滑，但是你可以使用控制手柄调整关键帧两侧的贝塞尔曲线的形状。

- 定格（）：该方法仅适用于基于时间的属性。在整个持续时间中，定格关键帧的值保持不变，并且无逐渐过渡。在创建不连贯的运动或者使某个对象突然消失时，这个方法会非常有用。使用该方法时，第一个关键帧的值会一直保持，直到遇到下一个定格关键帧，值会立即发生变化。

时间插值与空间插值

有些属性和效果为关键帧之间的过渡同时提供了时间插值和空间插值方法（见图 9-31）。在 Premiere Pro 中，所有属性都有与时间有关的控件，有些属性还提供空间插值（涉及空间或运动）。

关于这两种方法，你需要了解如下内容。

- 时间插值：时间插值处理的是时间上的变化，它是一种用来确定对象移动速度的有效方式。例如，你可以使用名为【缓和】或【贝塞尔】的特殊关键帧添加加速或减速效果。

- 空间插值：该方法处理的是一个对象位置上的变化，它是一种在对象穿过

图 9-31

屏幕时控制其路径形状的有效方式。该路径称为【运动路径】，它在节目监视器中有多种显示方式。例如，控制一个对象从一个关键帧移动到下一个关键帧时是否会产生硬角弹跳，或者是否有带圆角的倾斜运动。你可以使用【空间插值】进行选择。

9.4.2 添加缓入缓出

为剪辑运动添加惯性感觉的一种快捷方法是使用关键帧预设。例如，使用鼠标右键单击关键帧，在弹出菜单中选择【缓入】或【缓出】，可以创建一种加速效果。接近关键帧时使用【缓入】，远离关键帧时使用【缓出】。

继续使用 04 Scale 序列。

1. 选择序列中的第二个视频剪辑。

2. 在效果控件面板中找到【旋转】和【缩放】属性。

3. 单击【缩放】左侧的箭头图标（  ），单击【缩放】属性标题，选择缩放关键帧，显示控制手柄和速率图形，如图 9-32 所示。

图 9-32

你可以增加效果控件面板的高度，以便全部显示所有控件。

不要畏惧数字和图形。一旦我们理解了其中一个，另一个就也理解了，因为它们使用了相同的设计。

借助于图形，我们可以更方便地查看关键帧插值的效果。直线表示的是速度恒定不变，没有加速度。

4. 在效果控件面板中单击背景，取消选择关键帧。然后使用鼠标右键单击第一个缩放关键帧，在弹出菜单中选择【缓出】。第一个缩放关键帧位于迷你时间轴左侧，并且图标只显示一半。

5. 使用鼠标右键单击第二个缩放关键帧，在弹出菜单中选择【缓入】。

此时，图形中呈现一条曲线，代表动画逐渐加速和减速，如图 9-33 所示。

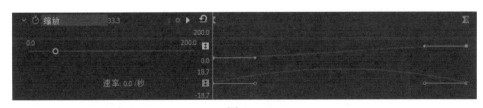

图 9-33

6. 播放序列，查看动画。

7. 在效果控件面板中，尝试拖曳蓝色的贝塞尔曲线手柄，了解它们对速度快慢的影响。

曲线越陡峭，动画运动或速度增加得越剧烈。尝试完成后，如果不喜欢，可以多次选择【编辑】>【撤销】进行撤销。

9.5　应用【自动重构】效果

从前所有屏幕的长宽比都是 4×3，后来出现了各种长宽比，直到最终确定为 16×9，这是如今电视节目和在线视频普通采用的标准长宽比，有时也写为 1.78:1。

影院屏幕往往更宽，常用的两种长宽比为 1.85:1 与 2.39:1。

制作电影时，电影公司往往会为同一部电影制作多个版本，这些版本有不同的长宽比和颜色标准，用以满足不同的视频发行标准。不过，最常用的还是 16×9 或 4×3。

随着社交媒体平台的流行与发展，特别是智能手机平台的发展，人们对视频长宽比的多样化要求逐渐变得强烈起来。

为了帮助你改变序列用途，Premiere Pro 提供了一个自动重构工作流。借助它，你可以轻松地把一个已经制作好的序列从一种长宽比转换为另一种长宽比，还可以把这个过程自动化。使用这个工作流时，Premiere Pro 会分析剪辑中的视觉效果，然后将关键帧添加到剪辑的运动属性中，以自动保持兴趣点（比如屏幕上的人脸），如图 9-34 所示。

如果想把自己的作品发布到多个平台上，使用自动重构工作流将为你节省大量时间。下面我们一起动手尝试。

1. 打开序列 05 Auto Reframe。

2. 播放序列，熟悉一下序列内容。

图 9-34

人物在画面中走来走去。序列中不适合画面的剪辑边缘会被裁剪掉。如果想把这个序列嵌套到其他序列中，则需要手动添加关键帧来重构内容，而这会花费相当长的时间。

3. 在时间轴面板处于活动状态，或者在项目面板中的 05 Auto Reframe 序列处于选中状态时，从菜单栏中依次选择【序列】>【自动重构序列】，打开【自动重构序列】对话框，如图 9-35 所示。

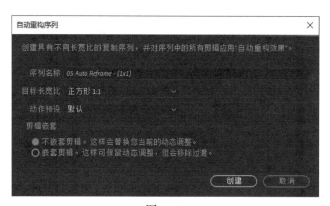

图 9-35

单击【创建】按钮，Premiere Pro 会根据我们在【自动重构序列】对话框中的选择新建一个序列，原始序列不受影响。【自动重构序列】对话框提供如下设置。

- 序列名称：为新序列起个名称。默认名称是在原始序列名称后面添加了长宽比描述。

- 目标长宽比：指定一个新的长宽比。你可以重复该过程，创建具有不同长宽比的多个序列。

- 动作预设：设置用来跟踪序列中运动的关键帧的数目。对于慢速、平滑的运动，可以选择【减慢动作】；对于快速运动，可以选择【加快动作】。

- 剪辑嵌套：选择是否嵌套剪辑。每个剪辑只能有一个运动效果，如果剪辑上已经有运动关键帧，它们将在新的序列中被替换，除非选择嵌套剪辑。如果选择嵌套剪辑，剪辑间的过渡效果会被移除。

4. 在【自动重构序列】对话框中保存默认设置不变，单击【创建】按钮，Premiere Pro 会分析序列，如图 9-36 所示。

分析完毕后，项目面板中会出现新创建的序列，它位于一个名为【自动重构序列】的素材箱中，如图 9-37 所示。Premiere Pro 会在时间轴面板中自动打开新创建的序列。

图 9-36   图 9-37

5. 播放序列，检查重构结果。

6. 在时间轴面板中选择第一个剪辑，在【效果控件】面板中出现 Premiere Pro 添加的位置关键帧（全是可编辑的），以及应用的自动重构效果。你可以在这个效果中更改动作预设，然后重新分析序列内容，如图 9-38 所示。

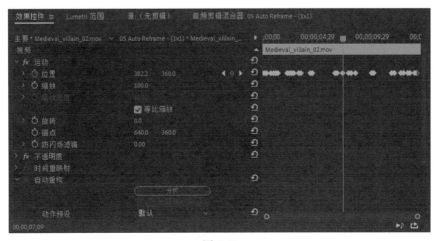

图 9-38

9.6 添加投影

运动效果直观、易用，但是除运动效果外，你可能还想要更多效果。为此，Premiere Pro 提供了其他更多效果来控制对象的运动。

例如，【变换】和【基本 3D】效果非常好用，你可以使用它们更好地控制对象（包括 3D 旋转）。

9.6.1 添加投影

投影通过在对象背后添加阴影来增强空间透视感。在分离前景和背景元素，增加场景透视感时，我们经常会使用这种效果。

图 9-39

下面我们来添加投影。

1. 打开 06 Enhance 序列。

2. 在节目监视器中把缩放级别设置为【适合】。

3. 在效果面板中设置【视频效果】>【透视】，如图 9-39 所示。

4. 把【投影】效果拖曳到 Journey to New York 文本剪辑（位于 V3 轨道）上。

5. 在效果控件面板中尝试调整【投影】下的各项设置。你可能需要向下拖曳面板右侧的滚动条，才能看到【投影】下的各个设置。尝试完毕后，进行如下设置。

* 将【不透明度】设置为 85%，加深阴影。

* 将【方向】设置为 320°，以便观看阴影角度的变化。

* 设置【距离】为 15，使阴影离文本更远一些。

* 将【柔和度】设置为 25，柔化阴影边缘。一般而言，【距离】设置得越人，【柔和度】值就越大。

6. 播放序列，查看效果，如图 9-40 所示。

图 9-40

9.6.2　使用变换效果添加运动

除运动效果外，Premiere Pro 还提供了另外一种类似的效果——变换。它们拥有相似的控制属性，但是有以下两个重要区别。

- 不同于运动效果，变换效果处理的是剪辑的锚点、位置、缩放、不透明度的变化。这意味着投影、斜面等效果会有不同的行为表现（通常会更准确）。
- 变换效果包含倾斜、倾斜轴、快门角度属性设置，可以用来为剪辑创建视觉角度变换效果。

下面使用一个预构建的序列来比较两种效果。

1. 打开 07 Motion and Transform 序列。

2. 播放序列，了解其内容。

序列包含两个部分，每一部分都有一个画中画（PIP），它在背景剪辑上从左向右移动，同时旋转两周。请在这两部分剪辑中仔细观察阴影的位置。

- 在第一个例子中，阴影出现在 PIP 右下边缘之外，并且当 PIP 旋转时，阴影也随之一起发生旋转，这显然是不真实的，因为该过程中产生阴影的光源并没有发生移动。
- 在第二个例子中，在 PIP 旋转时，阴影始终出现在 PIP 的右下边缘之外，这看起来会更真实。

3. 单击 V2 轨道上的第一个剪辑，在效果控件面板中查看其应用的效果：运动效果和投影效果，如图 9-41 所示。

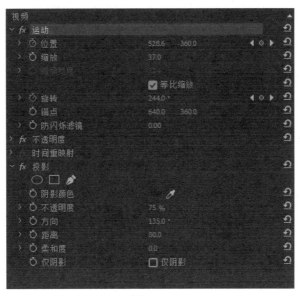

图 9-41

4. 单击 V2 轨道上的第二个剪辑。通过效果控件面板中可以发现产生运动的是变换效果，产生阴影的仍然是投影效果，如图 9-42 所示。

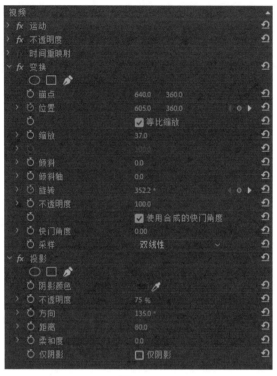

图 9-42

变换效果和运动效果有许多相同的控制属性，但倾斜、倾斜轴、快门角度属性是其特有的。相比于运动效果，变换效果与投影效果配合使用能够产生更真实的视觉效果，这是由效果的应用顺序决定的，运动效果总是应用在其他效果之后。

> **注意**：应用变换效果时，取消选择【使用合成的快门角度】，使你能够通过【快门角度】属性创建出非常自然的运动模糊效果。建议将快门角度设置为 180°，与现在大多数摄像机系统保持一致。

9.6.3 使用【基本 3D】效果在 3D 空间中操纵剪辑

在 Premiere Pro 中，创建运动的另一个选择是使用基本 3D 效果，该效果允许用户在 3D 空间中操控剪辑，比如绕着水平轴或垂直轴旋转图像，或者使它靠近或远离。此外，基本 3D 效果下还包含一个【镜面高光】属性，开启该属性后，图像的旋转表面上会出现反光效果。

下面我们尝试使用该效果。

1. 打开 08 Basic 3D 序列。

2. 在时间轴面板中拖曳序列上的播放滑块，查看内容，如图 9-43 所示。

图 9-43

跟随运动的光线来自于观看者的上方、后方与左侧。由于光线来自于上方，因此直到图像向后倾斜并到达反射位置时，才能看到效果。这种类型的镜面高光可以用来增强 3D 效果的真实性。

基本 3D 效果主要有如下 4 种属性。

- 旋转：控制围绕 y 轴（垂直轴）的旋转。若旋转超过 90°，你会看到图像背面，它是前面的镜像。

- 倾斜：控制围绕 x 轴（水平轴）的旋转。若旋转超过 90°，你也能看到背面。

- 与图像的距离：沿着 z 轴移动图像模拟深度。该值越大，图像离你越远。

- 镜面高光：在旋转图像的表面添加反射光，就像头顶上有一盏灯照在表面上一样。该属性有一个复选框，用来控制开启或关闭。

3. 调整基本 3D 效果的各个属性，了解它们的作用。注意，【绘制预览线框】选项仅在【仅软件】模式下才可用（而且也没有在项目设置中 GPU 加速）。

在开启【绘制预览线框】选项后，将只显示剪辑帧的线框。借助该选项，你可以快速地应用效果，同时计算机又不会渲染图像。如果开启了 GPU 加速，整个图像都会显示出来。

9.7　复习题

1. 哪个固定效果可以使一个剪辑动起来?

2. 如果想让一个剪辑全屏时显示几秒,然后旋转着消失。如何使运动效果的旋转功能从剪辑中的某个位置启动,而不是从一开始就启动?

3. 如何使一个对象慢慢转起来,然后再慢慢停下来?

4. 向剪辑添加投影时,为什么不使用运动效果,而要选择一个其他与运动相关的效果?

9.8　复习题答案

1. 你可以使用运动效果为剪辑设置新位置。借助于关键帧,你可以把这个效果做成动画。

2. 将播放滑块放到旋转的起始位置,单击【添加 / 删除关键帧】按钮,或者秒表图标。然后,将播放滑块移动到旋转停止的位置,调整【旋转】参数,此时会出现另外一个关键帧。

3. 使用【缓出】和【缓入】改变关键帧插值,可以使对象慢慢旋转,而不是突然转动。

4. 运动效果是最后一个应用到剪辑的效果,它会把它前面应用的所有效果组合成一个整体进行旋转。若想为旋转对象创建真实的投影,可以选用变换或基本3D 效果,然后在效果控件面板中把【投影】效果放到所选效果下面。

第10课　编辑和混合音频

课程概览

本课包括如下内容：

- 使用音频工作区；

- 了解音频特性；

- 调整剪辑音量；

- 调整序列中的音频电平；

- 自动降低音乐电平；

- 使用音频剪辑混合器。

　学习本课大约需要 90 分钟。请先准备好本课要用到的课程文件，请参阅本书前言中的"使用课程文件"。

到目前为止，我们一直关注的是对视频画面的处理。毫无疑问，视频画面对于整个视频作品至关重要，但是音频的重要性绝不亚于视频画面，有时甚至更重要，相信大部分专业剪辑师会同意这一点。本课我们将学习一些混音基础知识，并了解 Adobe Premiere Pro 提供的强大音频处理工具。

10.1　课程准备

想一想在看恐怖电影时把声音关掉会怎样？关闭声音之后，原本很吓人的场景现在看起来竟然会产生莫名其妙的喜感。

音乐不仅能影响我们的判断能力，还会影响我们的情感。实际上，不管什么样的声音，喜欢的或不喜欢的，我们的身体都会对其做出反应。例如，听音乐时，你的心率会受到音乐节拍的影响，快节奏的音乐会使心跳加快，而慢节奏的音乐则会使心跳减慢。这就是音乐的魔力，如图 10-1 所示。

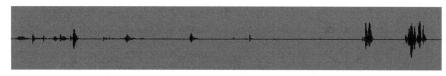

图 10-1

摄像机录制的音频都或多或少地存在这样或那样的问题，大多需要进行一定的处理才能用在视频作品中。Premiere Pro 为我们提供了强大的音频处理工具，支持我们对音频进行如下一些处理。

* Premiere Pro 能以不同于摄像机录制音频时采用的方式来解释所录制的音频声道。例如，可以把录制为立体声的音频解释为独立的单声道。

* 清除背景声音。无论是系统的嗡嗡声，还是空调噪声，Premiere Pro 都提供了强大的处理工具帮助我们清除背景声音。

* 调整剪辑中不同音频的音量（不同音调）。

* 调整项目面板中剪辑或序列中剪辑片段的音量级别。我们可以根据时间对序列中剪辑做不同调整，以便创建复杂的混音效果。

* 在音乐剪辑和对话剪辑之间添加音乐和混音。这可以由 Premiere Pro 自动执行，也可以由你手动添加。

* 添加现场声音效果，比如爆炸、关门声、大气环境声。

本课中，我们先学习如何使用 Premiere Pro 中的音频处理工具调整剪辑与序列中的音频，然后学习如何使用音频剪辑混合器在播放序列时实时改变音量。

10.2　切换到音频工作区

让我们先把工作区切换到音频工作区下。

1. 打开 Lessons 文件夹中的 Lesson 10.prproj。

2. 将项目另存为 Lesson 10 Working.prproj。

3. 在工作区面板中单击【音频】，然后双击【音频】这个名称，在弹出的【确认重置工作区】

对话框中单击【是】按钮。这是一种把工作区重置为已保存布局的快捷方式，如图 10-2 所示。

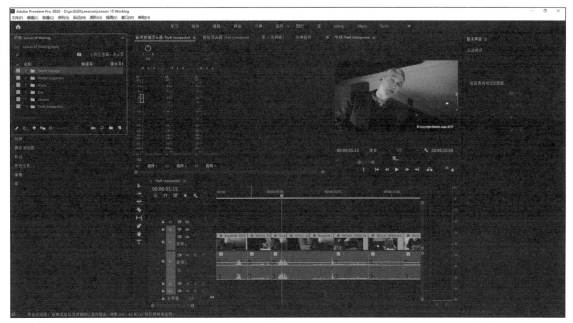

图 10-2

10.2.1　使用音频工作区

音频工作区中的大部分组件与视频编辑工作区中的组件相同。一个明显的不同是，音频工作区中默认显示的不是源监视器，而是音频剪辑混合器。源监视器仍然存在，只不过暂时隐藏了起来，且与音频剪辑混合器在同一个面板组中。

最终输出时，Premiere Pro 会把剪辑的调整和轨道调整合并在一起。如果把剪辑的音频电平降低 −3dB，同时把轨道音频电平降低 −3dB，则总降低量应为 −6dB。

你可以应用基于剪辑的音频效果，然后在效果控件面板中修改它们的设置。事实上，使用音频剪辑混合器所做的调整连同其他调整都会显示在效果控件面板中。

基于轨道的音频调整只能在音轨混合器或时间轴中进行。

在 Premiere Pro 中，基于剪辑的音频调整和效果比基于轨道的调整和效果先得到应用。调整应用的先后顺序会对结果产生很大的影响，尤其是在应用各种效果时需要特别注意。

在时间轴面板中，你可以调整音频轨道头，为每个音轨添加一个音频计，以及基于轨道的电平和声道控件。这在混合音频时会很有用，因为它有助于你查找想调整的音频电平。

下面我们进行尝试。

1. 在项目面板（位于 Premiere Pro 用户界面左侧）中，打开 Master Sequences 素材箱中的

Theft Unexpected 序列。

2. 在时间轴面板中单击【时间轴显示设置】图标（🔧），从弹出菜单中选择【自定义音频头】。

此时，弹出【音频头按钮编辑器】，如图 10-3 所示。

图 10-3

提示：不同的项目的素材箱有不同的组织结构，即采用了不同的组织方式。项目的组织方式不是一成不变的，你可以多做一些尝试，找到适合自己习惯的方式。

3. 将【轨道计】（📊）拖曳到时间轴的音频头上，单击【确定】按钮。

单击【确定】按钮后，音频轨道头恢复成原来的大小。你可能需要沿水平方向和垂直方向调整音频头的尺寸，才能看到新添加的轨道计，如图 10-4 所示。

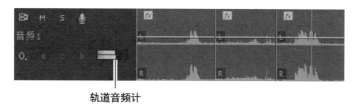

轨道音频计

图 10-4

现在，每个音频轨道都有了一个轨道音频计。

Premiere Pro 提供了两种音频混合器面板，两者之间的区别如下，如图 10-5 所示。

· 音频剪辑混合器：提供了用来调整音频电平和移动序列剪辑的控件。你可以在播放序列期间进行调整，Premiere Pro 会随着播放滑块的移动向剪辑添加关键帧。

· 音轨混合器：用来调整轨道上（非剪辑）的音频电平和平移。虽然它的控件和音频剪辑混合器类似，但是提供了更多高级混合选项。若面板顶部区域是展开的，你可能需要向下滚动才能看到各种控件。更多内容，我们将在第 11 章中讲解。

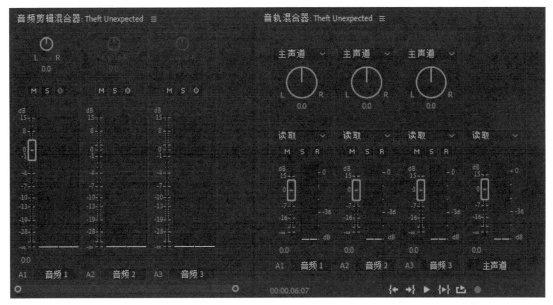

图 10-5

10.2.2　设置主音频轨道

序列的设置与素材类似，都包括帧率、帧大小、像素长宽比等。

音频主设置指定了序列输出的声道数量，这类似于为素材文件配置声道，如图 10-6 所示。事实上，如果你使用与序列设置一样的选项来导出序列，则序列的音频主配置就会变成新文件的音频格式。

图 10-6

新建序列时，在【新建序列】对话框的【轨道】选项卡中，你可以在【音频】下找到音频主设置。

- 【立体声】有两个声道：左声道和右声道。向客户交付最终产品时，通常都会选择这个选项。

- 5.1 有 6 个声道：中央声道、前置左声道、前置右声道、后置左环绕声道、后置右环绕声道、重低音声道（由重低音喇叭放出）。我们的耳朵无法辨别声音来自于哪个方向。

- 【多声道】的声道数在 1 ～ 32 个。这个选项常用在高级多声道广播电视中，尤其是多语言节目中。

- 【单声道】只有一个声道，一般用在网络视频中，有助于减小文件尺寸。

大多数序列设置你可以随时更改，但是音频主设置只能做一次。也就是说，除多声道序列外，你无法随意更改序列输出的声道数。

可以随时添加或删除音轨，但是音频主设置始终保持不变。如果确实需要更改音频主设置，可以先把剪辑从一个序列中复制出来，然后将其粘贴到另外一个拥有不同设置的序列中。

什么是声道

左声道和右声道在某些方面是不同的。但事实上，它们都是单声道，只不过被指定为左声道或右声道而已。录制声音时，标准做法是把 Audio Channel 1 设置为左声道，把 Audio Channel 2 设置为右声道。

把 Audio Channel 1 设置为左声道的原因有如下几点。

- 它是由左麦克风负责录制的。

- 在 Premiere Pro 中将其解释为左声道。

- 它输出到左扬声器中。

本质上，它仍然是一个单声道。

同样，使用右麦克风录制的 Audio Channel 2 是右声道，然后把左右两个声道合起来就得到了立体声。事实上，立体声是由左右两个单声道组成的。

10.2.3 使用音频仪表

在源监视器或项目面板中预览剪辑时，音频仪表分别显示剪辑中每个音频轨道的音量。

预览序列时，音频仪表显示每个主通道的音量。不管序列中有多少音频轨道，音频仪表显示的是序列的总混音输出音量。

若音频仪表未显示出来，请从菜单栏中依次选择【窗口】>【音频仪表】，将其显示出来，如图 10-7 所示。

若音频仪表宽度过窄，则可以调整面板尺寸。如果宽度调得很宽，音频仪表将水平显示，如图 10-8 所示。

每个音频仪表底部都有一个【独奏】按钮，单击它，你可以只倾听选中的一个（或多个）声道。如果【独奏】按钮显示为小圆圈，向左拖曳面板左边缘，略微增加其宽度。此时会显示更大的【独奏】按钮。

图 10-7

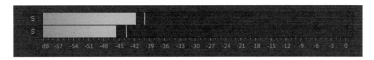

图 10-8

> **注意：在使用单声道音频主选项时，【独奏】按钮不会显示。**

使用鼠标右键单击音频仪表，从弹出菜单中可以选择不同的显示比例，如图 10-9 所示。默认范围是 0 ～ −60dB，这足以清晰地显示你想查看的音频电平的主要信息。

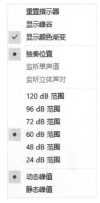

此外，你还可以选择静态峰值或动态峰值。播放声音过程中，当你突然听到一个刺耳的声响，想要查看音频仪表时，它已经播放过去。选择【静态峰值】后，Premiere Pro 会把声音的最高值在指示器中标记出来，方便你查看最高音量。

你可以单击音频仪表重置声音峰值。选择【动态峰值】后，峰值电平会不断更新，但是需要盯住音频仪表才能知道声音的最高峰值。

图 10-9

音频电平

音频仪表中显示的刻度单位是分贝，用 dB 表示。奇怪的是，分贝刻度的最高音量为 0。所有低于最高音量的分贝值都是负数，并且音量越低，分贝值越小，直到变为负无穷。

如果录制的声音很小，则有可能会被背景噪声掩盖。背景噪声有可能来自于周围的环境，比如空调设备发出的嗡嗡声，还有可能是系统噪声，比如不播放声音时，你可能会从扬声器中听到轻轻的嘶嘶声。

在增加音频的总音量时，背景噪声也会变大；当降低总音量时，背景噪声也会减小。根据这个特点，我们可以使用高于所需音量的音量（但也不要太高）来录制音频，然后再降低音量，从而删除背景噪声（这样做至少可以有效地降低背景噪声）。

不同的音频硬件有不同的信噪比（指正常的声音信号与背景噪声信号的差值），有的大一些，有的小一些。信噪比通常用 SNR 表示，单位为分贝（dB）。

10.2.4 查看采样

下面我们来介绍音频采样。

1. 在项目面板中打开 Music 素材箱，双击 Graceful Tenure-Patrick Cannell.mp3 剪辑，将其在

源监视器中打开。

因为这个剪辑中不包含视频，所以 Premiere Pro 自动把两个声道的波形图显示出来，如图 10-10 所示。

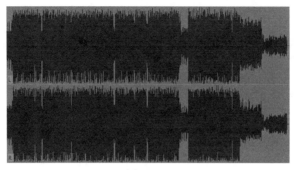

图 10-10

源监视器面板底部有一个时间标尺，用来显示剪辑的总持续时间。

2. 打开【源监视器设置】菜单（🔧），从中选择【时间标尺数字】，如图 10-11 所示。此时，在时间标尺上显示时间码指示器。

图 10-11

尝试使用时间标尺下方的导航器把时间标尺放大，即拖曳导航器两个端点中的一个使它们彼此靠近。放大到最大之后，你会看到一个个帧，如图 10-12 所示。

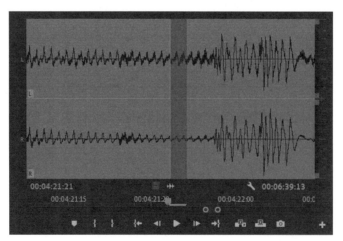

图 10-12

3. 再次打开【源监视器设置】菜单，从中选择【显示音频时间单位】。

此时，你可以看到时间标尺上的一个个音频采样。将其放大到一个音频采样大小，这里是
1/44100 秒，即该音频的采样率。

> Pr 注意：音频采样率指摄像机一秒内对音频源采样的次数。专业摄像机的音频采样
> 率一般为每秒 48000 次。

你可以在时间轴面板的面板菜单（注意不是【时间轴显示设置】菜单）中找到同样的选项来
查看音频采样。

4. 使用【源监视器设置】菜单，关闭【时间标尺数字】和【显示音频时间单位】。

10.2.5 显示音频波形

在源监视器中打开音频波形后，每个声道右侧都有导航器缩放控件，如图 10-13 所示。这些
控件与面板底部的导航器缩放控件的工作方式类似。你可以沿垂直方向调整导航器的大小，使波
形显示得更大一些或更小一些，这在浏览音频时特别有用。

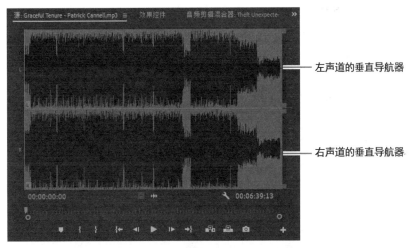

图 10-13

> Pr 注意：想查找某段对话，但又不想观看视频画面时，可以通过波形图来查找。

对于任意一个包含音频的剪辑，你都可以通过在【源监视器设置】菜单中选择【音频波形】
来显示它的波形图。

如果一个剪辑中同时包含视频和音频，默认情况下源监视器中显示的是视频。单击【仅拖曳
音频】按钮（），可以切换到音频波形视图。

下面我们一起查看几个波形。

1. 从 Theft Unexpected 素材箱中打开 HS John 剪辑。

2. 打开【源监视器设置】菜单，从中选择【音频波形】，如图 10-14 所示。

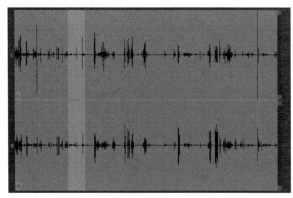

图 10-14

在音频波形中，你可以很轻松地找到对话开始和结束的地方。注意剪辑入点与出点之间的部分在波形图中是高亮显示的。

另外，还要注意，在波形图中单击，即可把播放滑块移动到单击位置。

3. 使用【源监视器设置】菜单，切换回合成视频视图。

当然，你还可以在时间轴面板中为剪辑片段打开或关闭音频波形显示。

4. 当前，Theft Unexpected 序列应该已经在时间轴面板中打开。若没有，可以从 Master Sequences 素材箱中打开它。

5. 打开【时间轴显示设置】菜单，确保【显示音频波形】处于打开状态。

6. 调整【音频 1】轨道的高度，确保波形完全可见，如图 10-15 所示。注意，该序列的每个音频剪辑都有两个声道，即剪辑的音频是立体声。

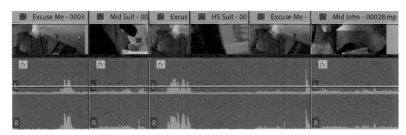

图 10-15

这些剪辑的音频波形看起来与源监视器中的波形不同，它们是调整后的音频波形，从这种波形中你可以更容易地找到低音量音频，比如场景中的对话。你可以在调整的音频波形和正常音频波形之间来回切换。

7. 打开时间轴面板菜单（▤）（注意不是时间轴显示设置菜单），单击【调整的音频波形】，取消其选择，如图 10-16 所示。

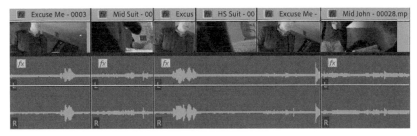

图 10-16

此时，Premiere Pro 切换回正常的音频波形视图下。在正常音频波形中，你可以很容易地找到高音量音频部分，但是对低音量音频来说，在这种波形下你很难观察到音频电平的变化。

8. 打开时间轴面板菜单，再次选择【调整的音频波形】菜单。

10.2.6　使用标准音轨

序列中，标准音轨可以同时放置单声道剪辑和立体声剪辑。你可以使用效果控件面板中的控件、音频剪辑混合器和音频轨道混合器来处理这两种类型的素材。

如果项目中同时使用了单声道和立体声剪辑，相比于传统的单声道轨道或立体声轨道，使用标准音轨要方便得多，如图 10-17 所示。

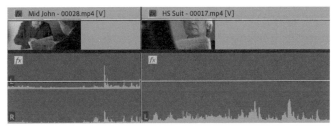

图 10-17

10.2.7　声道选听

处理音频时，可以选择倾听序列的哪个声道。

下面我们使用一个序列进行尝试。

1. 从 Master Sequences 素材箱中打开 Desert Montage 序列。

2. 播放序列，同时单击音频仪表底部的每个【独奏】按钮，如图 10-18 所示。

每个【独奏】按钮只允许用户倾听所选择的声道。如果有多个声道，可以同时打开其中几个声道的【独奏】按钮，倾听这几个声道的混音，但本例中我们并不需要这样做，因为只有两个声道可供选择。

如果处理的音频来自于不同的麦克风，并且放置在不同轨道上，【独奏】功能

图 10-18

会特别有用。这种情况在专业的录音现场很常见。

预览序列时，声道数量和显示的【独奏】按钮取决于当前序列音频的主设置。

此外，你还可以使用时间轴面板中各个音频轨道头中的【静音轨道】（M）按钮或【独奏轨道】（S）按钮来精确控制混音中包含或不包含哪些声道。

单听某个声道或将声道静音时，会对序列的最终输出产生影响，因此在导出序列之前，必须关闭【独奏】功能。

10.3　了解音频特性

当你在源监视器中打开一个剪辑并查看其波形时，会看到显示的每一个声道。波形越高，音量越大。从某种意义上说，你看到的是一个曲线图，它显示了给定的样本中气压波强度随时间变化的情况。

有 3 个因素会影响声音传递到耳朵的方式。下面我们以电视扬声器为例进行讲解。

- 频率：指扬声器纸盆振动时产生高低气压的快慢程度。衡量纸盆每秒拍打空气的次数的单位是赫兹（Hz）。人类听觉范围是 20Hz ～ 20000Hz。有很多因素（比如年龄）会影响人类可以听到的频率范围。频率越高，听到的音调就越高。

- 振幅：指扬声器纸盆振动的幅度。振动幅度越大，产生的空气压力波越高（这会把更多能量传递到耳朵），声音也就越大。

- 相位：指扬声器纸盆向外与向内运动的精确时序。如果两个扬声器的纸盆同步向外或向内运动，它们就是【同相】（in phase）的；如果它们运动不同步，则它们是【异相】（out of phase）的，这会导致重现声音时出现问题。一个扬声器在降低空气压力，与此同时，另一个扬声器在增加空气压力，最终结果是你可能什么声音都听不到。

扬声器纸盆振动产生声音是声音生成的一个简单例子，但是其中的原理适用于其他所有声源。

什么是音频特性

想象一下，扬声器的纸盆拍打空气时的运动情况。纸盆运动时会产生高低压波，在空气中传播到达人耳，就像水波涟漪在池塘中扩散传播一样。

压力波会使人耳中的鼓膜产生振动，随后这种振动会被转换成能量传递给大脑，大脑再把它解释成声音。整个过程极为准确，另外人有两只耳朵，并且大脑能够不可思议地平衡这两种声音信息，最终形成整体听觉效果。

人们倾听声音是主动而不是被动的。也就是说，大脑会不断滤掉它认为不相关的声音，并且从中识别出特定模式，将注意力集中到自己关心的事情上。例如，参加聚会时，周围充斥着嘈杂的交谈声，就像是一堵噪声墙，但是当房间另外一侧有人提到你的名字时，你仍然能够准确地听出来。这期间其实你的大脑一直在倾听各种声音，只不过把注意力放在了倾听眼前的人说话。

这个主题大致属于心理声学的范畴，有大批科研人员做了大量相关研究。尽管声音对人心理的影响是一个非常有趣的课题，并且值得深入研究，但这里我们只关注声音本身，不会涉及它对人类心理产生的影响。

录音设备没有人耳那样敏锐的辨别能力，这也是为什么我们要戴上耳机听取现场声音的原因之一，只有这样做，我们才能获得最棒的录音效果。录制现场声音通常在没有背景噪声的情况下进行。在后期制作中，为了渲染气氛，我们会添加一定数量的背景噪声，但添加数量有严格控制，以保证不会影响到主要对话。

10.4 录制画外音

如果连接了麦克风，可以使用【音频轨道混合器】或音频轨道头中的【画外音录制】按钮把声音直接录制到序列中。使用这种方式录制音频时，首先要把首选项中的【音频硬件】设置为允许输入，且将使用的麦克风选为输入。你可以从菜单栏中依次选择【Premiere Pro】>【首选项】>【音频硬件】（macOS）或【编辑】>【首选项】>【音频硬件】（Windows），检查音频硬件输入和输出设置。

下面我们使用时间轴面板中的【画外音录制】按钮，尝试录制画外音。

1. 打开 Master Sequences 素材箱中的 Voice Over 序列。该序列只包含视频，接下来录制画外音。

2.【音频 1】轨道头中有一个【画外音录制】按钮（🎙）。

3. 录制画外音时，关闭扬声器或戴上耳机，防止出现回声。

4. 把播放滑块放到序列的起始位置，单击【画外音录制】按钮。此时，节目监视器中会出现倒计时，等倒计时结束，即可开始录制声音。对着麦克风说一些描述镜头的话并录制下来。

录制时，节目监视器中会显示【正在录制】，音频仪表显示输入电平，如图 10-19 所示。

5. 完成录制后，按空格键，或单击【画外音录制】按钮停止录制。

此时，时间轴面板中会出现新录制的音频，并且在项目面板中出现相关音频剪辑，如图 10-20 所示。

如下示例中，音频录制成了立体声音轨，因此有两个声道。若是单声道音轨，则只录制一个声道。

Premiere Pro 会在【暂存盘】设置（在项目设置中）指定的位置下新建一个音频文件。默认情况下，与项目文件在同一位置，如图 10-21 所示。

图 10-19

图 10-20

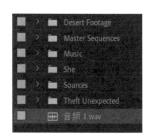

图 10-21

借助这种方法，你可以使用专业麦克风在隔音室中录制出具有专业品质的音频，或者在拍摄完成后，使用笔记本电脑内置的麦克风录制导轨画外音。画外音是粗剪的基础，利用好它能够帮助你节省大量时间。

10.5　调整音频音量

在 Premiere Pro 中，调整剪辑音量的方法有多种，并且都是非破坏性的，即你所做的改动不会影响到原始素材文件，所以可以大胆尝试，对效果不满意时可以随时回退至原始状态。

10.5.1　使用效果控件面板调整音量

前面我们学习了如何使用效果控件面板对序列中剪辑的缩放和位置进行调整。此外，我们还可以使用效果控件面板调整剪辑音量。

1. 打开 Master Sequences 素材箱中的 Excuse Me 序列。

这个序列很简单，只包含两个剪辑（若看不见第二个剪辑，可以向右滚动时间轴面板）。其实，序列中两个剪辑的内容完全相同，它们来自于同一个素材，只是被添加到序列中两次。其中，一个剪辑被解释为立体声，另一个被解释为单声道。关于解释剪辑的更多内容，请参考第 4 课中的相关内容。

2. 单击第一个剪辑将其选中，打开效果控件面板。

3. 在效果控件面板中展开音量、声道音量、声像器控件（见图 10-22）。

每个控件都提供了适用于所选音频类型的选项。

- 【音量】用来调整所选剪辑中所有声道的综合音量。

- 【声道音量】用来调整所选剪辑中各个声道的音量。

- 【声像器】为所选剪辑提供立体声左 / 右输出平衡控制。

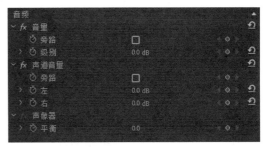

图 10-22

注意，此时位于所有控制项左侧的秒表图标是自动开启的（蓝色），因此每做一次调整，Premiere Pro 都会添加一个关键帧。

不过，如果为一个设置添加一个关键帧并使用它进行调整，则调整会应用到整个剪辑。

4. 在时间轴面板中，把播放滑块移动到第一个剪辑中想要添加关键帧的位置（如果只打算调整一次，把播放滑块放到任何位置都不会有什么问题）。

5. 单击【时间轴显示设置】菜单，确保【显示音频关键帧】处于选中状态。

6. 增加【音频 1】轨道高度，以便你能够看到波形，以及用于添加关键帧的白色细线，这条白线通常称为"橡皮筋"。

7. 在效果控件面板中向左拖曳设置音量级别的蓝色数字，将其设置为 −25dB 左右。

Premiere Pro 添加一个关键帧，并且时间轴面板中的橡皮筋向下移动，表示降低音量。表面区别并不明显，但是对 Premiere Pro 界面越来越熟悉，这种区别会变得越来越清晰，如图 10-23 所示。

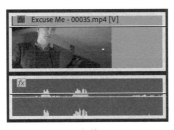

之前

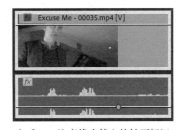

之后——注意橡皮筋上的钻石标记，它是新添加的关键帧

图 10-23

Pr | **注意**：橡皮筋使用音频剪辑的整个高度来调整音量。

---

8. 选择序列中 Excuse Me 剪辑的第二个版本。

效果控件面板中有与上面类似的控件，但是里面没有【声道音量】，如图 10-24 所示。这是因为每个声道都是其剪辑的一部分，所以每个声道都有单独的【音量】控件。

此外，原来的【平衡】控件现在变成了【声像】控件，它们的用途类似，但是声像控件更适合用来调整多个单声道音频。

9. 尝试为两个独立的剪辑调整音量，并检查结果。

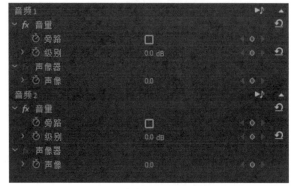

图 10-24

10.5.2 调整音频增益

大多数音乐在制作时尽可能地将音频信号放大到最大，以最大限度地增加信号和背景噪声之间的差异，但这对大部分视频序列来说可能太夸张。为了解决这个问题，你可以调整剪辑的音频增益。

该方法与前面进行调整时使用的方法类似，但是它应用的对象是项目面板中的剪辑，所以当你把某个剪辑从项目面板添加到序列时，这个剪辑的各个部分都包含了我们进行的调整。

另外，你还可以在项目面板和时间轴面板中把音频增益调整一次性应用到多个剪辑上。

1. 双击 Music 素材箱中的 Graceful Tenure-Patrick Cannell.mp3 剪辑，在源监视器中将其打开。你可能需要在源监视器中调整缩放级别，才能看到整个波形，如图 10-25 所示。

图 10-25

2. 在项目面板中使用鼠标右键，单击剪辑，从弹出菜单中选择【音频增益】，如图 10-26 所示。或者选择剪辑之后按 G 键。

弹出的【音频增益】对话框中有以下两个选项需要了解。

- 设置增益：使用该选项为剪辑指定调整值。

- 调整增益值：使用该选项为剪辑指定调整的增量。

例如，选择【调整增益值】，输入 −3dB，单击【确定】按钮后，【将增益设置为】会变为 −3dB。再次打开【音频增益】对话框，把【调整增益值】设置为 −3dB，单击【确定】按钮后，【将增益设置为】将变为 −6dB，以此类推。

图 10-26

3. 选择【将增益设置为】，输入 −12dB，单击【确定】按钮。

此时，你能立即在【源监视器】中看到波形的变化（见图 10-27）。

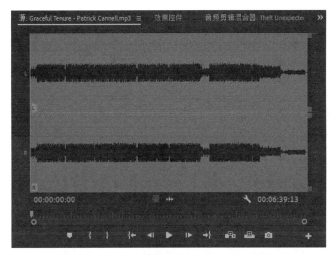

图 10-27

> **注意：** 你对剪辑增益或音量所做的调整不会影响到原始素材。除在效果控件面板中进行修改外，还可以在素材箱、时间轴面板中修改总增益，而且所有这些修改都不会影响到原始素材文件。

类似于在素材箱中更改音频增益之类的调整不会影响已经添加到序列中的剪辑。但是，你可以使用鼠标右键，单击序列中的一个或多个剪辑，从弹出菜单中选择【音频增益】，或者选择剪辑之后按 G 键，然后在【音频增益】进行同样的调整。

10.5.3　标准化音频

对音频进行标准化与调整增益类似。事实上，标准化的最终结果就是对剪辑的增益进行调整。不同之处在于，标准化是基于软件自动分析的，而非你的手动调整。

标准化一个剪辑时，Premiere Pro 会先分析音频找出最高峰值，即音频最洪亮的部分。然后自动调整剪辑的增益，使最高峰值与你指定的级别相同。

你可以使用这种方式为多个剪辑调整音量，以便使它们符合你的要求。

假设你正在处理过去几天录制的多个画外音剪辑。或许是因为使用了不同的录制设置、麦克风、噪音，其中有几个剪辑的音量不一样。

在这种情况下，可以同时选择多个剪辑，使 Premiere Pro 自动将它们设置成相同的音量。这样你就不需要再逐个浏览剪辑并进行调整了，这会大大节省你的时间。

接下来，按照如下步骤，尝试对一些剪辑的音量做标准化处理。

1. 打开 Journey to New York 序列。

2. 播放序列，观察音频仪表，如图 10-28 所示。

图 10-28

不同剪辑的音量差别很大，第一个剪辑的音量明显低于第三个和第四个。

Pr **注意：** 你可能需要拖曳音轨头之间的分隔线增加轨道高度，才能看到音频波形。

---

3. 选择 A1 轨道上所有画外音剪辑（音频剪辑），你既可以拖选，也可以逐个选择它们，如图 10-29。

图 10-29

4. 使用鼠标右键，在选中的任意一个剪辑上单击，从弹出菜单中选择【音频增益】，或者直接按键盘上的 G 键，打开【音频增益】对话框，如图 10-30 所示。

5. 根据要求为音频选择一个峰值电平。这里，我们选择【标准化所有峰值为】，输入 −8dB，单击【确定】按钮。

图 10-30

6. 再次听取音频会发现，人物旁白与背景音乐混在一起，很难准确判断人物旁白音量的大小。

发送音频到Adobe Audition

尽管 Premiere Pro 提供了许多高级工具来完成大部分音频编辑工作，但就音频编辑而言，它远比不上 Adobe Audition。Adobe Audition 是一款专业的音频后期处理软件。

Audition 是 Adobe Creative Cloud 套件的一部分。使用 Premiere Pro 编辑视频时，你可以把它无缝地集成到整个编辑流程中。

你可以把一个独立序列发送到 Adobe Audition 中，使用所有剪辑和基于序列的视频文件制作伴随画面的混音。Audition 甚至还能打开一个 Premiere Pro 项目文件（.pproj），将序列转换成多声道会话，进一步细调音频。

安装好 Audition 之后，你可以使用如下步骤把一个序列发送给它。

1. 打开要发送到 Adobe Audition 中的序列。

2. 从菜单栏中依次选择【编辑】>【在 Adobe Audition 中编辑 > 序列】。

3. 接下来，我们创建新文件，方便在 Adobe Audition 中使用，这样可以保证不改变原始素材。在【在 Adobe Audition 中编辑】对话框中输入文件名称，通过【浏览】按钮找到保存位置，然后根据需要设置其他选项，最后单击【确定】按钮。

4. 在【视频】菜单中选择【通过 Dynamic Link 发送】，以便在 Audition 中实时查看 Premiere Pro 序列的视频部分。

Adobe Audition 提供了许多出色的音频处理工具，比如用来帮助我们识别和删除噪声的光谱显示器、高性能多轨道编辑器、高级音频效果和控件。

你可以很容易地把一个独立剪辑发送到 Audition 中，以便进行编辑、添加各种效果，以及进行各种调整。在 Premiere Pro 中，使用鼠标右键单击序列中的剪辑，然后从弹出菜单中选择【在 Adobe Audition 中编辑】即可把音频剪辑发送到 Audition。

Premiere Pro 复制音频剪辑，并使用副本替换当前序列剪辑，然后在 Audition 中打开副本，准备进行处理。

此后，每当你在 Audition 中保存对剪辑进行的调整时，这些调整都会自动更新到 Premiere Pro 中。

7. 若只想检查人物旁白的音量大小，可以单击【音频 1】轨道中的【独奏轨道】图标（  ）。

8. 再听会发现 Premiere Pro 对每个选中的剪辑进行了调整，使它们的最大峰值是 −8dB。

此时，各个剪辑波形的峰值几乎都相同，如图 10-31 所示。

图 10-31

如果你选择的是【标准化最大峰值为】，而不是【标准化所有峰值为】，Premiere Pro 将根据所有剪辑组合后的最大峰值瞬间调整增益，就像它们是一个剪辑一样，将等量调整应用到每一个剪辑，从而使所有剪辑的相对音量保持不变。

9. 单击【音频 1】轨道中的【独奏轨道】图标，关闭【独奏轨道】功能。

10.6 自动避开音乐

制作混音时，最常见的一个操作就是在有人讲话时降低音乐音量。比如，有一个画外音音轨，你可能希望当有人在分享知识时降低音乐音量，使其成为混音中的次要元素，然后在使享结束后再次使音乐成为主导元素。电台 DJ 在主持广播节目时通常会采样这种处理方式，当 DJ 开始讲话时，背景音乐会自动变得轻柔、安静，避免喧宾夺主。这种处理技术叫做回避（ducking）。

你可以通过手动添加音频关键帧来应用回避技术（后面我们会详细讲解这个技术），但是 Premiere Pro 提供了一种自动化的回避手段，你可以通过基本声音面板来应用它，如图 10-32 所示。

有关基本声音面板的更多内容，我们将在第 11 课中讲解。这里人家只要知道它是一种快速创建混音的简单方式，能够帮助用户大大节约时间即可。接下来，我们通过一个示例来进一步了解。

1. 继续使用 Journey to New York 序列，并确保 A1 轨道上的所有画外音剪辑（音频剪辑）全部处于选中状态。

2. 在基本声音面板中单击【对话】按钮，将【对话】音频类型指定给所选剪辑，从而访问与对话相关的工具和控件。

3. 调整 A2 轨道的尺寸，直到能清晰地看到音乐剪辑的音频波形。选择 A2 轨道上的音乐剪辑，在基本声音面板中选择【音乐】音频类型。

图 10-32

4. 在基本声音面板中，勾选【回避】复选框，其中包含如下选项，如图 10-33 所示。

- 回避依据：音频类型有多种，你可以选择其中一种或多种，或所有音频类型来触发自动回避。

- 敏感度：敏感度越高，触发回避所需要的音频音量就越低。

- 闪避量：音乐音量降低的程度，单位是分贝（dB）。

- 淡化：淡化设置得越低，音乐从变小到再变大所需要的时间越长。

- 生成关键帧：单击该按钮，应用设置，并添加关键帧至音乐剪辑。

5. 为音频回避设置合适的参数是一门科学，也是一门艺术。根据处理的音频类型不同，设置的参数也有所不同。要找到合适的参数设置，唯一的办法是多做尝试。

这里，我们进行如下设置，如图 10-34 所示。

- 回避依据：【依据对话剪辑回避】（这是默认选择）。

- 敏感度：6.0。

- 闪避量：−8.0dB。

- 淡化：500ms。

图 10-33　　　　　　　　　　　　　　　　图 10-34

6. 单击【生成关键帧】。

此时，Premiere Pro 会把回避关键帧添加到音乐剪辑，并出现在效果控件面板的【增幅输入】效果中，如图 10-35 所示。

图 10-35

7. 播放序列，检查效果。虽然效果并不完美，但是已经相当不错了。

你可以反复调整各个设置参数，并单击【生成关键帧】删除和替换已有关键帧，多次试验直到获得自己满意的效果。

此外，你还可以手动调整 Premiere Pro 添加的关键帧，随时删除、移动、添加关键帧。

10.7　创建拆分编辑

拆分编辑是一种简单经典的编辑技术，用来对音频和视频的剪接点进行偏移。播放时，一个剪辑的音频会出现在另一个剪辑的画面中，使人感觉从一个场景进入了另外一个场景。

10.7.1　执行 J 剪接（J-cut）

J 剪接这个名称来源于剪辑剪接时所形成的形状，音频剪辑（位于低层轨道上）在视频剪辑（位于高层轨道上）左侧，类似于字母 J。

1. 打开 Theft Unexpected 序列，如图 10-36 所示。

2. 播放序列的最后两个剪辑。两段剪辑之间的声音转接非常生硬，可以调高扬声器的音量仔细听。接下来，我们通过调整音频的播放时间来改善（见图 10-37）。

图 10-36

3. 把鼠标移动到工具面板中的【波纹编辑工具】图标（ ）上，按下鼠标左键，在弹出的菜单中选择【滚动编辑工具】（ ）。

> **Pr** | 提示：在 Premiere Pro 默认首选项设置下选择【选择工具】，同时按住 Command 键（macOS）或 Ctrl 键（Windows），可以执行滚动编辑。

4. 按住 Option 键（macOS）或 Alt 键（Windows）（可临时取消视频和音频剪辑之间的链接），把最后两个音频剪辑之间的编辑点稍微向左拖曳一点（视频剪辑保持不动），如图 10-38 所示。现在我们完成了第一个 J 剪接。

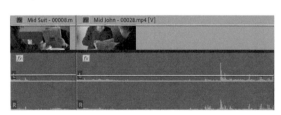

图 10-37

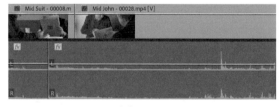

图 10-38

> **Pr** | 提示：关于键盘快捷键的更多内容，请参考 1.8 节。

5. 播放序列，查看 J 剪接效果。

你可以进一步调整时间，使转接变得更自然，但这里只使用 J 剪接。后面你可以添加音频交叉淡化效果使过渡更加自然。

6. 最后，把工具切换回【选择工具】（键盘快捷键为 V）。

10.7.2 执行 L 剪接（L-cut）

L 剪接和 J 剪接的工作方式相同，只是方向相反。重复 10.7.1 节的操作步骤，但在按住 Option 键（macOS）或 Alt 键（Windows）时，要把音频剪辑稍微向右拖曳。最后播放序列，感受 L 剪接的效果。

10.8 调整剪辑的音频音量

与调整剪辑增益一样，你可以使用"橡皮筋"调整序列剪辑的音量。另外，还可以调整轨道音量，Premiere Pro 会把两次音量调整组合起来形成一个总输出电平。

如果有什么不同的话，那就是使用"橡皮筋"调整音量比调整增益更方便，因为你可以随时进行增量调整，并且会立即给出视觉反馈。

使用剪辑上的"橡皮筋"调整音量与使用效果控件面板调整音量最终结果是相同的。实际上，它们是自动保持同步更新的。

10.8.1 调整剪辑总音量

按照以下步骤，尝试调整剪辑音量。

1. 打开 Master Sequences 素材箱中的 Desert Montage 序列，如图 10-39 所示。

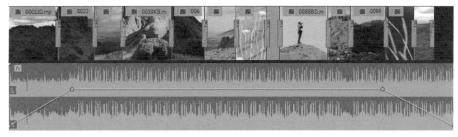

图 10-39

音乐开头和结尾已经有了渐强和渐弱效果。接下来，调整它们之间的音量。

2. 使用【选择工具】把 A1 轨道头底部向下拖曳，或者按住 Option 键（macOS）或 Alt 键（Windows），把鼠标放到轨道头上滚动，使轨道变得更高一些，方便对音量进行精细调整。

3. 音乐中间部分的音量有点高，把橡皮筋的中间部分稍微向下拖曳，如图 10-40 所示。

拖曳过程中，Premiere Pro 会显示一个工具提示调整量。

4. 采用这种方式进行调整后，查看结果的唯一办法就是播放音频。尝试播放，不满意可以做进一步调整，并查看调整结果。

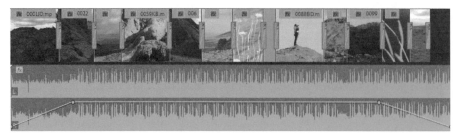

图 10-40

由于我们拖曳的是"橡皮筋"的一段，而不是关键帧，因此我们最终调整的是两个关键帧之间的剪辑的总音量。如果剪辑上没有关键帧，则调整的是整个剪辑的总音量。

使用键盘快捷键调整剪辑音量

在时间轴面板中，把播放滑块放到剪辑上后，即可使用键盘快捷键来增加或降低剪辑音量。最终结果和上面相同，但是调整过程中你是看不到有关调整量的提示信息。Premiere Pro 提供了非常方便的键盘快捷键，帮助我们快速、精确地调整音频电平。

- 每按一次 [键，把剪辑音量降低 1dB。
- 每按一次] 键，把剪辑音量增加 1dB。
- 每按一次 Shift+[，把剪辑音量降低 6dB。
- 每按一次 Shift+]，把剪辑音量增加 6dB。

如果键盘上没有方括号键，可以依次选择【Premiere Pro】>【键盘快捷键】（macOS）或【编辑】>【键盘快捷键】（Windows），设置其他快捷键。

10.8.2　添加音量调整关键帧

像调整视频关键帧一样，你可以使用【选择工具】调整添加到序列剪辑中的音频关键帧。向上拖曳音频关键帧，声音会变大；向下拖曳音频关键帧，声音会变小。

> **提示**：调整剪辑音频增益时，Premiere Pro 会把效果和关键帧调整动态组合起来，你可以随时调整其中任意一个。

你可以使用【钢笔工具】（✐）向"橡皮筋"上添加关键帧，还可以使用它调整已有的关键帧，或者框选多个关键帧一同调整。

当然，添加关键帧不一定必须使用钢笔工具，比如按住 Command 键（macOS）或 Ctrl 键（Windows），使用【选择工具】单击"橡皮筋"，也可以添加关键帧。

在为音频剪辑添加关键帧并上下调整关键帧的位置后，"橡皮筋"的形状会发生变化。如前所述，橡皮筋的位置越高，声音越大。

新添加几个关键帧，然后把音量调整得戏剧化一些，再检查调整之后的结果。你可以随心所欲地调整关键帧，务必使调整清晰可见，然后播放序列，倾听结果，如图 10-41 所示。

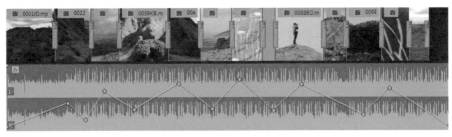

图 10-41

10.8.3 对关键帧之间的音量变化做平滑处理

前面的学习过程中，调整的力度可能会非常大，接下来，你可能需要对前面所做的调整进行平滑处理。

为此，使用鼠标右键单击任意一个关键帧，弹出菜单中包含多个标准的菜单选项，包括缓入、缓出、删除。你还可以使用钢笔工具，一次拖选多个关键帧，然后使用鼠标右键单击任意一个关键帧，从弹出菜单中选择一个命令应用到所有选中的关键帧上。

对于不同类型的关键帧，最好的方法是选择每种关键帧，然后进行调整，再查看或倾听调整结果。

10.8.4 使用剪辑关键帧与轨道关键帧

到目前为止，你已经对序列剪辑做了关键帧调整。使用【音频剪辑混合器】时，所有调整都是直接针对当前序列中的剪辑进行的，稍后你会发现这一点。

对于放置序列剪辑的音频轨道，Premiere Pro 提供了类似的控件。基于轨道的关键帧和基于剪辑的关键帧工作方式相同，区别是基于轨道的关键帧不会随着剪辑一起移动。

也就是说，你可以先使用轨道控件为音频电平设置关键帧，然后再向序列添加不同的音乐剪辑。每次向序列添加新音乐后，你听到的是应用轨道调整后的结果。

随着 Premiere Pro 编辑水平的提高，你会创建出更复杂的混音，这时可以综合运用剪辑关键帧调整和轨道关键帧调整，从而为编辑工作带来很大的灵活性。

10.8.5 使用【音频剪辑混合器】

在【音频剪辑混合器】中，你可以使用其中的控件轻松地调整剪辑音量和平移关键帧。

每个序列音轨用一组控件表示。虽然控件是按照轨道名组织的，但是进行的调整会应用到剪辑而不是轨道上。

在【音频剪辑混合器】中，你可以对一个音轨执行静音或独奏操作，播放期间，你可以拖曳音量控制器或调整平移控件，以此启用向剪辑写入关键帧的功能。

什么是音量控制器？音量控制器是行业标准控件，它模拟的是真实的混音台。向上移动音量控制滑块会增大音量，向下移动则减小音量，如图 10-42 所示。

尝试下列操作。

1. 继续使用 Desert Montage 序列。在【时间轴显示设置】菜单中打开【显示音频关键帧】，使 A1 轨道显示出音频关键帧。

2. 打开【音频剪辑混合器】（注意不是音频轨道混合器），从头开始播放序列。

由于序列上已经添加了关键帧，因此播放期间，你可以上下移动音量控制滑块。

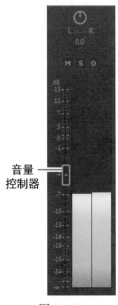

音量
控制器

图 10-42

3. 在时间轴面板中把播放滑块拖曳到序列开头。在【音频剪辑混合器】中开启 A1 的【写关键帧】（　）功能。

4. 播放序列，对 A1 的音量做一些戏剧化的调整。停止播放后，关键帧才会显示出来，如图 10-43 所示。

图 10-43

5. 再次播放序列，音量控制滑块会自动随着现有的关键帧进行变化，但你仍然可以手动调整它。

打开【写关键帧】功能，边播放边拖曳音量控制滑块，Premiere Pro 会为我们添加大量关键帧。默认情况下，每拖曳一下音量控制滑块，Premiere Pro 就会添加一个关键帧。不过，你可以为关键帧设置最小时间间隔，为管理提供方便。

6. 在菜单栏中依次选择【Premiere Pro】>【首选项】>【音频】（macOS）或【编辑】>【首选项】>【音频】（Windows），选择【减小最少时间间隔】，把【最小时间】设置为 500 毫秒（半秒相对较慢，但是它能够在精确调整和关键帧过多之间做出很好的平衡），单击【确定】按钮。

7. 将播放滑块拖曳到序列开头，在【音频剪辑混合器】中拖曳音量控制滑块，添加音量关键帧。

从最后的调整结果看，关键帧排列得更加整齐有序。即使是大幅度调整，关键帧的数量也比较少，很容易进行管理，如图 10-44 所示。

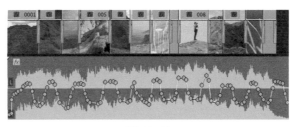

图 10-44

> **Pr** 提示：在【音频剪辑混合器】中，你可以像调整音量一样调整左右声道平衡。具体操作是：先开启【写关键帧】功能，然后播放序列，使用旋钮控件调整即可。

当然，你也可以像调整那些使用【选择工具】或【钢笔工具】创建的关键帧一样来调整所创建的关键帧。

平移和平衡之间的区别

创建立体声或 5.1 音频序列时，单声道和立体声音频剪辑使用不同的声像器控件为每个输出设置音量。

- 单声道音频剪辑有一个【平移】控件。在立体声序列中，你可以在混音的左侧或右侧之间分配单个音频声道。
- 立体声音频剪辑有一个【平衡】控件，用来调整剪辑中左声道和右声道的相对音量。

根据序列音频主设置和所选剪辑中可用音频的不同，显示的控件也不相同。

本课我们学习了在 Premiere Pro 中添加和调整关键帧的几种方法。值得注意的是，这些方法本身没有好坏之分，具体选用哪种方法取决于你的个人习惯和项目需求。

> **Pr** 提示：在添加与调整关键帧设置时，你可以使用现成的键盘快捷键。当然，你也可以在【键盘快捷键】对话框中为它们指定快捷键。

关键帧是动画制作的基础，无论是制作视频动画还是音频动画都需要使用关键帧。建议你多尝试多练习，掌握关键帧的概念与用法，加深对后期效果制作的理解。

10.9　复习题

1. 如何分离一个序列声道，只听这个声道？

2. 单声道音频和立体声音频有何区别？

3. 在源监视器中，如何查看剪辑的音频波形？

4. 标准化和增益之间的区别是什么？

5. J 剪接和 L 剪接之间有什么区别？

6. 播放序列剪辑期间，在【音频剪辑混合器】中，使用音量控制滑块添加关键帧之前，必须先开启哪个功能？

10.10　复习题答案

1. 在音频仪表底部或轨道头中有两个【独奏】按钮，使用它们可以倾听某个特定声道。

2. 立体声音频有两个声道，而单声道音频只有一个。录制立体声音频时，常见的做法是把使用左麦克风录制的声音指定为【声道 1】，把使用右麦克风录制的音频指定为【声道 2】。

3. 在源监视器中，从【设置】菜单中选择【音频波形】。此外，还可以单击源监视器底部的【仅拖曳音频】按钮。在时间轴面板中，序列中的剪辑可以显示波形。

4. 标准化时会根据原始峰值振幅自动为剪辑调整增益。你可以通过【增益】设置进行手动调整。

5. 使用 J 剪接得到的效果是，当前剪辑的视频画面尚未结束，下一个剪辑的音频就已经开始播放（由声音引出画面）。使用 L 剪接得到的效果是，当前已经在播放第二个剪辑的画面，但音频仍然是第一个剪辑的（由画面引出声音）。

6. 为每个要添加关键帧的音频轨道开启【写关键帧】功能。

第**11**课　改善声音

本课概览

本课包括如下内容：

· 使用【基本声音】面板；

· 提高讲话声；

· 去除噪声。

　　学习本课大约需要 75 分钟。请先准备好本课要用到的课程
文件，请参阅本书前言中的"使用课程文件"。

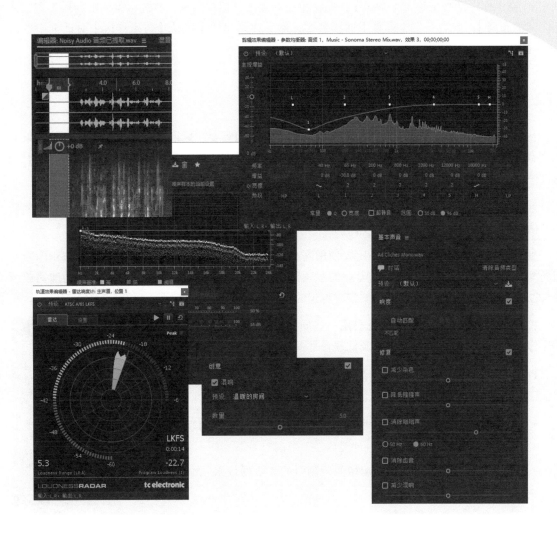

视频编辑过程中，恰当地运用 Adobe Premiere Pro 提供的各种音频效
果，能够进一步改善项目的听觉体验。如果想进一步提高混音水平，
需要把 Adobe Audition 软件加入整个编辑流程中，充分利用其强大的
音频处理能力。本课我们将讲解一些用来提高混音质量的简单快捷的
方法。

11.1　课程准备

Adobe Premiere Pro 提供了许多音频效果，你可以借助这些效果更改音调、制造回声、添加混响，以及清除磁带噪声。另外，你还可以为这些音频效果设置关键帧，并随时间调整它们。

1. 打开项目 Lesson 11.prproj。

2. 把项目另存为 Lesson 11 Working.prproj。

3. 在工作区面板中单击【音频】按钮，单击右侧的三道杠图标，从弹出菜单中选择【重置为已保存的布局】，或者双击【音频】面板名称，然后在弹出的【确认重置工作区】对话框中单击【是】按钮，重置工作区。

11.2　使用【基本声音】面板改善声音

视频拍摄中几乎不可能得到完美的音频。为此，我们需要在后期制作中使用各种音频效果来解决音频中的一些问题，以此来改善音频质量，尤其是噪音，观众对人的嗓音特别敏感，他们能够轻松地听出人声中的问题。

同一种声音在不同的音频设备上播放也会呈现不同的效果。例如，使用笔记本电脑和大型扬声器播放同一段低音，效果肯定是不同的。

处理音频过程中，听声音时一定要使用高品质的耳机或专业的扬声器，这样才能防止因硬件问题而对音频做出不必要的调整。专业的音频监听设备都经过仔细调校，它们可以均匀地播放声音，以保证听众听到的声音和进行调整时听到的声音是相同的。

检查音频效果时，有时我们也会用一些质量较差的扬声器播放，这有助于你检查声音是否足够清晰，以及低频音是否会导致声音走形。

Premiere Pro 提供了大量有用的音频效果（见图 11-1），你可以在【效果】面板中找到它们，包含但不限于以下项目。

图 11-1

- 参数均衡器：该效果允许你在不同频率下对音频电平进行细致、精确的调整。

- 室内混响：该效果使用混响增强录制时的"临场效果"，可以用它模拟空阔房间中的声音。

- 延迟：该效果用来向音频轨道添加轻微（或明显）的回声。

- 低音：该效果用来调整剪辑的低频，非常适合于处理旁白，尤其是男声。

- 高音：该效果用来调整音频剪辑中的高频部分。

注意：在 Premiere Pro 中，多尝试各种音频效果是拓宽知识面的好办法。所有音频效果都是非破坏性的，也就是说，应用并调整音频效果不会影响原始音频素材。你可以向一个剪辑添加多种效果，更改效果设置，然后再删除它们，从头开始。

如前所述，只要把过渡效果拖曳到剪辑上即可应用。类似地，只要我们把音频效果从效果面板拖曳到剪辑上即可应用所选的效果。应用效果后选择剪辑，即可在【效果控件】面板中看到各种效果控件。预设可以帮助你了解效果的使用方式。

在【效果控件】面板中选中某个效果，按 Delete 键即可删除所选效果。

接下来，我们会使用 01 Effects 序列来尝试各种音频效果。该序列中只包含音频剪辑，方便检查调整后的结果，如图 11-2 所示。

图 11-2

本课重点讲解【基本声音】面板，其中提供了许多易于使用的专业级调整和效果，它们是建立在标准媒体类型（比如对话、音乐）的常见工作流程基础上的。

【基本声音】面板中包含许多控制选项，这些选项在清理和改善音频过程中会用到，如图 11-3 所示。

图 11-3

11.3　调整对话

【基本声音】面板中包含用来处理对话音频的一整套工具，如图 11-4 所示。

使用【基本声音】面板时，先要选择序列中的一个或多个剪辑，然后根据剪辑中音频的类型，选择对应的标签。

不同的标签对应于不同的工具，用以处理不同类型的音频。用来处理对话音频的选项比处理其他类型音频的选项多，因为对话音频可能是最重要的，而音乐、特效（SFX）和环境声音可能都已混合完毕。

图 11-4

事实上，你在【基本声音】面板中所做的每一项调整都会向所选剪辑添加一个或多个效果，并修改这些效果的设置。这是获取好效果的捷径。无论何时，你都可以先选择剪辑，然后进入【效果控件】面板，详细设置效果，如图 11-5 所示。

接下来的内容中，我们会尝试使用【基本声音】面板中的几种调整选项，如图 11-6 所示。你可以把所做的调整保存为预设，然后在【基本声音】面板顶部的【预设】中找到并应用它。

图 11-5

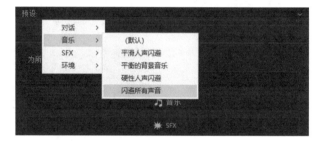

图 11-6

如果项目中有大量剪辑会用到同一套设置，则可以考虑把这套设置保存为预设。应用预设时不必先指定音频类型。创建预设时先选择一个音频类型，然后进行一些设置，最后单击【基本声音】面板顶部的【保存设置为预设】按钮（　），即可将其保存下来。

预设不是固定不变的，也就是说，在应用了某个预设后，你可以进一步对它进行调整，甚至还可以在调整后保存为一个新预设。

11.3.1　设置响度

使用【基本声音】面板，我们可以很容易地把多个剪辑的音量设置成适合于广播电视的音量。

1. 打开 02 Loudness 序列。

该序列在前面 10.5.3 节中使用过，如图 11-7 所示。

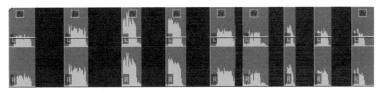

图 11-7

2. 增加 A1 轨道的高度，将其放大一些，以便能清晰地看到画外音剪辑，如图 11-8 所示。

图 11-8

关于响度

到目前为止，我们一直在使用"分贝"（dB）来描述音量大小。在整个前期和后期制作过程中，分贝都是一个很有用的参考，"分贝"是人们最常用的音量单位。

峰值电平（剪辑的最大音量）常用来为音量设置限制。虽然峰值电平是一个很有用的参考，但它反映的不是音轨的总能量，它通常会产生一种混音，使音轨的每一部分都比自然声大，例如，在与峰值电平混合之后，耳语有可能变得像喊声一样响亮。只要音频的峰值电平在规定的限制范围内，即可应用在电视广播中。

这就是那么多电视广告听起来声音很大的原因。峰值水平并不比任何其他内容响亮，但在混合后，即使是音轨中比较安静的部分听起来也很响亮。

为了解决这个问题，人们引入了"响度"（Loudness），它衡量的是随时间变化的总能量。设置响度限制后，虽然声音中包含响亮的部分，但音轨总能量不能超过电平设置。这使内容创作者不得不把音量调整在合理的范围内。

制作广播电视内容的过程中，在评估混音时使用的几乎都是响度，【基本声音】面板中使用的也是响度。

3. 播放序列，可以听到各段画外音剪辑的音量是不同的。

4. 全选所有画外音剪辑。最简单的全选方法是拖选，但是要注意避免同时选中序列中的其他剪辑。

5. 在【基本声音】面板中单击【对话】按钮，将所选剪辑指定为【对话】音频类型。

6. 单击【响度】标题文本，显示其中的选项（见图 11-9）。这类似于在【效果控件】面板中单击某个效果的箭头，显示或隐藏其中的各个控制选项。

7. 单击【自动匹配】。

图 11-9

Premiere Pro 会自动分析每个剪辑，并调整【音频增益】，使它们的音量符合广播电视的标准（-23LUFS标准）。

如果你制作的视频内容是用来发布在网络上的，则可能需要选择另外一种音量。选择多个剪辑，进行【自动匹配】后，你可以使用【基本声音】面板底部的音量控件同时为多个剪辑调整音量。

类似于调整剪辑增益的标准化操作，这种调整也会更新剪辑的波形，如图 11-10 所示。

图 11-10

8. 播放序列，检查调整结果。

11.3.2 修复音频

录制现场声音时，录音中难免会夹杂一些背景噪声。

【基本声音】面板中包含许多用来处理背景噪声的工具。单击【修复】标题，展开其中的修复选项，如图 11-11 所示。

图 11-11

- 减少噪声：用来降低背景中噪声的音量，比如空调声、衣服的沙沙声、背景的嘶嘶声。

- 降低隆隆声：用来减少低频声，比如引擎噪声或风噪。

- 消除嗡嗡声：减少电子干扰的嗡嗡声。在北美和南美，交流电频率为 60Hz；而在欧洲、亚洲、非洲，交流电频率为 50Hz。如果麦克风线缆放在电力电缆旁边，录音中就会出现电子干扰形成的嗡嗡声。使用【消除嗡嗡声】选项可以很轻松地消除这种噪声。

- 消除齿音：降低刺耳的高频音，比如录音中常见的丝丝声。

- 减少混响：在包含大量反射面的环境中录音时，有些声音可能会以回声的形式反射回麦克风。使用【减少混响】选项可以有效地减少混响，使主音听起来更清晰。

处理剪辑中的噪声时，我们要根据噪声的特点，从众多去噪工具中选择一种或多种使用，更多时候是综合运用多种去噪工具，这样才能获得比较令人满意的效果。

勾选【修复】功能后，使用各种降噪工具的默认设置就能获得不错的去噪效果。大多数情况下，为了获得最佳去噪效果，建议从 0 开始调整各个降噪工具的数值，播放音频，然后逐渐增加数值，直到获得满意的结果，并且可以最大限度地减少失真。

下面我们尝试使用【消除嗡嗡声】来消除录音中的电噪声。

1. 打开 03 Noise Reduction 序列。

 提示：在时间轴面板中，从【时间轴显示设置】菜单中选择相应的菜单，可以显示或隐藏音频与视频序列剪辑的名称。

2. 播放序列，认真听取画外音，如图 11-12 所示。

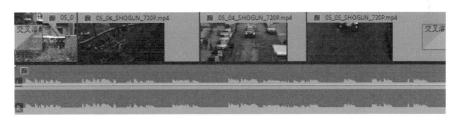

图 11-12

这个序列很简单，包含 4 段视频剪辑和 1 段画外音剪辑。画外音中有电子干扰形成的电噪声。如果听不到电噪声，表明扬声器无法重现低频声音，建议换耳机收听。

3. 选择序列中的画外音剪辑。

该剪辑已经被指定为对话音频类型，因此用户可以直接在【基本声音】面板中看到对话音频选项。

4. 在【基本声音】面板中勾选【修复】选项，并单击它，显示其下选项。然后勾选【消除嗡嗡声】选项，如图 11-13 所示。

5. 播放序列，查听降噪效果。

图 11-13

降噪效果非常明显！虽然电子干扰的嗡嗡声音量很大，但是频率固定，消除它相对容易。

该剪辑中嗡嗡声的频率为 60Hz，因此使用默认的 60Hz 进行去噪操作是合适的。如果效果不理想，建议尝试选用 50Hz 选项。

调整【消除嗡嗡声】滑块后，检查剪辑开头部分，可以发现在修复应用之前还存在少量的嗡嗡声。为此，我们可以在剪辑开头部分添加一个简短的交叉淡化将其去除。

提示：有时声音中的噪声并不容易去除，只使用 Premiere Pro 中的【修复】功能可能无法获得理想的效果。此时，大家可以尝试使用 Adobe Audition 软件，它提供了更加高级的降噪功能。

11.3.3　降低噪声和混响

除特定类型的背景噪声（比如嗡嗡声、隆隆声）外，Premiere Pro 还提供了其他更高级的降低噪声和混响的工具。你可以在【基本声音】面板中找到这些降噪工作的简单控件，但更高级的控件则显示在【效果控件】面板中。

1. 降噪

首先来尝试降噪。

1. 打开 04 Noise and Reverb 序列，如图 11-14 所示。该序列很简单，但录制时现场环境嘈杂，音频中出现了大量背景噪声和混响。播放该序列，可以发现录音中包含大量背景噪声和混响。

图 11-14

序列中的剪辑已经和【基本声音】面板中的【对话】音频类型链接在一起，并且在响度中默认应用了【自动匹配】选项，如图 11-15 所示。

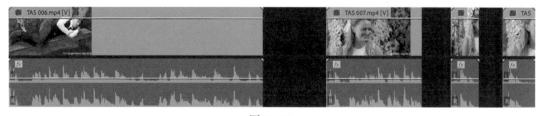

图 11-15

2. 选择序列中的第一个剪辑。在【基本声音】面板中的【修复】区域中，勾选【减少噪声】选项，该效果的默认强度为 5.0。

3. 再次播放序列剪辑，比较噪声减少效果。原来在大约 00:00:10:00 处有很大的隆隆声，现在几乎听不见了。

4. 与其他效果相同，要反复尝试，才能得到合适的【减少噪声】值，获得较为理想的降噪效果。播放过程中，尝试调整效果强度，如果【减少噪声】效果太强，人物说出的话就会失真。反之，如果效果强度不够，声音中的许多背景噪声无法去除。尝试完成后，恢复为默认设置 5.0。

Pr 提示：在【基本声音】面板中，双击控件即可恢复默认设置。

处理声音过程中，有时会遇到一些低频的背景噪声，它们与人们的说话声音很接近，导致 Premiere Pro 很难自动去除。接下来，我们尝试使用一些更高级的去噪选项。

只要在【基本声音】面板中开启了【减少噪声】选项，Premiere Pro 就会把【降噪】效果应用到所选剪辑上，你可以在【效果控件】面板中看到它。如果【效果控件】面板未显示，你可以在【窗口】菜单中找到并打开它，如图 11-16 所示。

图 11-16

5. 打开【效果控件】面板，同时在时间轴面板中确保第一个剪辑仍然处于选中状态。在【效果控件】面板中单击【编辑】按钮，打开【剪辑效果编辑器】>【降噪】，其中包含【降噪】效果的高级控件。

在正常播放或拖曳播放滑块时，【降噪】效果图会同时显示原始音频（底部蓝色）和应用的降噪调整（顶部红色），如图 11-17 所示。当效果控件开启时，你仍然可以在时间轴面板中设置播放滑块的位置以及播放序列。

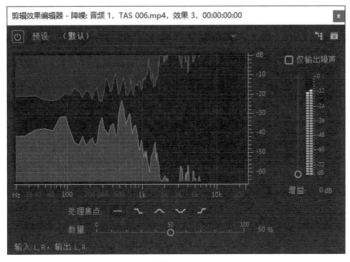

图 11-17

降噪效果图左侧显示的是低频，右侧显示的是高频。

6. 再次播放剪辑，要特别注意只有隆隆声时（无人声时）降噪效果图的变化情况。

可以发现，隆隆声是低频音，位于图左侧，如图 11-18 所示。

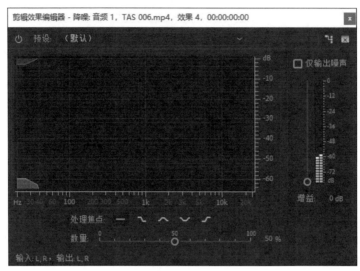

图 11-18

【剪辑效果编辑器 - 降噪】中包含的控件都十分简单明了。

* 预设：【预设】下拉列表中提供了【强降噪】或【弱降噪】两种选择，它们只调整降噪的数量。

* 数量：该控件比【基本声音】面板中的滑块更加准确，用来调整效果强度。

* 仅输出噪声：开启该项只能听到要去除的噪声，如果担心音频被删除过多，可以启用该功能。

* 增益：降噪时，音频的总电平也会下降。此时，你可以调整这个总增益进行补偿。观察效果应用前后的电平表，可以了解调整多少增益才能把总音频保持在原始水平。

相比之下，【处理焦点】控件会比较复杂，如图 11-19 所示。

图 11-19

默认情况下，Premiere Pro 会把【降噪】效果应用到剪辑的所有频率上，也就是说，它会向低频音、中频音、高频音应用同等调整。使用【处理焦点】控件，将效果有选择地应用到指定的频率上。把鼠标放到某个图标上，就会显示出相应的工具提示。其实，可以根据图标形状猜测各个图标的含义，如图 11-20 所示。

图 11-20

7. 单击启用【着重于较低频率】功能，再次播放剪辑。这次听起来效果不错，接下来，我们把效果再增强一些。

8. 拖曳【数量】滑块，将其增加到 80%，再次播放序列。接下来，再把滑块拖至 100%，然后播放序列。

启用【着重于较低频率】功能后，即使把效果强度设置成最大，人物对话还是能够听得清，此时隆隆声已经消失不见。不过即使是使用这种高级工具，也需要多次进行尝试，才能获得理想的结果。

9. 现在，将数量设置为 80%，关闭【剪辑效果编辑器 - 降噪】窗口。

Pr 注意：调整效果设置时，【基本声音】面板中的相应控制项会出现感叹号图标（▲），提醒你相应设置已经被修改。

2．减少混响

【减少混响】和【减少噪声】的工作方式类似。下面我们来进行尝试。

1. 播放序列的第二个剪辑，其中包含很强的混响，这是因为录音现场中物体的硬表面会把声音反射进麦克风中。

这个剪辑中背景噪声并不多，但是混响问题十分严重，如图 11-21 所示。

2. 在时间轴面板中选择剪辑，然后在【基本声音】中启用【减少混响】选项，如图 11-22 所示。

图 11-21

变化十分明显！与调整【减少噪声】相同，调整【减少混响】时也要反复尝试，在保证人物对话足够清晰的前提下，获得最好的去混响效果。

启用【减少混响】选项后，Premiere Pro 会向所选剪辑应用【减少混响】效果，你可以在【效果控件】面板中打开它，如图 11-23 所示。

图 11-22

图 11-23

3.【减少混响】效果和【减少噪声】效果拥有类似的控制项，但它们之间存在一个明显的区别。在【效果控件】面板中单击效果的【编辑】按钮，打开【剪辑效果编辑器 - 减少混响】窗口。

从图中可以看到,【减少混响】效果和【减少噪声】效果的设置几乎完全相同,但在【剪辑效果编辑器 - 减少混响】中噪声图的颜色不同,而且在右上角的是【自动增益】,而非【仅输出噪声】,如图 11-24 所示。

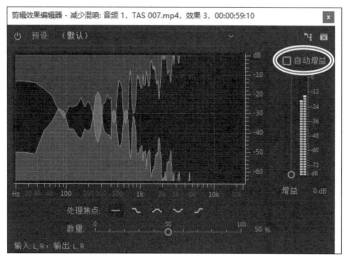

图 11-24

减少混响时,总电平必然会降低,启用【自动增益】功能后,Premiere Pro 会自动进行补偿,使该效果更容易设置。

4. 确保【自动增益】功能处于启用状态,播放剪辑,比较启用前后的不同。然后,关闭【剪辑效果编辑器 - 减少混响】窗口。

5. 序列中还有其他两段剪辑供你练习,还可以尝试把【减少噪声】和【减少混响】两个效果结合起来,以便实现使用更低的数值获得更好的效果,如图 11-25 所示。

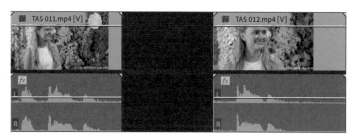

图 11-25

11.3.4 提高清晰度

【基本声音】面板中的【透明度】提供了 3 种提高对话质量的快捷方法,如图 11-26 所示。

• 动态:增加或减少音频的动态范围,即录音中最低音和最高音之间的音量范围。

- EQ：以不同的频率恰当地应用幅度（音量）调整。它提供了一系列预设，帮助我们轻松选出有用的设置。

- 增强语音：选择【男性】或【女性】声音，以恰当的频率提高语音清晰度。

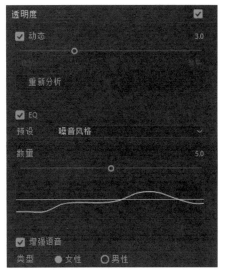

图 11-26

上面 3 种方法值得你花时间认真研究，处理对话录音时会经常用到。

下面我们来进行尝试。

1. 打开 05 Clarity 序列，如图 11-27 所示。

该序列与 03 Noise Reduction 序列的内容相同，但其中包含了画外音的两个版本。第一个版本比第二个版本更清晰。

2. 听第一个画外音剪辑。

图 11-27

3. 选择第一个画外音剪辑，在【基本声音】面板中向下滚动到【透明度】选项，单击【透明度】标题，展开其选项。

4. 勾选【动态】，拖曳其下滑块，尝试不同调整。你可以边播放序列边在【基本声音】面板进行调整，动态效果会实时应用。尝试几次调整之后，取消勾选【动态】选项。

5. 勾选 EQ，尝试几种不同的预设，如图 11-28 所示。

应用不同预设时，Premiere Pro 会显示不同的调整图形，该图形基于【参数均衡器】效果（有关这个效果的更多内容，请阅读 11.3.8 节）。你可以拖曳【数量】滑块，增强或减弱该效果。

【噪音风格】预设

图 11-28

6. 播放第二个画外音剪辑。

7. 选择第二个画外音剪辑，在【基本声音】面板的【透明度】中勾选【增强语音】，选择【女性】。

8. 播放第二段画外音剪辑。播放期间，尝试打开与关闭【增强语音】。

听起来差别好像不明显。事实上，可能需要使用耳机或高质量的监听设备才能听出差别。该选项能够提升语音的清晰度，使其更容易理解，在某些情况下，它还会降低低频功率。

11.3.5 创意调整

在【基本声音】面板中，【创意】区域位于【透明度】下方，如图 11-29 所示。

【创意】区域中只有一个调整项——混响。该效果类似于在含有大量反射面的大型房间中录音，但它听上去更不明显。

建议使用 05 Clarity 序列中的第一个画外音剪辑尝试该效果。

只需要少许混响效果，就能营造出十分真实的现场感。

图 11-29

11.3.6 调整音量

除为项目面板中的剪辑调整增益、为序列中的剪辑设置音量，以及自动应用响度调整外，我们还可以使用【基本声音】面板底部的【剪辑音量】为选定剪辑设置音量，如图 11-30 所示。

Premiere Pro 提供了许多调整剪辑音量的方式。

但是，这个音量控制选项比较特殊：无论怎样改变剪辑的音量，音量都不会出现扭曲变形的问题，即剪辑音量不会大到出现变形的程度。

1. 打开 06 Level 序列。

图 11-30

该序列很简单，只包含一段画外音剪辑，这段画外音我们之前听过，音量大小处于正常水平，如图 11-31 所示。

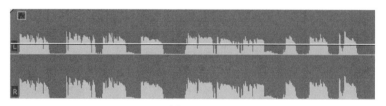

图 11-31

2. 选择画外音剪辑，播放序列。在播放过程中，拖曳【剪辑音量】下的【级别】滑块来增大或减小剪辑音量。

> **Pr** 注意：在【基本声音】面板中，双击任意一个控件都可以将其恢复成默认值。在做任何一种调整之前，最好都恢复为默认值。

3. 将滑块拖曳到最右侧，使音量达到最大音量 +15dB。

不管把音量调整成多少，声音都不会出现失真变形（音量变得很大时，音频中音量最大的部分无法播放）。即使把一个剪辑的增益和音量（使用"橡皮筋"）都增大，剪辑的音量也不会出现大问题。

4. 双击【剪辑音量】下的【级别】滑块，将其恢复成默认值。

11.3.7　使用其他音频效果

本课开头提到，Premiere Pro 为我们提供了大量音频效果，其中大部分效果都集中在效果面板中。

到现在为止，我们通过【基本声音】面板做的大部分调整实际上是 Premiere Pro 自动添加到剪辑上的常规音频效果的"产物"。

使用这种方式应用效果很快，因为【基本声音】面板中的所有控制项用起来就像预设，只要在【基本声音】面板中根据需要做好设置，这些效果就会出现在【基本声音】面板中，并且提供了相应参数供你进一步调整。

序列 06 Level 中的剪辑处于选中状态，打开【效果控件】面板。

当在【基本声音】面板中调整【剪辑音量】的【级别】时，Premiere Pro 就会向所选剪辑应用【强制限幅】效果，并根据调整设置该效果的参数，如图 11-32 所示。

在【效果控件】面板中单击【强制限幅】效果下的【编辑】按钮，打开【剪辑效果编辑器 - 强制限幅】窗口，如图 11-33 所示。该窗口中包含【强制限幅】效果的各个设置选项，方便你进行调整。当在【基本声音】面板中做出调整后，在【效果控件】面板中，效果的相应参数也会得到同步调整。

图 11-32

图 11-33

大多数情况下，在【基本声音】面板中做相应调整即可。不过，如果想进一步做更加细致的调整，可以随时打开【效果控件】面板进行调整。

关闭【剪辑效果编辑器 - 强制限幅】窗口。接下来，我们再介绍其他一些有用的音频效果。

11.3.8　使用【参数均衡器】效果

【参数均衡器】效果很常用，它提供了详细直观的调整界面，有助于我们对不同频率音频的音量进行精确调整。

【参数均衡器】效果编辑器的中间区域中有一条曲线，你可以拖曳曲线上的音量调整控制点（这些控制点相互链接在一起）来得到细腻自然的声音。

下面，我们一起来尝试使用【参数均衡器】效果。

1. 打开 07 Full Parametric EQ 序列。该序列只包含一个音乐剪辑，如图 11-34 所示。

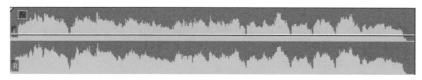

图 11-34

2. 在效果面板中找到【参数均衡器】效果（查找时可用使用面板顶部的搜索框），将其拖曳到剪辑上。

3. 在剪辑处于选中的状态下，打开【效果控件】面板，单击【参数均衡器】效果下的【编辑】按钮，打开【剪辑效果编辑器 - 参数均衡器】窗口，如图 11-35 所示。

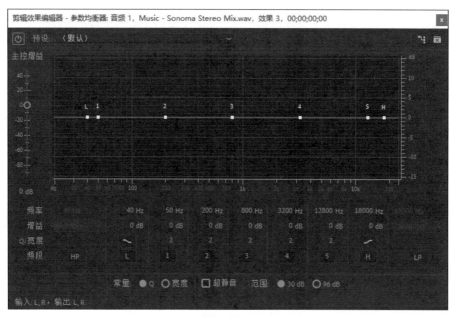

图 11-35

在图形控制区域中，横轴代表频率，纵轴（右侧）代表振幅，位于图形中间的蓝色线条表示你做出的调整，你可以直接拖曳线条上的控制点改变线条形状。调整之后，蓝色线条或高或低，表示在相应频率下对音量进行的调整。

调整时，你可以直接拖曳蓝色线条上五个控制点中的任意一个，包括位于左右两端的【低通】和【高通】控制点，如图 11-36 所示。

图 11-36

左侧是【主控增益】，如果你的调整导致音频总音量过大或过小，则可以通过调整【主控增益】进行修正，如图 11-37 所示。

4. 播放剪辑，收听其声音。底部控件中有一个【范围】选项。默认情况下，【参数均衡器】效果图形允许调整的范围是 +/-15dB。将【范围】设置成 96dB，使调整范围变为 +/-48dB，如图 11-38 所示。

图 11-37

图 11-38

5. 向下大幅拖曳第一个控制点，减小低频音频的音量。再次播放音乐，如图 11-39 所示。

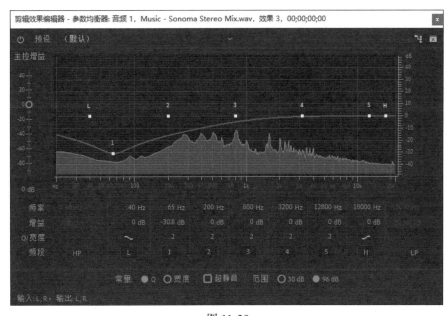

图 11-39

提示：另一种使用【参数均衡器】效果的方法是，针对一个特定频率进行提升或削减。你可以使用这个效果削减某个特定频率，比如高频噪声或低频嗡嗡声。

调整蓝色线条的一个地方会影响到邻近频率的声音，这样产生的效果会更自然。

拖曳某个控制点时，其影响范围由 Q 设置控制。

前面例子中，控制点 1 被设置为 65Hz（这是一个非常低的频率），其增益调整为 −30.8dB（增益降得很大），Q 值为 2（很宽），如图 11-40 所示。

频率		40 Hz	65 Hz
增益		0 dB	-30.8 dB
Q/宽度		～	2
频段	HP	L	1

图 11-40

6. 将第 1 个控制点的 Q 值从 2 改为 7。修改时，先单击 2，然后直接输入新值 7 即可，如图 11-41 所示。

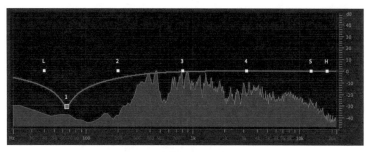

图 11-41

此时，蓝色线条向下凸出的部分变得非常尖锐，相比之下，我们所做的调整将应用到更少的频率上。

7. 播放序列，仔细检查变化。

接下来，我们进一步改善声音。

8. 向下拖曳控制点 3，使其增益大约为 −20dB，将 Q 值设置为 1，使调整宽度增大，如图 11-42 所示。

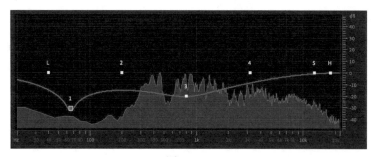

图 11-42

9. 播放序列，认真倾听，可以发现歌声变得更安静。

10. 将控制点 4 拖曳到大约 1500Hz，增益为 +6.0dB。将 Q 值设置为 3，提高 EQ 调整的精确度，如图 11-43 所示。

> **Pr** | 注意：不要把音量调得太高（峰值指示线会变成红色，峰值监视器也会亮起），否则会导致声音变形。

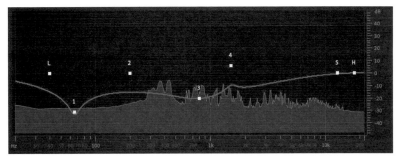

图 11-43

> **提示**：如果在软件界面中没有看到音量指示器，可以在菜单栏中依次选择【窗口】>【音频仪表】选项，将其显示出来。

11. 播放序列，检查有何变化。

12. 向下拖曳高频滤波器（H 控制点），将其增益设置为 -8.0dB 左右，使高频声音变得安静一些。

13. 使用【主控增益】控件，调整总音量。你可能需要查看音量指示器，才能确定自己所做的混合是否合适。

14. 关闭【剪辑效果编辑器 - 参数均衡器】窗口。

15. 播放序列，检查有何变化。

> **注意**：受篇幅限制，本书不会讲解 Premiere Pro 中的所有音频效果的所有属性。如果想学习有关音频效果的更多内容，请搜索 Premiere Pro 帮助文档。

上述讲解中，出于演示的需要，我们所做的调整幅度都比较大，但在实际项目中，调整的幅度通常都是很微小的。

你可以在剪辑或序列的播放过程中调整音频和效果，而且可以开启节目监视器中的循环播放功能，即可避免反复按下播放按钮。

在节目监视器中单击【设置】菜单，在弹出菜单中选择【循环】，即可开启循环播放功能。

在节目监视器中，单击【按钮编辑器】图标（➕）打开【按钮编辑器】面板，其中包含一些与播放相关的按钮。

- 循环播放（🔁）：打开或关闭循环播放功能。若设置了入点与出点，播放会在两者之间循环进行。

- 从入点到出点播放视频（🔁）：如果在序列上设置了入点和出点，单击该按钮，则只播放入点和出点之间的内容。

音频插件管理器

在 Premiere Pro 中，安装第三方插件非常简单。首先，从菜单栏中依次选择【Premiere Pro】>【首选项】>【音频】（macOS）或【编辑】>【首选项】>【音频】（Windows），然后单击【音频增效工具管理器】按钮，打开【音频增效工具管理器】窗口。

1. 单击【添加】按钮，添加包含 AU 或 VST 插件的目录。AU 插件仅适用于 Mac 系统。

2. 若需要，单击【扫描增效工具】按钮，查找所有可用插件。

3. 单击【全部启用】按钮，激活所有插件，或者选择某些插件，单独激活它们。

4. 单击【确定】按钮，使更改生效。

11.3.9　使用【陷波】效果

陷波效果用来删除指定值附近的频率。该效果会定位一个频率范围，然后删除该频率范围内的声音，非常适合用来删除无线电干扰的嗡嗡声和其他电子干扰。

1. 打开 08 Notch Filter 序列。

2. 播放序列，可以听到嗡嗡声，就像荧光灯在嗡嗡作响。

3. 在效果面板中找到【陷波滤波器】效果（非简单的陷波滤波器），将其拖曳到序列中的剪辑上。此时，Premiere Pro 会自动选中序列剪辑，并在效果控件面板中显示出效果控件。

4. 在效果控件面板中单击【陷波滤波器】效果下的【编辑】按钮，打开【剪辑效果编辑器 - 陷波滤波器】窗口，如图 11-44 所示。

【陷波滤波器】效果看上去与【参数均衡器】效果非常相似，而且功能也类似。但是，【陷波滤波器】效果中并没有用来设置曲线锐利度的 Q 控件。默认情况下，每一项调整都极其剧烈，你可以通过【陷波宽度】菜单调整曲线。

5. 播放序列，试用不同预设，了解它们之间的不同。

每个预设中通常都包含多项调整，原因是在多谐波频率中经常会出现信号干扰。

6. 从【预设】菜单中选择【60 Hz 与八度音阶】，然后再次播放序列，检查改善效果。

7. 应用【陷波滤波器】效果时，经常需要反复调整反复检查，直到获得满意的效果设置。

音频中的嗡嗡声频率分别为 60Hz、120Hz、240Hz，它们就是所选预设的处理目标。单击控制点 4、5、6 的【启用】按钮，将它们关闭，如图 11-45 所示。

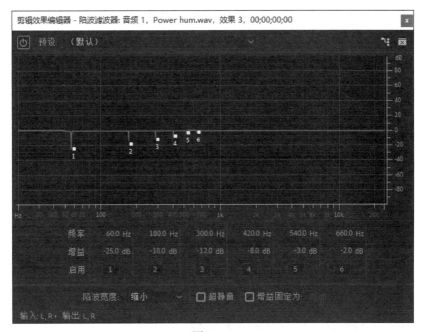

图 11-44

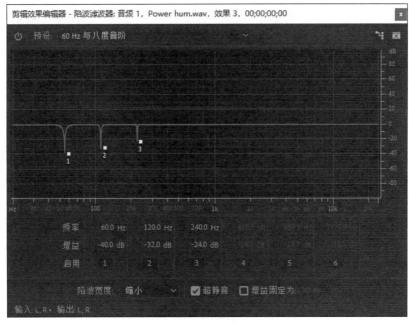

图 11-45

再次播放序列，检查最终效果。即使干扰声音的频率很明确，也会影响到人物的声音。删除干扰音后，人物的声音听起来会非常清晰。

8. 关闭【剪辑效果编辑器 - 陷波滤波器】窗口。

在基本声音面板中启用【消除嗡嗡声】功能后，Premiere Pro 会将类似的效果应用到剪辑上。

【陷波滤波器】效果中有一些非常高级的控件。当使用基本声音面板无法获得想要的结果时，可以尝试使用这些控件。

使用Adobe Audition去除背景噪声

Adobe Audition 提供了高级混音和效果，能够帮助我们进一步改善声音。如果电脑中安装了 Audition，可以尝试如下操作。

1. 在 Premiere Pro 中，从项目面板中打开 09 Send to Audition 序列。

2. 在时间轴面板中，使用鼠标右键单击 Noisy Audio.aif 剪辑，从弹出菜单中选择【在 Adobe Audition 中编辑剪辑】选项，如图 11-46 所示。

此时，Premiere Pro 会为音频剪辑新建一个副本，并将其添加到项目中。

打开 Audition 软件，并显示音频剪辑的副本。

图 11-46

3. Audition 的【编辑器】面板中应该显示有立体声剪辑。Audition 为剪辑显示了一个很大的波形。为了使用 Audition 的高级降噪工具，需要在剪辑中找出噪声部分，告知 Audition 要删除的内容。

4. 如果波形下没有【显示频谱】，请单击程序窗口顶部的【显示频谱】按钮（ ），将其显示出来。播放剪辑，只在剪辑的开头部分包含几秒噪声，这很容易选出来。

5. 在工具栏中选择【时间选择工具】，拖选刚找到的噪声部分，如图 11-47 所示。

6. 从菜单栏中依次选择【效果】>【降噪/恢复】>【捕捉噪声样本】，也可以使用 Shift+P 快捷键。此时，弹出一个对话框，提示将要捕捉噪声样本，单击【确定】按钮。

7. 从菜单栏中依次选择【编辑】>【选择】>【全选】，选择整个剪辑。

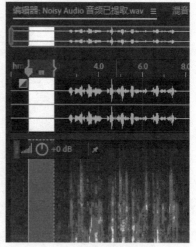

图 11-47

8. 从菜单栏中依次选择【效果】>【降噪/恢复】>【降噪（处理）】，也还可以按 Shift+Command+P（macOS）或 Shift+Ctrl+P（Windows）组合键。此时，打开【效果 - 降噪】窗口，供用户处理噪声，如图 11-48 所示。

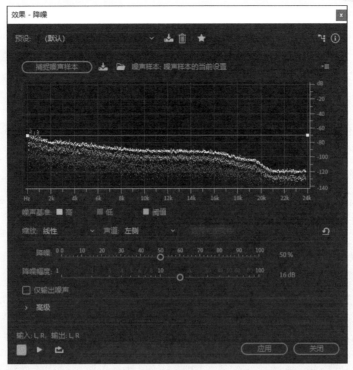

图 11-48

9. 勾选【仅输出噪声】复选框。该选项允许你只听取要删除的噪声，方便你准确选出要删除的噪声，防止意外删除非噪声音频。

10. 单击窗口底部的【播放】按钮，拖曳滑块调整【降噪】和【降噪幅度】，从剪辑中清除噪声，如图 11-49 所示。注意不要过度调整。

图 11-49

11. 取消选择【仅输出噪声】复选框，听取清除噪声后的声音。可能需要从头开始，捕捉到噪音后，选择不同的音频区域。

12. 如果对调整结果满意，单击【应用】按钮应用调整。

13. 从菜单栏中依次选择【文件】>【保存】命令，保存更改。

14. 在 Audition 中保存更改之后，这些调整会自动同步到 Premiere Pro 中的剪辑上。返回到 Premiere Pro 中，播放剪辑，检查去噪效果。然后，即可退出 Audition。

11.3.10　使用响度雷达效果

如果是为广播电视制作内容，则必须严格按照交付要求来制作视频内容。

其中一个交付要求与声音的最大音量有关，有多种方法能够帮助我们满足这个要求。

前面讲过，目前衡量广播音量的一个常用方法是使用【响度】，你也使用该指标来衡量序列声音。

你可以测量剪辑、音轨，或整个序列的响度。通常，在交付规范中有关于声音设置的明确要求。

你可以按照如下步骤来测量整个序列的响度。这里我们继续使用 09 Send to Audition 序列进行演示。

1. 打开【音轨混合器】面板（注意不是音频剪辑混合器）。我们可能需要重新调整【音轨混合器】面板的尺寸，才能看到所有控件。

【音轨混合器】允许用户把效果添加到轨道而非剪辑上，包括主输出轨道。不同于【音频剪辑混合器】，【音轨混合器】中包含【主声道】，它正是我们希望在界面中看到的。

2. 【音轨混合器】中的控件是按列安排的，包含 3 个音轨列和一个主声道列。若有必要，可以单击面板左上角的小三角形图标（❯），显示出【效果和发送】区域。每个轨道有 5 个菜单（当前为空），从中可以选择效果。

3. 在主声道控件顶部，单击向下箭头，打开【效果选择】菜单，依次选择【特殊效果 > 雷达响度计】，如图 11-50 所示。该效果出现在面板顶部，但控件在面板底部，如图 11-51 所示。

图 11-50

图 11-51

4. 在【音轨混合器】中，使用鼠标右键单击【雷达响度计】效果名称，从弹出菜单中选择【后置衰减器】，如图 11-52 所示。

【音轨混合器】中的衰减器控件用来调整音轨的音量。调整衰减器后，【雷达响度计】会分析音量，否则 Premiere Pro 将忽略使用衰减器进行的调整。

5. 双击【雷达响度计】效果名，打开【轨道效果编辑器 - 雷达响度计】窗口，其中包含效果的所有控件，如图 11-53 所示。

图 11-52

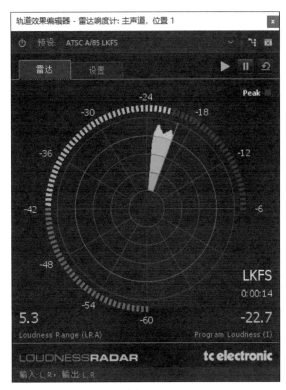

图 11-53

6. 在时间轴面板中，把播放滑块拖至序列开头，然后按空格键播放序列，或者单击节目监视器中的【播放】按钮。

播放期间，【雷达响度计】会监视响度，并将其显示为使用蓝、绿、黄表示的一系列值（里面也有一个峰值指示器）。

尽管响度的具体大小取决于你的处理要求（比如广播规范中给出的要求），但我们的目标通常都是让响度保持在响度雷达的绿色区域之内。

7. 分析完成后，关闭【轨道效果编辑器 - 雷达响度计】窗口。

【雷达响度计】不会改变音量，但它可以准确测量响度，供你在修改混音时做参考。调整音频音量，然后再次使用【雷达响度计】进行检查。

在【轨道效果编辑器 - 雷达响度计】窗口中，单击【设置】选项卡，修改【雷达响度计】中各个部分的测量标准。此外，还可以从【预设】菜单中选择某个预设，这些预设都是建立在常用标准上的。

如果使用【基本声音】面板自动设置音量，最后可能也会得到满足广播要求的混音。但是，相比之下，采用手工方式制作的音频混合更专业，效果也更好，因为其中每个剪辑的音量都会得到检查。

使用【雷达响度计】时，可以使用J、K、L键提高播放速度（最快为正常播放速度的4倍）检查结果。

从菜单栏中依次选择【文件】>【关闭项目】，关闭当前项目。若弹出对话框询问是否保存当前项目，单击【保存】按钮。

11.4 复习题

1. 如何使用基本声音面板为广播电视对话剪辑设置一个符合行业标准的音频电平？

2. 从剪辑中消除电子干扰（嗡嗡声）的快捷方法是什么？

3. 在基本声音面板中勾选某个选项后，在哪里可以找到这个选项的更多控制参数？

4. 如何从 Premiere Pro 的时间轴中把一个剪辑直接发送到 Adobe Audition 中？

11.5 复习题答案

1. 选择想要调整的剪辑。在基本声音面板中选择音频类型为【对话】，然后在【响度】区域中单击【自动匹配】。

2. 在基本声音面板中勾选【消除嗡嗡声】选项，去除电子干扰的嗡嗡声。根据原始素材的来源，选择 60Hz 或 50Hz。

3. 在基本声音面板中，大部分调整都是以效果形式应用到剪辑上。首先选择剪辑，然后打开【效果控件】面板，即可看到更多控件。

4. 在 Premiere Pro 中把一个剪辑发送到 Audition 中很简单。只需使用鼠标右键单击剪辑，从弹出菜单中选择【在 Adobe Audition 中编辑剪辑】选项即可。

第12课 添加视频效果

课程概览

本课包括如下内容：

- 使用固定效果；

- 在 Effects（效果）面板中浏览效果；

- 应用和删除效果；

- 使用效果预设；

- 遮罩和跟踪视觉效果；

- 使用关键帧效果；

- 了解常用效果；

- 使用特殊的 VR 视频效果；

- 渲染效果。

　　学习本课大约需要 120 分钟。请先准备好本课要用到的课程文件，请参阅本书前言中的"使用课程文件"。

Adobe Premiere Pro 提供了 100 多种视频效果。本课中，我们将学习各种效果的使用方法，包括一些高级效果。大部分效果带有一组控件，你可以使用关键帧使它们随着时间变化。

12.1 课程准备

使用视频效果的原因有很多。你可以使用它们解决图像质量方面的问题，比如曝光或颜色平衡；也可以借助合成技术（比如色度键）使用它们创建出复杂的视觉效果；还可以使用它们解决视频拍摄中的一些问题，比如摄像机抖动、色彩平衡不准等。

1. 打开 Lesson 12.prproj 项目文件。

2. 将项目另存为 Lesson 12 Working.prproj。

3. 在工作区面板中单击【效果】，或者从菜单栏中依次选择【窗口】>【工作区】>【效果】命令，进入效果工作区。

4. 在工作区面板中双击效果工作区名称，重置工作区。

你还可以使用效果来创建某种风格。例如改变素材的颜色或使之扭曲变形，或者为剪辑的大小和位置制作动画。关键是知道什么时候使用效果，以及什么时候使效果简单。

你可以使用椭圆或多边形蒙版对标准效果进行约束限制，这些蒙版会自动跟踪素材。例如，使用蒙版对视频中某个人的面部进行模糊处理，以隐藏其身份，当人物走动时，模糊区域也会随着人物面部一起移动。在后期制作中，还可以使用这个功能来照亮整个场景。

12.2 应用视觉效果

前面我们已经学习过如何应用音频效果以及调整它们的设置。与音频效果相同，应用视频效果时，既可以直接把视频效果拖曳到剪辑上，也可以先选择剪辑（一个或多个），然后再在效果面板中双击相应效果进行应用，如图 12-1 所示。你可以向一个剪辑应用多个效果，获得满意的结果。而且，还可以使用调整图层向一组剪辑添加相同效果。

Premiere Pro 为我们提供了大量视频效果，以至于当我们选择要使用哪些效果时会变得有点无所适从。此外，还有许多由第三方厂商制作的免费或收费的效果可供使用。

虽然视频效果的数量繁多，有些效果的控件比较复杂，但是应用、调整、删除各种效果的方法都差不多，且都比较简单直白。

12.2.1 调整固定效果

当把一个剪辑添加到序列中后，Premiere Pro 会自动向它应用一些效果，这些效果叫作【固定效果】或【固有效果】。每个剪辑都有这些效果，主要用来控制剪辑的几何、不透明、速度、音频等共同属性。

图 12-1

每当你把一个剪辑拖入序列中时，Premiere Pro 就会自动向这个剪辑应用一些固定效果。但是，默认情况下，这些固定效果是不起作用的，除非对它们的设置参数进行调整。这些效果如下。

- 运动：你可以使用运动效果使剪辑动起来，对剪辑进行旋转、缩放等操作。还可以使用【防闪烁滤镜】控件，减轻动画对象边缘的闪烁问题。当缩小一个高分辨率素材或交错素材，Premiere Pro 需要对图像重新进行采样时，这个效果会非常有用。

- 不透明度：【不透明度】用来控制剪辑的不透明或透明程度。你还可以使用特殊的混合模式从多个视频图层创建视觉效果。更多相关内容，我们将在第 14 课中进行讲解。

- 时间重映射：该效果用来减慢或加快播放速度，或者进行倒放，还可以用来冻结一个帧。可以把它看作时间轴面板中【剪辑速度 / 持续时间】的高级版本，其实，它们之间是有关联的。

- 音频效果：若剪辑中包含音频，Premiere Pro 会显示音量、声道音量、声像器控件。有关内容，请阅读第 10 课。

你可以在效果控件面板中调整所有固定效果。

1. 若时间轴面板中未显示出 01 Fixed Effects 序列，需要先将其打开。

2. 在时间轴面板中单击第一个剪辑，将其选中。在效果控件面板中，可以看到应用到所选剪辑上的固定效果，如图 12-2 所示。

图 12-2

Pr | **提示**：在效果控件面板或项目面板中，按住 Option 键（macOS）或 Alt 键（Windows），单击箭头图标（▶），可以展开或折叠所有项目。

3. 单击某个效果名称或某个控件左侧的箭头图标（▶），可以将其展开，显示其中的属性。

4. 单击序列中的第二个剪辑，将其选中，查看效果控件面板，如图 12-3 所示。

在这些效果属性左侧都有秒表图标，这表示我们可以为这些属性添加关键帧，并使属性值随时间变化。若某个属性左侧的秒表图标显示为蓝色，表明该属性上已经添加了关键帧。这里，我们通过向缩放属性添加关键帧为第二个剪辑制作了缩放动画，模拟拉镜头的效果。

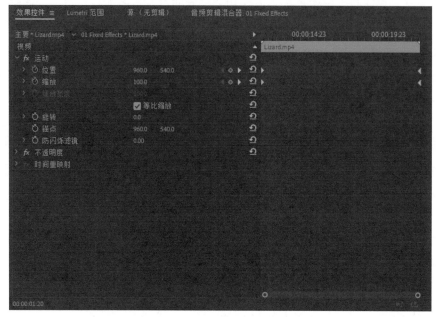

图 12-3

当人们把注意力集中到一个物体上时，通常会经历微妙的"隧道视觉"。一个缓慢的放大效果可以使观众有同样的感受，这有助于提高观众的注意力，增加戏剧性时刻的紧张感。

5. 播放当前序列，比较两个剪辑。

12.2.2　使用效果面板

除固定视频效果外，Premiere Pro 还提供了许多标准效果来更改剪辑的外观（见图 12-4）。这些效果数量庞大，为了方便查找选用，Premiere Pro 把它们划分成 17 个类别。如果还安装了第三方效果，选择会更多。

在诸多视频效果中有一类【过时】效果，这些效果都已经被更新、设计更好的效果所取代，但是 Premiere Pro 仍然把它们保留了下来，以便与旧项目文件保持兼容。在项目中，最好不要用这些过时的效果，以免它们在将来的版本中被移除。

视频效果是按功能分组的，包括扭曲、键控、时间等，这种组织结构有助于你快速找到要使用的效果。

在效果面板中，各个分类都有对应的文件夹。

图 12-4

1. 打开效果面板。

2. 在效果面板中展开【视频效果】文件夹。

3. 单击面板底部的【新建自定义素材箱】（■）按钮。

在效果面板的最底部，你可以找到新创建的素材箱（可能需要向下拖曳面板右侧的滚动条才能看到）。接下来，我们为新创建的素材箱重命名。

4. 单击新建的素材箱，将其选中。

5. 单击素材箱名称（自定义素材箱 01），使其处于可编辑状态，如图 12-5 所示。

6. 将素材箱名称修改为 Favorite Effects，如图 12-6 所示。

图 12-5   图 12-6

7. 随便打开一个视频效果文件夹，把一些效果拖入刚刚创建的素材箱中，这些效果即可被复制。为了方便拖放效果，可能需要重新调整面板尺寸。选择一些感兴趣的效果，你可以随时把它们添加到自定义素材箱中，当然也可以把它们删除。单击面板底部的【删除自定义项目】（■）按钮，即可把选中的效果删除。

浏览视频效果时，你会发现许多效果名称旁边会有一些图标（可能需要调整面板尺寸，才能看到图标）。理解这些图标的含义将有助于快速选择适合自己需要的效果，如图 12-7 所示。

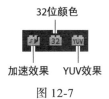

图 12-7

12.2.3　加速效果

【加速效果】图标（）表示相应效果可以由 GPU（图形处理单元）进行加速。GPU（常称为视频卡或图形卡）可以大大提升 Premiere Pro 的性能。Mercury Playback Engine（水银回放引擎）支持多种视频卡，在正确安装视频卡后，这些效果通常可以得到加速或实时显示，并且只在最终导出时才需要渲染，而且渲染时也会得到硬件加速。Premiere Pro 产品页面中包含一个显卡推荐列表。

32 位颜色（高位深）效果

处理带有 32 位颜色图标（ 32 ）的效果时，每个通道都是 32 位的，该过程称为高位深或浮点运算。

为了获得最佳质量，应该尽量使用高位深效果。

> **注意：** 在向剪辑应用一个 32 位效果时，为了获得最佳质量，最好保证剪辑上应用的所有效果都是 32 位的。如果把 32 位效果和非 32 位效果进行混用，在非 32 位效果的影响下，Premiere Pro 在进行处理时可能会转换回 8 位空间。

进行编辑时，若未开启 GPU 加速功能，在软件模式下，Premiere Pro 默认使用 8 位颜色渲染效果。要使用 32 位颜色效果，一定要确保序列设置中选中了【最大位深视频渲染】选项。如果在项目设置中选择了硬件加速渲染器，Premiere Pro 会自动以 32 位深渲染所支持的加速效果。

理解位深

　　对于位深，我们可以把它简单地比喻成从某把尺寸的一端走到另一端所需要的步数。一个典型的例子是像素的亮度，一个像素的亮度从 0% 变化到 100% 需要多少步呢？

　　大多数视频摄像机能录制 8 位视频，每个颜色通道中像素的亮度从 0% 变化到 100% 有 256 步，有 256 个亮度级别。

　　每增加一位，级别数翻倍，所以在 10 位视频中，每个像素的亮度都有 1024 个级别。在 8 位与 10 位视频中，每个像素的亮度级别范围如下。

　　8 位：0 ～ 255。

　　10 位：0 ～ 1023。

　　使用 32 位表示颜色时，可以表示的颜色数超过 40 亿种。当以 32 位颜色渲染效果时，最终结果会非常棒，质量几乎不会有任何损失。

12.2.4　YUV 效果

对于带有 YUV 图标（![YUV]）的效果，Premiere Pro 会在 YUV 格式（亮度、蓝色、红色通道）下处理其颜色。应用颜色调整时，了解这一点特别重要。Premiere Pro 会在计算机本地的 RGB 空间中处理那些不带有 YUV 图标的效果，这可能会导致曝光调整和颜色调整不太准确。

YUV 效果会把视频拆解成一个 Y 通道（亮度通道）和两个颜色信息通道，这是大部分视频素材的原生组织方式。在 YUV 下，图像亮度和颜色分离，这有助于调整对比度和曝光，并保证颜色不发生漂移。

12.2.5　应用效果

在应用某个视频效果之后，即可在效果控件面板中看到这个效果的所有设置属性。你几乎可以为视频效果的每个属性（准确地说，是左侧带有秒表图标的属性）添加关键帧，使属性值随着时间变化而变化。此外，还可以使用这些关键帧上的贝塞尔曲线手柄调整变化的速度和加速度。

1. 打开 02 Browse 序列，如图 12-8 所示。

2. 在效果面板的搜索框中输入【白】，找到【黑白】视频效果，如图 12-9 所示。

图 12-8　　　　　　　　　　　　　　　　图 12-9

3. 把【黑白】视频效果拖曳到时间轴中的 Run Past 剪辑上，如图 12-10 所示。

此时，【黑白】效果会立即把视频画面变成黑白，更准确地说，是把画面变成灰度图像。

图 12-10

4. 在时间轴面板中，确保 Run Past 剪辑处于选中状态，打开【效果控件】面板。

5. 在【效果控件】面板中单击效果名称左侧的 fx（ fx ）按钮，可以把【黑白】效果打开或关闭。拖曳播放滑块，查看黑白效果。

通过单击 fx 图标把一个效果打开或关闭可以很方便地查看它与其他效果的作用方式。

6. 在剪辑处于选中的状态下，在【效果控件】面板中单击【黑白】效果名称，将其选中，按 Delete 或 Backspace 键删除它。

7. 在效果面板的搜索框中输入【方向】，找到【方向模糊】视频效果。

8. 在效果面板中双击【方向模糊】效果，将其应用到所选剪辑上。

> **Pr** 注意：在剪辑处于选中的状态下，你既可以通过在效果面板中双击某个效果来应用效果，也可以通过直接把效果从效果面板拖入效果控件面板来应用效果。

9. 在效果控件面板中单击【方向模糊】左侧的三角形图标，将其展开。

10. 设置【方向】为 75.0°，【模糊长度】为 45，如图 12-11 所示。

11. 这样我们就得到了一个有趣的模糊效果，但是画面模糊得太厉害，以至于我们都看不清画面内容。单击【模糊长度】控件左侧的三角形箭头，将其展开，拖曳滑块，降低模糊强度，如图 12-12 所示。

图 12-11

图 12-12

你可以一边拖曳滑块，一边在节目监视器中查看效果。

> **Pr** 提示：使用滑块调整【模糊长度】时，允许的调整范围为 0～20，但是你可以直接单击蓝色数字，然后输入大于 20 的数值。

> **Pr** 注意：视频效果不仅用来创建戏剧化效果，有时还用来模拟真实摄像机拍摄的效果。

12. 单击效果控件名称右侧的三道杠按钮，从打开的面板菜单中选择【移除效果】，打开【删除属性】对话框。

13. 你可以在【删除属性】对话框中选择要删除哪些效果以及要保留哪些效果。默认情况下，所有效果均处于勾选状态，如果想删除所有效果，直接单击【确定】按钮即可。这是一种重新开始的简单方式。

> **Pr** 提示：在效果控件面板中，固定效果的顺序是固定不变的，这有可能导致出现我们不想要的结果（比如缩放或调整大小）。虽然无法调整固定效果的顺序，但是可以使用其他类似的效果代替它们。例如，使用【变换】效果代替【运动】效果，使用【Alpha 调整】效果来代替【不透明度】效果。虽然它们不完全相同，但是功能行为非常类似，并且用户可以随意调整它们在效果控件面板中的顺序。

其他应用效果的方法

为了更方便地使用各种效果，针对一个已经设置好的效果，Premiere Pro 为我们提供了如下 3 种重用方法。

- 从效果控件面板中选择一个效果，从菜单栏中依次选择【编辑】>【复制】，然后选择目标剪辑（一个或多个），从菜单栏中依次选择【编辑】>【粘贴】。
- 用户可以把一个剪辑的所有效果复制粘贴到另外一个剪辑上。在时间轴面板中选择源剪辑，从菜单栏中依次选择【编辑】>【复制】，然后选择目标剪辑（一个或多个），再从菜单栏中依次选择【编辑】>【粘贴属性】。
- 用户可以创建一个效果预设，将其保存为一个特定效果（或多个效果），以便以后重用。有关这方面的内容，我们将在本课后面进行讲解。

12.2.6 使用调整图层

有时可能需要把一个效果应用到多个剪辑上，一个方法是使用调整图层，操作起来非常简单：首先创建一个应用有指定效果的调整图层剪辑，将其放在高层视频轨道（时间轴面板中）上，使之位于其他剪辑之上。这样一来，Premiere Pro 就会把调整图层上的效果应用到其下所有剪辑上。

如同调整图形剪辑一样，你可以很容易地调整一个调整图层剪辑的持续时间和不透明度，以便轻松控制它会影响到哪些剪辑。借助于调整图层，我们可以更高效地应用效果，因为只需更改一个调整图层的设置，即可影响其他多个剪辑的外观。

下面我们向一个序列添加一个调整图层。

1. 打开 03 Multiple Effects 序列。

2. 在项目面板中单击右下角的【新建项】按钮（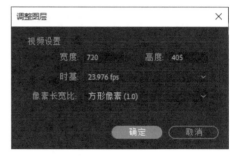），从弹出菜单中选择【调整图层】，打开【调整图层】对话框。可能需要重新调整项目面板的尺寸，才能看到【新建项】按钮。

在【调整图层】对话框中，你可以为新建的调整图层指定视频设置，默认使用当前序列设置，如图 12-13 所示。

图 12-13

3. 单击【确定】按钮。

此时，Premiere Pro 在项目面板中新添加了一个调整图层，如图 12-14 所示。

4. 把新建的调整图层从项目面板拖入时间轴面板中，使其位于 V2 轨道的开头，如图 12-15 所示。

图 12-14

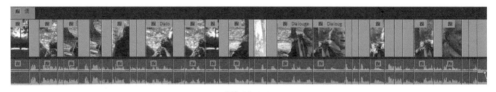

图 12-15

5. 向右拖曳调整图层的右边缘，使其延伸到序列末端，如图 12-16 所示。

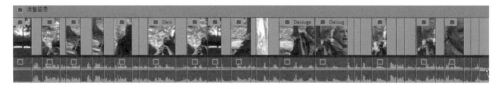

图 12-16

接下来，我们向调整图层应用一个效果。应用效果后，我们可以更改调整图层的不透明度，以改变效果的强度。

6. 在效果面板中找到【高斯模糊】效果。

7. 将【高斯模糊】效果拖曳到序列中的调整图层上。

8. 在时间轴面板中，把播放滑块移动到 27:00 处，这是一个特写镜头，在调整模糊效果时用作参考，如图 12-17 所示。

9. 默认设置下，【高斯模糊】效果不起作用，它不会对画面产生影响。选中调整图层，在效果控件面板中，把【模糊度】设置为一个较大值，比如 25.0 像素，勾选【重复边缘像素】，均匀应用效果，如图 12-18 所示。

图 12-17    图 12-18

模糊效果有点太强了。接下来，我们使用一种混合模式将调整图层与其下剪辑混合，模拟电影胶片的感觉。借助于混合模式，你可以根据两个图层的亮度和颜色值把它们混合在一起。更多有关内容，我们将在第 14 课中讲解。

10. 在调整图层处于选中状态时，在效果控件面板中单击【不透明度】控件左侧的三角形图标，显示其下设置项。

11. 从【混合模式】菜单中选择【柔光】，使之与原始画面产生柔和的混合，如图 12-19 所示。

12. 设置【不透明度】为 75%，把效果减弱一些。

图 12-19

在时间轴面板中，单击 V2 轨道的眼睛图标（ ），可以把调整图层显示或隐藏出来，方便我们观察效果应用前后的不同。

调整图层是一种向整个场景统一应用某种外观的好方法。当分别为各个剪辑调整好颜色后，你可以再添加一个调整图层，使整个场景拥有一种独特的外观。在处理序列时，也可以在剪辑之上以及图形之下添加一个调整图层，为所有剪辑赋予相同的外观。

把剪辑发送到Adobe After Effects中

如果计算机上同时安装了 Adobe After Effects，你可以轻松地在 Premiere Pro 和 After Effects 之间来回传送剪辑。Premiere Pro 和 After Effects 联系紧密，相比于其他编辑平台，它们能够更容易地无缝集成起来。显而易见，这是一种进一步增强编辑流程的有效方式。

虽然并不是必须学习 After Effects，才能充分利用 Premiere Pro。但是，许多编辑认为在工作中综合运用这两种应用程序能够极大拓展创意工具集，更有助于创建出更出色的视觉作品。

用来实现剪辑共享的工具叫作"动态链接"。借助于"动态链接"，你可以在两个程序之间无缝地交换剪辑，并且也不需要做不必要的渲染。当把一个剪辑从 Premiere Pro 发送到 After Effects 时，它会被放入一个新合成（After Effects 中的合成类似于 Premiere Pro 中的序列）中。新合成拥有与原始 Premiere Pro 项目相同的序列设置，新合成名称由两部分构成，前一部分是 Premiere Pro 项目名称，后一部分是 Linked Comp。如果你感兴趣，可以按照下面步骤进行尝试。

安装 After Effects 后，至少需要启动一次，以便确认默认首选项设置。安装 After Effects 之后，还需要重启 Premiere Pro，使其识别到安装好的 After Effects。然后，执行如下步骤。

1. 在 Premiere Pro 中打开 AE Dynamic Link 序列，如图 12-20 所示。

图 12-20

2. AE Dynamic Link 序列中包含几段沙漠的航拍镜头。这几个镜头需要做一些对比度和颜色饱和度方面的调整。你可以尝试使用其他各种剪辑并比较最终结果。使用鼠标右键单击序列中的第一个剪辑，从弹出菜单中选择【使用 After Effects 合成替换】。

3. 此时，After Effects 启动，并弹出【另存为】对话框，进入本课程文件夹，在【文件名】中输入 Lesson 12-01.aep，单击【保存】按钮进行保存。

剪辑在 After Effects 的合成中以图层形式存在，这样更容易使用时间轴面板中的高级控件。

在 After Effects 中应用效果的方法有很多。为方便起见，这里我们直接使用动画预设（类似于 Premiere Pro 中的效果预设）。

4. 若合成未自行打开，可以在 After Effects 的项目面板中找到它，然后双击它。合成的名称应该是 Lesson 12 Working Linked Comp 01（如果之前已经尝试过，数字编号可能会更大一些）。在时间轴面板中，单击 Valley_of_fre_0996.mp4 图层，将其选中，如图 12-21 所示。

图 12-21

5. 展开【效果和预设】面板（若它未在软件界面中显示出来，可以在【窗口】菜单中选择【效果和预设】，将其打开）。单击【*动画预设】左侧的三角形图标，将其展开如图 12-22 所示。若未显示出分类，可以在【效果和预设】面板菜单中检查是否启用。

After Effects 中的动画预设使用标准内置效果来获得令人印象深刻的结果。使用它们，可以帮你快速制作出具有专业水平的作品。

6. 展开【图像 - 创意】文件夹。可能需要重新调整一下面板大小，才能看到完整的预设名。

图 12-22

7. 双击【对比度 - 饱和度】预设，将其应用到所选图层。

8. 在时间轴面板中，确保剪辑仍处于选中状态，按 E 键，显示剪辑上应用的效果。你可以单击每个效果与效果设置左侧的三角形图标，在时间轴面板内右侧部分显示控件，如图 12-23 所示。

图 12-23

实际上，【对比度 - 饱和度】预设使用了一个不同名称（Calculations）的效果来改变剪辑的外观。

9. 查看效果控件面板，其中包含一个名为 Calculations（计算）的效果。

10. 按空格键，播放剪辑。

After Effects 将尽可能快地播放当前合成中应用了指定效果的剪辑（具体速度取决于编辑系统的配置情况）。时间轴面板顶部的绿色线条表示已经创建好了临时预览。在时间轴面板中，只有有绿线覆盖的区域才能实现平滑播放。

尽管效果不太明显，但是它仍然增强了画面的色彩饱和度和对比度，使画面不再显得那么平淡。

11. 在菜单栏中依次选择【文件】>【保存】命令，保存当前项目。

12. 返回到 Premiere Pro 中，播放序列，查看效果。你可以使用其他几个剪辑来重复该过程。发送剪辑时，如果 After Effects 中已经有项目打开，则 After Effects 会把剪辑作为一个新合成添加到当前项目中，而不是新建一个项目。

13. 退出 After Effects。

在 Premiere Pro 的时间轴中，原始剪辑已经被替换成动态链接的 After Effects 合成。在 After Effects 中所做的任何修改都会自动更新到 Premiere Pro 中，如图 12-24 所示。

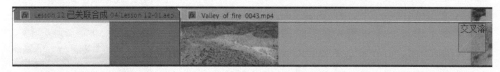

图 12-24

After Effects 会在后台处理视频，然后传入 Premiere Pro 中。为了提升在 Premiere Pro 中的预览性能，你可以在时间轴面板中选择剪辑，然后从菜单栏中依次选择【序列】>【渲染入点到出点的效果】命令。

12.3 应用主剪辑效果

在 Premiere Pro 中，你还可以把效果应用到项目面板中的主剪辑上。在该过程中，你可以使用与前面相同的视频效果，并以相同方式应用它们。在向主剪辑应用效果后，那些添加到序列中的主剪辑的所有实例（或主剪辑的一部分）都会自动继承应用到主剪辑上的效果。你甚至还可以先把主剪辑的实例添加到序列中，然后再向主剪辑应用效果，此时，那些添加到序列中的主剪辑的所有实例都会自动进行更新。借助这种方式，可以实现一次同时修改多个剪辑片段的"壮举"。

例如，你可以向项目面板中的某一个剪辑 A 添加颜色调整效果，使之与场景中其他摄像机的视角相匹配。每次在序列中使用剪辑 A（或剪辑 A 的一部分）时，剪辑 A 上的颜色调整会被一起应用。即使在编辑场景后再进行调整，也可以使用主剪辑效果实现快速调整。

下面尝试使用主剪辑效果。

1. 打开 04 Master Clip Effects 序列，如图 12-25 所示。

该序列中有 5 段剪辑内容完全相同（全是 Laura_02 剪辑的实例），它们之间被其他一些短镜头分隔开。

图 12-25

2. 在时间轴面板中，把播放滑块放到 Laura_02 剪辑的第一个实例上。在源监视器中打开该序列剪辑的原主剪辑，以便向其应用效果，如图 12-26 所示。不要直接双击序列中的剪辑，因为这样打开的是主剪辑的实例。

首先选择剪辑，然后按 F 键（F 键是【匹配帧】的键盘快捷键），这会在源监视器中打开原始主剪辑，当前显示的帧与节目监视器中显示的帧相同。

这是一个非常有用的快捷键，在浏览序列的过程中查看主剪辑时，我们可以使用这个快捷键，或者查看剪辑应用效果之前的样子，或者查看替换内容。

3. 此时，源监视器（主剪辑）和节目监视器（序列片段）中同时出现 Laura_02.mp4 剪辑。当你向主剪辑应用效果时，就会看到它们是如何影响序列的。

图 12-26

4. 在效果面板的搜索框中输入 100，可以快速找到名为 Cinespace 100 的 Lumetri 预设。

5. 把 Cinespace 100 拖入源监视器中，将其应用到主剪辑上。

 提示：此外，还有另外两种向主剪辑应用效果的方法：第一种是把效果直接拖曳到项目面板中的剪辑上；第二种是先选择序列中的剪辑，然后在效果控件面板的左上方，单击主剪辑名称，再把效果拖入【效果控件】面板中。

6. 单击源监视器，使其处于活动状态，打开效果控件面板，可以看到一系列效果控制项，如图 12-27 所示。

 注意：在 Premiere Pro 中，"选择"操作至关重要。进入效果控件面板之前，必须先单击源监视器，使其处于激活状态，这样才能看到正确的效果控制项。

图 12-27

在把效果应用到源监视器中的剪辑，并单击激活源监视器后，效果控件面板中显示出的才是应用到主剪辑上的效果，而不是时间轴面板中某个剪辑实例的效果。

上面我们向主剪辑应用的是一个 Lumetri 颜色效果。有关该效果的更多内容，我们将在第 13 课中进行讲解。

7. 在把 Lumetri 颜色效果应用到主剪辑后，其在序列中的每个实例都自动应用了该效果。播放序列，可以看到 Laura_02 剪辑的每个副本都应用了 Lumetri 颜色效果。

在判断主剪辑效果是否应用到序列剪辑上时，可以通过观察序列剪辑左上角的 fx 图标是否有红色下划线（▨）来进行判断。

Lumetri 颜色效果同时显示在源监视器和节目监视器之中，因为序列剪辑动态地继承了应用到主剪辑上的效果。

这样，每次在序列中使用该剪辑（全部或一部分）时，Premiere Pro 都会向其实例应用相同效果。

值得注意的是，虽然我们在主剪辑上应用了 Lumetri 颜色效果，而且效果也在播放各个实例时显现了出来，但是在各个实例的【效果控件】面板中不显示 Lumetri 颜色效果控件。

8. 在时间轴面板中单击序列中 Laura_02 clip 剪辑的任意一个实例，查看效果控件面板，其中只显示常见的固定效果（这些效果只被应用到序列剪辑，而非项目面板中的剪辑上），并不显示 Lumetri 颜色效果，如图 12-28 所示。

效果控件面板顶部有两个选项卡，左侧选项卡显示的是主剪辑的名称——Master * Laura_02.mp4。

右侧选项卡显示的是序列及其所含剪辑的名称——04 Master Clip Effects * Laura_02.mp4。

由于当前我们选中了序列中的一个剪辑，因此右侧选项卡上的文字呈现为蓝色，表明你当前处理的是剪辑实例。

不显示 Lumetri 颜色效果控件是因为你没有把它拖入时间轴面板应用到某个剪辑实例上。

9. 在效果控件面板中单击显示主剪辑名称的选项卡，你会看到应用到主剪辑上的 Lumetri 颜色效果控件，如图 12-29 所示。

图 12-28

图 12-29

10. 尝试调整 Lumetri 颜色效果的各个控件，然后播放序列，会看到同样的调整也被应用到主剪辑的所有实例上。

主剪辑效果是 Premiere Pro 中一种强大的效果管理方法。你可能需要多尝试几次，才能充分利用它们。可以应用到时间轴中剪辑上的视频效果都可以应用到主剪辑上，应用方法也都是相同的，只是规划过程不同。

12.4　遮罩和跟踪视频效果

在 Premiere Pro 中，你可以对所有标准视频效果的作用范围加以限制，仅将其应用到某个椭圆、多边形或自定义蒙版内，并且可以使用关键帧为蒙版制作动画。Premiere Pro 还可以跟踪镜头运动，你可以很方便地为创建的蒙版制作位置动画，使特定效果跟着运动。

遮罩和跟踪效果是隐藏细节的绝佳方式，比如对人脸或 Logo 等进行模糊处理。用户还可以使用该技术来应用创意效果，或者调整镜头中的光线。

下面继续使用 04 Master Clip Effects 序列进行演示。

1. 把播放滑块放到序列中第二个剪辑（Evening Smile）的首帧，如图 12-30 所示。

图 12-30

这个剪辑看上去不错，但是主体人物上的光线不足。接下来，我们让主体人物亮一些，使其从背景中突显出来。

> **注意：** 这里为了演示的需要，我们对效果调整的力度比较大。其实，在实际调整时，我们调整的幅度一般都比较小。

2. 在效果面板中查找【亮度与对比度】效果。

3. 向选中的第二个剪辑应用【亮度与对比度】效果。

4. 在效果控件面板中向下拖曳滚动条，将【亮度与对比度】控件全部显示出来，进行如下设置（见图 12-31）。

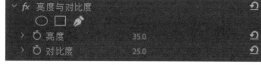

- 亮度：35。
- 对比度：25。

图 12-31

修改数值的方法有 3 种：第一种是直接单击蓝色数字，然后输入新值；第二种是在蓝色数字上按下鼠标左键并拖曳；第三种是单击控件左侧的三角形图标，将其展开，拖曳滑动条上的滑块。

此时，【亮度与对比度】效果会影响整个画面。接下来，我们把效果限制到一个特定范围内，使其只在指定范围内起作用。

在效果控件面板中，【亮度与对比度】效果名称下会出现 3 个图标，它们用来为效果添加蒙版，如图 12-32 所示。

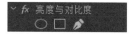

图 12-32

5. 单击第一个图标，在画面中添加一个椭圆蒙版。

此时，Premiere Pro 会立即把效果限制在刚刚创建的椭圆形蒙版范围内。你可以向一个效果添加多个蒙版。在效果控件面板中选择蒙版后，在节目监视器中单击，即可调整蒙版形状。

6. 把播放滑块放到剪辑开头，在节目监视器中使用蒙版手柄调整蒙版位置，使主体人物的面部和头发在蒙版区域内，如图 12-33 所示。

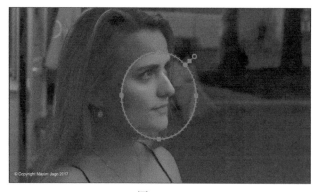

图 12-33

你可以调整节目监视器的缩放级别，以便看到画面边缘之外的部分。

选取蒙版，蒙版形状调整手柄消失，再次单击蒙版名称——蒙版（1），蒙版形状调整手柄再次出现，如图 12-34 所示。

图 12-34

7. 然后，羽化蒙版边缘。在效果控件面板中将【蒙版羽化】设置为 240，如图 12-35 所示。

图 12-35

在效果控件面板中选取蒙版，将节目监视器中的蒙版手柄隐藏起来，你会发现人物的面部区域被提亮了，其余部分仍然保持原有亮度不变。接下来，我们需要让蒙版跟随人物面部移动，使人物面部始终位于蒙版区域之中。

8. 确保播放滑块仍然处在剪辑的第一帧。在效果控件面板中单击【蒙版路径】右侧的【向前跟踪所选蒙版】按钮（▶），该按钮位于蒙版（1）之下。Premiere Pro 会跟踪剪辑内容，同时调整蒙版的位置与尺寸，使蒙版在主体人物运动时仍然能够遮挡人物的面部。

由于主体人物的运动非常轻微，因此 Premiere Pro 能够很容易地跟踪人物的运动。

9. 在效果控件面板中单击空白处，或者在时间轴面板中单击空轨道，选取蒙版，然后播放序列，查看效果。

Premiere Pro 还可以向后跟踪所选蒙版，这样一来，你可以在一个剪辑的中间选择一个项目，然后沿着两个方向进行跟踪，从而为蒙版创建一条自然的跟踪路径。

本例中，我们只是调整了画面中人物面部的光线，但是几乎所有视频效果都可以按照同样的方式来应用蒙版。你甚至还可以向同一个效果添加多个蒙版。

12.5　为效果添加关键帧

向某个效果添加关键帧时，其实是在某个时间点上为某个属性设置特定值。关键帧用来保存某个设置的信息。例如，当你为位置、缩放、旋转添加关键帧时，需要用到 3 个独立的关键帧。

把关键帧准确设置到需要特定设置（目标值）的时间点上，然后 Premiere Pro 就会自动计算出如何从当前值变化到目标值。

> **Pr**　**注意:** 应用效果时，一定要把播放滑块移动到当前处理的剪辑上，即可边调整边观察结果。仅选择剪辑将无法使其在节目监视器中显示出来。

12.5.1　添加关键帧

借助于关键帧，你几乎可以调整所有视频效果的所有参数，使其随着时间变化。例如，你可以使一个剪辑逐渐失焦、修改颜色或者增加阴影长度。

1. 打开 05 Keyframes 序列。

2. 浏览序列，了解其内容，然后在时间轴面板中把播放滑块放到剪辑的第一帧上。

3. 在效果面板中找到【镜头光晕】效果，将其应用到序列中所选剪辑上。这个效果比较明显，非常适合用来演示关键帧。

4. 在效果控件面板中单击【镜头光晕】名称，将其选中。此时，节目监视器中会显示出控制手柄。使用控制手柄调整镜头光晕的位置，使效果中心位于瀑布顶部附近，如图 12-36 所示。

图 12-36

5. 确保效果控件面板中的时间轴处于可见状态。若不可见，单击面板右上方的【显示 / 隐藏时间轴视图】按钮（▓），使时间轴显示出来。

6. 分别单击【光晕中心】和【光晕亮度】属性左侧的秒表图标，打开关键帧动画，如图 12-37

所示。单击秒表图标会打开关键帧动画，并在当前位置以当前设置添加一个关键帧。

图 12-37

7. 把播放滑块移动到剪辑的最后一帧。

你可以直接在效果控件面板中拖曳时间轴上的播放滑块。要确保播放滑块放到视频的最后一帧画面上，而非黑场（如果后面跟着其他剪辑，它将是后面剪辑的第一帧）上。

8. 调整【光晕中心】和【光晕亮度】，使光晕随着摄像机镜头向上摇动而划过屏幕，并且增加亮度。具体设置参数请参考图 12-38。

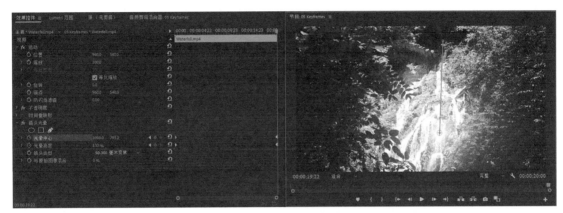

图 12-38

9. 取选【镜头光晕】效果，播放序列，观看效果动画。为实现全帧率播放，可能需要渲染序列，在菜单栏中依次选择【序列】>【渲染入点到出点的效果】。

 提示：请使用【转到下一关键帧】和【转到上一关键帧】按钮在关键帧之间来回切换。这样可以避免意外添加不需要的关键帧。

12.5.2 添加关键帧插值和速度

在关键帧动画中，当效果属性从一个关键帧变化到另一个关键帧时，使用关键帧插值方法可以对变化的过程进行控制。默认状态下，你看到的属性变化都是线性的，也就是匀速变化的。但在现实世界中，变化往往不是匀速的，时而剧烈，时而舒缓，比如逐渐加速或减速。

Premiere Pro 提供了两种控制变化的方法：关键帧插值和速度曲线。前者比较简单，容易掌握，而后者比较复杂，但是要更准确一些。

在效果控件面板中单击某个属性左侧的箭头图标（ **>** ），将其展开，即可在面板右侧看到相应的速度曲线。

1. 打开 06 Interpolation 序列。

2. 把播放滑块放到剪辑的起始位置，并选择剪辑。

这个剪辑上已经应用了【镜头光晕】效果，并且为效果制作了动画，但是在摄像机镜头开始运动之前，效果动画已经开始，看上去十分不自然。

3. 在效果控件面板中单击效果名称左侧的 fx 图标（![fx]），可以关闭或打开【镜头光晕】效果，方便比较效果应用前后的结果。

4. 在效果控件面板的时间轴中，使用鼠标右键单击【光晕中心】属性的第一个关键帧。

在弹出菜单中依次选择【时间插值】>【缓出】，创建从第一个关键帧开始的柔和运动，如图 12-39 所示。

5. 使用鼠标右键单击【光晕中心】属性的第二个关键帧。在弹出菜单中依次选择【时间插值】>【缓入】，创建从上一个关键帧静止位置开始的柔和过渡。

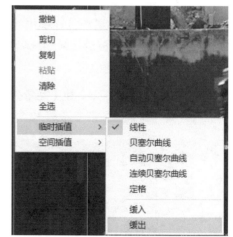

图 12-39

6. 调整【光晕亮度】属性。单击【光晕亮度】的第一个关键帧，按下 Shift 键，单击第二个关键帧，把它们同时激活，高亮显示为蓝色，如图 12-40 所示。

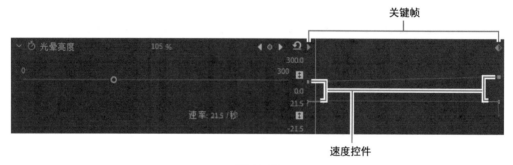

图 12-40

此外，你还可以单击【光晕亮度】属性名称，选择该属性上的所有关键帧。不过，有时我们只想选择某些特定的关键帧，这时 Shift 键就能派上用场。

注意：在调整与位置相关的属性时，其关键帧上下文菜单中会有两种类型的插值：空间插值（与位置相关）和时间插值（与时间相关）。在效果控件面板中选择效果之后，你可以在节目监视器和效果控件面板中做位置调整，并且可以在时间轴面板与效果控件面板中对剪辑的时间进行调整。相关内容我们已经在第 9 课中讲过。

7. 使用鼠标右键，单击【光晕亮度】关键帧中的任意一个，在弹出菜单中选择【自动贝塞尔曲线】，在两个关键帧之间创建柔和的动画。由于两个关键帧都被选中，所有它们都发生了改变。

8. 播放动画，检查调整效果。

了解插值方法

Premiere Pro 为我们提供了如下几种关键帧插值方法。

- 线性：这是默认方法，关键帧之间的变化是匀速变化。
- 贝塞尔曲线：该方法允许用户手动调整关键帧任意一侧的曲线形状。使用这个方法可以实现在进出关键帧时突然加速或平滑加速。
- 连续贝塞尔曲线：该方法会使动画在通过关键帧时保持变化平滑。不同于【贝塞尔曲线】关键帧，当你调整【连续贝塞尔曲线】关键帧一侧的手柄时，另一侧手柄也会做相应移动，以此保证经过关键帧时过渡的平滑性。
- 自动贝塞尔曲线：即使改变了关键帧的值，这种方法也能使动画在通过关键帧时保持变化平滑。如果选择手动调整关键帧手柄，它会变成【连续贝塞尔曲线】点，以保证经过关键帧时平滑过渡。使用这种方法有时会产生不想要的运动，因此建议优先使用其他方法。
- 定格：该方法会把某个设置保持到下一个关键帧。在向一个关键帧应用【定格】插值后，其后面的曲线是一条水平线。
- 缓入：该方法会减缓进入关键帧时的数值变化，并将其转换成贝塞尔关键帧。
- 缓出：该方法会逐渐加快离开关键帧时的数值变化，并将其转换成贝塞尔关键帧。

接下来，我们使用速度曲线进一步调整关键帧。

9. 把鼠标放到效果控件面板上，然后按键盘上的`（重音符号）键，将效果控件面板最大化，或者双击面板名称，也可以把面板最大化，以便用户更清楚地看到关键帧控件。

10. 若需要，单击【光晕中心】和【光晕亮度】属性左侧的箭头图标，显示其中可调整的属性，如图 12-41 所示。

图 12-41

速度曲线刻画的是关键帧之间的速度。突然下降或上升代表加速度突然发生变化。点或线离中心越远，表示速度越大。

11. 选择一个关键帧，然后调整控制手柄，改变速度曲线的陡峭程度，如图 12-42 所示。

调整【光晕中心】的
第二个关键帧之后

图 12-42

12. 再次按键盘上的 ` 键（重音键），或双击面板名称，将效果控件面板恢复成原来大小。

13. 播放序列，观察调整之后的变化。多尝试几次，直到掌握关键帧和插值的用法。

前面我们对【光晕中心】关键帧速度调整的力度不够，导致光晕运动显得不够自然。你可以根据摄像机的运动进一步调整第一个关键帧，并相应地调整速度关键帧，以便获得更自然的动画效果。

12.6　使用效果预设

为了节省时间，Premiere Pro 为我们提供了效果预设。Premiere Pro 中包含许多针对于特定任务的内置效果预设，但是效果真正强大的地方在于，你可以根据需要创建预设，尤其是明确需要一种特殊效果时。一个预设可以包含多个效果，甚至还可以包含多个动画关键帧。

12.6.1　使用内置预设

Premiere Pro 中大量效果预设为你执行一些常规任务提供了极大的便利，这些常规任务包括创建画中画（PIP）效果或制作风格化过渡等。

1. 打开 07 Presets 序列，如图 12-43 所示。

图 12-43

该序列只有一个剪辑，是一个慢动作镜头，重点在于表现背景的纹理。下面使用一个预设在镜头开始部分添加一个有趣的视觉效果。

2. 在效果面板中单击搜索框右侧的 × 按钮，清空搜索框。在【预设】>【过度曝光】分类下选择【过度曝光入点】预设。

3. 把【过度曝光入点】预设拖曳到序列剪辑上。

4. 播放序列，查看开场时的过度曝光效果，如图 12-44 所示。

图 12-44

5. 在时间轴面板中选择剪辑，打开效果控件面板，其中包括【过度曝光入点】效果。

6.【阈值】属性上有两个关键帧，它们的位置比较靠近。你可能需要调整面板底部的导航器，将其放大后，才能同时看到两个关键帧。

在效果控件面板中尝试调整第二个关键帧的位置，对效果进行修改，如图 12-45 所示。稍微把效果时间延长一点，能够创建出更精彩的开场效果。

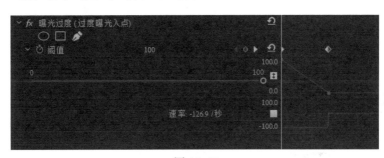

图 12-45

12.6.2 保存效果预设

一方面，Premiere Pro 提供了多种内置效果预设供我们选用；另一方面，用户还可以在 Premiere Pro 中轻松创建自己的预设，将预设进行导入导出，以便在不同的编辑系统中进行共享。

1. 打开 08 Creating Presets 序列。

该序列包含两个剪辑，每个剪辑在 V2 轨道上都有一个调整图层，标题位于 V3 轨道上。

2. 播放序列，观看开场动画。

3. 选择位于 V3 轨道上的 Laura in the snow 文本剪辑的第一个实例，查看其效果控件面板，可以看到画面文本上应用了【快速模糊】效果，并添加了用于制作动画的关键帧。

4. 在效果控件面板中单击【矢量运动】效果名称，将其选中。然后，按住 Command 键（macOS）或 Ctrl 键（Windows），分别单击【快速模糊】效果和【不透明度】效果的名称。

5. 在效果控件面板中使用鼠标右键，单击任意一个效果，从弹出菜单中选择【保存预设】，如图 12-46 所示。

图 12-46

6. 在【保存预设】对话框中，把预设命名为 Title Animation，在【描述】文本框中单击，输入 Title blurs into view，如图 12-47 所示。

当向一个具有不同时长的剪辑应用动画预设时，Premiere Pro 需要了解如何处理关键帧。

处理方式有如下 3 种。

- 缩放：根据新剪辑的时长按比例缩放原预设关键帧。原始剪辑上的所有关键帧都会被删除。

- 定位到入点：保留第一个关键帧的位置及其与剪辑其他关键帧的关系，并且根据剪辑的入点添加其他关键帧。

- 定位到出点：保留最后一个关键帧的位置，及其与剪辑其他关键帧的关系，并且根据剪辑的出点添加其他关键帧。

7. 这里，我们选择【定位到入点】，将时间定位到每个应用预设的剪辑的起始位置。

8. 单击【确定】按钮，将效果和关键帧存储为一个新预设。

图 12-47

9. 在效果面板中，在【预设】分类下找到刚刚创建的预设 Title Animation。把鼠标放到 Title Animation 预设上，显示我们在【描述】中添加的工具提示，如图 12-48 所示。

图 12-48

10. 把 Title Animation 预设拖曳到 Laura in the snow 文本剪辑的第二个实例上，它位于时间轴面板的 V3 轨道上。

11. 播放序列，查看新应用的文本动画，如图 12-49 所示。

12. 在时间轴面板中选择第二个文本剪辑，查看效果控件面板，可以看到预设中的效果已经应用到了剪辑上。预设名称出现在各个效果名称后面的括号中，方便你了解效果如何配置，如图 12-50 所示。此外，你还可以编辑效果控件，但是最好用来检查使用的是哪种预设。

图 12-49

快速模糊 (Title Animation)

图 12-50

在效果面板中，使用鼠标右键单击预设，在弹出菜单中选择【预设属性】，或者直接双击预设，在【预设属性】对话框中进一步修改预设设置。双击某个效果（非某个预设）会将其应用到所选剪辑上。

 提示：你可以轻松导入与导出效果预设，以便进行分享。效果面板菜单中包含有【导入预设】和【导出预设】菜单。你可以选择与导出某一个预设或者包含多个预设的整个自定义素材箱。

使用多个GPU

如果要加快效果渲染以及剪辑导出的速度，可以考虑再增加一个 GPU 卡（或外部 GPU）。如果使用的是塔式机箱或工作站，它们一般都会提供额外的插槽，方便你添加另外一个图形加速卡。在实时预览效果或显示多层视频时，额外增加 GPU 不会提高播放性能，但是 Premiere Pro 可以充分利用多个 GPU 来加快视频渲染和导出速度。至于具体支持哪些 GPU 卡，你可以在 Adobe 网站找到更多细节。

12.7 了解常用效果

前面已经介绍了几种效果。尽管本书不会介绍所有效果，但是对于一些常用的效果，我们还是要仔细介绍一下，这些效果非常有用，在许多编辑情况下都会用到。下一课我们将介绍颜色调整的相关内容。

12.7.1　图像稳定和减少果冻效应

变形稳定器效果可以消除由摄像机移动所引起的画面抖动问题（这个问题在使用轻型摄像机拍摄时尤为常见）。该效果非常有用，因为它可以消除不稳定的视差类型的运动（图像看上去好像在平面上发生了移动）。

应用变形稳定器效果时，Premiere Pro 会把视频帧放大到相应程度，然后在画面范围内为剪辑的位置制作动画，以此抵消摄像机的抖动。

下面我们来尝试一下这个效果。

1. 打开 09 Warp Stabilizer 序列。

2. 播放序列中的第一个剪辑，可以看到视频画面不太稳定。

3. 在效果面板中找到【变形稳定器】效果，将其应用到第一个剪辑上。

此时，Premiere Pro 开始分析剪辑，同时在视频画面上显示一个横条，告知你当前分析到哪个阶段，如图 12-51 所示。效果控件面板中也会显示一个分析进度提示。整个分析是在后台进行的，这期间，你可以继续进行其他工作。

图 12-51

4. 一旦分析完成，你就可以在效果控件面板中选择其他更适合视频的选项，以便进一步改善稳定结果。

- 结果：可以选择【平滑运动】选项，保留视频中摄像机的正常运动（不管是否稳定）。也可以选择【不运动】选项，这会消除视频画面中所有摄像机的运动。这里，我们选择【平滑运动】选项。

- 方法：有 4 种方法可供选用，其中最强大的两个分别是【透视】和【子空间变形】，它们会对画面做出明显的变形，并且处理图像的力度很大。如果发现使用它们导致画面变形过大，可以尝试选用位置、缩放、旋转或位置。

- 平滑度：该选项用来指定在【平滑运动】过程中应该保留原始摄像机的运动的程度。该值越大，镜头越平滑。尝试对该值进行多次修改，直到获得满意的稳定效果。

提示：如果发现画面中某些部分仍然存在抖动问题，可以使用【高级)】选项来做进一步调整。在【高级】选项下勾选【详细分析】，Premiere Pro 会执行更多分析工作来查找跟踪元素。此外，还可以从【高级】选项下的【果冻效应波纹】中选择【增强减少】。这些选项都会增加运算量，但是能够获得更好的结果。

5. 播放剪辑，可以看到稳定效果已经相当出色。

6. 播放并浏览序列的第二个剪辑，如图 12-52 所示。我们希望摄像机在拍摄时镜头保持静止不动，但是由于是手持拍摄，所以画面有一些晃动。对序列中的第二个剪辑重复上述过程。这里，我们在【稳定化结果】中选择【不运动】选项。

图 12-52

对于这类画面抖动问题，可以使用【变形稳定器】效果解决。

 提示：【变形稳定器】效果会向 Premiere Pro 项目文件添加大量数据。若有大量剪辑需要进行稳定处理，则需要另建一个项目进行稳定处理，然后再把经过稳定处理的视频素材导出，用到主项目中。打开与保存大项目文件会耗费较长时间。

12.7.2　使用带剪辑名称效果的调整图层

如果想把一个序列的副本发送给客户或同事审查，可以把【剪辑名称】效果应用到一个调整图层上，并使它为整个序列生成一个可见的剪辑名称。

这非常有用，因为它允许其他人对指定剪辑做出具体反馈。你可以控制剪辑名称的显示位置、大小、不透明度等。

导出素材时，你可以应用类似的时间码叠加，但是使用序列剪辑效果会有更多控制项可供设置。

1. 打开 10 Clip Names 序列。

2. 单击项目面板右下方的【新建项】按钮（ ），从弹出菜单中选择【调整图层】，单击【确定)】按钮。

此时，Premiere Pro 会在项目面板中新建一个设置与当前序列完全相同的调整图层。

注意：如果在一个项目中用到了多个序列，并且它们拥有不同的格式设置，最好为调整图层设置恰当的名称，以便分辨它们的分辨率。为调整图层重命名时，在项目面板中，使用鼠标右键，单击调整图层，从弹出菜单中，选择【重命名】，输入新名称即可。

3. 把刚刚创建的调整图层拖曳到当前序列 V2 轨道的起始位置。

4. 在时间轴面板中，把播放滑块移动到序列末尾。单击调整图层的右边缘，将其选中，按 E 键。然后，按 Esc 键，取消选择编辑点，如图 12-53 所示。

图 12-53

按 E 键是【将所选编辑点扩展到播放指示器】菜单的快捷键，它会把所选编辑点修剪到播放滑块当前所在的位置。

5. 大部分视频效果可以应用到调整图层上。下面我们尝试向调整图层添加一些效果。

在效果面板中找到【水平翻转】效果，将其拖曳到调整图层进行应用，如图 12-54 所示。该效果会把视频画面进行水平翻转，即改变其运动方向。

图 12-54

【水平翻转】效果没有什么控制选项可供调整。但是，你可以创建不同蒙版对效果的作用范围进行限制，进而得到一些有趣的结果。

【水平翻转】效果适用于本例中的视频内容，但是对于一些包含文本或可识别 Logo 的视频来说不适用。

接下来，我们向调整图层应用【剪辑名称】效果。

6. 在效果面板中，找到【剪辑名称】效果。

7. 把【剪辑名称】效果应用到调整图层上。

默认情况下，【剪辑名称】效果会显示应用该效果的剪辑名称，这里是【调整图层】，如图 12-55 所示。

图 12-55

提示：在效果控件面板中单击【剪辑名称】效果的名称，然后在节目监视器中拖曳即可调整剪辑名称在画面中的显示位置。

8. 在效果控件面板中的【剪辑名称】项目下，从【源轨道】菜单中选择 Video 1，设置【大小】

为 25%，使 V1 轨道上的剪辑名称显示出来，如图 12-56 所示。

图 12-56

9. 在效果面板中单击搜索框右侧的 × 号，清空搜索框。

12.7.3 使用【沉浸式视频】效果

Premiere Pro 为等矩形 360° 视频（通常称为 VR 视频或沉浸式视频）提供了大量完善的工具和效果。

360° 视频效果的工作流程和其他视频的工作流程类似。但是，有一些效果专用于 360° 视频，它们充分考虑了 360° 视频的环绕特点。

360° 视频虽然有一些独有的特点，比如视频画面可以在观看者面前实现无缝环绕，并且可以沿各个方向连接（这取决于配置），但这不会妨碍大多数视频效果应用到它上面。唯一的例外是那些会对边缘像素产生影响的效果，比如模糊和发光。这些效果会改变多个像素，只有那些专门用来处理 360° 视频的效果，才不会在原始边缘处产生可见的接缝。

下面我们来尝试一下。

1. 打开 11 Immersive Video 序列，如图 12-57 所示。

图 12-57

这是一个等矩形 360° 视频，我们需要在节目监视器中切换到 VR 视频浏览模式。

2. 在节目监视器的【设置】菜单中依次选择【VR 视频】>【启用】命令。

3. 默认情况下，视角有点窄。再次打开【设置】菜单，依次选择【VR 视频】>【设置】，打开【VR 视频设置】对话框，如图 12-58 所示。

图 12-58

4. 把【水平监视器视图】设置为150°，单击【确定】按钮，如图12-59所示。

在制作沉浸式视频时，需要选择所用VR头盔的视角大小。

5. 在效果面板中找到【高斯模糊】效果，它位于【视频效果】>【模糊与锐化】分类下。把【高斯模糊】效果添加到序列的视频剪辑上。

6. 在效果控件面板中把【高斯模糊】效果下的【模糊度】设置为50，以便观察最终结果，如图12-60所示。

图12-59 图12-60

7. 在节目监视器中拖曳视频画面，以不同视角查看画面。【高斯模糊】效果是专为2D视频设计的，因此360°视频边缘会有一条接缝。把视频画面拖曳约150°，查看接缝，如图12-61所示。

即使开启【重复边缘像素】选项，还是会有接缝。

8. 在效果控件面板中选择【高斯模糊】效果，按Delete键删除它。

9. 在效果面板中找到【VR模糊】效果，其位于【视频效果】>【沉浸式视频】分类下。把【VR模糊】效果添加到序列的视频剪辑上。

10. 在效果控件面板中把【VR模糊】效果下的【模糊度】设置为50，拖曳画面，查找接缝。

此时，接缝消失不见，如图12-62所示。【VR模糊】效果与【沉浸式视频】分类下的其他效果为我们提供了处理360°视频的专用控件。

图12-61 图12-62

11. 完成上述操作后，在节目监视器的【设置】菜单下的【VR 视频】子菜单中，再次单击【启用】，退出 VR 视频模式。

12.7.4　消除镜头变形

运动相机和 POV 相机（比如 GoPro、DJI Inspire）越来越受欢迎。虽然使用这些相机拍摄的作品令人赞叹，但是广角镜头的使用会导致产生一些畸变。

你可以使用【镜头扭曲】效果校正镜头扭曲问题。Premiere Pro 提供了大量内置预设来校正镜头扭曲，支持大多数常见摄像机。在效果面板的【消除镜头扭曲】分类下可以找到这些预设，如图 12-63 所示。

你可以基于任何一个效果来创建预设。因此，如果 Premiere Pro 没有为你使用的摄像机提供预设，你完全可以自行创建。

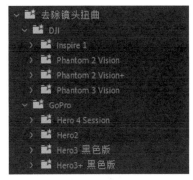

图 12-63

> **Pr** 注意：【镜头扭曲】效果还可以作为一种创意手法用来模拟某种镜头的拍摄效果。

12.7.5　渲染所有序列

如果想渲染多个包含效果的序列，可以把它们作为一个批次进行渲染，而不需要打开每个序列单独进行渲染。

在项目面板中选择多个想渲染的序列，然后在菜单栏中依次选择【序列】>【渲染入点到出点的效果】，所选序列中所有需要渲染的效果都会被渲染。

12.8　渲染和替换

如果使用的计算机系统性能较差，而素材的分辨率又很高，预览素材时经常出现丢帧问题。另外，在使用动态链接的 After Effects 合成，或者不支持 GPU 加速的第三方视频效果时，可能也会看到丢帧问题。

如果你使用的素材都是高分辨率素材，可以使用代理工作流，它允许你在播放素材时在高分辨率和低分辨率之间进行切换。

不过，如果只有一两个剪辑难以播放，则可以把它们渲染成新的素材文件，然后用它们替换掉序列中的原始剪辑，整个过程非常简便快捷。

若想使用一个更容易播放的版本来替换序列中的某个剪辑，首先使用鼠标右键单击剪辑，从弹出菜单中选择【渲染和替换】，打开【渲染和替换】对话框，如图 12-64 所示。

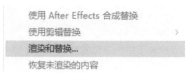

图 12-64

【渲染和替换】对话框中包含与代理工作流类似的设置选项，主要设置如下。

- 源：根据序列、原始素材的帧速率、帧大小，或者使用预设新建媒体文件。

- 格式：指定你要使用的文件类型。不同格式使用不同编码器。

- 预设：从这里选择一个预设。你可以使用由 Adobe Media Encoder 创建的自定义预设，但这里默认提供了几个，你可以从中选用。

注意：只有使用标准帧大小（比如 1920×1080HD）时，CineForm 预设（使用 CineForm 编解码器）才可用。CineForm 编解码器要求帧宽度是 16 的倍数，帧高度是 8 的倍数。

针对某个选项，若开启了【包括视频效果】，Premiere Pro 会把效果合并到新文件，这样一来，无法再对它进行编辑。

在选择好一个预设和新文件的位置之后，单击【确定】按钮，替换掉序列中的剪辑。

这样一来，被渲染和替换的剪辑不再直接链接到原始素材文件，它是一个新媒体文件。这意味着你对动态链接的 After Effect 合成所做的更改不会更新到 Premiere Pro 中。若想把链接恢复为原始的媒体文件，可以使用鼠标右键单击剪辑，从弹出菜单中选择 Restore Unrendered（恢复未渲染的内容）即可，如图 12-65 所示。

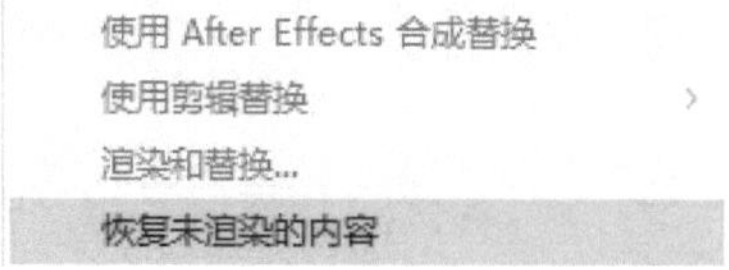

图 12-65

选择某个选项时，若同时勾选了【包括视频效果】，则这些视频效果就会随原始文件一同恢复。

12.9　复习题

1. 向剪辑应用效果有哪两种方法？

2. 请列出 3 种添加关键帧的方法。

3. 把一个效果拖曳到一个剪辑上，并在效果控件面板中打开它的参数，但是却无法在节目监视器中看到它。为什么？

4. 如何把一个效果应用到多个剪辑上？

5. 如何把多个效果保存为预设？

12.10　复习题答案

1. 把效果拖曳到剪辑上，或者先选择剪辑，再在效果面板中双击效果。

2. 在效果控件面板中，把播放滑块移动到你想添加关键帧的位置，通过单击【切换动画】按钮激活关键帧；移动播放滑块，单击【添加 / 删除关键帧】按钮；激活关键帧后，把播放滑块移动到新位置，然后更改参数。你还可以设置与使用自定义的键盘快捷键。

3. 需要先在时间轴面板中，把播放滑块移动到所选剪辑上，然后再在节目监视器中进行查看。选择一个剪辑，并不会把播放滑块移动到剪辑上。另外，许多效果只有在调整相应的设置选项后才会产生明显的效果变化。

4. 可以在想要影响的剪辑上方添加一个调整图层。然后把效果应用到调整图层上，这样其下方所有剪辑都会受到调整图层的影响。此外，你还可以先选择想要应用效果的多个剪辑，然后把效果拖曳到这些剪辑上，或者在效果面板中双击要应用的效果。

5. 你可以单击效果控件面板，在菜单栏中依次选择【编辑】>【全选】。此外，还可以在效果控件面板中，按住 Command 键（macOS）或 Ctrl 键（Windows），单击多个效果，再从【效果控件】面板菜单中选择【保存预设】命令。

第13课 应用颜色校正和颜色分级

课程概览

本课包括如下内容：

- 使用【颜色】工作区；

- 使用 Lumetri 颜色面板；

- 使用矢量示波器和波形；

- 比较和匹配剪辑颜色；

- 使用颜色校正效果；

- 修正曝光和颜色平衡问题；

- 使用特殊颜色效果；

- 创建外观。

 学习本课大约需要 150 分钟。请先准备好本课要用到的课程文件，请参阅本书前言中的"使用课程文件"。

把所有剪辑编辑在一起只是视频处理的第一步，接下来还要处理颜色。
本课我们将学习一些改善剪辑整体视觉效果的关键技术，这些技术主
要用来为视频营造一种特殊氛围。

13.1　课程准备

前面我们组织好了剪辑，创建了序列，还应用了特效。接下来，应该进行颜色校正，这个过程中会用到前面学过的各种技术。

思考眼睛、摄像机记录颜色、光线的方式，以及计算机显示器、电视屏幕、投影仪、手机、平板电脑、电影屏幕显示颜色的方式，其中会有很多因素影响到视频画面的最终外观。

Premiere Pro 提供了多种颜色校正工具，方便你创建自己的预设。本课中，我们先学习一些基础的颜色校正技术，然后介绍一些常用的颜色校正效果，然后再演示如何使用它们处理一些颜色校正问题。

1. 打开 Lessons 文件夹中的 Lesson 13.prproj 项目文件。

2. 将项目另存为 Lesson 13 Working.prproj。

3. 在工作区面板中选择【颜色)】工作区，或者在菜单栏中依次选择【窗口】>【工作区】>【颜色】切换到【颜色】工作区。

4. 在菜单栏中依次选择【窗口】>【工作区】>【重置为保存的布局】，或者双击【颜色】工作区名称，将工作区恢复为默认布局。

把工作区切换到【颜色】工作区下，并重置为默认布局，可以很方便地使用 Premiere Pro 提供的各种颜色校正效果，尤其是 Lumetri 颜色面板和 Lumetri 范围面板。

关于8位视频

前面提到过，在 8 位视频下，3 个颜色通道中每个颜色通道的取值范围都在 0 ~ 255。也就是说，对于 RGB 颜色，每个像素的红、绿、蓝（RGB）颜色值全部介于 0 ~ 255，这 3 种颜色相互叠加出成千千万万种颜色。如果把 0 ~ 255 对应到 0% ~ 100%，则一个像素的红色值为 127，就相当于表示它含有 50% 的红色。

不过，上面所说的只是 RGB 图像存储颜色的方式，电视广播中使用的是另外一种颜色系统——YUV，两者类似，但涵盖的范围不同。

YUV 颜色也有 3 个颜色通道，每个通道是 8 位的。比较 YUV 和 RGB 两种颜色系统，你会发现 8 位 YUV 像素颜色值的取值范围是 16 ~ 235，而 RGB 像素颜色值的取值范围是 0 ~ 255。

电视广播一般使用 YUV 颜色，而不使用 RGB 颜色。但是，我们的计算机屏幕使用的是 RGB 颜色。在为广播电视制作视频时，这会产生一些问题，因为视频制作时使用的显示器和最终呈现时使用的显示器不同。只有一种方法可以解决这个问题，那就是直接把电视或广播监视器连接到编辑系统中，然后通过它们检查制作的视频是否满足要求。

RGB 和 YUV 颜色之间的区别类似于比较同一张照片的电子版和打印版。打印机和计算机屏幕使用不同的颜色系统，并且从计算机屏幕使用的颜色系统到打印机使用的颜色系统的转换并不完美。

有时，有些细节能够在 RGB 屏幕（比如计算机屏幕）上正常呈现出来，但是在电视屏幕上却无法呈现。这时，我们需要做一些调整，使颜色细节能够在电视屏幕上正常呈现出来。

有些电视提供了多种显示模式，比如 Game Mode、Photo Color Space，你可以选择这些模式以支持 RGB 颜色显示。在选择了这些模式后，电视就能正常显示 RGB 颜色（0～255）。

在一些计算机屏幕上，我们可以在 Premiere Pro 中对视频颜色进行精确的调整，以便模仿其他类型的显示屏幕（请参考 13.2 节）。

13.2　了解显示颜色管理

通常，计算机显示器使用的显色系统与电视屏幕、电影放映机不同（有关内容请参考"关于 8 位视频"）。

如果你制作的视频用在网络播放中，而且观看者使用的电脑显示器与制作者相似，则制作者看到的视频颜色和亮度水平与观看者看到的效果相近。如果制作的视频用在广播电视或电影中，那么制作视频时应该找到一种方法，使自己看到的视频与在目标设备中呈现的视频相同。

一般专业调色师有多种显示系统，方便检查调整结果。在为影院制作影片时，他们一般会准备一台和影院相同的放映机，以便在调色过程中随时查看最终效果。

相比于电视屏幕，有些计算机显示器的色彩还原能力更好。如果启用了 GPU 加速（请参考第 2 课），而且使用的正是这样一款计算机显示器，Premiere Pro 可以调整视频在源监视器和节目监视器中的显示方式，以匹配电视机显示的颜色。

Premiere Pro 可以自动检测用户使用的显示器类型是否正确。要开启这个功能，需要从菜单栏中依次选择 Premiere Pro>【首选项】【常规】（macOS）或【编辑】>【首选项】>【常规】（Windows），然后勾选【启用显示色彩管理（需要 GPU 加速）】，如图 13-1 所示。

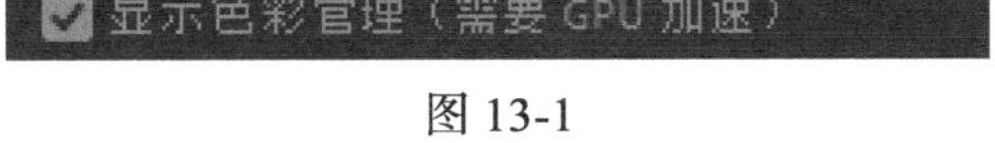

图 13-1

有关这个功能的更多内容，请阅读 Jarle Leirpoll 写的关于颜色显示管理的精彩文章。在这篇文章中，读者可以了解到颜色显示的类型、Premiere Pro 调整颜色的方式，以及相关精选示例等。

13.3　颜色调整流程

在把工作区切换为【颜色】工作区之后，接下来，我们应该切换一种思考方式。把剪辑放到合适的位置后，少关注它们的具体动作，多关注它们是否适合放在一起，以及怎样才能更好看。

处理颜色有如下两个主要阶段。

- 确保每个场景中的剪辑在颜色、亮度、对比度方面保持一致，以便使所有剪辑看起来好像是在同一个时间、同一个地点使用同一台摄像机拍摄的。

- 为所有内容赋予一种外观，也就是一种特定的色调或颜色倾向，如图 13-2 所示。

图 13-2

你可以使用同样的工具实现上述两个目标，但是通常都是按照上述顺序分别实现的。如果同一个场景下两个剪辑的颜色不匹配，会导致前后不协调、不一致的问题，进而分散观众的视线。这或许是有意为之，但大多数时候，你还是希望观众把注意力集中到故事情节上。

颜色校正和颜色分级

你可能已经听说过"颜色校正"和"颜色分级"这两个词，它们之间的区别常使人感到困惑。事实上，这两种处理所使用的工具是相同的，只不过在方法上有所不同。

"颜色校正"的目标是对各个镜头做统一处理，保持整体外观的一致性，比如加强高光与阴影，或者纠正摄像机色偏，以确保它们能够和谐地放在一起。这是一个"技术活"，不是艺术处理。

"颜色分级"的目标在于为视频创建一种具有艺术感觉的外观，为画面营造某种氛围，以便更充分地向观众传递要表达的主题。"颜色分级"更多的是在做艺术处理，而非技术性调整。

当然，关于"颜色校正"和"颜色分级"的划分，目前还存在一定争议。在非线性编辑过程中，我们经常会在这两个阶段之间来回切换。

13.3.1 了解颜色工作区

颜色工作区包含 Lumetri 颜色面板和 Lumetri 范围面板，其中 Lumetri 颜色面板中包含大量颜色调整控件，Lumetri 范围面板与源监视器位于同一个面板组，它包含一系列图像分析工具，如图 13-3 所示。

图 13-3

此外，还包含节目监视器、时间轴、项目面板等。时间轴面板能够根据 Lumetri 颜色面板的尺寸自由地调整。

选择 Lumetri 范围面板，使其成为活动状态。

为了显示出更多示波器，可以使用鼠标右键单击【Lumetri 范围】面板，从弹出菜单中依次选择【预设】>【矢量示波器 YUV/ 分量 RGB/ 波形 YC】。

你可以随时打开或关闭任何面板，但是颜色工作区聚焦的是项目的精细调整，而不是项目的组织或编辑。

在 Lumetri 颜色面板处于显示的状态下，在时间轴面板中拖曳播放滑块，播放滑块经过的剪辑会被自动选中，但是只有开启目标切换轨道按钮的轨道上的剪辑才会被选中，如图 13-4 所示。

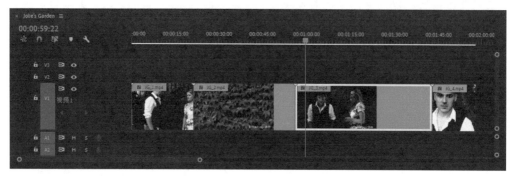

图 13-4

Pr | 提示：若播放滑块下多个目标轨道上都有剪辑，则位于最上层的目标轨道上的剪辑会被选中。

了解这一点很重要，因为就像其他效果一样，你在 Lumetri 颜色面板中所做的调整只会应用到所选剪辑上。向当前剪辑应用调整后，在时间轴面板中把播放滑块移动到下一个剪辑，即可选中它继续处理。

在菜单栏中依次选择【序列】>【选择跟随播放指示器】，可以打开或关闭剪辑自动选择功能。

13.3.2　了解 Lumetri 颜色面板

在效果面板中，有一种效果叫作 Lumetri 颜色，它包含 Lumetri 颜色面板中的所有控件和选项。与其他效果相同，你可以在效果控件面板中找到 Lumetri 颜色的控件。

第一次使用 Lumetri 颜色面板进行调整时，Premiere Pro 会把 Lumetri 颜色效果应用到所选剪辑上。如果剪辑上已经应用了 Lumetri 颜色效果，则可以直接在 Lumetri 颜色面板中做各种调整，如图 13-5 所示。

从某种意义上说，Lumetri 颜色面板是效果控件面板中 Lumetri 颜色效果的一个独立的控制面板。与其他效果相同，你可以创建预设，把 Lumetri 颜色效果从一个剪辑复制到另外一个剪辑，并在效果控件面板中修改各种设置。

你可以向同一个剪辑应用多个 Lumetri 颜色效果，并分别进行调整，最终产生一种综合结果。这样在处理复杂项目时会更有条理。

图 13-5

在 Lumetri 颜色面板顶部，你可以选择当前要处理哪一种 Lumetri 颜色效果。此外，还可以添加一种新的 Lumetri 颜色效果。

选择【重命名】后，你可以对当前 Lumetri 颜色效果重新命名，这样查找起效果来会更容易。另外，在效果控件面板中，使用鼠标右键单击效果名，然后从弹出菜单中选择【重命名】命令，也可以进行重命名，如图 13-6 所示。

Lumetri 颜色面板分为 6 个区域（见图 13-7），每个区域有一组控件，分别提供不同的调色方法。你可以使用任意一个或所有区域中的控件来得到想要的结果。

图 13-6   图 13-7

> **Pr** 注意：在 Lumetri 颜色面板中单击各个区域的标题条，可以展开或收起各个区域。

13.3.3 基本校正

【基本校正】区域提供了一些简单控件，你可以使用这些控件快速调整剪辑。

【基本校正】区域顶部有一个【输入 LUT】，其右侧有一个下拉菜单，你可以从中选择一个预设，将其应用到媒体文件上，对它们进行标准调整，使之看起来不那么普通，如图 13-8 所示。

图 13-8

LUT 其实是一个文件，类似于用来调整剪辑外观的效果预设。你可以导入或导出 LUT 文件，用在高级颜色分级工作流中。

如果熟悉 Adobe Photoshop、Lightroom，应该也熟悉【基本校正】区域中的简单控件。你可以使用各个控件对视频进行调整，提升视频画面的视觉外观，也可以单击【自动】按钮使 Premiere Pro 自动进行调整。

13.3.4　创意

顾名思义，在【创意】区域中，你可以对视频外观做进一步调整，使视频画面具有一种创意外观，如图 13-9 所示。

图 13-9

Premiere Pro 提供了大量创意外观供我们选用，并提供了一个基于当前剪辑的预览窗口。单击预览窗口左右两侧的箭头，可以浏览不同外观，单击预览画面可以把当前外观应用到剪辑上。

预览窗口下有一个【强度】选项，拖曳滑块，可以控制外观应用到剪辑上的强弱。此外，Premiere Pro 还在该区域中为我们提供了两个色轮，分别用来调整画面中阴影区域（暗部）和高光区域（亮部）的色彩。

13.3.5　曲线

在【曲线】区域中，你可以使用各种曲线工具精确地调整视频，而且这些曲线用起来非常简单，只需要单击几下，就能得到非常自然的结果，如图 13-10 所示。

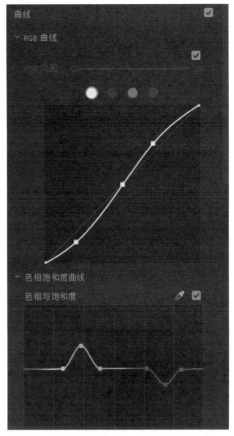

图 13-10

【曲线】区域中还提供了一些比较高级的控件，你可以使用这些控件对视频画面的亮度、红色、绿色、蓝色进行精细调整。

调整方法与调整【参数均衡器】效果的曲线或音频的"橡皮筋"相同。曲线的位置变化代表所做的调整。

> Pr　提示：在 Lumetri 颜色面板中，只要双击控件即可重置大部分控件。

除传统的 RGB 曲线外，【曲线】区域中还包含多种控件用来调整色相、饱和度和亮度曲线。每种曲线都可以用来准确控制一种特定的调整。

例如，在第一个【色相与饱和度】曲线上，你可以通过添加（单击曲线）或移动（拖曳）控制点来增加或减少特定颜色的饱和度。

在第二个【色相与色相】曲线上，可以把一种色相改成另一种色相。

13.3.6 色轮和匹配

借助于该区域中的工具，你可以准确地控制视频画面中的阴影、中间调、高光。调整时，只需把控制器从色轮中心向边缘拖曳即可。

每个色轮左侧还有一个亮度控制滑块，拖曳滑块可以对画面亮度进行简单调整，还可以通过适当调整各个滑块来改变视频画面的对比度，如图 13-11 所示。

【色轮和匹配】区域中有一个【比较视图】按钮，用来打开节目监视器的比较视图，还有一个【应用匹配】按钮，用来自动匹配颜色到剪辑，如图 13-12 所示。

图 13-11

图 13-12

13.3.7 HSL 辅助

你可以使用【HSL 辅助】区域中提供的各种工具精确调整画面特定区域中的颜色，该特定区域由色相、饱和度、亮度范围定义，如图 13-13 所示。

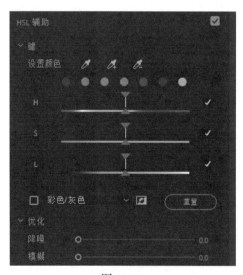

图 13-13

在 Lumetri 颜色面板的这个区域中，你可以有选择性地使蓝天变得更蓝，或者使草地变得更绿，同时又不会影响画面中的其他部分。

色相饱和度曲线也提供了类似功能，你可以根据个人偏好选择要使用的工具或方法。

13.3.8　晕影

一个简单的晕影效果就能为视频画面带来使人惊叹的变化。

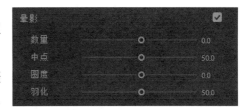

图 13-14

晕影指的是一种画面边缘变暗的效果，最初是由摄像机镜头引起的，但是现代镜头很少会出现这个问题，如图 13-14 所示。

现在，晕影已经成为一种塑造画面焦点的手段，它能够将观众视线有效地集中到画面的中心区域。即使调整很轻微，在创建画面焦点方面，晕影效果也表现得卓有成效，如图 13-15 所示。

图 13-15

13.3.9　使用 Lumetri 颜色面板

在 Premiere Pro 中使用 Lumetri 颜色面板进行调整时，这些调整将作为一个普通的效果添加到所选剪辑上。你可以在效果控件面板中开启或关闭这个效果，或创建一个效果预设。

下面我们尝试应用一些预置外观。

1. 打开 Sequences 素材箱中的 Jolie's Garden 序列（见图 13-16）。这个序列很简单，由一系列剪辑组成，并且色彩和对比度也调整得不错。

图 13-16

2. 在时间轴面板中，把播放滑块放到序列的第一个剪辑上。此时，第一个剪辑应该会被自动选中。

3. 在 Lumetri 颜色面板中单击【创意】区域的标题，将其展开。

4. 单击预览窗口左侧与右侧箭头，浏览一些预置外观。直接单击预览画面（见图13-17），即可应用。

图 13-17

5. 尝试拖曳【强度】滑块，改变调整数量。

建议借此机会多尝试 Lumetri 颜色面板中的其他控制项。有些控制项初次尝试就能立即掌握，而有些控制项则需要花一些时间才能掌握。你可以将这个序列中的剪辑作为例子，通过不断尝试来了解 Lumetri 颜色面板，将各个控制项从一个极端拖曳至另外一个极端，观察应用前后的变化。本课后面我们还会详细讲解这些控制项。

13.3.10　了解 Lumetri 范围

观看两种相邻的颜色时，其中一种颜色的观感会因另一种颜色的存在而受到影响。为防止 Premiere Pro 界面影响你对颜色的感受，Adobe 公司设计出了近乎全灰的界面。一般调色师在对影片与电视节目做最后调整时都会选择在专业的颜色分级房间中进行，并且房间的大部分都是灰色的。有时，调色师还会准备一张尺寸很大的灰卡或一堵灰色的墙，开始正式调色之前，他们往往会先看灰卡或灰色墙面几分钟，这样可以"重置"他们的视觉。

除视觉具有主观性外，计算机显示器或电视屏幕在显示颜色与明暗时也会有偏差，这使我们迫切需要一种客观的测量方法。

视频示波器正是为此而生，它在整个媒体行业有着广泛的应用。

1. 打开 Lady Walking 序列，如图13-18所示。

2. 在时间轴面板中，把播放滑块放到序列剪辑之上。

图 13-18

3.【Lumetri 范围】面板应该与【源监视器】在同一个面板组中。单击【Lumetri 范围】面板将其激活，或者从【窗口】菜单中选择它。

4. 单击【Lumetri 范围】面板中的【设置】菜单（🔧）（见图 13-19），从弹出菜单中依次选择【预设】>【Premiere 4 Scope YUV（浮点，未固定）】命令。

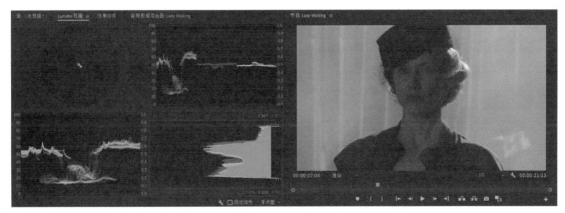

图 13-19

此时，你应该能够在节目监视器中看到一位女士在街上行走，同时也在 Lumetri 范围面板中显示出来。

13.3.11 使用 Lumetri 范围面板

【Lumetri 范围】中包含一系列工业标准的仪器，借助它们，你可以更加客观、准确地评估视频。

默认情况下，Lumetri 范围面板中同时显示有 4 种仪器，而且它们位于一个面板中，各个仪器都显示得比较小，这可能会使用户不知所措。打开面板的【设置】菜单，从仪器列表中选择某一个仪器，可以将其关闭或打开。

> **Pr** 提示：在 Lumetri 范围面板中，使用鼠标右键，单击面板中的任意位置，也可以打开面板的【设置】菜单。

此外，在【设置】菜单中，你可以选择要使用的色彩空间：Rec601、Rec709、Rec2020。如果制作的视频要用在广播电视中，肯定会用到这些标准中的一个。如果制作的视频不是用在广播电视中，或者不确定用在哪里，最好选用 Rec709，如图 13-20 所示。

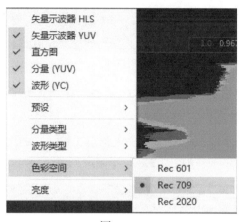

图 13-20

在 Lumetri 范围面板右下方，可以选择以 8 位、浮点型（32 位浮点颜色）、HDR 来显示示波器，如图 13-21 所示。

你所做的选择不会改变剪辑以及效果渲染方式，但是会改变信息在示波器中的显示方式。你应该根据当前使用的色彩空间进行选择。

图 13-21

HDR 是 High Dynamic Range（高动态范围）的缩写，它是指在图像中最亮的点和最暗的点之间存在更多的灰度等级数量。有关 HDR 的内容已经超出本书的讨论范围，它是一种重要的新技术，随着新摄像机、显示器对其提供支持，HDR 会变得越来越重要。

【固定信号】选项（见图 13-22）把范围限制到符合广播电视的标准法律层面上。再次重申，这不会影响图像或效果的结果。这是一种个人偏好，通过这种方式限制示波器的范围可以更清晰地观察视频。

图 13-22

下面我们来简化面板视图。

使用 Lumetri 范围面板中的【设置】菜单，单击当前各个选中项，将它们取消选择，使它们不显示在面板中。当面板中只显示一个选项时，菜单选项呈现为灰色，即你无法再取消显示它。

接下来，我们来了解 Lumetri 范围面板中的两个主要组件。

13.3.12　波形

使用鼠标右键在面板中单击，从弹出菜单中依次选择【预设】>【波形 RGB】命令。

如果是第一次接触波形图，可能会觉得它们看上去有些奇怪（见图 13-23），但是其实很简单，它们显示的是图像的亮度和颜色饱和度。

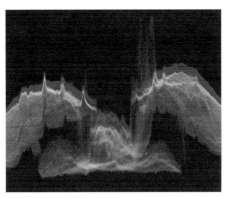

图 13-23

当前帧中的每个像素都显示在波形图中。像素越亮，其位置越高。在波形图中，水平位置对应于像素在图像中的水平位置（也就是说，画面中间的像素会显示在波形图中间），但是其垂直位置并不是基于图像中的像素位置。

在波形图中，垂直位置代表的是亮度或颜色强度。亮度波形和颜色强度波形使用不同颜色一同显示在波形图中。

- 0 位于最底部，表示完全没有亮度，或者没有颜色强度。

- 100 位于最顶部，表示像素全白。在 RGB 中，全白对应的是 255（这个刻度显示在波形图的右侧）。

这些内容听上去非常专业，但是实际表示的含义很简单。波形图中显示有一些水平线，用来把左侧的 0 ～ 100 与右侧的 0 ～ 255 对应起来，最底部的水平线代表【无亮度】，最顶部的水平线代表【全白】。选择不同设置，波形图边缘的数字可能会不同，但是用法基本是相同的。

波形图的展现方式有许多种。在 Lumetri 范围面板中单击【设置】菜单，在【波形类型】中可以选择以下展现方式。

- RGB：分别显示 Red（红）、Green（绿）、Blue（蓝）像素。

- 亮度：显示像素的 IRE 值（0 ～ 100），刻度范围为 −20 ～ 120。这有助于你准确分析亮点和对比度。

- YC：用绿色显示图像亮度（明度），用蓝色显示色度（颜色强度）。

- YC 无色度：只显示亮度，不带色度。

YC是什么

在 YC 中，字母 C 代表的是"色度"（chrominance），这显而易见；而字母 Y 代表的是"亮度"（luminance），它来自于一种使用 x 轴、y 轴、z 轴测量颜色信息的方式，其中 Y 代表的是亮度，其最初的想法是创建一种记录颜色的简单系统，并使用 Y 表示明度、亮度。

下面我们来尝试一下这些波形显示方式。

1. 继续以 Lady Walking 序列作为示例。在时间轴面板中，把播放滑块拖曳至 00:00:07:00 处，可以看到一位女士处在烟雾背景中，如图 13-24 所示。

图 13-24

2. 把波形显示设置为【YC 无色度】。这是一个只包含亮度的波形，不包含颜色信息，显示了一个完整范围，没有对广播电视的限制。

图像中的烟雾部分几乎没有对比度，体现在波形图中是一条相对平坦的线（见图 13-25）。女士的头部和肩部要比烟雾背景暗得多，并且处于画面中间，你可以在波形图的中间区域看到它们。

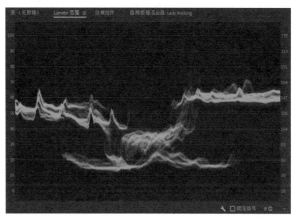

图 13-25

3. 在 Lumetri 颜色面板中展开【基本校正】区域。

4. 尝试调整曝光、对比度、高光、阴影、白色、黑色各个控件（见图 13-26）。一边调整这些控件，一边观察波形图查看结果。

在对图像做出调整后，等待几秒，你的眼睛就会适应新的图像外观，而且不会觉得有什么问题。然后再做一次调整，等待几秒后，又觉得新外观很正常。到底哪个外观才正常呢？

从根本上说，这个问题的答案取决于感知质量。如果喜欢看到的外观，则它就是正常的。不过，波形图可以向你提供客观信息，帮助我们了解画面中像素的明暗程度，以及包含多少种颜色，这在根据某个标准来调整图像时会非常有用。

当拖曳播放滑块或者播放序列时，我们会看到波形图也会一起发生变化。

> **Pr** 提示：有时我们会觉得波形图与图像中的像素是一一对应的。但请注意，图像中像素的垂直位置并没有在波形图中体现出来。

通过波形图，我们可以了解图像的对比度，以及检查处理的视频是否合乎要求（即视频的最小和最大亮度或颜色饱和度是否符合广播公司的标准）。一般广播公司都有自己的一套标准，因此你需要了解制作的作品要在什么地方播出。

从波形图中，你会发现整个画面的对比度不够，同时有一些很重的阴影，但是高光很少，你可以从波形图的顶部区域了解这一点，如图 13-27 所示。只要在波形图中看到平坦的水平线，就意味着没有可见细节。下面的示例中，阴影太深（见图 13-28），以至于看不见任何细节，你可以在波形图底部看到水平线。

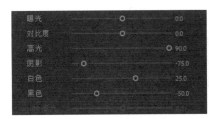
图 13-26

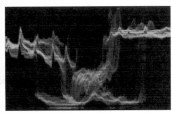
图 13-27

图 13-28

当然，产生这样的结果不一定是坏事，或许它正是你想要的。重要的是你要知道调整到什么程度会丢失细节。

Lumetri 颜色面板右上角有一个【重置效果】按钮（🔁），单击它，即可重置 Lumetri 颜色面板中的所有设置。

13.3.13 YUV 矢量示波器

Luma 波形图显示的是图像的亮度，不同亮度的像素在波形图中显示在不同的位置上，较亮的像素显示在波形图顶部，较暗的像素显示在底部。相比之下，矢量示波器只显示颜色。

1. 打开 Skyline 序列，如图 13-29 所示。

图 13-29

注意：相比于 YUV 矢量示波器，影片调色师有时更喜欢使用 HLS（色相、亮度、饱和度）示波器。HLS 矢量示波器中没有辅助提示，如果之前没有接触过，则很难看懂它。

2. 在 Lumetri 范围面板中，单击【设置】图标，从弹出菜单中选择【矢量示波器 YUV】，然后再次打开【设置】菜单，选择【YC 无色度】，将其取消显示。

图像中的像素显示在矢量示波器中。出现在圆形中心的像素没有颜色饱和度，越接近圆形边缘的像素颜色饱和度越高，如图 13-30 所示。

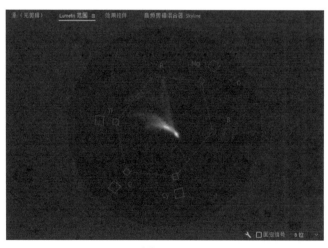

图 13-30

仔细观察矢量示波器，可以发现一些代表三原色（基色）的字母如下。

- R: 红色（见图 13-31）。

- G: 绿色。

- B：蓝色。

每种基色有两个方框，较小的内框表示 75% 饱和度，代表的是 YUV 颜色空间；较大的外框表示 100% 饱和度，代表的是 RGB 颜色空间。RGB 颜色的饱和度高于 YUV 颜色。内框之间的连线构成了 YUV 色域（YUV 颜色范围）。

除 RGB 三原色外，我们还可以看到表示 3 种混合色的字母组合。

- Yl：黄色。

- Cy：青色（见图 13-31）。

- Mg：洋红。

图 13-31

一个像素越靠近某种颜色，它包含的这种颜色就越多。前面提到过，波形图能够把每个像素在图像中的水平位置表示出来，但是矢量示波器中不包含像素的任何位置信息。

从视频画面中，我们可以清楚地看到这个西雅图镜头中都有什么，其中包含大量蓝色和少量的红色、黄色。在矢量示波器中，有一些峰纹伸向 R 标记，这是由少量红色造成的。

原色与混合色

计算机显示器和电视机使用加色法显示颜色，即通过把不同颜色的光按不同比例相加而混合出其他颜色。

一张白纸会反射所有色光，所以我们看到它是白色的。当你在白纸上添加上一种颜料后，这种颜料只能反射一部分波长的光线，而吸收掉其他波长的光线，例如，红色的颜料反射红色的光线，是因为除红色外的其余光线都被颜料吸收，所以我们只看到红色。这叫作"减色法"。

红色、绿色、蓝色是色光三原色，它们在显示系统中非常常见，包括电视屏幕、计算机显示器，这 3 种原色按照不同比例混合形成了我们看到的各种颜色。把红色、绿色、蓝色 3 种色光等比例混合会得到白色。

标准色轮是完美对称的，并且本质上，矢量示波器显示的就是色轮。

任意两种原色等比例混合会产生一种混合色，并且该混合色（黄、青、品红）与第三种原色形成互补色。

例如，红色和绿色两种原色等比例混合会产生黄色，而黄色与蓝色（第三种原色）是互补色。

使用加色法把 3 种原色（红、绿、蓝）两两等比例混合即可得到减色法中的 3 种原色（黄、青、品红）。它们之间形成一种优雅的对称！

矢量示波器非常有用，能客观地提供序列中的颜色信息。拍摄时，如果摄像机没有正确校正，视频画面中就会出现色偏，这从矢量示波器中可以明显地看出来。你可以轻松地使用 Lumetri 颜色面板中的控件从视频画面中消除不想要的颜色或添加更多补色。

有些用于校正颜色的控件与矢量示波器有相同的色轮设计，因此你可以很容易地知道需要做什么。

下面我们来做些调整，然后在矢量示波器中观察调整的结果。

Pr 提示：在源监视器、节目监视器、时间轴面板中单击时间码，输入 1.（. 表示添加一对零），然后按 Enter 键，可以直接跳到 00:00:01:00 处。

1. 继续使用 Skyline 序列。在时间轴面板中把播放滑块拖曳到 00:00:01:00 处，该处颜色比剪辑末尾更鲜艳。

2. 在 Lumetri 颜色面板中展开【基本校正】区域。

3. 把【色温】滑块从一端拉到另一端，同时观察矢量示波器中有何变化（见图 13-32）。

向左拖曳滑块，画面中蓝色更多，
画面变冷

向右拖曳滑块，画面中橙色更多，画面变暖，
显得更自然

图 13-32

拖曳滑块时，可以看到矢量示波器中的像素在橙色和蓝色区域之间移动。

4. 双击色温滑块，将其重置为默认值。

5. 在 Lumetri 颜色面板中把【色彩】滑块从一端拖曳到另一端，同时观察矢量示波器中发生的变化。

拖曳滑块时，可以看到显示在矢量示波器中的像素在绿色和洋红区域之间移动。

6. 双击【色彩】滑块，将其重置为默认值。

一边做调整一边观察矢量示波器，这样就可以对所做的调整有客观的认识。

13.3.14　RGB 分量

在 Lumetri 范围面板中单击【设置】图标，从弹出菜单中依次选择【预设】>【分量 RGB】。

RGB 分量提供了另外一种波形展现形式。不同的是，它把红色、绿色、蓝色 3 个颜色分量分别展示。为了把 3 种颜色同时显示出来，Premiere Pro 把 Lumetri 范围面板的显示区域沿水平方向等分成三大部分，如图 13-33 所示。

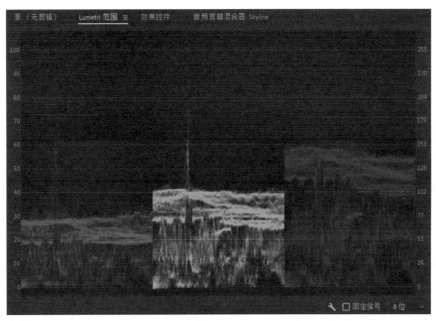

图 13-33

你可以在 Lumetri 范围面板中单击【设置】图标，或者使用鼠标右键单击面板空白区域，然后从【分量类型】中选择要显示哪种分量，如图 13-34 所示。

图 13-34

3 种颜色分量显示出的图形类似，尤其是在有白色或灰色像素的地方，因为这些地方含有等量的红色、绿色和蓝色。在颜色校正过程中，RGB 分量是常用的工具之一，因为它可以清晰地显示原色通道之间的关系。

为了查看调色对 RGB 分量的影响，在 Lumetri 颜色面板中展开【基本校正】区域，尝试调整【白平衡】下的【色温】和【色彩】控件。尝试结束后，双击各个控件，把它们恢复成默认状态。

13.4 使用比较视图

前面提到过，调色有以下两个重要阶段。

* 颜色校正：颜色校正的目标是纠正视频画面中的色偏和亮度问题，调整序列中的各个剪辑，使它们看起来就像是在同一时间同一地点拍摄的同一个内容的不同部分，或者使它们符合某个内部交付标准。

* 颜色分级：为各个镜头、场景，或整个序列创建一种创意外观。

做颜色校正时，对两个剪辑做比较有助于对它们进行匹配，特别是当这两个剪辑来自于不同的拍摄场景时，尤为有用，因为即使在不同场景下拍摄的剪辑整体色调类似，它们之间肯定会有一些颜色偏差。

你可以把当前序列从项目面板拖曳至源监视器中，把源监视器用作参考，方便并排比较，如图 13-35 所示。但是，Premiere Pro 提供了更简单的方式，你可以直接把节目监视器切换到比较视图模式下。在节目监视器中单击【比较视图】按钮（ ）即可。

图 13-35

> **Pr** **注意：** 在尺寸较小的显示器上，你可能看不见【比较视图】按钮。在节目监视器中单击右下角的双箭头，从弹出菜单中选择【比较视图】即可。

下面让我们来了解一下比较视图中的一些新控件。

* 参考帧：用作参考或自动匹配颜色的帧。

- 参考位置：参考帧的时间码。

- 播放指示器位置：当前帧的时间码。

- 镜头或帧比较：把另一个帧或当前帧的当前状态用作比较参考。应用效果时，后一个选项会非常有用，因为它提供了效果应用前后的视图，方便用户观察应用效果前后的变化。

- 并排：并排查看两个独立图像。

- 垂直拆分：把画面沿垂直方向一分为二，用户可以拖曳中间分隔线，调整它的位置。

- 水平拆分：沿水平方向把画面一分为二，用户可以拖曳水平分隔线，改变它的位置。

- 换边：把左右两个画面互换。

- 当前帧：当前正在处理的帧。

首次切换到比较视图时，可能有很多新按钮需要记住。你可以综合使用这些按钮精确控制两个正在比较的剪辑，控制它们的显示方式。下面把两个剪辑进行匹配。

1. 打开 Jolie's Garden 序列（见图 13-36），在时间轴面板中把播放滑块放到序列的最后一个剪辑上。

图 13-36

2. 在 Lumetri 颜色面板中展开【色轮和匹配】区域，单击【比较视图】按钮，或者在节目监视器中单击【比较视图】按钮（▦）（再次单击该按钮，可以退出比较视图模式）。

3. 使用如下方式之一，尝试改变参考帧。

- 把参考帧下面的迷你播放滑块拖曳到新位置。

- 单击参数位置的时间码，输入新时间，或者在时间码上拖曳选择另外一个时间，如图 13-37 所示。

图 13-37

- 单击【参考位置】时间码两侧的【转到上一个编辑点】或【转到下一个编辑点】按钮，在剪辑之间跳转。

4. 尝试切换不同的拆分视图,并拖曳拆分视图上的分隔线。

使用比较视图查看序列的两部分非常有用,它也是在Lumetri颜色面板中进行自动颜色调整的起点。

保持在【比较视图】下,继续学习下面的内容。

13.5 匹配颜色

Lumetri颜色面板提供了许多强大的功能,其中之一就是在两个剪辑之间自动匹配颜色。

使用该功能之前,先在节目监视器中切换到【比较视图】下,选择参考帧和当前帧,在Lumetri颜色面板的【色轮和匹配】区域中,单击【应用匹配】按钮。

匹配结果并不总是尽如人意,你可能需要多次尝试选择不同的参考帧和当前帧才能得到理想的结果。尽管如此,Premiere Pro提供的自动颜色匹配功能相当可靠,你可以在自动调整的基础做进一步调整。Premiere Pro自动为我们完成了80%左右的工作,这可以极大地节省时间。

下面我们使用当前序列进行尝试。

1. 接上一个练习,将参考帧设置为00:01:00:00。

2. 在时间轴面板中把播放滑块拖曳到序列最后一个剪辑的开始处。你可以使用向上与向下箭头键在序列的各个剪辑之间进行快速跳转,如图13-38所示。

图 13-38

3. 这些剪辑来自于同一部电影的不同场景,它们的颜色不必完全相同,但是如果不同剪辑中的人物肤色协调一致,画面效果会更好。在Lumetri颜色面板中勾选【人脸检测】功能,Premiere Pro会自动检测镜头中的人脸,并优先进行匹配。

4. 在Lumetri颜色面板中单击【应用匹配】按钮,向所选剪辑应用颜色调整,结果如图13-39所示。

5. 变化显而易见。几分钟之内,我们的眼睛就会适应当前帧的新外观。为了更清楚地观察变化,可以不断勾选和取消勾选【色轮和匹配】复选框(见图13-40)来比较前后变化。

图 13-39

色轮和匹配   ☑

图 13-40

6. 在节目监视器中单击【比较视图】按钮，切换到正常的播放视图下。

Lumetri 颜色面板中提供的自动颜色匹配功能不可能把颜色匹配得完全相同，部分原因是对颜色的感知是十分主观的，而且容易受到其他因素的影响。不过，在 Premiere Pro 中，所有调整都是可以再次编辑的，你可以对已做的调整再次进行修改，直到获得满意的结果。

13.6 了解调色效果

> **Pr** 提示：效果面板顶部有一个搜索框，你可以通过在这个搜索框中输入效果名称来查找效果。学习如何使用一个效果的最佳方式是把它应用到一个拥有良好色彩、高光、阴影的剪辑上，然后调整效果的各个设置并查看结果。

在 Premiere Pro 中，除可以使用 Lumetri 颜色面板调整颜色外，还可以使用大量调色效果来调整颜色，这些调色效果都值得我们好好了解一下。在 Premiere Pro 中，你可以像使用其他效果一样向剪辑添加、修改、删除调色效果，还可以使用关键帧制作属性动画。其实，在效果控件面板中调整这些控件与使用 Lumetri 颜色面板的体验相似。

随着你对 Premiere Pro 越来越熟悉，可以发现 Premiere Pro 中有很多效果能够产生相同结果，这导致在实际使用时不知道该选哪种效果好。这很正常！Premiere Pro 中确实有多种效果能够产生相同结果，选择时可以根据自己的喜好选用。

13.6.1 使用调色效果

黑白、色彩、保留颜色这类颜色效果可以减少或简化颜色，以及允许你选择一种色彩。

> **Pr** 提示：在【颜色】工作区下，不太容易找到效果面板。此时，可以通过在【窗口】菜单中选择【效果】来打开效果面板。

黑白

把画面图像转换成黑白图像，适合与其他添加颜色的效果一起使用，如图 13-41 所示。

图 13-41

黑白图像往往可以承受得住更强烈的对比。你可以考虑把该效果和其他效果结合使用，以便获得更好的结果。

13.6.2　色彩

把画面图像转换成黑白图像，然后可以使用吸管或拾色器把黑白两色映射为其他颜色。也就是说，黑白色所映射的颜色会替换掉图像中的其他所有颜色，如图 13-42 所示。

图 13-42

13.6.3　保留颜色

你可以使用 Lumetri 颜色面板中的 HSL 辅助区域或者色相饱和度曲线得到类似的结果，但有时使用【保留颜色】效果会更快捷。

在效果控件面板中，使用吸管或拾色器选择要保留的颜色。调整【脱色量】降低其他每种颜色的饱和度。使用【容差】和【边缘柔和度】控件来细调效果。

在【匹配颜色】菜单中尝试选择【使用 RGB】或【色相】，可以发现针对不同图像有不同效果，如图 13-43 所示。

图 13-43

13.6.4　使用视频限制器效果

除创意效果外，Premiere Pro 的颜色校正功能还包含用于制作专业视频的效果。

当视频要用在电视广播中时，其最大亮度、最小亮度、颜色饱和度都有特定限制。尽管你可以手动调整各个控件把视频调整到所允许的限制范围内，但是一个更简单的方法是使用 Premiere Pro 提供的【视频限制器】效果。

在效果面板的【视频效果】>【颜色校正】菜单下找到【视频限制器】效果（见图 13-44），将其应用到剪辑上，此时它会把限制自动应用到所选剪辑上，确保剪辑符合指定标准。

图 13-44

在【效果控件】面板中调整【视频限制器】效果的【剪辑层级】前，需要先了解广播公司提出的限制要求。剪辑层级不应该超出广播公司的限制要求。

接下来，选择【剪切前压缩】的数量。使用这个选项进行选择，而不是简单地删除高于【剪辑层级】的部分，逐步压缩会产生更自然的结果。

在剪切之前，你可以选择从 3%、5%、10% 或 20% 开始逐步压缩。

若勾选【色域警告】选项，则那些高于剪辑层级设置的像素将使用【色域警告颜色】中指定的颜色进行显示。在浏览序列时，该功能非常有用。但是，在导出序列之前，必须要关闭【色域警告】选项，否则高亮显示的颜色会出现在导出文件中。

提示：我们常常会把【视频限制器】效果应用到单个剪辑上，但是也可以把它应用到整个序列上。方法是将其应用到调整图层上，或者作为一个导出设置启用该效果（参考第 16 课）。

13.6.5　使用效果面板中的 Lumetri 颜色预设

除在 Lumetri 颜色面板中手动调整各个控件外，还可以使用效果面板（见图 13-45）中大量的 Lumetri 颜色预设。做高级调色时，可以从使用这些预设开始。这些预设带有各种参数，应用预设之后，你可以根据需要继续调整各个参数，直到获得满意的结果。适当调整效果面板的大小，可以看到 Premiere Pro 内置的每个 Lumetri 颜色预设效果，如图 13-46 所示。

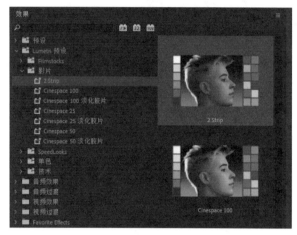

图 13-45

图 13-46

与应用效果面板中的其他效果相同，你可以采用同样的方式来应用 Lumetri 颜色预设。

Lumetri 颜色预设其实就是一些 Lumetri 颜色效果，只不过它们或者在基本校正设置中应用了一个输入 LUT，或者在创意设置应用了某个外观。

你可以在效果控件面板或 Lumetri 颜色面板中切换或删除这些预设。

13.7　修复曝光问题

下面我们找一些存在曝光问题的剪辑，然后调整 Lumetri 颜色面板中的一些控件来修复它们。

1. 进入【颜色】工作区，若有必要，将其重置为已保存的布局。

2. 打开 Color Work 序列。

3. 在 Lumetri 范围面板中使用鼠标右键单击，或者打开【设置】菜单依次选择【预设】>【波形 RGB】，这会快速关闭其他示波器，而只显示波形 RGB 示波器。

4. 再次，在 Lumetri 范围面板中使用鼠标右键单击，或者打开【设置】菜单，依次选择【波形类型】>【YC 无色度】，使显示出的波形位于标准广播电视范围内，对大多数视频项目来说，这非常有用。

5. 在时间轴面板中，把播放滑块放到序列的第一个剪辑上。第一个剪辑显示的是一位女士在街道上行走的场景。下面我们为这个剪辑增加一些对比度。

观察剪辑画面，可以看到人物周围的环境雾蒙蒙的，如图 13-47 所示。100 IRE（波形图左侧刻度尺）表示完全过曝，0 IRE 表示无曝光。整个视频画面既无过曝又无死黑，你的眼睛会快速适应画面，因此会觉得整个画面看上去还不错。下面我们尝试做一些调整，看能否使画面变得更生动一些。

图 13-47

6. 在 Lumetri 颜色面板中单击【基本校正】标题，将其展开。

7. 调整【曝光】和【对比度】控件。调整过程中，注意观察波形图，不要让画面中出现太暗或太亮的区域。

调整时，如果从剪辑中找出最好的一帧显示在屏幕上用作调整时的参考画面，则会得到最佳视觉效果。00:00:07:09 处的一帧画面非常清晰，我们选择它作为参考画面。

将【曝光】设置为 0.6，【对比度】设置为 60。

8. 此时，你的眼睛会快速适应调整后的新画面，如图 13-48 所示。反复单击【基本校正】右侧的复选框，比较调整前后的画面变化。

图 13-48

上面做出的细微调整增加了画面深度，加强了画面的高光和阴影。你可以打开与关闭效果并在 Lumetri 范围面板中观察波形图的变化。仔细观察画面，你会发现画面中没有太亮的高光，这十分正常，因为画面颜色以中间调居多，尤其是画面中还有雾。

提示：在 Lumetri 面板处于活动状态时，你可以使用【Lumetri 颜色效果旁路】键盘快捷键。按键盘快捷键时，【Lumetri 颜色效果】的所有实例都会关闭。默认情况下，Lumetri 颜色效果旁路键盘快捷键处于未指定状态。有关设置键盘快捷键的内容，请参考第 1 课。

13.7.1　修复曝光不足问题

接下来，我们来处理剪辑曝光不足的问题。

1. 切换到效果工作区。

2. 在时间轴面板中，把播放滑块放到 Color Work 序列的第二个剪辑上。看上去这个剪辑还不错，高光不强，细节也比较丰富，尤其是人物的面部很清晰，细节也多。但是有些暗部区域太黑，细节丢失。

 提示：Lumetri 范围面板不是颜色工作区所独有的，你可以随时从【窗口】菜单中打开它。

3. 打开 Lumetri 范围面板，查看所选剪辑的波形图。在波形图底部，可以看到有大量暗像素存在，有些几乎碰到了 0 IRE 线。

从画面看，这些暗像素大多集中在人物的右肩位置（画面左侧），导致人物右肩区域丢失细节。对于这样的暗像素集中区域，提高亮度只会使深色的阴影变灰，依旧无法找回丢失的细节。

4. 在效果面板中找到【亮度与对比度】效果，将其应用到所选剪辑。

5. 向右下拖曳 Lumetri 范围面板的面板名称，将其移动到节目监视器左侧的一个新面板组中，这样你可以同时看到效果控件面板、节目监视器面板，以及 Lumetri 范围面板，如图 13-49 所示。

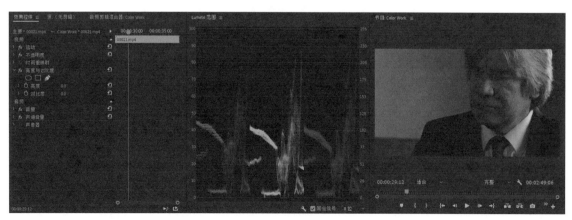

图 13-49

6. 在效果控件面板中向右拖曳【亮度】控件，增加亮度值。改变亮度值时，不要采用直接输入数值的方式，而要采用拖曳方式，这样做的好处是可以一边拖曳一边观察画面的变化。

随着画面亮度的增加，你会发现波形图整体上移，整个画面变得更亮，但是阴影仍然是一条平坦的线，也就是说，提高画面亮度只是把黑色的阴影变成了灰色，如图 13-50 所示。如果把【亮度】控件拉到最大（100），把高光剪切掉一部分，你会看到整个画面变得又亮又灰。

图 13-50

7. 从效果控件面板中删除【亮度与对比度】效果。

8. 切换回颜色工作区。在 Lumetri 颜色面板中尝试使用 RGB 曲线工具进行调整，图 13-51 是使用 RGB 曲线提高画面亮度的示例。

图 13-51

提示：使用【亮度与对比度】效果能够快速修复画面的亮度和对比度，但使用它很容易意外地把黑色（暗）或白色（亮）像素剪切掉。而使用 Lumetri 颜色面板中的曲线工具可以保证调整始终在 0 ～ 255 范围内。

9. 接着，使用 RGB 曲线工具尝试调整序列的第三个剪辑。从调整中我们可以认识到，所谓的后期调整也不是万能的，它只能在一定程度上改善视频画面。

当然，后期调整还是相当有必要的，它对于加强视频画面的视觉感染力至关重要，例如你可以根据创作需要向编辑的视频应用一些艺术感很强的效果，为视频创建出一种独特的外观，从而增强视频画面的视觉冲击力和艺术感染力。

10. 尝试修复序列的第四个剪辑。这是一个沙漠的航拍镜头，整个视频画面曝光不足。向右拖曳 RGB 曲线最底部的控制点，直到 Lumetri 范围面板中最暗的像素抵达方形区域底部。

11. 接着，向左拖曳 RGB 曲线的顶部控制点，直到最亮的像素触碰到方形区域顶部。

12. 最后，单击 RGB 曲线的中间部分，添加一个控制点，向上或向下拖曳，直到获得令人满意的效果，如图 13-52 所示。

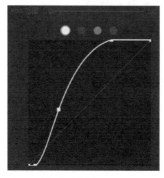

图 13-52

13.7.2 修复曝光过度问题

接下来解决曝光过度问题。

1. 在时间轴面板中，把播放滑块移动到序列的第四个剪辑上，可以看到视频画面出现了严重的曝光过度问题。与序列第二个剪辑中的阴影区域类似，在画面的曝光过度区域中没有任何细节。也就是说，降低画面亮度只会让人物的皮肤、头发变灰，而无法找回细节。

2. 从波形图可以看到（见图 13-53），视频画面中的阴影区域并没有到达波形图的最底部，即画面中的暗部缺失，这导致整个画面显得很平。

图 13-53

3. 尝试使用 Lumetri 颜色面板，改善画面对比度。经过调整后，尽管有明显的后期痕迹，但最终结果是可以接受的。

关于颜色校正标准

调整图像是一件非常主观的事。尽管调整时会受到图像格式和广播技术要求方面的限制，但是让图像亮一些还是暗一些，偏蓝还是偏绿，最终都是调色者个人的主观选择。虽然 Premiere Pro 为我们提供了 Lumetri 范围面板等非常好用的参考工具，但是最后要调整到什么程度还是由用户决定。

如果制作的视频将用在广播电视中，则在调色之前应该先将一台电视机连接到 Premiere Pro 编辑系统中，用来查看调色之后的结果，这一点非常重要。通常，电视机屏幕显示的颜色与计算机显示器不同，而且有时电视屏幕还支持用来更改视频外观的特殊颜色模式。编辑视频时，为了做出具有专业水准的广播电视效果，编辑人员应该准备一台经过准确校准的显示器连接到编辑系统中。虽然可以使用【显示颜色管理】功能来模拟电视上显示的颜色，但相比之下，还是使用经过严格校准的显示器更可靠。

若制作的视频要在数字影院、超高清电视、高动态范围电视上播放，上述规则也适用。想检验视频最终呈现出来的效果，唯一的途径就是直接在目标播放设备上进行查看。如果视频的最终播放设备是电脑，这段视频或许是一段 Web 视频，或许是软件界面的一部分，则不需要再寻找其他显示设备，因为编辑视频时使用的就是电脑。

13.8 纠正偏色问题

人的眼睛会自动调整以补偿周围环境光线颜色的变化。这是一种非凡的能力，它允许你把白色物体还原为白色，比如白色物体在钨丝灯的照射下呈现橙黄色，但你的眼睛仍然会把它还原成白色。

类似于人眼，摄像机也可以自动调整它们的白平衡以补偿光线颜色的变化。正确校正白平衡后，不论是室内拍摄（在橙色钨丝灯照射下），还是室外拍摄（在偏蓝的日光照射下），白色物体拍出来就是白色的。

但是，摄像机毕竟是机器，它的自动白平衡功能准确性并不稳定。为了确保白平衡准确，一般专业摄像师都喜欢手动校正白平衡。当然，白平衡不准确并非都是坏事，有时可以故意把它调得不准确，借以实现一些有趣的效果。剪辑出现偏色问题最常见的原因就是没有准确校正摄像机的白平衡。

13.8.1 使用 Lumetri 色轮校色

下面我们使用 Lumetri 颜色面板中的色轮工具为序列中的最后一个剪辑校色。

1. 切换到颜色工作区下，若有必要，请将其重置为已保存的布局。

2. 在时间轴面板中，把播放滑块移动到 Color Work 序列的最后一个剪辑上。

3. 在 Lumetri 颜色面板中展开【基本校正】区域，单击【自动】按钮，自动调整色阶。

此时，你可以在【色调】项目下看到各个参数的变化，如图 13-54 所示。

Premiere Pro 能够识别出画面中最暗的像素和最亮的像素，并自动进行平衡处理。

调整幅度非常小！显然，画面偏蓝的问题靠调整对比度无法解决。

4. 单击 Lumetri 范围面板，使其成为当前活动面板，如图 13-55 所示。

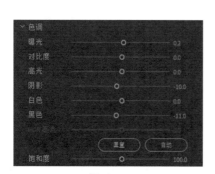

图 13-54

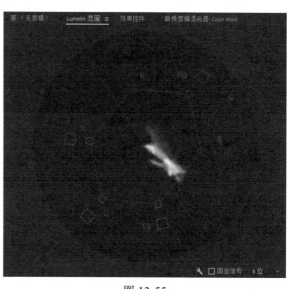

图 13-55

5. 使用鼠标右键，在 Lumetri 范围面板内单击，确保弹出菜单中仅有【波形】处于选中状态。然后，再次使用鼠标右键单击，从弹出菜单中依次选择【波形类型】>【YC 无色度】。

很明显，剪辑的颜色范围没有问题，但是画面严重偏蓝。事实上，当时拍摄现场的光线比较乱，有从窗户透进来的偏蓝光线，也有从钨丝灯射出来的橙色光线。

6. 在 Lumetri 颜色面板的【基本校正】区域中，把【色温】滑块向橙色方向拖曳。可能需要把色温滑块拖曳到最右端（100），才能看到画面效果，因为画面中蓝色偏色实在太重。

调整之后，画面看上去还不错，但是或许还可以更好一些。

画面中暗部区域受室内钨丝灯的照射偏暖，而亮部区域受室外日光照射偏蓝。对此，我们可以使用色轮针对画面的不同区域进行调整，这样调整出的画面会更加真实、自然。

7. 在 Lumetri 颜色面板中展开【色轮和匹配】区域。为了强调不同光源，尝试在阴影色轮上把颜色拖向橙色，在中间调色轮上把颜色拖向红色，在高光色轮上把颜色拖向蓝色，如图 13-56 所示。

8. 经过调整后，观察视频画面（见图 13-57），会发现画面中的阴影区域变暖，高光区域变冷。再尝试调整中间调色轮，以获得最自然的画面效果。

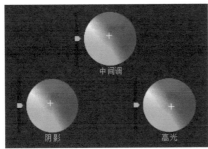

图 13-56

图 13-57

你可以在 Lumetri 颜色面板中继续尝试调整其他控件，看是否能够进一步改善画面的视觉效果。

为了更精确地调整图像，可以添加两个 Lumetri 效果，并使用效果控制面板中的控件为它们添加蒙版。把一种效果限制在图像的左侧，另一种效果限制在图像的右侧，以更自然的方式分别对室内和室外的场景进行调整。

13.8.2 使用 HSL 辅助调色工具

借助 Lumetri 颜色面板中的 HSL 辅助工具，你可以只针对画面中某个特定范围内的色相、饱和度和亮度进行调整。

如果想把人物的眼睛变成蓝色，或者加强一下花朵颜色，则 HSL 辅助工具将会非常有用。

下面来尝试一下。

1. 打开 Yellow Flower 序列（见图 13-58），在时间轴面板中把播放滑块放到第一个剪辑之上。

图 13-58

该序列中包含两个剪辑，各个剪辑画面中的颜色区分非常明显。

2. 在 Lumetri 颜色面板中展开 HSL 辅助区域。

图 13-59

3. 单击【设置颜色】中的第一个吸管工具（见图 13-59），将其选中，然后单击花朵的黄色花瓣，拾取颜色。

单击时，同时按住 Command 键（macOS）或 Ctrl 键（Windows），Premiere Pro 会基于 5×5 个像素进行平均采样。

颜色选择控件（色相、饱和度、明度）会根据你单击的区域（花瓣）做出相应变化，如图 13-60 所示。

4. 拖曳 H、S、L 颜色范围选择控件，扩展选择范围。最初你可能只选择了几个像素，因为花瓣的黄色变化很丰富。

控件上方的三角形代表选区的硬边缘，下方三角形代表柔化边缘，用来扩展选区。

当你按下鼠标拖曳控件时，画面中未被选择的像素呈现为灰色。松开鼠标时，图像恢复成原样。

5. 在【优化】区域下尝试【降噪】和【模糊】两个控件，它们会对选区做平滑处理，而非整个图像内容。

6. 当准确选择黄色花瓣后，重置【色温】与【色彩】控件，然后进行精细调整，如图 13-61 所示。

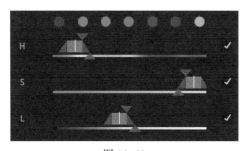

图 13-60

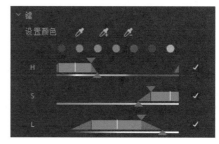

图 13-61

你所做的调整只会影响选区中的像素。

7. 掌握这些控件后，尝试调整序列中的第二个剪辑。选择蓝色天空中的像素，然后增加颜色饱和度，向选区添加蓝色调。

13.8.3 使用曲线调整

在 Lumetri 颜色面板的【曲线】区域中，有一系列色相饱和度曲线，在调整色相与亮度时，可以使用它们进行更精确的控制。

各个控件各不相同，分别适用于某一种特定类型的选区和调整，但是它们的基本工作方式都相同。

曲线刚开始时是一条直线，单击添加控制点后，它会变成曲线。拖曳控制点的位置，可以改变曲线形状，从而对图像做出相应调整。

曲线名称的前半部分是水平轴，后半部分是垂直轴。

每条曲线的功能如下。

- 色相与饱和度：基于指定色相选择像素，并修改饱和度水平。

- 色相与色相：基于指定色相选择像素，并改变所选像素的色相。

- 色相与亮度：基于指定色相选择像素，并改变所选像素的亮度。

- 亮度与饱和度：基于指定亮度选择像素，并改变所选像素的颜色饱和度。

- 饱和度与饱和度：基于指定的饱和度选择像素，并改变所选像素的颜色饱和度。你可以使用这个工具降低图像中的高饱和度区域，同时保持图像的其他区域不变。

与其他许多效果相同，要了解这些曲线的功能，最好的办法是尝试做一些极端的调整，然后观察前后变化。

下面我们就来试一试。

1. 打开 The Ancestor Simulation 序列。播放序列，熟悉序列内容。序列中各个剪辑画面的颜色都比较柔和，有些特定区域包含的颜色区分明显，比如桌子上的花，如图 13-62 所示。

图 13-62

2. 在 Lumetri 颜色面板中展开【曲线】区域。在时间轴面板中，把播放滑块放到序列的第一个剪辑上。

3. 每条曲线的右上方都有一个吸管（）工具（见图 13-63），使用它单击图像中的某一个位置，Premiere Pro 会根据单击位置在曲线上设置一个控制点。你还可以使用它在曲线上添加两个控制点（一端一个），以便将要进行调整的部分与曲线的其余部分分开。

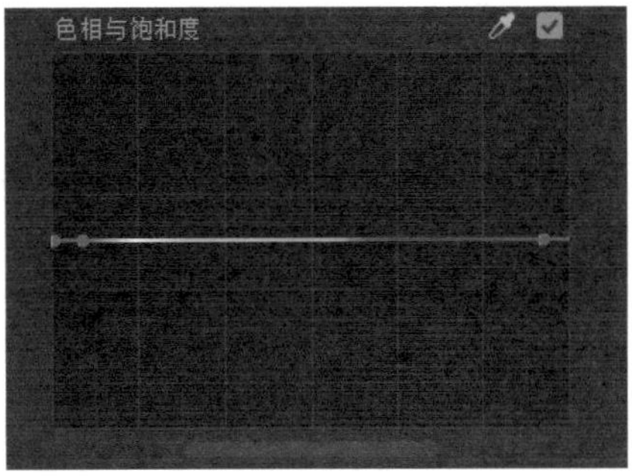

使用【色相与饱和度】曲线的吸管工具选择桌子上最靠近摄像机的淡红色花瓣。

图 13-63

4. 使用吸管做好的选区正好位于色相曲线边缘。拖曳曲线底下的滚动条，使控制点显示在中间区域。

5. 向上拖曳位于中间的控制点，提升花朵的饱和度。

6. 使用【饱和度与饱和度】曲线的吸管工具，选择沙发上的淡米色。这样选出的像素几乎没有饱和度。向上拖曳左侧控制点，使其位于非常高的位置上，向沙发和画面灰白区域中添加颜色，如图 13-64 所示。

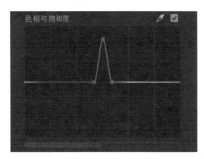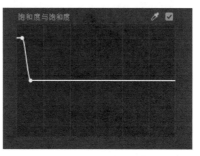

图 13-64

因为我们只选择了颜色饱和度较低的像素，所以画面中其他具有较高饱和度的区域不受影响。这样调整出来的结果看上去会更自然。

> **Pr** **注意**：示例视频剪辑的分辨率较低，而且经过了压缩（保持较小尺寸）。所以，处理原始素材文件时，最终呈现的边缘要比你想象的还要柔和。

7. 尝试调整序列中的其他剪辑。例如，在序列的第六个剪辑中，可以看到有城堡、树等景物，先使用【色相与饱和度】曲线提高绿树的饱和度，再使用【色相与亮度】曲线把树叶的亮度降低。这会增加画面的视觉趣味性和对比度，同时又不必调整整个剪辑。

13.9 使用特殊颜色效果

在效果面板中，Premiere Pro 提供了多种效果，用来帮助用户调整剪辑中的颜色，生成更具创意的画面。

13.9.1 使用高斯模糊

严格来说，高斯模糊不是一种调色效果，但是向画面适度加一点模糊可以对调整结果起到很好的柔化作用，从而使画面看起来更加自然、真实。Premiere Pro 为我们提供了大量模糊效果，其中最为常用的是【高斯模糊】，使用它可以在画面上形成一种自然、平滑的效果。

13.9.2 使用风格化效果

风格化效果分类中包含一些戏剧化的效果（比如马赛克效果），使用这些效果并结合使用效果蒙版，可以对视频画面局部做一些特殊化处理，比如隐藏某个人的面部。

调整画面颜色时，使用曝光过度效果能够为画面带来强烈的过曝感觉，很适合用来为图形或开场序列创建个性十足的背景，如图 13-65 所示。

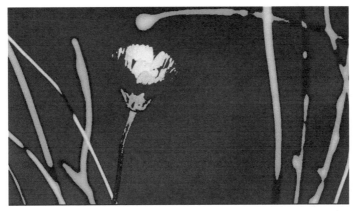

图 13-65

13.9.3 从文件添加颜色调整

Lumetri 颜色面板中包含一系列内置外观，我们在前面都尝试过。此外，效果面板中也包含大量 Lumetri 颜色预设，即查即用非常方便。

事实上，这些效果使用的全部是 Lumetri 颜色效果。

除使用内置预设外，Lumetri 效果还允许你浏览一个已有的 LOOK、LUT、CUBE 文件，并使用这些文件对素材颜色进行精细调整。

最开始调整颜色时，我们可能会拿到一个 LOOK 或 LUT 文件。目前，有越来越多的摄像机和拍摄监视器采用这种颜色参考文件。这样，在后期处理素材过程中，你就有同样的文件作为参考。

要应用一个现成的 LOOK、LUT、CUBE 文件，可以在 Lumetri 颜色面板的【基本校正】区域中打开【输入 LUT】菜单，从中选择需要的文件，如图 13-66 所示。

图 13-66

13.10 创建独特外观

在 Premiere Pro 中花时间学习各种颜色校正效果之后，你应该了解可以进行哪些调整，以及这些调整对素材的整体外观和氛围的影响。

你可以使用效果预设为剪辑创建独特外观，还可以把效果应用到一个调整图层上，为整个序列或序列的一部分添加整体外观。

下面借助调整图层向序列应用颜色调整效果。

1. 打开 Theft Unexpected 序列。

2. 在项目面板中单击底部的【新建项】图标（ ▥ ），在弹出菜单中选择【调整图层】，在【调整图层】对话框中保持各个视频设置不变，单击【确定】按钮。

> **Pr** | 提示：可能需要加大项目面板的宽度，才能看到【新建项】图标。

3. 把刚创建的调整图层拖曳到序列的 V2 轨道上，使其靠左侧对齐。

调整图层的默认持续时间与静态图像相同，相对于序列来说则太短。

4. 向右拖曳调整图层的右边缘，使其持续时间与序列相同，如图 13-67 所示。

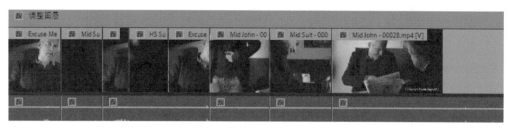

图 13-67

> **Pr** | 注意：如果除视频图层外，序列中还包含图形或字幕图层，则需要把调整图层放到图形图层（或字幕图层）和视频图层之间的轨道上。否则，对调整图层所做的调整也会影响到图形图层或字幕图层。

5. 在效果面板中，在【Lumetri 预设】的【SpeedLooks】中找到【Universal】效果组，从中任选一种效果应用到调整图层上。此时，所选外观会应用到序列的所有剪辑上（见图 13-68），并且你可以使用效果控件面板或 Lumetri 颜色面板中的控件调整它。

图 13-68

提示：效果面板的【SpeedLooks】中包含大量效果预设，它们的应用方法与普通效果相同，也可以组合使用，只需直接应用另一个即可。

你可以采用这种方式应用其他任何一种标准视觉效果，使用多个调整图层向不同场景应用不同外观，还可以使用 Lumetri 颜色面板中的各种控件调整你在面板顶部选中的 Lumetri 颜色效果。

上面我们对颜色调整做了简单的介绍，还有大量内容值得探讨。建议花时间熟悉 Lumetri 颜色面板中的高级控件。Premiere Pro 提供了大量视觉效果，你可以使用它们为素材添加细微或显著的外观。在 Premiere Pro 学习和后期视频处理过程中，多尝试、多实践才是掌握 Premiere Pro 以及实现创意的关键。

13.11　复习题

1. 如何在 Lumetri 范围面板中更改显示类型？

2. 若 Lumetri 范围面板未在颜色工作区中显示，该如何把它显示出来？

3. 调色时，为什么要使用矢量示波器，而不靠人眼？

4. 如何向序列应用外观？

5. 为什么需要限制视频的亮度和颜色级别？

13.12　复习题答案

1. 在 Lumetri 范围面板中右键单击或者打开【设置】菜单，从弹出菜单中选择需要的显示类型。

2. 与其他面板相同，你可以在【窗口】菜单中选择 Lumetri 范围面板，将其显示出来。

3. 颜色感知是一种非常主观和相对的行为。新看到的颜色会受之前看到的颜色的影响。矢量示波器可以为你提供一种客观的参考。

4. 你可以使用效果面板中的效果预设，把同样的颜色调整应用到多个剪辑上，或者添加一个调整图层，把效果应用到调整图层上。在调整图层之下，并且受调整图层覆盖的所有剪辑都会受到调整图层的影响。

5. 如果制作的视频要用在广播电视中，则需要确保视频满足最大与最小亮度与颜色级别的要求。

第14课 了解合成技术

课程概览

本课包括如下内容：

- 使用 Alpha 通道；

- 使用合成技术；

- 使用不透明度；

- 使用绿幕；

- 使用蒙版。

 　学习本课大约需要 60 分钟。请先准备好本课要用到的课程文件，请参阅本书前言中的"使用课程文件"。

任何把两个图像组合在一起的处理都叫作合成,包括混合、帧共享、
分层、抠像、蒙版、裁剪。Premiere Pro 提供了强大的合成工具,使
用这些工具,你可以把视频、照片、图形、字幕层合成在一个序列中。
本课我们将学习合成的关键技术,以及进行合成的准备方法。

14.1 课程准备

到目前为止，我们处理的主要是单个的整帧图像。我们创建了编辑点，在编辑点上添加过渡［见图 14-1（a）］，从一幅图像过渡到另一幅［见图 14-1（b）］，或者把编辑过的剪辑放到上层视频轨道上［见图 14-1（c）］，使其在低层视频轨道的剪辑之前显示出来。

（a）

（b）

（c）

图 14-1

本课我们将学习组合视频图层的方法。学习过程中，我们仍然会使用高低层轨道上的剪辑，只是它们成为合成中的前景元素和背景元素。

合成部分有可能来自于前景图像的裁剪部分，也有可能来自于蒙版或抠像（选择特定颜色的像素，使其透明），但是无论使用哪种方法，把剪辑添加到序列中的方法都是相同的。

我们先来了解一个重要概念——Alpha 通道（它解释了像素的显示方式），然后再学习几种合成技术。

1. 打开 Lesson 14 文件夹中的 Lesson 14.prproj 项目。

2. 把项目保存为 Lesson 14 Working.prproj。

3. 在工作区面板中单击【效果】，或者从菜单栏中依次选择【窗口】>【工作区】>【效果】，切换到【效果】工作区下。

4. 在工作区面板中打开【效果】菜单，从中选择【重置为已保存的布局】，或者从菜单栏中依次选择【窗口】>【工作区】>【重置为保存的布局】菜单，或者在工作区面板中双击【效果】名称，重置工作区。

14.2　什么是 Alpha 通道

摄像机使用单独的颜色通道分别保存光谱中的红色、绿色与蓝色。因为每个通道只保存一种颜色信息，所以通常也把它们称为单色通道。

Adobe Premiere Pro 使用 3 种单色通道来保存 3 种原色。它们通过加色法来产生绚丽多彩的 RGB（R 代表红色、G 代表绿色、B 代表蓝色）图像。我们看到的彩色视频都是由这 3 种通道混合而成。

这种把多个单色组合起来生成其他颜色的方法类似于把两个单声道组合起来产生立体混音。

除 R、G、B 3 种单色通道外，另外还有一种单色通道——Alpha 通道，它不保存任何颜色信息，记录的是像素的不透明度。有多个术语与 Alpha 通道相关，包括可见性、透明度、混合器、不透明度。名称并不重要，重要的是你可以撇开颜色单独调整像素的不透明度，因为 Alpha 通道与颜色通道是相互分离的。

我们可以通过颜色校正对剪辑中红色的数量进行调整，同样，也可以使用不透明度控件调整 Alpha 值的大小。默认情况下，剪辑的 Alpha 通道（或不透明度）是 100%（或完全可见），在 8 位（0 ～ 255）视频中，对应于 255。并非所有媒体素材都包含 Alpha 通道，比如视频摄像机一般不会记录 Alpha 通道，而且大多数编解码器也不会保存 Alpha 通道。

动画、文本或 Logo 图形剪辑中通常包含 Alpha 通道，用来指定图像中的不透明部分和透明部分。

你可以设置源监视器与节目监视器，使透明像素显示为棋盘格，就像在 Adobe Photoshop 中那样。下面我们来做一下比较。

1. 从 Graphics 素材箱中双击 Theft_Unexpected.png 剪辑（确保打开的是 PNG 剪辑），使其在

源监视器中打开，如图 14-2 所示。

图 14-2

2. 打开源监视器的【设置】菜单（），确保【透明网格】处于非选中状态。

图形好像有一个黑色背景，但是这些黑色像素其实是源监视器的背景。在将其作为文件导出到不支持 Alpha 通道的编解码器中时，新文件中将会带有一个黑色背景。

3. 打开源监视器的【设置】菜单，从弹出菜单中选择【透明网格】，将其打开，如图 14-3 所示。

图 14-3

此时，你可以清晰地看到哪些像素是透明的。不过，对于某些类型的媒体来说，使用透明网格可能并不合适。例如，本例中，开启透明网格之后，受网格影响，你将难以看清文本的边缘。

4. 打开源监视器的【设置】菜单，从弹出菜单中再次选择【透明网格】，取消显示。

使用不支持 Alpha 通道的编解码器创建的素材文件总是带有一个黑色背景而非透明区域。

14.3 在项目中做合成

使用合成效果和控件能够把后期制作工作提升到一个全新的层次。一旦你开始在 Premiere Pro 中使用合成效果，就会发现新的拍摄方法和新的编辑组织方法，这会使图像混合变得更容易。

做合成时，综合运用前期规划、拍摄技术、精确设置效果，才能得到最好的结果。你可以把静态的环境图像与复杂、有趣的图案组合起来，这样能够生成质感很棒的画面。或者，你可以删除图像中不合适的部分，并使用其他内容代替。

在 Premiere Pro 中，合成是非线性编辑中最具创意、最灵活的部分。

14.3.1 带着合成的想法去拍摄

要想获得最好的合成结果，我们应该从项目规划之初就开始考虑合成问题。从一开始，我们就要考虑如何帮助 Premiere Pro 识别出图像中要变透明的部分，有很多方法可以实现这一点。比如色度键（chromakey），它是一种标准的特效，许多电影制作中都使用它来完成一些特技动作，这些动作一般出现在危险环境下或者物理不可达的地方（比如火山内部）。

实际拍摄时，演员会在一个绿幕前进行表演。绿色用来识别画面中的透明像素。演员的视频图像用来做合成的前景，其中包含一些可见像素（演员）与一些透明像素（绿色背景）。

接下来，要把前景［见图 14-4（a）］的视频图像放到另外一个背景［见图 14-4（b）］图像上。在史诗级动作电影中，背景可以是真实世界中的某个地方，也可以是视觉艺术家创建的合成场景［见图 14-4（c）］。

（a）

（b）

（c）

图 14-4

事先规划有助于大大提升合成质量。为了使绿幕效果正常发挥作用，背景的颜色需要保持一致。而且需要这种颜色不会出现在拍摄主体上。例如，在应用色度键效果时，绿色珠宝有可能会变成透明的。

拍摄绿幕素材时，拍摄方式会对最终结果产生很大影响。拍摄者应尽量使拍摄主体的光照布局与替换背景的光照保持一致，尤其要注意阴影的方向。

拍摄绿幕背景时，使用的光线要柔和、均匀，并避免出现溢出，发生溢出时，光线会从绿幕反射到拍摄对象上。如果出现这种情况，拍摄对象会很难抠出来，而且拍摄对象的一部分也会变透明，因为它与要移除的背景一样也是绿色的。

14.3.2 了解基本术语

本课可能会涉及一些新术语。下面介绍几个重要的术语。

* Alpha/alpha 通道：图像的第四个信息通道，用来记录像素的透明度。它是一个独立的通道，其创建与图像内容完全无关。在 Premiere Pro 中，不论原始素材是否包含 Alpha 通道，用户都可以在序列中使用它。

* 抠像：根据像素的颜色或亮度，有选择地把某些像素变透明。色度键（Chromakey）效果会参考颜色生成透明（改变 Alpha 通道），亮度键（LumaKey）效果使用亮度生成透明。

* 不透明度：在 Premiere Pro 中，不透明度用来描述序列剪辑中整体 Alpha 通道值。不透明度的值越大，剪辑越不透明（与透明度相反）。你可以使用关键帧为剪辑制作不透明度动画，类似于上一课中学习的调节音频电平。

* 混合模式：这项技术起源于 Adobe Photoshop。它不是简单地把前景图像放到背景图像之前，混合模式有多种，你可以选择某一种混合模式使前景和背景相互作用，只显示前景中那些比背景亮的像素，或者只把颜色信息从前景剪辑应用到背景。在第 12 课中我们用到了一种混合模式。要了解混合模式，最好的方法就是多尝试。你可以在效果控件面板中的【不透明度】效果下找到它们。

* 绿幕：绿幕指的是一个纯绿色的背景幕布，先在绿幕之前拍摄主体对象，然后使用特效把绿色像素变透明，再把剪辑与另一个背景图像合成在一起。传统的天气预报节目就是使用绿幕拍摄的一个典型例子。

* 蒙版：蒙版可以是一个图像、形状或视频剪辑，用来识别图像中透明或半透明的区域。Premiere Pro 支持多种类型的蒙版，本课稍后会使用它们。你可以使用一个图像、视频剪辑或视觉效果（比如色度键）根据像素颜色动态生成蒙版。

在第 13 课中进行混合色调整时，Premiere Pro 根据你的选择生成了一个蒙版应用颜色调整。

这限制了颜色调整所影响的像素范围，色度键效果会把蒙版应用到 Alpha 通道，将某些像素变透明。

14.4 使用【不透明度】效果

你可以在时间轴面板或效果控件面板中使用关键帧调整一个剪辑的整体不透明度。

1. 在时间轴面板中打开 Desert Jacket 序列。在这个序列中，前景图像是一个穿夹克的男人，背景图像是一个戈壁，如图 14-5 所示。

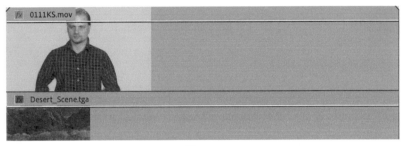

图 14-5

2. 在轨道头区域（位于时间轴面板最左侧），向上拖曳 V2 和 V3 之间的分隔线，将 V2 轨道的高度增加一点。此外，还可以把鼠标放到 V2 轨道头上，按住 Option 键（macOS）或 Alt 键（Windows），滚动鼠标滚轮。

3. 打开【时间轴显示设置】菜单，选择【显示视频关键帧】。

此时，剪辑上会显示一条"橡皮筋"（一条白色的细水平线），你可以使用它调整设置和关键帧效果。每个剪辑只有一条"橡皮筋"。

默认情况下，"橡皮筋"控制的是剪辑的【不透明度】。前面提到过，"橡皮筋"在控制音频剪辑时默认控制的是音量。

使用鼠标右键单击剪辑左上角的 fx 图标（▣），从弹出菜单中选择要使用"橡皮筋"调整的控件。

如果有效果应用到剪辑上，或者调整了剪辑的固定效果（▣），则剪辑上 fx 图标的颜色会发生变化。

4. 在 V2 轨道的剪辑上，使用【选择工具】上下拖曳"橡皮筋"。尝试将其调整到 50% 左右，效果如图 14-6 所示。

提示：拖曳"橡皮筋"时，同时按住 Command 键（macOS）或 Ctrl 键（Windows）可以实现更精细的调整。但请注意，一定要先按下鼠标左键，再按修饰键（Command 或 Ctrl 键），否则将添加一个关键帧。

图 14-6

在以这种方式使用【选择工具】拖曳"橡皮筋"时，Premiere Pro 不会添加额外的关键帧。

14.4.1 为不透明度添加关键帧

在时间轴面板中，添加不透明度关键帧的方法几乎与添加音量关键帧完全相同。你可以使用相同的工具、键盘快捷键，并且结果与预期的完全相同：橡皮筋越高，剪辑可见性越高。

1. 在 Sequences 素材箱中打开 Theft Unexpected 序列。

该序列的 V2 轨道上有一个文本，用作前景。我们经常在不同的时间以不同的持续时间为文字制作淡入淡出效果。你可以使用过渡效果实现文字淡入淡出动画，就像向视频剪辑添加过渡效果一样。当然，你还可以使用关键帧调整不透明度来实现这个效果，而且使用关键帧可以进行更多控制。

2. 增加 V2 轨道高度，确保能够看到 Theft_Unexpected.png 剪辑上的"橡皮筋"，如图 14-7 所示。

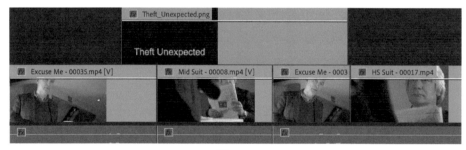

图 14-7

3. 按住 Command 键（macOS）或 Ctrl 键（Windows），在"橡皮筋"上单击 4 次，添加 4 个关键帧，其中两个关键帧加在开头附近，另外两个关键帧加在末尾附近（见图 14-8）。关键帧的添加位置不必太准确，稍后可以再做调整。

图 14-8

提示：首先在"橡皮筋"指定的时间点上添加好关键帧，然后上下拖曳进行调整，这样操作起来会更容易。

4. 与使用音频关键帧调整音量相同，拖曳关键帧，调整"橡皮筋"形状，创建淡入淡出效果，如图 14-9 所示。

图 14-9

提示：按住 Command 键（macOS）或 Ctrl 键（Windows），单击"橡皮筋"添加关键帧后，释放 Command 键（macOS）或 Ctrl 键（Windows），使用鼠标拖曳关键帧，设置关键帧的位置。

5. 播放序列，查看文本淡入淡出效果。

此外，你还可以使用效果控件面板向剪辑的不透明度添加关键帧。类似于音量关键帧控件，在效果控件面板中，不透明度关键帧开关默认是打开的。在时间轴面板中选择文本剪辑，也会在效果控件面板中看到刚刚添加的不透明度关键帧。

14.4.2　使用混合模式实现轨道混合

混合模式用来指定前景像素（指上层轨道剪辑中的像素）与背景像素（指下层轨道剪辑中的像素）的混合方式。每种混合模式对应一种算法，Premiere Pro 会使用这些算法把前景中的红色、绿色、蓝色、Alpha（RGBA）值与背景中的 RGBA 值进行混合。前景中的每个像素与背景中对应的像素直接进行混合运算。

默认混合模式是【正常】。在这种模式下，前景图像在整个图像中具有统一的 Alpha 通道值。前景图像的不透明度越大，其显示效果越实。

了解混合模式工作原理的最好方法是尝试使用。

1. 使用 Graphics 素材箱中的 Theft_Unexpected_Layered.psd（其中包含更复杂的文本）代替 Theft Unexpected 序列中的 Theft_Unexpected.png（当前显示的文本）。

按住 Option 键（macOS）或 Alt 键（Windows），把 Theft_Unexpected_Layered.psd 拖曳到 Theft_Unexpected.png 上，即可实现替换。请注意，采用这种方式进行替换后，之前添加的序列剪辑关键帧仍然保留，如图 14-10 所示。

2. 选择替换后的文本，观察其效果控件面板。

图 14-10

3. 在效果控件面板中展开【不透明度】控件，打开【混合模式】下拉菜单，查看混合模式，如图 14-11 所示。

图 14-11

4. 当前默认混合模式为【正常】。尝试选用另外一种混合模式，并观察应用结果。每种混合模式以不同方式计算前景像素和背景像素之间的关系。有关混合模式的介绍，请查阅 Premiere Pro 帮助。

选择【变亮】混合模式。在这种模式下，Premiere Pro 只显示前景图像中那些比背景像素更亮的像素，如图 14-12 所示。

图 14-12

> **提示：** 把鼠标放到【混合模式】菜单上，不要单击打开，直接滚动鼠标滚轮即可快速查看各种混合模式。

5. 尝试后，选择【正常】混合模式。

14.5　选择 Alpha 通道的解释方式

在多种类型的素材中，不同区域的像素有不同的 Alpha 通道级别。例如文本图形，在有文本的地方，像素的不透明度为 100%；没有文本的地方，像素的不透明度为 0%，而文本周围的投影等元素的不透明度通常介于 0% ～ 100%。向投影添加一点透明度，可以使它看起来更加真实。

在 Premiere Pro 中，像素的 Alpha 通道值越大，其可见性越高。这也是最常见的 Alpha 通道解释方式，但是有时你可能会遇到一些采用相反解释方式的媒体素材。你会立刻察觉到这个问题，因为图像在另一个黑色图像中出现了镂空。这个问题在 Premiere Pro 中很容易处理，你可以为 Alpha 通道指定不同的解释方式，就像为剪辑的音频通道指定解释方式一样。

下面我们使用 Theft Unexpected 序列中的 Theft_Unexpected_Layered.psd 作为示例进行讲解。

1. 在项目面板中找到 Theft_Unexpected_Layered.psd 文件。

2. 使用鼠标右键单击，从弹出菜单中依次选择【修改】>【解释素材】。【修改剪辑】对话框的下半部分有【Alpha 通道】解释选项，如图 14-13 所示。

图 14-13

- 预乘 Alpha：Alpha 通道的预乘选项控制半透明区域的解释方式。如果发现图像的半透明区域呈现块状或渲染质量差，可选择【预乘 Alpha】选项进行尝试。

- 忽略 Alpha 通道：把所有像素的 Alpha 值视为 100%（不带透明度）。如果不想在序列中使用背景剪辑，而想使用黑色像素，需要勾选该选项。

- 反转 Alpha 通道：为剪辑中的每个像素反转 Alpha 通道。这样一来，完全不透明的像素会变得完全透明，透明像素会变为不透明像素。

3. 先尝试勾选【忽略 Alpha 通道】，单击【确定】按钮，然后再次打开【修改剪辑】对话框，勾选【忽略 Alpha 通道】，再勾选【反转 Alpha 通道】，并在节目监视器中观察结果有何不同，如图 14-14 所示。

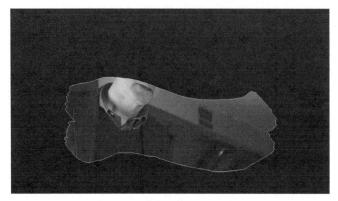

图 14-14

> **注意**：改变 Alpha 通道的解释方式后，混合模式仍然起作用。反转 Alpha 通道后使用【变亮】混合模式，黑色背景将不可见。

4. 进行尝试后，将【Alpha 通道】改为【从文件使用 Alpha 预乘】。你也可以使用撤销命令恢复剪辑的解释方式。

14.6 绿幕抠像

> **注意**：通常，高压缩媒体文件与使用高端摄像机拍摄的 RAW 文件或低压缩文件（比如 ProRes 4:4:4:4）产生的结果不同。

使用"橡皮筋"或效果控件面板改变剪辑的不透明度时，图像中所有像素的 Alpha 值变化量都相同。此外，在 Premiere Pro 中，我们还可以基于像素在屏幕上的位置、亮度、颜色，有选择性地调整像素的 Alpha 值。

色度键（Chromakey）效果会根据所选像素的亮度、色相、饱和度值来调整像素的不透明度。原理非常简单：选择一种或多种颜色，一个像素与所选颜色越接近，它就越透明。也就是说，一个像素越接近所选颜色，其 Alpha 值越低，直到完全透明。

下面进行抠像合成。

> **提示**：在项目面板中使用鼠标右键单击剪辑，从弹出菜单中选择【从剪辑新建序列】，即可使用所选剪辑的设置新建一个序列。这也适用于同时选择多个剪辑的情况。

1. 在项目面板中，将 Timekeeping.mov 剪辑从 Greenscreen 素材箱中拖曳到面板底部的【新建项】图标上，新建一个序列。Timekeeping.mov 剪辑会被添加到 V1 轨道上。

2. 在序列中，将 Timekeeping.mov 剪辑向上拖曳到 V2 轨道上，用来充当前景，如图 14-15 所示。

图 14-15

3. 将 Seattle_Skyline_Still.tga 剪辑从 Shots 素材箱拖曳到 V1 轨道上，使其位于 Timekeeping.
mov 剪辑之下。

Seattle_Skyline_Still.tga 剪辑是单帧图形，默认持续时间太短。

4. 向右拖曳 Seattle_Skyline_Still.tga 剪辑的右边缘，使其持续时间与 V2 轨道上的前景剪辑同
样长，如图 14-16 所示。

图 14-16

> **Pr** 注意：在 Premiere Pro 中，创建包含多个图层的合成超简单，只要把剪辑放到不
> 同轨道上即可。此时，上层轨道的剪辑会显示在下层轨道的剪辑之前。

5. 在项目面板中，上面创建的序列是依据 Timekeeping.mov 剪辑的名称命名的，它们都保存
在 Greenscreen 素材箱中。把序列重命名为 Seattle Skyline，并将其拖入 Sequences 素材箱中。

随时整理素材非常有必要，有助于你掌握整个项目。

现在，我们有了前景剪辑和背景剪辑。接下来，要做的就是使前景中的绿色像素变透明。

对素材做预处理

理想情况下，你使用的每个绿屏剪辑的绿色背景都是完美无瑕的，并且前景
元素的边缘清晰、完好。但实际上，由于各种原因，最终你拿到的素材的"品相"
可能没这么好。

拍摄视频时，光线不足会导致许多潜在的问题。此外，许多摄像机存储图像信息的方式也会引起一些问题。

我们的眼睛在记录颜色信息时不像记录亮度信息那么准确，因此摄像机通常会减少保存的颜色信息的数量。这样可以节省存储空间，人眼几乎察觉不出来。

不同摄像机系统记录颜色的方式不同。有时是隔一个像素记录一次，有时是隔一行隔一个像素记录一次。这样做有助于减小文件大小，否则会占用相当大的存储空间。但这同时也会增加抠像的难度，因为颜色细节不够多。

如果发现素材抠像困难，请尝试如下操作。

- 抠像之前，先应用一个轻微的模糊效果。这会混合像素细节，柔化边缘，并产生更平滑的结果。当模糊数量很小时，不会造成图像质量的显著下降。可以先把模糊效果应用到剪辑，调整设置，然后在上方应用色度键效果。

- 抠像之前，先做颜色校正。如果前景和背景之间的对比度不够，可以先使用 Lumetri 颜色面板调整画面，增强对比度，然后再做抠像。

14.7 使用【超级键】效果

Premiere Pro 为我们提供了一种强大、高效、直观的键控效果——超级键（Ultra Key）。使用方法很简单：先选择一种想使其变为透明的颜色，然后调整设置改善颜色选取。

类似于其他绿幕键控，【超级键】效果会基于所选颜色生成一个蒙版（指定哪些像素是透明的）。你可以使用【超级键】效果的详细设置来调整蒙版。下面向 Timekeeping.mov 剪辑应用【超级键】效果。

1. 将【超级键】效果应用到 Seattle Skyline 序列中的 Timekeeping.mov 剪辑上。在效果面板的搜索框中输入【超级】，即可轻松查找到【超级键】效果，如图 14-17 所示。

图 14-17

2. 在效果控件面板中单击【主要颜色】右侧的吸管，将其选中，如图 14-18 所示。注意不要单击吸管左侧的色板。

3. 按住 Command 键（macOS）或 Ctrl 键（Windows），使用吸管工具在节目监视器中单击绿色区域。剪辑背景中的绿色是相同的，所以不管单击哪个地方都可以。对于其他素材，可能需要多次尝试，才能找到正确的取色点。

图 14-18

使用吸管工具单击时，同时按住 Command 键（macOS）或 Ctrl 键（Windows），Premiere Pro 会对 5×5 个像素做平均采样，而不是对单个像素采样。这样可以得到更好的抠像颜色。

【超级键】效果能够识别出带有所选绿色的所有像素，并把它们的 Alpha 值设置为 0%，如图 14-19 所示。

图 14-19

4. 在效果控件面板中，把【超级键】效果的【输出】更改为【Alpha 通道】。在这种模式下，【超级键】效果把 Alpha 通道显示成灰度图像，其中黑色像素代表透明，白色像素代表不透明，如图 14-20 所示。

图 14-20

从灰度图像看，抠像效果非常不错，但是还是有些区域呈现为灰色，这些区域中的像素是半透明的，有些不是我们想要的，有些则是头发、衣服柔和的边缘等，这些地方应该带有一点灰色，才能使半透明细节自然地呈现出来。图像的左侧与右侧没有任何绿色，不会有像素被抠出来。稍后我们会处理这个问题。不过，当前在 Alpha 通道的主区域中，应该是纯黑色或纯白色。

5. 在效果控件面板中打开【超级键】效果的【设置】菜单，从中选择【强效】，稍微清理选区。拖曳播放滑块，检查黑色和白色区域是否得到了清理。如果图像中还保留有一些不该出现的灰色像素，这些区域将在画面中呈现为半透明状态。若图像区域应该是半透明的，这就是所需要的结果。设置【超级键】效果时，我们会经常在复合图像和 Alpha 通道之间来回切换。

6. 返回到【合成】菜单，查看结果，如图 14-21 所示。

图 14-21

对于本示例剪辑来说，使用【强效】模式会更好。默认、弱效、强效模式用来对【遮罩生成】、【遮罩清除】、【溢出抑制】进行调整。针对更复杂的素材，你还可以采用手工方式进行调整，以便得到更好的抠像效果。

下面介绍【遮罩生成】、【遮罩清除】。

- 【遮罩生成】：一旦用户选择了【主要颜色】，就可以使用【遮罩生成】中的控件来改变它的解释方式。对于更复杂的素材，综合调整各个控件可以得到更好的结果。

示例中，可以看到有些问题，特别是主体人物的边缘。这些问题在快速运动时更为明显，比如夹克快速运动时。参照图 14-22 进行设置。

图 14-22

调整设置时，尝试多次拖曳每个控件，找到最合适的值。在做精细调整时，我们通常会反复调整各个参数。

- 遮罩清除：一旦定义好遮罩，就可使用【遮罩清除】下的各个控件调整遮罩。

- 抑制：收缩遮罩，如果抠像丢失了一些边缘，可以用它找回来。不要把遮罩收缩太多，否则前景图像会丢失边缘细节，在视觉效果行业中，这叫作【数字修剪】（digital haircut）。

- 柔化：向遮罩应用模糊，可以改善前景与背景图像的混合效果，获得更好的合成结果。

- 对比度：加大 Alpha 通道的对比度，使黑白图像的对比更强烈、清晰，方便抠像。通过增加对比度，通常可以获得更干净的抠像结果。

- 中间点是一种对比度的锚点，用来指定对比度调整的起始级别。根据不同级别调整对比度可以实现更精细的控制。

- 溢出抑制：对绿色背景反射到主体对象上的颜色进行补偿。出现这种情况时，绿色背景组合和主体本身的颜色通常区别很大，不会引起部分主体变透明。不过，当主体对象的边缘是绿色时视觉效果较差。

【溢出抑制】会进行自动补偿，向前景元素边缘添加颜色（【主要颜色】的补色）。例如，做绿屏抠像时，添加的是洋红；做蓝屏抠像时，添加的是黄色。这会中和溢出的颜色，与纠正色偏差使用的方法相同。

- 颜色校正：使用内置颜色控件，你可以轻松快速地调整前景视频的外观，以便与背景更自然地融合在一起，如图 14-23 所示。Lumetri 颜色面板中包含更多颜色调整控件。

图 14-23

> **Pr** 注意：本例中，我们使用的是带有绿色背景的素材。当然，你还可以使用带有蓝色背景的素材进行抠像，抠像方法完全相同。

大多数情况下，使用这 3 种颜色调整控件能够产生很好的结果。注意，这些调整要在抠像之后进行，所以使用这些控件调整颜色不会造成抠像问题。在 Premiere Pro 中，你可以使用任意颜色调整工具进行调整，包括 Lumetri 颜色面板。

14.7.1　自定义抠像蒙版

使用【超级键】效果抠像时，Premiere Pro 会根据剪辑中的颜色动态生成蒙版。此外，你还可以自定义蒙版，或者把另外一个剪辑当作蒙版使用。

前面，我们使用一个蒙版将某个效果的作用范围限制在图像的某个区域内。类似地，我们也可以把【不透明度】效果与蒙版结合起来使用，这样可以精确地把图像的某些区域设置为透明。

下面我们创建一个蒙版，用来移除 Timekeeping.mov 剪辑的边缘。

1. 返回 Seattle Skyline 序列。

在该序列的前景剪辑中，有一个演员站在绿屏前面，但是绿屏并不大，它未占满整个画面。以这种方式拍摄的绿屏素材很常见，尤其是拍摄现场缺少齐全的设备时。

2. 在效果控件面板中，单击【超级键】效果左侧的【切换效果开关】图标（ *fx* ），把效果暂时取消，而非删除。这样，你可以再次看到画面中的绿色背景。

3. 在效果控件面板中展开【不透明度】控件，单击【创建 4 点多边形蒙版】图标（▣）。

此时，有一个蒙版应用到剪辑上，使大部分图像变成透明的，如图 14-24 所示。

4. 调整蒙版尺寸，显示剪辑的中间区域，但不要露出两侧的黑色区域。这个过程中，需要把节目监视器的缩放级别降低到 50% 或 25%，以便看到图像边缘之外的部分，如图 14-25 所示。

图 14-24

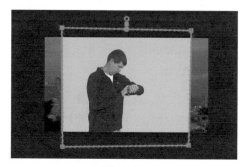
图 14-25

在效果控件面板中，只要蒙版处于选中状态，就可以直接在节目监视器中通过单击来改变蒙版的边角控制点。不要担心是否精确对齐到帧的边缘，而应该关注选择对象进入画面的区域。

> **Pr** 提示：取消选择蒙版后，显示在节目监视器中的控制点会消失。在效果控件面板中选择蒙版，可以重新激活它们。

> **Pr** 提示：这种粗糙的蒙版用来移除图像中不想要的元素，常称为【无用信号遮罩】（garbage matte）。

5. 把节目监视器的缩放级别设置为【适合】。

6. 在效果控件面板中再次打开【超级键】效果，取消选择剪辑，移除可见的蒙版控制柄，效果如图 14-26 所示。

图 14-26

这个素材很具挑战性，因为原始摄像机的录制中包含对主体边缘的调整，并且使用了颜色压缩系统来降低色彩的逼真度。调整的时候需要耐心一点，尽量保持精确，这样就能得到一个不错的结果。

14.7.2 使用【轨道遮罩键】效果

在效果控件面板中，向【不透明度】效果添加蒙版可以设定用户定义的可见或透明区域。在 Premiere Pro 中，还可以使用另外一个剪辑作为蒙版参考。

【轨道遮罩键】效果使用一个轨道上任意剪辑的亮度信息或 Alpha 通道信息为另一个轨道上的所选剪辑定义一个透明蒙版。稍微动点心思，使用这个简单的效果就能产生很棒的结果，因为你可以使用任意剪辑作为参考，甚至还可以应用效果，从而更改最终蒙版。

下面我们使用【轨道遮罩键】效果向 Seattle Skyline 序列中添加一个分层文本。

1. 将 Seattle_Skyline_Still.tga 剪辑修剪得长一些，以便将其用作另外一个前景剪辑的背景，如图 14-27 所示。

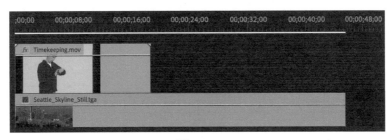

图 14-27

2. 将 Laura_06.mp4 剪辑从 Shots 素材箱拖曳到 V2 轨道上，使其末端与背景剪辑的末端对齐，如图 14-28 所示。

3. 将 SEATTLE 图形剪辑从 Graphics 素材箱拖曳到 V3 轨道上，就放在 Laura_06.mp4 剪辑上，并且让它们的左端对齐，如图 14-29 所示。

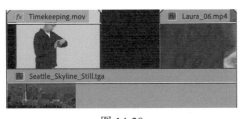

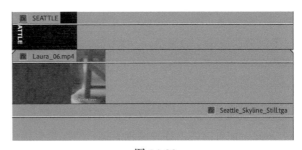

图 14-28   图 14-29

4. 向右拖曳 SEATTLE 图形剪辑的右边缘，使其持续时间与 Laura_06.mp4 剪辑同样长。

5. 在效果面板中查找【轨道遮罩键】效果，将其应用到 V2 轨道的 Laura_06.mp4 剪辑。

6. 在效果控件面板中，从【轨道遮罩键】效果的【遮罩】菜单中选择【视频 3】，如图 14-30

所示。所选轨道上的所有剪辑都会成为新建遮罩的参考。

图 14-30

7. 沿着序列拖曳播放滑块，观察结果，可以看到 V3 轨道上的白色文本消失不见（见图 14-31）。Premiere Pro 使用文本作为参考来定义 V2 轨道上剪辑的可见与透明区域。

图 14-31

默认情况下，【轨道遮罩键】效果使用所选轨道上剪辑的 Alpha 通道来抠像。若参考剪辑不使用 Alpha 通道，可以把【合成方式】设置为【亮度遮罩】，此时 Premiere Pro 会使用参考剪辑的亮度来抠像。

 提示：本例中，我们使用了一幅静态图像作为【轨道遮罩键】效果的参考。你可以使用任意剪辑作为参考，包括其他视频剪辑。

【轨道遮罩键】效果不同寻常，其他大部分效果只改变应用它们的剪辑，而【轨道遮罩键】效果能够同时改变应用它的剪辑和用作参考的剪辑。事实上，它可以使所选参考轨道上的任意剪辑变透明。

在蓝色背景上，Laura_06.mp4 剪辑中的颜色看上去很不错，但你可以把它们调整得更鲜艳一些。为此，你可以使用各种调色工具，使红色更强烈、更明亮一些，从而使合成更引人注目。

你可以为 SEATTLE 文本制作动画，使它在画面中移动，或者尺寸逐渐变大。

此外，你还可以向 Laura_06.mp4 剪辑添加模糊效果，调整播放速度，使纹理变得更柔和，变化也更平滑一些。

14.8 复习题

1. RGB 通道和 Alpha 通道有何区别?

2. 如何向剪辑应用混合模式?

3. 如何为剪辑的不透明度添加关键帧?

4. 如何更改素材文件 Alpha 通道的解释方式?

5. 什么是抠像?

6. 【轨道遮罩键】效果可使用的参考剪辑的类型有什么限制?

14.9 复习题答案

1. RGB 通道记录的是颜色信息,Alpha 通道记录的是不透明度信息。

2. 在效果控件面板中,从【不透明度】效果下的【混合模式】菜单中选择一种混合模式。

3. 在时间轴或效果控件面板中,调整剪辑不透明度的方法与调整剪辑音量是相同的。为了在时间轴面板中进行调整,先把要调整的剪辑的不透明度"橡皮筋"显示出来,再使用选择工具进行拖曳调整。单击时同时按住 Command 键(macOS)或 Ctrl 键(Windows),即可添加关键帧。此外,你还可以使用钢笔工具添加关键帧。

4. 在项目面板中使用鼠标右键单击文件,从弹出菜单中依次选择【修改】>【解释素材】。

5. 抠像是一种特殊效果,它使用像素的颜色或亮度来定义图像的透明和可见区域。

6. 【轨道遮罩键】效果几乎可以使用任何类型的剪辑作为参考剪辑,只要参考剪辑所在的轨道位于应用【轨道遮罩键】效果的剪辑之上。你可以向参考剪辑应用特效,这些效果的结果会反映在蒙版中。你甚至还可以使用多个剪辑,因为设置是基于轨道的,而非特定剪辑。

第15课 添加与调整文本

课程概览

本课包括如下内容：

- 使用基本图形面板；
- 使用视频版式；
- 创建图形；
- 风格化文本；
- 制作形状和 Logo；
- 创建滚动和蠕动字幕；
- 使用图形模板。

 学习本课大约需要 90 分钟。请先准备好本课要用到的课程文件，请参阅本书前言中的"使用课程文件"。

虽然创建序列时主要使用的是音频和视频素材，但是在项目制作过程中我们还是经常需要向画面中添加文字与图形。Adobe Premiere Pro 提供了强大的文字和图形创建工具，你可以直接在节目监视器中使用它们，或者在【基本图形】面板中浏览可编辑模板并从中选用。

15.1 课程准备

文本是一种将信息快速传递给观众的有效手段。例如，在访谈节目中，你可以视频画面中添加被访者的名字，使观众了解采访对象的有关信息（位于画面的【下方三分之一】处）。你还可以使用文本把一个长视频划分成几个片段（通常称为【保险杠】），或者列出演职人员的名字。

相比于声音解说，恰当地使用文本可以把信息更清晰地传达给观众，并且这一点可以在对话过程中实现。文本可以用来强调关键信息。

节目监视器工具与基本图形面板中包含一系列文本编辑和形状创建工具，你可以用来设计图形。你还可以使用已经安装在计算机中的字体（Adobe Fonts 提供了大量字体，但需要有 Creative Cloud 成员资格才能使用）。

你还可以控制文本的不透明度、颜色，插入使用其他 Adobe 软件（比如 Adobe Photoshop 或 Adobe Illustrator）制作的图形元素或 Logo。

本课中，我们将学习一些向视频画面添加文本和图形的方法。

1. 打开 Lessons 文件夹中的 Lesson 15.prproj 项目。

2. 将项目另存为 Lesson 15 Working.prproj。

3. 在工作区面板中单击【图形】，或者从菜单栏中依次选择【窗口】>【工作区】>【图形】，切换到【图形】工作区之下。

4. 在工作区面板中打开【图形】菜单，选择【重置为已保存的布局】，或者从菜单栏中依次选择【窗口】>【工作区】>【重置为已保存的布局】，或者在【工作区】面板中双击【图形】标题名称，重置工作区。

【图形】工作区会显示【基本图形】面板，并把工具面板放置在节目监视器左侧，方便你快速使用文本与图形工具。

15.2 了解基本图形面板

基本图形面板有两个选项卡。

* 浏览：选择内置或导入的字幕模板，其中很多模板包含动画（见图 15-1）。

* 编辑：调整序列中的字幕与图形（见图 15-2）。

在【浏览】选项卡中，你可以在【我的模板】中查找已有模板，或者切换到 Adobe Stock 搜索。Adobe Stock 中有许多免费和付费的模板可用。本课中，我们主要使用【我的模板】中已有的模板。

除使用内置模板外，你还可以在节目监视器中使用文字工具（ T ）、钢笔工具（ ✐ ）、矩形工具（ ▢ ）、椭圆工具（ ◯ ）新建图形。单击选择任意一种工具之前，需要确保没有剪辑处于选中状态，若有图形剪辑处于选中状态，新建的图形会添加到选中的剪辑中。

图 15-1 图 15-2

在文字工具上，按下鼠标左键保持不动，将弹出下层菜单，其中包含【垂直文字工具】（见图 15-3），使用该工具将沿垂直方向（而非水平方向）输入文本。

此外，你还可以直接在节目监视器中使用钢笔工具（见图 15-4）创建作为字幕图形元素使用的形状。

图 15-3 图 15-4

创建好图形和文本元素后，可以使用【选择工具】（▶）重新调整它们的位置和大小。

你可以直接在节目监视器中实现各种创意，这些创意将在时间轴面板中表现为新建剪辑，然后在【基本图形】面板中进行调整。

接下来，我们先创建一个预格式化的文本，然后调整它。这是了解基本图形面板强大功能的最好方法。本课我们将从零开始创建字幕。

1. 若序列 01 Clouds 当前未打开，需要先将其打开。

2. 将播放滑块放到 V2 轨道的 Cloudscape 字幕上，并将其选中，如图 15-5 所示。

3. 若基本图形面板处于打开状态，在时间轴面板中选择字幕后，Premiere Pro 将自动切换到【编辑】选项卡下，如图 15-6 所示。若没有，需要单击基本图形面板顶部的【编辑】选项卡名称。

图 15-5

类似于效果控件面板，基本图形面板的【编辑】选项卡中显示有时间轴面板中所选剪辑的相关选项。

此外，与效果控件面板相同，你每次只能查看一个剪辑的相关选项。

类似于 Lumetri 颜色面板，你在基本图形面板中所做的更改会以效果的形式显示在效果控件面板中，并包含大量设置选项，包括创建效果预设和为图形元素制作关键帧动画的选项。

图形与字幕使用的是【矢量运动】效果，该效果与普通的【运动】效果工作方式相同，但是能够使字体与形状有更清晰的边缘。

可以发现，基本图形面板顶部显示 Cloudscape 和 Shape 02 两个编辑选项，如图 15-7 所示。

图 15-6

图 15-7

如果熟悉 Adobe Photoshop，可以发现上述两项是以图层形式存在的。在基本图形面板中各个元素是以图层形式显示的，类似于时间轴面板中的轨道。

上方图层位于下方图层的前面，并且你可以拖曳各个图层调整它们的顺序。

此外，各个图层左侧都有一个眼睛图标（👁），用来显示或隐藏图层。

若没有图层被选中，节目监视器中也没有选择任何元素，则在这些图层下面会显示【响应式设计】控件。你可以使用这些控件指定图形剪辑的起始和结束区域，在改变序列中剪辑的持续时间时，这些部分不会被拉伸。这在图形的起点和终点存在关键帧动画时尤为重要。

4. 在基本图形面板顶部，单击选择 Shape 02 图层。

此时，面板底部会显示出形状图层（本例中是一条位于画面底部的红色带）的标准对齐和外观控件，如图 15-8 所示。

如果在效果控件面板中使用过【运动】效果，则应该很熟悉其中很多控件。

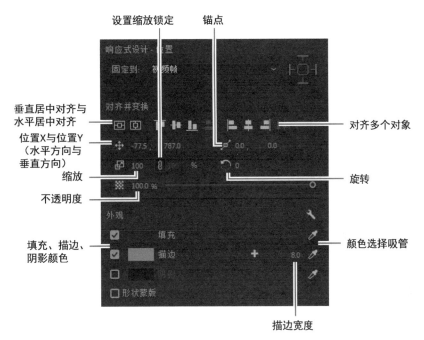

设置缩放锁定
锚点
响应式设计 - 位置
固定到：视频帧
对齐并变换
垂直居中对齐与
水平居中对齐
对齐多个对象
位置X与位置Y
（水平方向与
垂直方向）
-77.5
787.0
0.0
0.0
100
%
0
缩放
旋转
100.0 %
不透明度
外观
填充
填充、描边、
阴影颜色
描边
颜色选择吸管
8.0
形状蒙版
描边宽度

图 15-8

在【外观】区域中，你可以使用各种控件为形状填充、描边（形状或文本边缘上的颜色线条）、阴影指定颜色（更多内容，请阅读 15.5 节），如图 15-9 所示。

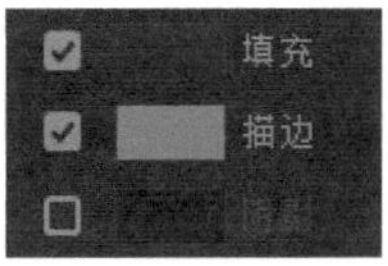

填充
描边

图 15-9

其中的色板用起来也很简单。

5. 单击【填充】颜色框。

在弹出的【拾色器】中，你可以精确地选择一种颜色，如图 15-10 所示。拾色器提供了多种颜色系统供你选择，还可以使用吸管工具，把光标放到目标颜色上单击吸取颜色。

拾色器
实底
确定
取消
仅 Web 颜色
5F0D0D

图 15-10

6. 单击【取消】按钮，关闭【拾色器】窗口。单击【填充】颜色右侧的吸管图标（ ）。

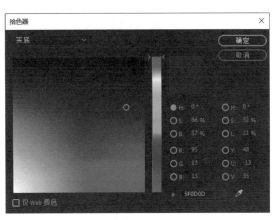

你可以使用吸管工具从画面的任意位置拾取颜色，还可以从计算机屏幕上的任意位置拾取颜色。当需要使用很多颜色（比如 Logo 颜色、品牌颜色）时，使用吸管工具拾取颜色会特别方便。

7. 单击云朵之间的淡蓝色天空，形状填充立刻变为淡蓝色，如图 15-11 所示。

8. 在工具面板中选择【选择工具】，在基本图形面板中，确保 Shape 02 图层仍处于选中状态。

图 15-11

在节目监视器中，我们可以看到形状上的控制手柄（见图 15-12），而且可以使用【选择工具】直接调整形状。现在，我们使用【选择工具】选择字幕中的另外一个图层。

图 15-12

要在节目监视器中选择一个图层，需要先取消选择当前选中的所有图层。为此，你可以在节目监视器中单击背景，或者在时间轴面板中取选文本剪辑。

9. 使用【选择工具】，在节目监视器中单击单词 Cloudscape。

此时，在基本图形面板中仍然显示有【对齐并变换】与【外观】控件，以及用来调整文本外观的控件，如图 15-13 所示。

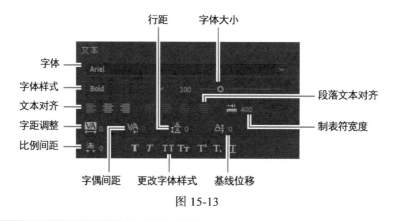

图 15-13

<table>
<tr><td>Pr</td><td>注意：在单击和测试过程中，可以发现图层很容易被意外地取消选择。如果发现文本或形状周围带手柄的控制框消失，可以使用【选择工具】再次选中它们。</td></tr>
</table>

<table>
<tr><td>Pr</td><td>注意：需要展开基本图形面板，或拖曳面板上的滚动条，才能显示其中包含的所有控制选项。</td></tr>
</table>

10. 使用控件尝试几种字体和字体样式。你可以直接使用鼠标拖曳蓝色数字，改变它们的值。

这也是一种快速了解控件功能的方式——尝试进行极端调整，查看结果，然后撤销操作。

> **Pr** 提示：如果不了解某个控件的用途，可以将鼠标放到控件上面，此时会显示一个工具提示控件的名称。

> **Pr** 注意：使用 CJK 字体时，【比例间距】调整的是字符周围的间距，而不是字符的垂直或水平缩放比例。

每个系统中安装的字体是不同的。Adobe Creative Cloud 会员可以访问 Adobe Fonts 获取更多字体。

要添加更多字体，单击【从 Adobe Fonts 添加字体】按钮（ 添加 Adobe Fonts ⊙ ）（或者从菜单栏中依次选择【图形】>【从 Adobe Fonts 添加字体】）。此时，Premiere Pro 会在默认网络浏览器中打开 Adobe Fonts 网站，其中包含大量可用字体。

> **Pr** 注意：在 Premiere Pro 中，字幕会被保存到项目文件中，并不是作为独立文件存在于硬盘中。

15.3 视频版式基础知识

在为视频设计文字时，必须遵守版式约定。如果要将文本添加到一个色彩丰富的视频背景上，就需要多花一些时间和精力将文字设计得醒目一些。

做文字排版时，要在易读性和样式之间找到一个平衡，确保视频画面中有足够多的文字信息，同时又不会显得拥挤。如果画面中的文字太多，文字的可读性就会下降，尤其移动的文字。

15.3.1 选择字体

如果计算机中已经安装了许多字体，可能导致从中选择合适的字体比较困难。为了简化选择过程，请尝试使用分类思想，并考虑如下因素。

- 可读性：确定选择的字体及字号是否方便阅读，以及所有字符是否都可读。迅速浏览，然后闭上眼睛，是否能回忆起刚才看到的文本？
- 样式：选择的字体是否能够正确传达感情。样式就像是衣服或发型，选择合适的字体是决定整个设计成功与否的关键。
- 适应性：你选择的字体是否有多种样式（比如粗体、斜体、半粗体）使意思传递更容易。传递不同类型信息的文字（比如位于影片下方三分之一处的说话者的名字、头衔）可以分层显示吗？

注意： 在向视频画面添加文本时，经常会遇到画面中包含多种颜色的情况，这使文本与背景画面很难形成有效的对比，导致文本的可读性差。为了解决这个问题，可以为文本添加描边或投影，以增加文本边缘的对比度。有关添加描边和阴影的内容，请阅读 15.5 节。

- 语言的兼容性：选择的字体是否适合于选用的语言，有些字体只适用于某些字符集。

确定这些问题有助于设计出更好的字幕。选择字体时，可能需要反复尝试才能找到合适的。幸运的是，在 Premiere Pro 中你可以轻松地修改现有字幕，复制它并修改副本以便进行比较。

15.3.2 选择颜色

尽管你可以创建出无数种颜色组合，但是选择适合设计需要的颜色绝非易事。这是因为只有几种颜色适合文字，并且能够保证观看者清晰地看到文本。如果编辑的视频要用在广播电视中，或者设计必须符合一系列产品或某种品牌的风格，颜色选择会更困难，因为还要保证文字在复杂的背景上也有较高的可读性。

尽管略显保守，但在向视频添加文本时最常见的配色还是黑色和白色。选用彩色时，由于它们往往带有非常淡或深的色调，或者带有很粗的描边，所以选择颜色时必须保证文本与背景有较高的对比度。即我们必须对所选颜色进行评估，既要考虑品牌需要，也要考虑序列配色的一致性。

 注意： 我们可以使用 Adobe Color 服务为自己的设计项目选择协调且吸引人的颜色组合。更多信息请访问 Adobe 官网。

推荐的做法是，在深色背景上使用浅色文本，以便有效提高文本的可读性，如图 15-14 所示。

不推荐的做法是在深色背景上使用深色文本（文本颜色和天空颜色类似），这样会导致文本可读性下降，如图 15-15 所示。

图 15-14

图 15-15

15.3.3 调整字偶间距

做文字排版时，我们经常需要调整文本中两个字符之间的间距，借以改善文本外观，使之与背景更好地融合在一起。这个过程叫作调整字偶间距（kerning）。你选用的字体越大，越需要花时间来调整文本，因为大号文本中字偶间距不合适会表现得更明显。我们调整字偶间距的目标是改善文本外观，提高文本的可读性，并创建光流（optical flow）。

> **注意：** 调整字偶间距一个常见的例子是，调整首大写字母和后续小写字母之间的间距，尤其是字母具有非常小的底部时，比如字母 T，这可能会给人带来底部空间过多的错觉。

通过研究专业的设计资料（比如海报、杂志），可以学到许多调整字偶间距的知识。字偶间距是逐个字母应用的，你可以创造性地运用字偶间距来增强文字排列的美感与可读性，如图 15-16 所示。

图 15-16

下面我们尝试调整一个字幕的字偶间距。

1. 在 Assets 素材箱中找到 White Cloudscape 文本剪辑。

2. 把 White Cloudscape 文本剪辑添加到 01 Clouds 序列中，将其放到 V2 轨道上，且使其位于第一个文本剪辑后。

确保文本放置在背景视频剪辑的上方，以便将其用作定位的参考。

3. 选择【文字工具】（ T ）（键盘快捷键是 T），在单词 CLOUDSCAPE 的字母 D 和 S 之间单击，设置插入点。

4. 在【基本图形】面板的【编辑】选项卡中，在【文本】区域下把【字偶间距】设置为300，如图 15-17 所示。

 CLOUD SCAPE

图 15-17

只有选中单个字母，或者 I 型光标处于两个字母之间时，【字偶间距】选项才可用。

5. 对于其他字母，从左到右重复上述过程，调整每一对字母间的字偶间距。

6. 在基本图形面板的【对齐并变换】区域中，单击【水平居中对齐】图标（），重设文本位置（见图 15-18）。然后在时间轴面板中单击空白轨道，选取文本。

图 15-18

7. 选择【选择工具】。

> **Pr** 注意：在用完一个工具之后，最好切换回【选择工具】，这样可以防止意外添加新文本，或者对序列做出意外修改。

15.3.4 设置字距

另外一个重要的文本属性是【字距】（tracing），它与字偶间距类似。该选项从整体上控制一行文本中所有字母之间的间距。你可以使用【字距】（tracing）整体压缩或拉伸所选文本。

下列场景中会经常用到【字距调整】属性。

* 紧凑的字距：若一行文本太长（比如字幕超出下三分之一），可以通过缩小字距来缩短文本行的长度。这样做一方面可以保持字体大小不变，另一方面可以在指定空间中添加更多文本。

* 松散的字距：当使用的字母全部是大写或复杂的字体时，可以把【字距】调整得大一些，以增加文字的可读性。当文本尺寸很大，或把文本用作设计、运动图形元素时，我们通常都会把【字距】调得大一些。

你可以在基本图形面板的【文本】区域中为所选图层（或者在节目监视器中选择的元素）调整字距。

1. 将 Cloudscape Tracking 剪辑从 Assets 素材箱拖曳到 01 Clouds 序列中的 White Cloudscape 剪辑上，覆盖它。

若时间轴面板中的【对齐】功能处于开启状态，新剪辑会自动对齐到 White Cloudscape 剪辑的开始位置。

2. 确保新添加的剪辑处于选中状态，使用【选择工具】选择文本。

3. 在基本图形面板的【编辑】选项卡中尝试调整字距。随着字距值的增大，字母开始偏离锚点，向右伸展。

4. 将字距设置为 530。

5. 在基本图形面板的【文本】区域中单击【居中对齐文本】图标（▤），根据其锚点居中对齐文本对象，将文本对象移动到最左侧。

6. 然后在【对齐并变换】区域中，单击【水平居中对齐】图标（▣），把文本对象的锚点移动到画面中间，文本对象在画面中水平居中对齐。

7. 在把文本居中对齐后，尝试把字距调整为 700。注意，此时文本仍然是水平居中对齐的。

相比于单独调整字偶间距，调整字距会使文本行看上去更整洁，排版意图更鲜明，如图 15-19 所示。

图 15-19

8. 将字距改为 530，继续往下调整。

15.3.5 调整行距

字偶间距和字距控制的是字符之间的水平间距，而行距控制的是文本行之间的垂直间距。行距（leading）这个名称来源于印刷机上用来在文本行之间创建间距的铅条。

你可以进入基本图形面板的【编辑】选项卡，在【文本】区域中调整行距。接下来，再添加一行文本。

1. 继续使用 01 Clouds 序列中的 Cloudscape Tracking 剪辑。

2. 在 Cloudscape Tracking 剪辑处于选中的状态下，使用【选择工具】在节目监视器中双击 CLOUDSCAPE 文本，高亮显示文本，使其处于等待编辑状态。在工具面板中选择【文字工具】。

3. 按键盘上的向右方向键，将光标移动到文本末尾。

4. 按 Return 键（macOS）或 Enter 键（Windows），将光标移动到第二行，输入 A NEW LAND（全部大写），如图 15-20 所示。

5. 只选择第二行文本，将字号设置为 48，字距设置为 1000，行距设置为 40，如图 15-21 所示。

图 15-20

图 15-21

6. 在时间轴面板中单击空白轨道，选取文本。

增加行距有助于将两个文本行分开，但是文本的可读性仍然较差，因为它与背景的区分度不高。

7. 选择序列中的 Cloudscape Tracking 剪辑，然后在基本图形面板顶部选择 CLOUDSCAPE A NEW LAND 文本图层（图层中的文本用作图层名称）。

在文本图层处于选中状态时，将行距设置为 140，增加行距有助于提高文本可读性。

8. 切换回【选择工具】，在时间轴面板中单击空白轨道，取消选择剪辑，效果如图 15-22 所示。

大多数情况下，使用默认行距即可。调整行距会对文本产生重大影响。建议不要把行距设置得太小，否则上一行中某些字母（比如 j、p、q、g）和下一行中的某些字母（比如 b、d、

图 15-22

k、l）会重叠在一起，进一步降低文本的可读性，尤其是在动态背景上更加明显。

15.3.6 设置文本对齐方式

尽管大部分已经习惯了左对齐的文本排列方式（比如报纸），但对于视频画面中的文本对齐方式却没有硬性规定。一般来说，位于画面下三分之一处的文本都是左对齐或右对齐的。

你会经常在滚动字幕或片段分隔画面中使用文本居中对齐方式。基本图形面板中有许多用来对齐文本的方式（见图 15-23）。你可以使用这些对齐方式将所选文本（相对于文本锚点）进行左对齐、居中对齐和右对齐。

图 15-23

使用【文字工具】在节目监视器中拖曳（不是单击），可以创建出文本框。

还可以使用两端对齐按钮将文本框中的文本拉伸到整个文本框宽度，如图 15-24 所示。

你可以使用各种对齐方式尝试各种文本对齐效果，若不满意，使用【撤销】命令撤销操作即可，不需要把各种对齐方式全部记住。

图 15-24

选中文本，单击某个对齐方式后，所选文本在画面中的位置会发生变化。此时，你可以以手动调整文本的位置，或者单击【垂直居中】（回）或【水平居中】（回），将文本设置到画面中间。

15.3.7　设置安全边距

添加文本时，我们可能想使用参考线来帮助放置文本和图形元素。

为此，你可以在节目监视器中打开【设置】菜单（🔧），从弹出菜单中选择【安全边距】，如图 15-25 所示。

默认情况下，外框内部区域占整个画面的 90%，叫作【动作安全区域】。当在电视中播放视频信号时，该区域之外的部分可能会被剪切掉。因此，必须确保所有重要元素（比如 Logo）都位于该区域内，如图 15-26（a）所示。

| 显示丢帧指示器 |
| 时间标尺数字 |
| 安全边距 |
| 透明网格 |

图 15-25

内框内部区域占整个画面的 80%，称为【字幕安全区域】。与书页周边留有空白区域防止文本离页面边缘太近同理，应尽量把重要文本放到画面的【字幕安全区域】中，方便观众阅读其中信息，如图 15-26（b）所示。

（a）

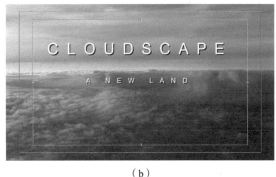
（b）

图 15-26

如果文本超出了【字幕安全区域】，有些部分有可能会在未经校准的显示器上丢失。

随着显示器技术的发展，现在【动作安全区域】已经占到整个屏幕的 97%，【字幕安全区域】占到整个屏幕的 95%。

在源监视器或节目监视器中打开【设置】菜单，从弹出菜单中依次选择【叠加设置】>【设置】，在【动作与安全区域】中修改设置。

15.4　创建文本

创建文本时，我们需要选择文本的显示方式。Premiere Pro 提供了两种创建文本的方法，每一种都提供了创建水平文本和垂直文本的选项。

- 点文本：使用这种方法输入文本时会创建一个文本边界框。输入文本时，若不按 Return 键（macOS）或 Enter 键（Windows），输入的文本位于同一行。改变文本框的形状和大小会引起基本图形面板中【缩放】属性的变化。

- 段落（区域）文本：在输入文本之前，先设置文本框的大小和形状。改变文本框的大小只影响显示文本的多少，而不会改变文本大小。

在节目监视器中使用【文字工具】时，第一次单击时要选择添加哪种类型的文本。

- 单击并输入添加点文本。

- 拖曳创建文本框，然后向文本框中输入段落文本。

基本图形面板中大部分选项同时适用于上面两种文本。

15.4.1　添加点文本

上面我们介绍了调整和设计文本时需要考虑的一些主要因素，接下来，我们一起创建一个文本。

这里，我们创建的文本用来宣传一处旅游景点。

1. 打开 02 Cliff 序列。

2. 在时间轴面板中将播放滑块放到序列开头。从工具面板中选择【选择工具】。

3. 在节目监视器中单击，输入文本 The Dead Sea。

此时，在时间轴面板中，在 02 Cliff 序列的下一个视频轨道（这里是 V2）上新添加了一个文本剪辑。

新建文本时，Premiere Pro 会自动应用上一次使用的设置。

4. 输入文本前，如果单击了背景图像中的白云，则可能使创建出的文本阅读困难。

在时间轴面板中拖曳播放滑块，尝试更改背景视频帧。添加文本时，一定要认真选择背景帧。因为视频在播放时是动态变化的，你可能会发现剪辑开头文本显示正常，但剪辑末尾文本无法正常显示了。

5. 在工具面板中单击选择【选择工具】。

请注意，不能使用【选择工具】的键盘快捷键，因为当前正在向文本框做输入。此时文本框周围会出现控制点，如图 15-27 所示。

在基本图形面板中进行以下设置，如图 15-28 所示。

字体：Arial Bold。

字号：83。

字距：0。

字偶间距：0。

填充颜色：白色。

图 15-27

图 15-28

在【外观】区域中仅选择【填充】。尝试根据上述参数进行设置。

6. 使用【选择工具】拖曳文本框的边和角。注意保持字号、宽度、高度不变，仅调整【缩放】（）。

默认情况下，高度和宽度会保持相同的缩放比例。单击【设置缩放锁定】（）可以分别调整高度和宽度。

将【缩放】恢复成 100%，开启【设置缩放锁定】。

7. 把鼠标光标放到文本框角顶点外，此时光标变成一个弯曲的双箭头。按下鼠标左键并拖曳，可以旋转文本框。

文本框围绕锚点进行旋转，默认锚点位于文本的左下角，位置控件会引用锚点。调整位置时，该位置会应用到锚点。在许多情况下，锚点都位于对象的中心，方便旋转对象。

但是文本对象并非如此，其默认锚点在文本（非文本框）的左下角。因此，当旋转文本时，旋转是围绕着文本左下角而非文本中心进行的。

8. 在【选择工具】处于选中的状态下，在基本图形面板中单击代表旋转角度（）的蓝色数字，输入 45，按 Enter 键将旋转角度手动设置为45°，如图 15-29 所示。

9. 在文本框中单击任意位置，拖曳文本及其

图 15-29

边界框到画面的右上角。

10. 在时间轴面板中单击 V1 轨道左侧的【切换轨道输出】图标（  ），禁用 V1 轨道输出。

11. 打开节目监视器的【设置】菜单，从弹出菜单中选择【透明网格】，开启透明网格。

此时，可以发现文本位于一个透明的棋盘格上，但是辨识性很差，几乎看不出来，如图 15-30 所示。

12. 在文本处于选中状态时，进入基本图形面板的【外观】区域，勾选【描边】选项，向字母添加轮廓线。把描边颜色设置为黑色，【描边宽度】设置为 7。

此时，文本在透明棋盘格上清晰地显示了出来（见图 15-31），而且在各种颜色的背景上都能保持较高的可读性。有关向文本添加描边或阴影的更多内容，请阅读【文本样式】。

图 15-30   图 15-31

15.4.2　添加段落文本

尽管点文本非常灵活，但使用段落文本叫以更好地控制文字的布局。使用段落文本时，当输入的文本到达文本框边缘时，Premiere Pro 会自动换行到下一行。

继续使用上一节的例子。

1. 选择【文字工具】，在时间轴面板中，确保文本剪辑处于选中状态。

2. 在节目监视器中，在画面的左下角（离画面的左边缘有一定的间隔），按下鼠标左键拖曳，创建一个文本框。

3. 输入参加旅游的人名。输入时，可以输入示例中的人名，也可以自己添加人名，每输入一个人名后，按 Return 键（macOS）或 Enter 键（Windows）换行，如图 15-32 所示。

输入时，尝试输入一个很长的人名，使

图 15-32

字母超出文本框右边界，而且不主动按 Return 键（macOS）或 Enter 键（Windows）换行。与点文本不同，段落文本仍然位于指定的文本框内，字母超出文本框右边缘时会自动换行到下一行。如果向文本框中添加了大量文本，大大超出了文本框的【容量】，此时超出文本框的文本会被隐藏起来。

 提示：避免发生拼写错误的一个好办法是直接从经过客户或制作者审核过的脚本或邮件中复制粘贴文本。

4. 使用【选择工具】，更改文本框的大小和形状，使其容纳所有文本。

当调整文本框的大小时，文本的字号保持不变，但在文本框中的位置发生了变化，如图 15-33 所示。

图 15-33

 注意：在某个文本剪辑处于选中的状态下，添加新文本或形状时，新文本或形状会被添加到所选剪辑上。若时间轴面板中没有剪辑处于选中状态，则 Premiere Pro 会在下一个可用轨道上新建一个剪辑，并将新文件或形状添加到新建剪辑中。

基本图形面板中有两个图层，两部分文本分别占用一个图层，并且拥有独立的控件，如图 15-34 所示。

图 15-34

15.5 文本样式

除设置字体、位置、不透明度外，在基本图形面板中，你还可以向文本或形状应用描边或阴影。

15.5.1 更改文本外观

在基本图形面板的【外观】区域中，主要有 3 个选项可以用来提高文本的可读性。

- 描边：描边是添加到文本上的轮廓线，有助于使文本在动态图像或复杂背景上保持良好的可读性。

- 背景：出现在字母背后的颜色，为文本创建一个可控的背景。

- 阴影：我们常常会向视频文本添加投影（见图 15-35），因为这可以提高文本的可读性。添加阴影时，确保阴影柔和自然，并且与文本保持一致的倾斜角度。

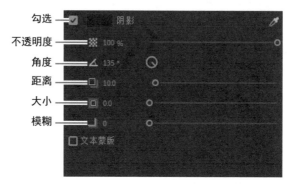

图 15-35

与文本填充相同，你可以把任意颜色应用到描边、背景、阴影上。

1. 打开 V1 轨道的【切换轨道输出】开关。

2. 在基本图形面板中，尝试调整各项设置，以提高文本的可读性，并添加更多颜色到合成中。

3. 选择右上方的点文本，使用【填充】颜色吸管，吸取岩石的橙黄色，将点文本设置为橙黄色。

4. 选择左下方的段落文本，使用【填充】颜色吸管，吸取天空中的淡蓝色，将段落文本设置为淡蓝色。

如果对岩石和天空中的颜色不满意，可以先使用吸管工具吸取一种颜色，然后打开填充颜色的拾色器对话框，进一步对所选的颜色进行调整。

这里建议按照图 15-36 中的颜色为文本配色。

图 15-36

15.5.2 保存主样式

在创建一个喜欢的文本样式后，可以将其保存起来，以便在项目中重用。样式描述的是文本的颜色和字体特征。只需简单一击，即可把指定的样式应用到文本上，文本的所有属性都会根据预设进行更新，从而改变文本外观。

接下来，我们使用 15.5.1 节中调整的文本来创建一个样式。

1. 继续使用 15.5.1 节中的文本，使用【选择工具】选择左下角的段落文本。

2. 在基本图形面板中打开【主样式】菜单（见图 15-37），选择【创建主文本样式】，打开【新建文本样式】对话框。

3. 在【新建文本样式】对话框中输入样式名称 Blue Bold Text，单击【确定】按钮。此时，我们定义的样式就会被添加到【主样式】菜单中，如图 15-38 所示。

图 15-37   图 15-38

同时，你还可以在项目面板中看到刚刚创建的样式。

4. 选择另外一个文本图层，从【主样式】菜单中选择 Blue Bold Text，将其应用到右上角的文本上，如图 15-39 所示。

图 15-39

项目面板中的所有样式都会出现在基本图形面板中的【主样式】列表中。从项目面板中删除某个样式，即可将其从【主样式】列表中移除。

15.5.3 保存主图形

> **Pr** | **注意**：字幕文本的默认持续时间是在首选项中设置的，与其他静帧素材相同。

到目前为止，我们使用的文本有的是序列中事先创建好的，有的是从项目面板添加的，有的是新创建的。

几乎所有情况下，Premiere Pro 要求序列中的每个部分同时存在于项目面板中。但是，在 Premiere Pro 中创建的图形除外。

前面，我们把 Cloudscape Tracking 文本（见图 15-40）添加到了 01 Clouds 序列中。打开 01 Clouds 序列，从项目面板中，把文本的另外一个实例添加到 V2 轨道上。你可能需要移动一下 V2 轨道上已有的文本实例，为新添加的文本副本留出空间。

图 15-40

对文本所做的改动也会被应用到项目面板中的主剪辑上，新副本与使用的那个完全相同。这是因为文本是一个【主图形】。

把一个新的图形剪辑添加到项目面板中后，即可轻松在序列和多个项目之间进行共享。

在时间轴面板中选择任意一个图形剪辑，然后在【图形】菜单中选择【升级为主图】，即可将其转换成【主图形】。

所有基于主图形创建的图形剪辑（包括你用来升级的那个）都是彼此的副本。你在任意一个主图形的实例中对文本、样式、内容所做的更改会体现到主图形的其他所有实例中。

在Adobe Photoshop创建图形或文本

你可以在 Adobe Photoshop 中创建要在 Premiere Pro 中使用的文本或图形。虽然 Photoshop 是修改照片的首选工具，但它提供的强大功能完全可以用来为视频项目创建字幕文本或 logo 图形，这些功能包括一些高级选项，比如高级格式化工具（像科学计数法）、灵活的图层样式、拼写检查工具等。

在 Premiere Pro 中新建 Photoshop 文档，请按照如下步骤操作。

1. 从菜单栏中依次选择【文件】>【新建】>【Photoshop 文件】。

2. 在【新建 Photoshop 文件】对话框中根据当前序列进行设置。

3. 单击【确定】按钮。

4. 在【将 Photoshop 文件另存为】对话框中为新 PSD 文件选择保存位置，输入名称，单击【保存】按钮。

5. 此时，文件在 Photoshop 中打开，等待你进行编辑。Photoshop 会自动使用参考线显示出动作安全区和字幕安全区。这些参考线不会出现在最终图像中。

6. 按 T 键，选择【横排文字工具】。

7. 你可以在文档中单击创建点文本，或者拖曳创建段落文本。与 Premiere Pro 相同，在 Photoshop 中使用段落文本可以更好地控制文本布局。

8. 输入文本。

9. 使用工具栏中的控制选项，设置文本的字体、颜色、字号。

10. 单击工具栏中的【提交】按钮（☑），退出文本编辑状态。

11. 在菜单栏中依次选择【图层】>【图层样式】>【投影】，调整各个控制选项，为文本添加阴影。

> **Pr** 提示：如果在 Photoshop 的【视图】选项中禁用了参考线，可以依次选择【视图】>【显示】>【参考线】重新启用参考线。

在 Photoshop 中编辑完成后，保存并关闭文件。此时，你可以在 Premiere Pro 的项目面板中看到它。

如果想再次在 Photoshop 中编辑文本，首先在项目或时间轴面板中选择它，然后依次选择【编辑】>【在 Adobe Photoshop 中编辑】，即可在 Photoshop 中打开。在 Photoshop 中保存更改后，你对文本所做的改动会自动更新到 Premiere Pro 中。

15.6 创建形状和 Logo

在为视频制作字幕时，可能不只会用到文字，还可能用到一些形状、图形等元素。为此，Premiere Pro 提供了创建矢量图形的工具。许多文本属性也适用于形状。除自己动手创建外，还可以直接导入已经制作好的图形（比如 Logo 图形）作为新图形剪辑中的一个图层使用。

15.6.1 创建形状

如果在 Photoshop、Adobe Illustrator 等图形编辑软件中创建过形状，你会发现在 Premiere Pro 中创建几何对象的方法也是类似的。

首先从工具面板中选择【钢笔工具】，然后在节目监视器中单击多次，即可创建一个形状。

【钢笔工具】下还包含【矩形工具】和【椭圆工具】两个工具，你可以在节目监视器中使用它们轻松矩形或椭圆。

按照如下步骤，创建一些形状并调整设置。

1. 打开 03 Shapes 序列。

2. 选择【钢笔工具】，在节目监视器中单击多次，即可创建一个形状。每次单击，Premiere Pro 都会添加一个控制点。在画面左下角创建一个形状。

3. 形状绘制完成后，单击第一个控制点，将形状封闭起来，如图 15-41 所示。

Pr 注意：创建新形状时使用的是你在基本图形面板中最近一次选择的外观。你可以在基本图形面板中调整各个控制选项轻松更改形状外观。

4. 选中绘制好的形状，更改形状的填充颜色、添加描边，并修改描边颜色，如图 15-42 所示。

 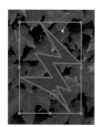

图 15-41 图 15-42

需要切换回【选择工具】，把形状作为一个对象选中，才能看到描边的变化，因为控制点遮盖住了它。

5. 再次使用【钢笔工具】在右下角新建一个形状，在每次单击时进行拖曳。

单击后拖曳创建出的控制点会带有贝塞尔手柄（见图 15-43），这些控制手柄与设置关键帧时用到的手柄相同。借助于贝塞尔手柄，你可以更准确地控制创建的形状。

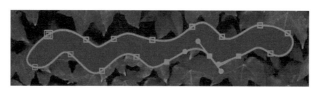

图 15-43

6. 在工具面板中，在【钢笔工具】上按住鼠标左键，在弹出菜单中选择【矩形工具】。

7. 使用【矩形工具】，拖曳创建矩形。拖曳同时按住 Shift 键，可以创建出正方形。

8. 在工具面板中，在【矩形工具】上按住鼠标左键，在弹出菜单中选择【椭圆工具】，拖曳鼠标绘制椭圆。拖曳鼠标时，同时按住 Shift 键，可以绘制圆形，如图 15-44 所示。

绘制这些简单的形状并没有实际用处，但是通过绘制这些形状可以掌握创建复杂图形的基础工具和操作方法。

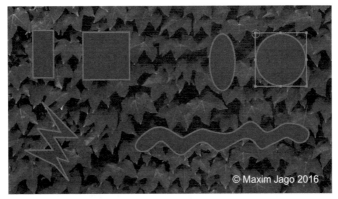

图 15-44

9. 在工具面板中，在【椭圆工具】上按住鼠标左键，从弹出菜单中选择【钢笔工具】。你可以使用钢笔工具调整任意一个形状，也可以添加更多控制点创建出更复杂的形状。尝试使用钢笔工具调整之前创建的形状，如图 15-45 所示。

图 15-45

10. 按 Command+A（macOS）或 Ctrl+A（Windows）组合键，全选所有形状，然后按 Forward Delete 键（macOS）或 Delete 键（Windows），删除所有形状。还可以在基本图形面板中选中所有图层，将它们全部删除。

> **Pr** | **提示**：如果 Mac 键盘上没有 Forward Delete 键，请按 Fn+Delete 组合键。

11. 尝试调整形状的各个控制参数。尝试将它们重叠在一起，尝试不同颜色、不同透明度。在基本图形面板中，图层的顺序决定着对象显示的前后顺序，与时间轴面板中的轨道相似。

15.6.2 导入图形

制作字幕时，你还可以把外部的图形图像文件导入字幕设计中，所支持的常见文件格式有矢量图（AI、EPS）、静态图像（PSD、PNG、JPEG）。

1. 打开 04 Logo 序列。

这是一个简单的序列，图形中的空间用来放置 Logo，如图 15-46 所示。

2. 选择序列中的 Add a logo 剪辑。

3. 在基本图形面板中，在【编辑】选项卡中图层区域的右下方，单击【新建图层】图标（），从弹出菜单中选择【来自文件】。

4. 在【导入】对话框中进入 Lessons/

图 15-46

Assets/Graphics 文件夹，找到 logo.ai 文件，单击【导入】（macOS）或【打开】（Windows）按钮。

5. 选择【选择工具】，把 Logo 拖曳到字幕右侧。然后调整大小、不透明度、旋转和缩放，如图 15-47 所示。

图 15-47

> ![Pr] **注意：** 在重新调整导入素材的尺寸时，若缩放比例大于 100%，则会导致质量下降，因为最终显示图像时是基于像素而不是基于矢量。

15.6.3 使用文本蒙版

在基本图形面板中还有一个选项——文本蒙版。

下面我们通过一个例子来介绍这个选项。

1. 打开 05 Mask 序列。

这个序列很简单，它的背景是一段视频，前景是一张常春藤图片，如图 15-48 所示。

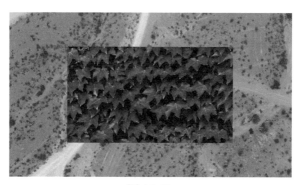

图 15-48

2. 在时间轴面板中，把播放滑块移动到序列开头。选择 Graphic 剪辑，从工具面板中选择【文字工具】。在节目监视器中单击，输入文本【IVY】，全部是大写字母，如图 15-49 所示。

3. 切换到【选择工具】。在基本图形面板中调整各个控制属性，尽量使文本 IVY 填满整个常春藤图片。使用【选择工具】移动文本位置，使其位于下图所示的位置上。

图 15-49

4. 在文本处于选中的状态下，向下滚动基本图形面板，找到【文本蒙版】选项，然后勾选它。

勾选【文本蒙版】选项后，文本会成为蒙版，常春藤透过文本显露出来（见图 15-50），类似于前面讲解的【轨道遮罩键】效果。不同之处在于，它只局限于当前图形内容。

图 15-50

15.6.4 使用标尺与参考线

在节目监视器中排列与对齐某个元素的方法有很多种。默认情况下，你可以在画面中自由地移动各个元素，也有一些与时间轴面板中的【对齐】功能类似的方法，允许用户在节目监视器中把指定元素对齐到指定位置。

1. 打开序列 03 Shapes。

2. 使用【选择工具】随意移动各个形状。你可以自由地移动形状，当发生重叠时，各个形状会依据其在基本图形面板中的堆叠顺序重叠在一起。

3. 在节目监视器处于活动的状态下，从菜单栏中依次选择【视图】>【在节目监视器中对齐】。当在节目监视器中拖曳某个元素时，就会出现一些参考线（见图 15-51），帮助我们观察当前元素与其他元素、节目监视器中心或边缘的对齐情况，以便准确地设置指定元素的位置。

图 15-51

在复杂的图形中,如果画面中的元素非常多,则开启对齐功能可能会使人不知所措,因为参考线太多。

4. 序列末尾的画面是空白的,新建一个只包含一个形状的图形。尝试在画面中到处拖曳图形,把图形放到合适的位置上。

5. 从菜单栏中依次选择【视图】>【显示标尺】。标尺不是交互式的,但它们能为你的下一步操作提供参考。

6. 在节目监视器顶部的标尺上,按下鼠标左键并向下拖曳,在画面中创建一条参考线,用来对齐元素(见图15-52)。随着拖曳,工具提示会显示像素位置。你可以从标尺上多次拖曳出多条参考线。

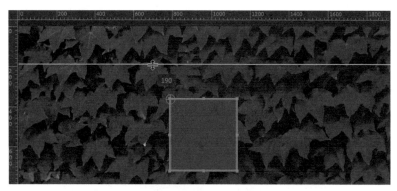

图 15-52

> **注意:** 如果要长时间使用某些参考线,请从菜单栏中依次选择【视图】>【锁定参考线】,将它们锁定在某个位置上。再次选择【锁定参考线】,可解除参考线锁定。

你可以使用【视图】菜单中的相应命令,把标尺与参考线显示或隐藏起来(见图15-53)。参考线位置可以一直保持不变,当把隐藏的参考线再次显示出来时,它们会在原来的位置上显示出来。

此外,你还可以使用【视图】菜单中的【清除参考线】命令,清除添加的所有参考线。

✓ 显示标尺
✓ 显示参考线
锁定参考线
添加参考线...
清除参考线

图 15-53

注意,在节目监视器的【按钮编辑器】(➕)中有一些按钮可以用来快速开启或关闭上述选项。

15.7 创建滚动字幕

你可以为开场和闭幕创建滚动字幕。事实上,滚动动画不仅可以应用于文字,还可以应用于其他所有图形。

1. 打开 04 Logo 序列。

2. 在节目监视器中打开【设置】菜单，在弹出菜单中取消选择【透明网格】。这里，我们使用时间轴的黑色背景作为滚动字幕的背景。

3. 在时间轴面板中，把播放滑块放到序列末尾，即 V1 轨道上剪辑的末尾，此时，节目监视器显示的是黑屏。

使用【文字工具】，单击节目监视器添加点文本。

4. 输入几行文本，用作滚动文本，每输入一行，按一次 Return 键（macOS）或 Enter 键（Windows）。

本练习中，单词拼写是否正确不重要。

添加多行文本时需要不断重新确定位置，这样很麻烦。通常的做法是先在文档中准备好文本，然后再把它们复制粘贴到 Premiere Pro 中。

5. 输入几行文本后，使用基本图形面板根据需要对文本进行格式化处理。

6. 使用【选择工具】，单击节目监视器背景，取消选择文本图层。

此时，基本图形面板的【编辑】选项卡会显示出整个图形的属性，而不仅是输入文本的属性。

7. 在基本图形面板中勾选【滚动】选项，使文本滚动起来，如图 15-54 所示。

图 15-54

> **Pr** **注意**：前面提到的响应式设计选项针对的是具有精确定时的开场和结尾的运动图形。使用这些时间控件可以防止在重新计时开始和结束动画时更改持续时间。

开启【滚动】效果后，节目监视器中会显示一个滚动条。此时，播放剪辑时，字幕会从屏幕底部滚入，然后从屏幕顶部滚出。

出现滚动条之后，添加更多文本行，以及浏览较长的文本会更容易。

【滚动】效果有以下控制选项，如图 15-55 所示。

• 启动屏幕外：该选项用来控制滚动的起始位置，勾选该选项，表示从屏幕外开始滚动；取消该选项，表示字幕从在节目监视器中的创建位置开始滚动。

图 15-55

- 结束屏幕外：该选项用来控制字幕在持续时间内是完全滚动出屏幕外，还是在持续时间结束时突然从屏幕上消失。

- 预卷：设置经过多长时间，才开始滚动。

- 过卷：指定滚动结束后还要播放多长时间。

- 缓入：指定把滚动速度从零逐渐增加到最大速度需要的帧数。

- 缓出：指定把滚动速度降低为 0 时需要的帧数。

修剪字幕长度时，需要考虑它与播放速度的关系，字幕长度决定了播放速度。字幕越短，滚动速度越快。

8. 播放序列，观看字幕滚动效果。

15.8 使用运动图形模板

基本图形面板的【浏览】选项卡中包含许多内置的图形模板，你可以把它们添加到序列中使用。这些模板都是可定制的。许多模板中都包含动画，我们通常把这样的模板称为【动态图形模板】。

你可以在 Premiere Pro 或 Adobe After Effects 中创建动态图形模板，使用这些程序创建的模板有如下不同。

- 在使用 Premiere Pro 创建的动态图形模板中，其图形是完全可编辑的。

- 使用 After Effects 创建动态图形模板时，你可以添加更高级的设计和复杂动画。创建动态图形模板时，设计师往往会加入一些控件，在保护原始设计的同时增加灵活性。

内置模板是按类别组织的。把模板直接拖入一个序列，即可添加它。

有些模板带有黄色字体警告图标（ ），这表示模板中用到的字体未在当前系统中安装，如图 15-56 所示。

在这种情况下，如果你使用的模板中所包含的字体可以在 Adobe Fonts 中找到，并且当前处于联网状态，Premiere Pro 就会自动下载并安装它。此外，你还可以在基本图形面板中使用鼠标右键单击模板，然后从弹出菜单中选择【同步缺失的字体】。

若无法自动安装缺失字体，Premiere Pro 就会显示一条警告信息提示无法下载缺失字体，而且会弹出【解析字体】对话框显示缺失什么字体，如

图 15-56

图 15-57 所示。

图 15-57

最简单的解决缺少字体的方法是上网重新添加模板。若无法实现，则可以在基本图形面板中另选一种字体。此外，你还可以在 Premiere Pro 首选项的【图形】面板中设置默认的替换字体。

创建自定义图形模板

你可以把自己创建的图形添加到基本图形面板的【浏览】选项卡中。在序列中选择图形剪辑，打开菜单栏中的【图形】菜单，从中选择【导出为动态图形模板】。

在【导出为动态图形模板】对话框中，为新图形模板输入名称，并从【目标】菜单中选择一个保存位置（见图 15-58）。你还可以在【关键字】区域中添加相关的关键字，以便通过搜索关键字快速找到它。

> **Pr** | 提示：可以快速添加多个关键字，不同关键字之间使用逗号分隔。

设置好后，单击【确定】按钮。

此外，还可以把存储在硬盘上的动态图形模板导入项目中，具体做法是在菜单栏中依次选择【图形】>【安装动态图形模板】，或者在基本图形面板的【浏览】选项卡中单击右下角的【安装动态图形模板】按钮。

借助上述方法，你可以把自己制作的字幕模板轻松分享给别人，或者把它们保存起来便于后续使用。

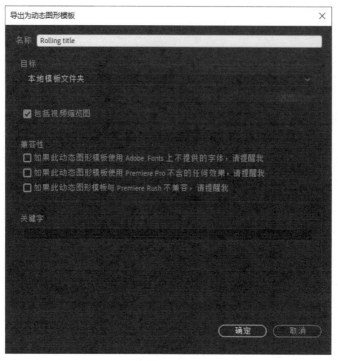

图 15-58

15.9 字幕简介

制作电视广播等节目时，通常会遇到两种类型的字幕：隐藏式字幕和开放式字幕。

隐藏式字幕内嵌于视频流中，由视频观看者自行开启或关闭，而开放式字幕则总是显示在屏幕上。

在 Premiere Pro 中，你可以采用相同方式来使用这两种字幕，你还可以把一种字幕文件转换成另一种字幕。

相比于开放式字幕，隐藏式字幕在颜色、设计方面有更多限制。这是因为它们是由观看者的电视、机顶盒、在线播放软件生成和显示的，因此，隐藏式字幕的显示控件是固定不变的。

隐藏式字幕的用法与开放式字幕相同，下面先介绍隐藏式字幕的用法，然后再介绍开放式字幕的用法。

15.9.1 使用隐藏式字幕

随着视频越来越普及，人们也越来越喜欢观看视频内容。这要求大多数广播电视台添加能够被电视机解码的隐藏式字幕信息，把可见字幕插入视频文件，并借助支持的格式传送到特定播放设备。

只要准备好合适的字幕，添加隐藏式字幕就比较容易。字幕文件通常是使用软件工具生成的，并且有很多这样的工具可以使用。

下面演示如何向序列添加字幕。

1. 在当前项目处于打开的状态下，从菜单栏中依次选择【文件】>【打开项目】，在【打开项目】对话框中进入 Lessons 文件夹，打开 Lesson 15_02.prproj 项目。

2. 将项目另存为 15_02 Working.prproj。

3. 若 NFCC_PSA 序列未在时间轴面板中显示出来，将其打开，如图 15-59 所示。

图 15-59

4. 从菜单栏中依次选择【文件】>【导入】，导航至 Lessons/Assets/Closed Captions 文件夹，导入 NFCC_PSA.scc。支持 DFXP、MCC、SCC、SRT、STL、XML 格式。

此时，字幕文件被添加到素材箱中，就像添加一个普通的视频剪辑，而且带有帧速率和持续时间。

5. 将隐藏式字幕剪辑添加到序列中，使之位于 V2 轨道上，它位于所有剪辑之上，如图 15-60 所示。

图 15-60

6. 在节目监视器中打开【设置】菜单，从弹出菜单中依次选择【隐藏字幕显示】>【启用】。

不同电视系统所支持的字幕类型不同。每种类型的字幕可能包含多种流，比如一种流是英语的，另一种流是法语的。

默认情况下，节目监视器显示的是图文字幕，这不适合于当前的字幕文件，所以画面中不显示任何内容。

7. 再次打开节目监视器中的【设置】菜单，从弹出菜单中依次选择【隐藏字幕显示】>【设置】，从【标准】菜单中选择【CEA-608】，单击【确定】按钮。

8. 播放序列，观看字幕，如图 15-61 所示。

图 15-61

这段公益广告由 RHED Pixel 制作，并由国家信用咨询基金会提供。

9. 在序列中选择字幕文件后，可以使用字幕面板（【窗口】>【字幕】）来调整字幕。在字幕面板中，你可以调整字幕的内容、时间、格式等（见图 15-62）。有些控件与标记面板中的控件非常类似。

图 15-62

此外，你还可以通过拖曳序列中每个字幕的手柄来改变字幕的时间。

15.9.2 新建字幕

在 Premiere Pro 中，你可以自行创建隐藏式字幕。

1. 在菜单栏中依次选择【文件】>【新建】>【字幕】，打开【新建字幕】对话框。

2. 对话框中的默认设置是基于当前序列的。

3. 时基是自动根据当前序列设置的。从【标准】菜单中选择要创建的字幕类型，如图 15-63 所示。

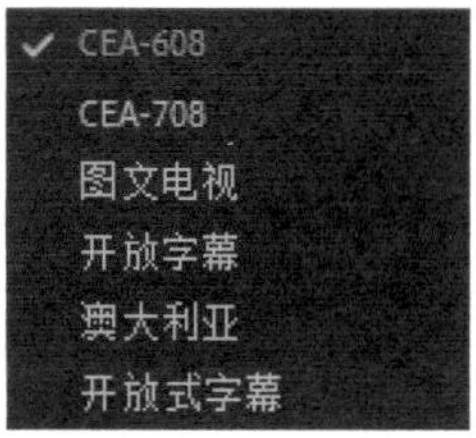

- CEA-608（也称为 Line 21）是模拟广播电视最常用的标准。

- CEA-708 用于数字广播电视。

- 【图文电视】有时用于使用 PAL 制式的国家。

图 15-63

- 【开放字幕】创建的是自动可见的常规字幕（这种字幕不需要观看者打开）。

- 【澳大利亚】是澳洲 OP4T2 隐藏字幕标准，专用于澳大利亚广播电视网络。

- 【开放式字幕】总是可见的，它能够为字幕外观带来最大的灵活性（社交媒体视频通常使用这种标准）。

这里，我们选择 CEA-708（见图 15-64）。

4.【流】菜单中默认设置为【服务 1】，将其设置为隐藏式字幕的第一个流，单击【确定】按钮。此时，隐藏式字幕剪辑即可被添加到项目面板中。

图 15-64

5. 选择 V2 轨道上已有的字幕剪辑，按 Delete 键（macOS）或 Backspace 键（Windows），将其删除。

6. 把新建的隐藏式字幕剪辑添加到 V2 轨道上。相比于序列，字幕剪辑的持续时间太短（默认 3 秒长）。向右拖曳字幕剪辑末端，将其持续时间增加到与序列相样长。接下来，选择序列中的隐藏式字幕剪辑，打开字幕面板（【窗口】>【字幕】）。

7. 在节目监视器中，单击【设置】菜单，从弹出菜单中依次选择【隐藏字幕显示】>【设置】，在【标准】菜单中，选择 CEA-708，单击【确定】按钮。

8. 在字幕面板中，单击 Type Caption Text Here（在此处键入字幕文本），编辑字幕文本。根据人物对话或旁白，输入文本，然后单击字幕面板底部的 + 按钮，添加另一个字幕。

> Pr **注意**：随着字幕总持续时间变长，你可能需要增加序列剪辑的长度，才能把所有字幕显示出来。

9. 在字幕面板中调整每个字幕的入点和出点时间，或者直接在时间轴面板中进行调整。

10. 使用字幕面板顶部的格式化控件，调整每个字幕的外观。隐藏式字幕的标准控制项非常有限。更多相关信息，请阅读 15.9.3 节的内容。

> Pr **注意**：节目监视器的右下角有一个【按钮编辑器】（）， 可以用来把【隐藏字幕显示】按钮添加到节目监视器底部，以便快速找到常用按钮。

注意：Premiere Pro 可以在导入 SRT、STL 字幕文件时对它们进行解释。在字幕面板中单击【导入设置】，在【字幕导入设置】对话框中，可以设置视频、对齐和样式。这些设置不会更改已经导入的字幕文件，但是如果要导入多个字幕文件，并要求它们的样式一致，可以使用这些设置，这会节省很多时间。

15.9.3 使用开放式字幕

类似于隐藏式字幕，你可以使用同样的方式创建、导入、调整、导出开放式字幕。

不同于隐藏式字幕，开放式字幕总是可见的，因此，在许多方面，它们与图形剪辑相似。

使用开放式字幕的好处是，其时间是在字幕文件或字幕剪辑中设置的，在同步文本与话语时可以节省大量时间。

另一个与常规图形类似的地方是，其外观控制选项要比隐藏式字幕多得多。

在项目面板中，使用鼠标右键单击字幕剪辑，在弹出菜单中依次选择【修改】>【字幕】，在打开的【修改剪辑】对话框中即可修改字幕类型。

在【目标流格式】区域中，从【标准】菜单中选择【开放式字幕】，可以为该字幕剪辑指定流的类型。

由于开放式字幕有许多选项可以使用，因此你可以把隐藏式字幕剪辑转换为开放式字幕类型，但是不能进行反向转换。

15.10 复习题

1. 点文本与段落（区域）文本有何区别？

2. 为什么要显示字幕安全区域？

3. 如何使用矩形工具绘制正方形？

4. 如何应用描边或阴影？

5. 新建字幕时如何指定字幕类型？

15.11 复习题答案

1. 在节目监视器中，使用【文字工具】单击，即可创建点文本。点文本的文本框会随着你输入的内容自动进行扩展。在【节目监视器】中，使用【文字工具】拖曳，可以定义一个边界框，你输入的文本会限制在该边界框内，调整边界框的形状可以显示更多或更少文本。

2. 有些电视会裁切掉画面边缘，裁切量随电视设备的不同而不同。把重要文本放到字幕安全区域内，可以保证这些文本不被裁剪掉，从而确保观众能够看到它们。这个问题在新式平板电视上并不严重，对于在线视频来说也不重要，但是把重要文本放入字幕安全区是个好习惯。

3. 使用矩形工具绘制时，同时按住 Shift 键，可以绘制出完美的正方形。同样，在使用椭圆工具绘制时，同时按住 Shift 键，可以绘制出圆形。

4. 要应用描边或阴影，首先选择要编辑的文本或对象，然后在基本图形面板中勾选【描边】或【阴影】选项即可。

5. 在【新建字幕】对话框的【标准】菜单中选择相应选项。如果是 HD 视频，需要选择 CEA-708。选择什么样的字幕类型取决于交付要求。

第16课 导出帧、剪辑和序列

课程概览

本课包括如下内容：

- 选择正确的导出选项；

- 导出单个帧；

- 创建影片、图像序列、音频文件；

- 使用 Adobe Media Encoder；

- 上传到社交网络与 Adobe Stock；

- 使用 EDL 分享项目。

　　学习本课大约需要 90 分钟。请先准备好本课要用到的课程文件，请参阅本书前言中的"使用课程文件"。

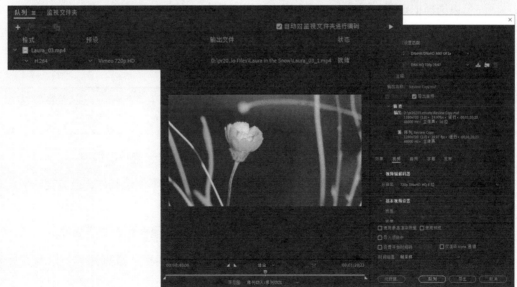

编辑视频最棒的一件事就是把自己的作品分享给别人时的那份喜悦。
Adobe Premiere Pro 提供了许多导出工具。导出项目是视频制作的最后
一步。Adobe Media Encoder 提供了多种高级输出格式，这些格式中包
含很多控制选项，而且还可以进行批量导出。

16.1　课程准备

媒体分发最常用的方式是使用数字文件。不管最终视频是在电视、电影院，还是在计算机上播放，我们在交付最终视频文件时都要符合特定的要求。

导出视频时，你可以直接在 Premiere Pro 中导出，也可以使用 Adobe Media Encoder 进行导出。Adobe Media Encoder 是一个独立的应用程序，专门用来处理文件的批量导出，可以同时以多种格式导出文件，而且这些导出操作是在后台进行的，不会影响你在其他程序（比如 Premiere Pro 和 Adobe After Effects）中的处理工作。

16.2　了解导出选项

无论是要导出制作好的项目，还是分享制作中的项目，都会有大量导出选项需要做出选择。

- 根据交付要求，选择合适的文件类型、格式、编码器进行导出。
- 可以导出单个帧或一系列静帧。
- 可以选择只输出音频、只输出视频，或者同时输出音频和视频。
- 可以选择把字幕一同导出，或内嵌在输出文件中，或存储在单独文件中。
- 导出的剪辑或静态图像可以再次导入项目中，方便重用。
- 可以直接导出到录像带上。对于某些特殊项目，这仍然是最常用的方式。

> **Pr** 　**注意**：在菜单栏中，依次选择【文件】>【导出】菜单，Premiere Pro 会将选择
> 的内容导出，包括选择的剪辑、序列，及其一部分。

除选择导出格式（帧大小、帧速率等）外，还可以设置其他一些导出选项。

- 可以选择以与原始素材类似的格式、视觉质量和数据速率创建文件，或者把它们压缩到更小尺寸，以方便分发。
- 可以把素材从一种格式转码到另外一种格式，方便与其他合作者交换文件。
- 如果现有预设无法满足要求，可以自定义帧大小、帧速率、数据速率，以及音视频压缩方法。
- 可以应用一个颜色查找表（LUT）来指定外观。还可以应用视频限幅器、HDR 转 SDR、音量标准化等。
- 可以在画面中叠加时间码、名称、图像等。
- 可以直接把一个文件上传到社交网络、FTP 服务器、Adobe Stock。

16.3　导出单帧

编辑过程中，你可能需要导出一个静态帧，以便将其发送给团队成员或客户审查。此外，可能还需要导出一幅图像，以便在把视频推送到网络时作为缩略图使用。

在源监视器中导出单个帧时，Premiere Pro 会根据源视频文件的分辨率创建一幅静态图像。

在节目监视器中导出单个帧时，Premiere Pro 会根据序列的分辨率创建一幅静态图像。

1. 从 Lessons 文件夹中，打开 Lesson 16.prproj 文件。

2. 将项目另存为 Lesson 16 Working.prproj。

3. 打开 Review Copy 序列，如图 16-1 所示。在时间轴面板中，把播放滑块放到需要导出的那一帧上。

图 16-1

4. 在节目监视器中，单击右下角的【导出帧】按钮（ 📷 ），如图 16-2 所示。

图 16-2

> **注意：** 如果没有看到该按钮，可能是因为对节目监视器中的按钮进行过自定义。可能还需要调整面板的大小。也可以选择节目监视器或时间轴面板，然后按 Shift+E（macOS）或 Shift+Ctrl+E（Windows）组合键来导出一个帧。

5. 在【导出帧】对话框中输入文件名称。

6. 从【格式】菜单中选择一种静态图像格式。

- JPEG、PNG、BMP（Windows 专用）较常用，其中 JPEG、PNG 文件常用于网站设计中。

- TIFF、Targa、PNG 适用于印刷和动画。

- DPX 通常用于数字电影或颜色分级（精细调色）。

- OpenEXR 用于保存高动态范围图像信息。

> **Pr** **注意：** 如果视频使用的不是方形像素，则最终导出的图像文件可能会有不同的长宽比。这是因为静态图像使用的是方形像素。此时，可以使用 Photoshop 重新调整图像的水平尺寸，将其恢复成原来的长宽比。

7. 单击【浏览】按钮，选择一个用于保存静态图像的位置。在 Lessons 文件夹中创建一个名为 Exports 的文件夹，选择它，单击【选择文件夹】。

> **Pr** **注意：** 在 Windows 系统中，可以导出为 BMP、DPX、GIF、JPEG、OpenEXR、PNG、TGA、TIFF 格式。在 Mac 系统中，可以导出为 DPX、JPEG、OpenEXR、PNG、TGA、TIFF 格式。

> **Pr** **注意：** 当在 Premiere Pro 中选择以 TIFF 格式导出静帧时，文件的扩展名是 .tif 而不是 .tiff。两个扩展名都是合法的，而且可以交换使用。

8. 勾选【导入到项目中】选项，把新的静态图像添加到最近项目中，单击【确定】按钮。

Premiere Pro 新建静态图像，并把一个链接到该静态图像的剪辑添加到项目面板中。

16.4 导出主副本

主副本是指为项目制作一个崭新的数字副本，用来存档以便日后使用。主副本是一个独立的、完全渲染的数字文件，它使用最高分辨率、最佳质量来输出序列。一旦创建完成，即可将该文件作为一个源文件来生成其他压缩的输出格式，而且无须在 Premiere Pro 中打开原始项目。

从技术上讲，基于数字母带制作副本会导致画质有一些损失，但与获得的便利性和节省的时间相比，损失几乎可以忽略不计，因此，大多数视频编辑认为这是一桩很划算的"交易"。

16.4.1 匹配序列设置

一般情况下，主文件的帧大小、帧速率、编解码器与其母序列相同。因此，在导出文件时，需要考虑并设置许多选项。为了简化该过程，Premiere Pro 为我们提供了一个【匹配序列设置】选项。

1. 继续使用 Review Copy 序列。

2. 在项目面板中选择这个序列，或者在时间轴面板中将其打开，然后从菜单栏中依次选择【文件】>【导出】>【媒体】，打开【导出设置】对话框。此外，还可以按 Command+M（macOS）或 Ctrl+M（Windows）组合键快速打开【导出设置】对话框，如图 16-3 所示。

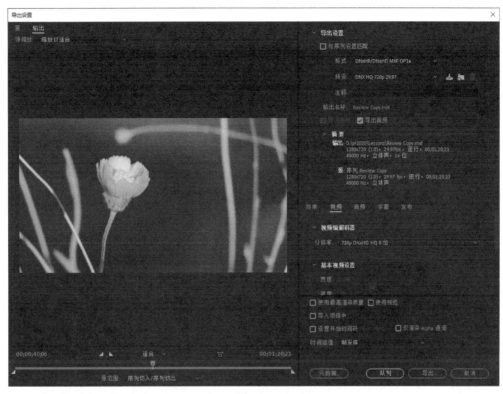

图 16-3

3. 稍后我们会详细介绍该对话框。这里只勾选【与序列设置匹配】复选框即可，如图 16-4 所示。

 注意： 某些情况下，使用【与序列设置匹配】选项无法实现与源素材的完全匹配。例如，XDCAM EX 会产生高质量的 MPEG2 文件。但大多数情况下，生成的文件与源素材格式、数据速率是相同的。

4.【输出名称】右侧的蓝色文字其实是一个按钮，用来打开【另存为】对话框。在 Adobe Media Encoder 中也有类似的文本按钮。单击输出名称，打开【另存为】对话框，如图 16-5 所示。

图 16-4   图 16-5

5. 选择一个目标位置（这里，我们选择前面创建的 Exports 文件夹），输入名称 Review Copy 01，单击【保存】按钮。

6. 查看【摘要】信息，检查输出格式是否与序列设置匹配，如图 16-6 所示。本示例中，我们应该使用 DNxHD 格式（MXF 文件），帧速率为 29.97fps。通过检查【摘要】中的信息，可以避免一些可能会引起严重后果的错误。若【源】与【输出摘要】设置相匹配，能够最大限度地减少转换，这有助于保证最终输出结果的质量。

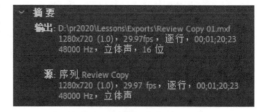

图 16-6

> **Pr** | 注意：导出摘要中括号里的数字指的是像素长宽比。

导出序列时，在导出对话框中，【源】是序列本身，而不是序列中与序列设置保持一致的剪辑。

7. 单击【导出】按钮，基于序列创建一个媒体文件。注意，DNxHD 媒体文件可以在 Premiere Pro 中查看和编辑，但是通常无法直接在 macOS 或 Windows 系统下进行预览。

16.4.2 选择【源范围】

导出时，有时并不需要导出整个序列，只需要导出序列的某一个选段，用来发给其他人审查或上传到社交网络展示。

从菜单栏中依次选择【文件】>【导出】>【媒体】，再次打开【导出设置】对话框。在对话框的左下角，有一个【源范围】控件，如图 16-7 所示。

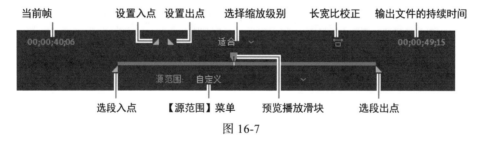

图 16-7

若即将导出的序列或剪辑中添加了入点与出点，Premiere Pro 会自动导出入点与出点之间的部分，此时在【源范围】菜单中显示的是【序列切入 / 序列切出】。也可以在【源范围】菜单中选择其他选项。

通过拖曳【源范围】菜单上方播放条上的两个小三角形图标，可以添加新的入点和出点。也可以直接拖曳播放条上的播放滑块到目标位置，然后单击【设置入点】与【设置出点】按钮或者按键盘上的 I 键或 O 键，添加新的入点与出点，如图 16-8 所示。

图 16-8

16.4.3 选择编解码器

导出媒体文件时，可以选择要使用的格式和编解码器。有些摄像机录制格式（比如 DSLR 摄像机产生的 H.264.MP4 文件）已经进行了高度压缩。使用高质量的编解码器有助于保证影片质量。

 提示：*即使源素材是 8 位的，编辑时也可以使用更高质量的效果。相比于 8 位文件，使用 10 位文件能够更好地捕捉细微动作。*

首先选择格式和预设，然后设置输出名称和位置，再确定是单独导出音频或视频，还是两者都导出。

注意：*根据选择的格式，所显示的设置也各不相同。大多数重要选项可以在视频与音频选项卡中找到。*

1. 在【导出设置】对话框中打开【格式】菜单，从中选择【QuickTime】。在【预设】菜单中选择【Apple ProRes 422】，如图 16-9 所示。

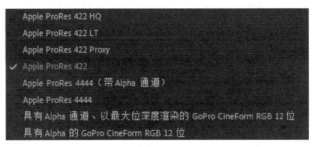

图 16-9

这个预设看起来很特别，但它其实只是一个普通的预设，能够自动从对话框的其他菜单中选择相应选项。如果有必要，你可以自行修改。

注意：*在【视频】选项卡中，我们会看到一个【以最大深度渲染】选项。在不使用 GPU 加速时，勾选该选项能够以更高精度生成颜色，从而提升视觉质量。不过，勾选该选项会增加渲染时间。请确保该设置与序列设置相同，这样可以保证结果一致。*

2. 单击输出名称（蓝字），为文件输入一个新名称——Review Copy 02。导航至与上一个例子相同的位置，单击【保存】按钮。

【导出设置】区域中有一组选项卡，其中包含一些重要的选项如下。

- 效果：输出媒体时，可以在此添加大量有用的效果和叠加（相关选项请看 16.4.4 节）。

- 视频：在该选项卡中，你可以设置帧大小、帧速率、场序和配置文件。默认设置基于你选择的预设。

- 音频：在该选项卡中，你可以调整音频的比特率以及某些格式的编解码器。默认设置基于你选择的预设。

- 多路复用器：这些设置用来指定视频和音频是否以独立文件进行合成或交付。你可以使用这些控件控制是否优化文件，以便与特定硬件设备（比如机顶盒或媒体服务器）保持兼容。

- 字幕：当序列中包含字幕时，你可以在该选项卡中设置是否忽略字幕，将字幕永久添加到视频中，或者导出为一个单独的文件（Sidecar 文件）。

- 发布：在该选项卡中，你可以输入几个社交媒体服务的详细信息，以便上传文件。更多内容将在本课后面讲解。

3. 单击 Video 选项卡，将其激活。

4. 在【视频】选项卡的【视频编解码器】区域中，从【视频编解码器】菜单中选择一种编解码器，如图 16-10 所示。

图 16-10

这里，我们选择 Apple ProRes 422 编解码器，它可以产生高质量（同时尺寸合理）的文件，确保帧大小、帧速率和源设置相同。你可能需要滚动滑动条或者调整面板的大小才能看到所有设置。

 注意：ProRes 422 是一款专业的编解码器，得到了 Adobe Creative Cloud 应用程序的原生支持。与其他所有编解码器相同，不支持该编解码器的程序无法播放该格式的文件。

5. 在【视频】选项卡的【基本视频设置】区域中，默认情况下，设置与源文件相同。按【匹配源】按钮会覆盖所有人工设置，使【输出】与【源】相同，如图 16-11 所示。

图 16-11

【匹配源】按钮下是一系列输出格式设置，它们各有一个复选框。如果选中复选框，则相应设置会自动匹配源。

6. 单击【音频】选项卡，在【基本音频设置】区域中，在【采样率】中选择 48000Hz，从【样本大小】中选择 16 位。在【音频通道配置】区域中，从【输出声道】菜单中选择【立体声】，如图 16-12 所示。

图 16-12

7. 单击对话框底部的【导出】按钮，导出序列，将其转码成新文件。

目前，最流行的编解码器和交付格式分别是 H.264 编解码器及其生成的 MPEG4 文件（.mp4）。在【格式】菜单中选择 H.264，可以找到 YouTube、Vimeo 预设。

提示：HEVC/H.265 是【运动图像专家组】继 H.264 之后制定的新的视频编码标准。其视频编码效率更高，但是目前支持它的播放器并不多，而且相比于 H.264，它对硬件能力的要求更高。制作 UHD 内容时，客户可能要求制作者提供使用该编解码器编码的文件。

16.4.4　裁剪源画面

【导出设置】对话框的左上角有【源】与【输出】两个选项卡，如图 16-13 所示。

图 16-13

1. 在项目面板中选择要导出的序列，或者在时间轴面板中将其打开。按 Command+M（macOS）或 Ctrl+M（Windows）组合键，打开【导出设置】对话框。

2. 在【导出设置】对话框的左上角，单击【源】选项卡。【源】选项卡中包括裁剪控件。单击【裁剪输出视频】按钮，启用控件。

用户可以在对话框顶部手动输入各个裁剪值（像素），也可以在源预览区域中拖曳控制手柄来裁剪画面。

3. 在【裁剪比例】菜单中，提供了一些常见的裁剪比例，以确保裁剪按照指定的比例进行。在【裁剪比例】菜单中选择4:3。此时，即使改变裁剪设置，其长宽比始终保持4:3不变，如图16-14所示。

4. 单击【输出】选项卡，将其打开。

你可以在【输出】选项卡中预览等待编码的视频，还可以在【源缩放】菜单中选择源长宽比与输出设置之间的匹配方式。

图 16-14

5. 尝试在【源缩放】菜单中选择几个菜单项，并观察结果。【更改输出大小以匹配源】选项对所有导出格式都不可用，其效果与单击【视频】选项卡下的【匹配源】按钮相同。在【源缩放】菜单中选择【缩放以适合】，如图 16-15 所示。

图 16-15

在【源】选项卡中进行修改，或者选择一个新的输出帧大小后，需要切换到【输出】选项卡中进行检查，以避免一些错误，比如不正确的显示比例，以及在某些视频格式中使用不规则形状像素所引起的扭曲变形等。

6. 选择如下设置。

• 格式：H.264。

• 预设：匹配源 - 高比特率。

• 导入项目中：勾选该项。

输出名称：单击【输出名称】右侧的蓝色文字，选择 Lessons 文件夹中的一个位置，输入名称【4x3 Test.mp4】。

7. 单击【导出】按钮。

当导出完毕后，导出文件将出现在项目面板中。

导出一个视频文件时，若视频画面的四周有黑条，则导出之后，这些黑条会成为画面的一部分。本例中，我们创建了一个包含黑条的 16×9 的文件。有时我们需要画面中这些黑条，因为它们可以确保视频在 16×9 的屏幕上按照正确的长宽比进行显示。

16.5　使用 Adobe Media Encoder

Adobe Media Encoder 是一个独立的应用程序，可以单独运行，也可以从 Premiere Pro 启动。使用 Media Encoder 的一个优点是，你可以把一个编码任务直接从 Premiere Pro 发送给 Media Encoder，在 Media Encoder 执行编码任务期间，可以继续在 Premiere Pro 中做其他视频编辑工作。如果客户想在中途查看工作进展情况，你可以使用 Media Encoder 在后台生成一个预览文件，而且这不会影响到你的正常工作流程。

默认情况下，在 Premiere Pro 中播放视频时，Media Encoder 会暂停编码，以尽量提升播放性能。也可以在 Premiere Pro 的回放首选项中取消选择【回放期间暂停 Media Encoder 队列】。

16.5.1　选择文件导出格式

项目完成后，再思考交付格式的问题会比较麻烦，因此应该提前确定交付格式。了解视频文件的呈现方式有助于选择正确的文件导出类型。通常，在一个项目开始之前，客户都会提供一个交付规格要求，制作项目时必须遵守这些要求，并按照客户的交付要求选择合适的编码格式。

Premiere Pro 和 Adobe Media Encoder 支持多种文件导出格式，如图 16-16 所示。事实上，Premiere Pro 与 Adobe Media Encoder 共享设置选项。

图 16-16

 注意：*如果使用专业的母带处理格式（比如 MXF OP1a、DNxHD MXF OP1a、QuickTime），在格式支持的情况下，你最多可以导出 32 通道的音频。你必须配置原始序列，使其使用多通道主轨道，带有相应数量的轨道。*

16.5.2　导出设置

要把文件从 Premiere Pro 导出到 Adobe Media Encoder 中，需要先把导出任务放入队列中。第一步是使用【导出设置】对话框，对要导出的文件进行相应设置。

1. 继续使用 Review Copy 序列。在项目面板中选中它，或者将其在时间轴面板中打开，并使面板处于活动状态。

2. 在菜单栏中依次选择【文件】>【导出】>【媒体】，或者按 Command+M（macOS）或 Ctrl+M（Windows）组合键，打开【导出设置】对话框。

需要从【导出设置】区域开始先把【导出设置】对话框从上到下浏览一遍。

选择合适的输出格式

Adobe Media Encoder 支持多种输出格式，你不必掌握每一种输出格式。下面我们只介绍一些常见场景下使用的典型输出格式。尽管不必非得使用这些格式，但是使用它们一般都会得到正确的输出。此外，在输出完整长度的文件之前，最好先使用影片的一个小片段进行测试，以便在尽可能短的时间内找到更好的设置。

- 上传到视频网站：在这种情况下，最好选用 H.264 格式输出文件，H.264 格式包含 YouTube、Vimeo、Facebook、Twitter、SD、HD、4K 预设。你可以使用这些预设作为起点，对输出格式进行进一步调整。

- 生成供院线放映的 DCP 文件：如果制作的影片要在影院放映，可以选择 Wraptor DCP 格式，帧速率为每秒 24 帧或 25 帧。如果序列的帧速率是每秒 30 帧，输出为 DCP 文件时可以选择每秒 24 帧。选择 Wraptor DCP 格式时，一些设置会受到限制，这样做是为了兼容标准的电影放映系统。

一般来说，Premiere Pro 提供的预设几乎能够满足用户的所有需要。在使用针对特定设备或光盘专用的预设时，建议不要做任何修改，任何微小的改动都有可能导致文件无法正常播放，因为这些播放硬件对文件格式有严格的要求。

大多数 Premiere Pro 预设很保守，使用默认设置一般都能得到不错的结果，贸然修改这些设置可能无法得到更好的结果。

3. 从【格式】菜单中选择 H.264。如果要把视频上传到视频网站，建议选择这种输出格式。

4. 在【预设】菜单中选择 Vimeo 720p HD。

该预设会根据 Vimeo.com 网站的要求调整序列的帧大小、帧速率等。

5. 单击【输出名称】右侧的蓝色文字，输入文件名称——Review Copy 03，将其保存在与上一个示例相同的目录下。

6. 查看【摘要】信息，检查设置是否正确，如图 16-17 所示。

图 16-17

16.5.3　导出效果

导出时，可以向输出文件应用多种视觉效果，添加信息叠加和做自动调整。

【效果】选项卡中包含如下选项。

- Lumetri Look/LUT：可以从大量内置的 Lumetri 外观中选择，或者浏览自定义外观，将其快速应用到输出文件上，对输出文件的外观进行精细调整。常用于检查每天的拍摄成果。

- SDR 遵从情况：如果序列是高动态范围的，则可以创建一个标准动态范围版本。

- 图像叠加：向视频画面中添加一个图形，比如公司 Logo 等，并将其放到屏幕的合适位置，图形将会融入视频图像中。

- 名称叠加：向视频图像添加文本叠加。该选项用于向视频中添加水印保护自己的成果，或者添加区分不同版本的标志。

- 时间码叠加：在最终视频文件上显示时间码，使观看者不必使用专门的编辑软件即可看到参考时间，方便评论。

- 时间调谐器：指定一个新的持续时间或播放速度，范围为 ±10%。这是通过精细调整【目标持续时间】或【持续时间更改】实现的（不包括声道）。根据用户使用的素材不同，最终结果也不同，因此需要测试不同速度并比较最后结果。不间断的音乐声道有可能会影响最终结果。

- 视频限幅器：通常我们会在序列中使用视频限幅器来确保作品符合广播电视的要求。

- 响度标准化：在输出文件中使用响度标度对音频电平进行标准化处理，使其符合广播电视要求。与视频相同，最好在序列中进行调整，也可以在导出期间限制响度级别，这相当于多了一层安全保障。

16.5.4 添加到 Adobe Media Encoder 队列

在导出文件之前还有一些选项要设置。我们可以在【导出设置】对话框的右下方找到这些选项，如图 16-18 所示。

图 16-18

- 使用最高渲染质量：当把图像从较大尺寸缩小到较小尺寸时，应该考虑启用该选项。开启该选项会增加内存消耗，影响导出速度。该选项通常处于未启用状态，只有未开启 GPU 加速（仅软件模式下），或者把图像缩小同时要求高质量输出时，才启用该选项。

- 使用预览：在渲染效果时，Premiere Pro 会生成预览文件，预览文件看起来就像是原始素材和效果相结合的结果。启用该选项后，预览文件会被用作导出源。这可以避免再次渲染效果，从而节省大量时间。根据序列预览文件格式的不同，最终结果的质量可能较低（请参考第 2 课）。

如果把序列预览设置为高质量，并且已经渲染了所有效果，则在导出时勾选该选项将节省大量时间，至少节省 90% 的时间。

- 导入项目中：勾选该选项后，Premiere Pro 会把新创建的媒体文件导入当前项目中，便于检查，或者将它用作源素材。

- 设置开始时间码：勾选该选项，将允许你为新建文件指定一个不同于 00:00:00:00 的开始时间码。在制作广播电视节目视频时，一般交付要求都会指定一个特定的开始时间码，即可使用该选项。

- 仅渲染 Alpha 通道：有些后期制作需要用到一个包含 Alpha 通道（用来记录不透明度）的灰度文件。开启该选项，即可产生灰度文件。

- 时间插值：如果导入的文件与当前序列的帧速率不同，可以使用该菜单指定帧速率更改的渲染方式。这些选项与更改序列中剪辑播放速度时所应用的选项相同。

导出时，还要考虑以下选项。

- 元数据：单击该按钮将打开【元数据导出】面板。在其中，你可以设置大量选项，包括版权、创作者、权利管理的相关需要将信息；甚至还可以嵌入水印、脚本、语音转录数据等有用信息。某些情况下，可能需要将【元数据导出选项】设置为【无】，以便删除所有元数据。

- 队列：单击【队列】，如图 16-19 所示，Premiere Pro 会把要导出的文件发送到 Adobe Media Encoder，同时，Adobe Media Encoder 自动打开，导出期间，你可以继续在 Premiere Pro 中处理视频。

图 16-19

- 导出：单击【导出】按钮，Premiere Pro 不会把文件发送到 Adobe Media Encoder 队列，而是直接从【导出设置】对话框导出文件，使导出流程更简单，导出速度更快。但是在导出文件期间，你无法继续在 Premiere Pro 中做其他视频编辑工作。

1. 单击【队列】按钮，把要导出的文件发送到 Adobe Media Encoder，如图 16-20 所示。

图 16-20

2. 此时，Media Encoder 不会自动启动编码。要启动编码，需要单击右上角的【启动队列】按钮（），输出预览如图 16-21 所示。

图 16-21

16.5.5 了解 Adobe Media Encoder

使用 Adobe Media Encoder 编码有许多好处。在 Premiere Pro 的【导出设置】对话框中单击【导出】按钮可以直接导出文件，相比之下，使用 Adobe Media Encoder 导出文件步骤要多一些，但多出的步骤能够带来更多好处。

> **注意**：除从 Premiere Pro 中启动 Adobe Media Encoder 外，还可以单独启动它，然后浏览 Premiere Pro 项目，选择要导出的项目直接进行转码。

下面列出了 Adobe Media Encoder 中一些非常有用的功能。

* 添加待编码的文件：从菜单栏中依次选择【文件】>【添加源】，可以把文件添加到 Adobe Media Encoder 中。还可以直接把文件从 Finder（macOS）或 Windows Explorer（Windows）拖入 Adobe Media Encoder 中。用户可以使用【媒体浏览器】面板，查找要导出的项目，如同在 Premiere Pro 中查找文件，如图 16-22 所示。

* 直接导入 Premiere Pro 序列：从菜单栏中依次选择【文件】>【添加 Premiere Pro 序列】，选择一个 Premiere Pro 项目文件，并选择要编码的序列（这并不需要启动 Premiere Pro）。

* 直接渲染 After Effects 合成：从菜单栏中依次选择【文件】>【添加 After Effects 合成图像】，你可以从 Adobe After Effects 导入并编码合成图像。而且，这个过程中完全不需要打开 Adobe After Effects。

* 使用监视文件夹：如果希望 Media Encoder 自动处理编码任务，则可以使用监视文件夹。创建监视文件夹时，首先从菜单栏中依次选择【文件】>【添加监视文件夹】，然后把一个预设指定给监视文件夹。在 Finder（macOS）或 Windows Explorer（Windows）中，监视文件夹和普通文件夹没有区别。Adobe Media Encoder 运行时，放入监视文件夹中的媒体文件会被自动编码成预设指定的格式。

图 16-22

- 修改队列：你可以使用列表上方的按钮添加、复制、移除任何编码任务，如图 16-23 所示。

- 启动编码：在 Media Encoder 首选项中，你可以把队列设置为自动启动。或者单击【启动队列】按钮（▶），启动编码。Media Encoder 会把队列中的文件逐个进行编码。在编码开始之后，可以继续向队列添加新的编码任务。在编码期间，你可以直接把文件从 Premiere Pro 添加到队列中。

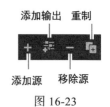

图 16-23

- 修改导出设置：一旦把编码任务添加到队列中，更改编码格式、预设等会变得非得简单。只要单击每个编码任务下的【格式】或【预览】条目（蓝字），在弹出的【导出设置】对话框中修改设置即可，如图 16-24 所示。

图 16-24

编码完成后，退出 Media Encoder。

16.6 上传到社交平台

编码完成后，即可发布视频。你可以在【导出设置】对话框的【发布】选项卡中设置发布选项。

通过【发布】选项卡中的设置，你可以把制作好的视频作品上传到 Creative Cloud 文件夹、Adobe Stock、Adobe Behance、Facebook、FTP 服务器（FTP 是向远程文件服务器传送文件的标准方式）、Twitter、Vimeo、YouTube 上。

【发布】选项卡非常有用，由于其中的设置都会被放入导出预设中，因此只需要配置一次，将来要把某个作品上传到社交平台时，只要选择相应的预设即可。

1. 返回到 Premiere Pro 中。

2. 激活时间轴面板，从菜单栏中依次选择【文件】>【导出】>【媒体】，或者按 Command+M（macOS）或 Ctrl+M（Windows）组合键，打开【导出设置】对话框。

3. 单击【发布】选项卡，显示其中设置选项，如图 16-25 所示。

图 16-25

4. 单击【取消】按钮，关闭【导出设置】对话框。

每个平台支持的视频格式各不相同，但大多数情况下，你可以提交高质量的视频文件，然后由平台根据提交的文件自动生成高压缩版本。例如，Adobe Stock 支持多种视频格式和编解码器，你可以上传 UHD（3840×2160）文件，其余工作交给服务器处理即可。

当前，社交平台正成为越来越重要的媒体发行渠道。为此，Adobe 积极开发各种新技术和工作流程，使我们能够更轻松地把作品发布出去，与他人分享，最大限度地提高观看者的参与度。

16.7　与其他编辑程序交换文件

视频后期制作中，合作往往必不可少。Premiere Pro 与市面上许多高级编辑工具和色彩分级工具相兼容，它能够读取和生成这些工具所支持的项目文件和素材文件。这大大方便了用户之间交换文件，即使他们使用的是不同的编辑系统。

Premiere Pro 所支持的导入导出文件格式有 EDL（剪辑决策表）、OMF（公开媒体框架）、AAF（高级制作格式）、ALE（Avid 日志交换）、XML（可扩展标记语言）。

如果同事使用的是 Avid Media Composer 编辑软件，我们可以使用 AAF 作为媒介来交换剪辑信息、编辑的序列和特定数量的效果。

如果同事使用的是 Apple Final Cut Pro 编辑软件，则我们可以使用 XML 作为媒介来交换工作内容。

在 Premiere Pro 中导出 AAF 或 XML 文件非常简单。具体操作为，首先选择要导出的序列，然后从菜单栏中依次选择【文件】>【导出】> AAF 或者【文件】>【导出】> Final Cut Pro XML。

导出为 OMF

OMF（公开媒体框架）是一种在不同系统之间交换音频信息的行业标准文件类型（通常用于音频混合）。导出 OMF 文件时，常用的办法是创建一个独立文件，它包含有序列中的所有音频文件，这些音频文件以剪辑的形式放在音频轨道上。在使用相兼容的程序打开 OMF 文件时，可以看到轨道上的剪辑，并且与 Premiere Pro 中的序列完全相同。

创建 OMF 文件的操作步骤如下。

1. 选择一个序列，在菜单栏中依次选择【文件】>【导出】> OMF，打开【OMF 导出设置】对话框，如图 16-26 所示。

2. 在【OMF 字幕】中输入文件名称。

3. 检查【采样率】和【每采样位数】是否与素材一致。最常用的设置是 48000Hz 和 16 位。

4. 从【文件】菜单中选择以下其中一项。

图 16-26

- 嵌入音频：选择该选项后，Premiere Pro 会导出一个包含项目元数据和所选序列所有音频文件的 OMF 文件。

- 分离音频：选择该选项会把所有音频文件（包括立体声）分离到多个单声道音频文件中，这些文件都会被导出到一个名为 omfiMediaFiles 的文件夹中。这是使用高级音频混合工作流的音频工程师们最常用的方式。

5. 若选择【分离音频】，需要在【格式】中选择 AIFF 或广播波形。这两种格式的质量都非常高，具体选择哪一种，需要根据目标编辑系统选择。一般来说，AIFF 文件兼容性最好。

6. 从【渲染】菜单中选择【复制完整音频文件】或【修剪音频文件】来减小文件尺寸。修改剪辑时，可以指定添加手柄（额外的帧）来增加灵活性。

7. 单击【确定】按钮，生成 OMF 文件。

8. 选择一个目标存储位置，单击【保存】按钮可以把它保存到课程文件夹中。

导出完成后，会弹出一个【OMF 导出信息】对话框，显示导出相关信息，以及导出过程中出现的错误。单击【确定】按钮，关闭对话框。

使用EDL

EDL（剪辑决策表）是一个简单的文本文档，其中包含一系列实现编辑任务自动化的指令。EDL 格式遵守特定标准，这使许多系统都可以正常读取它。

通常不会要求你提供 EDL，不过，仍然可以把序列导出为最常用的 CMX3600 类型。

要创建一个 CMX3600 EDL，需要先在项目面板中选择序列，或者在时间轴面板中打开它，然后从菜单栏中依次选择【文件】>【导出】> EDL。

对 EDL 的要求通常都会比较具体，在创建 EDL 之前，需要先获取 EDL 规格表。幸运的是，EDL 文件通常都比较小，如果不确定要选择什么设置，可以快速创建多个版本，然后进行比较。

16.8 练习项目

恭喜你！到这里，我们已经学完了关于 Adobe Premiere Pro 的所有内容，包括导入媒体、组织项目、创建序列、添加/修改/删除效果、混合音频、使用图形和文字，以及输出作品与他人分享等。

本书学完后，你可能还想做一些练习来巩固前面学过的知识。为了方便大家练习，我们把一些素材放入了一个单独的项目文件（Final Practice.prproj）中，你可以使用该项目文件温习前面所学的内容。

注意，这些素材文件仅供大家个人学习使用，禁止以任何形式向外传播，包括上传到 YouTube 等在线视频网站。请不要上传任何剪辑或者使用这些素材创作的作品。

Final Practice.prproj 文件中包含如下素材文件夹，其中包含大量原始剪辑，供你练习使用。

* 360 Media：一个介绍 360° 视频的小短片。你可以使用该短片熟悉 360° 视频的各种播放控件。

* Andrea Sweeney NYC：其中包含若干城市景观拍摄片段。你可以使用画外音作为指导练习如何在单个时间轴上组合 4K 和 HD 素材。如果选择使用 HD 序列设置，可以尝试在 4K 素材中进行平移和扫描。

* Bike Race Multi-Camera：这是一个简单的多摄像机拍摄的素材，可以用来尝试在多机位项目中进行实时编辑。

* Boston Snow：以 3 种分辨率拍摄的波士顿公园雪景。这些素材可以用来练习【缩放到帧

大小 】、【 设置为帧大小 】和使用关键帧控件进行缩放。尝试使用【 变形稳定器 】效果来稳定其中一个高分辨率剪辑，然后按比例放大，创建从一边到另一边的镜头平移效果。

- City Views：包含一系列从空中与地面拍摄的城市素材，可以用来练习图像稳定、颜色调整和视觉效果方面的内容。

- Desert：包含一系列戈壁素材，可以用来练习颜色调整工具的用法，以及与音乐结合产生蒙太奇效果。

- Valley of Fire：这些素材可以用来练习调色营造视觉兴趣点；使用变速改变飞跃沙漠的体验；使用关键帧旋转视图，补偿抖动，得到稳定的画面。

- Jolie's Garden：包含以 96fps 拍摄而以 24fps 播放的舞台场景，它是为一个社交媒体宣传活动拍摄的故事片，可以用来练习使用 Lumetri Color 面板和速度调整效果。

- Laura in the Snow：这是一个商业拍摄，以 96fps 拍摄，播放速率是 24fps。这些素材可以用来练习颜色校正和颜色分级，尝试缓降动作并对视频和应用的效果进行蒙版处理。

- Music：可以使用这些音乐剪辑练习创建混音，并为音乐添加视觉效果。

- She：该素材箱中主要包括一系列风格化的慢动作剪辑，可以用来练习更改播放速度和添加视觉效果的方法。

- TAS：这些素材来自于短片 *The Ancestor Simulation*，可以用来练习颜色分级。另外，这些素材使用两种长宽比拍摄，可以用来进行混合和匹配练习。

- Theft Unexpected：这些素材来自于 Maxim Jago 导演和剪辑的一个获奖短片。这些素材可以用来学习修剪技巧，以及练习在简单对话中调整时间安排，实现不同的喜剧和戏剧效果，以及改变演员的表演。

16.9　复习题

1. 如果要根据序列设置导出一个独立的数字视频文件，应该如何做？

2. Adobe Media Encoder 中提供了哪些适用于导出互联网视频的选项？

3. 如果想导出一个视频供大多数移动设备使用，应该使用哪种编码格式？

4. 只有 Adobe Media Encoder 处理完队列中的所有编码任务后，才能在 Premiere Pro 中编辑新项目吗？

16.10　复习题答案

1. 单击【导出设置】对话框中的【与序列设置匹配】按钮。

2. 使用支持高质量编解码器的格式。常见的选择有 QuickTime，它支持 ProRes 编解码器。还可以选择 DNxHR/DNxHD。导出之前，一定要检查是否满足指定的规范要求。

3. 在导出供大多数移动设备使用的视频时，可以使用 H.264 编码格式。

4. 不需要。Adobe Media Encoder 是一个独立的程序。在 Adobe Media Encoder 执行编码任务期间，可以正常使用其他应用程序，或者在 Premiere Pro 中编辑新项目。